计算机科学前沿技术丛书

与量子比特共舞

[美] 罗伯特 · S.苏托尔（Robert S. Sutor） 著 吴攀 译

Dancing with Qubits

人民邮电出版社
北京

图书在版编目（CIP）数据

与量子比特共舞 / (美) 罗伯特·S. 苏托尔
(Robert S. Sutor) 著 ; 吴攀译. -- 北京 : 人民邮电
出版社, 2022.8
（计算机科学前沿技术丛书）
ISBN 978-7-115-58124-2

Ⅰ. ①与… Ⅱ. ①罗… ②吴… Ⅲ. ①量子计算机
Ⅳ. ①TP385

中国版本图书馆CIP数据核字(2021)第248287号

◆ 著　　　[美] 罗伯特·S.苏托尔（Robert S. Sutor）
译　　　吴　攀
责任编辑　王峰松
责任印制　王　郁　焦志炜
◆ 人民邮电出版社出版发行　　北京市丰台区成寿寺路 11 号
邮编　100164　　电子邮件　315@ptpress.com.cn
网址　https://www.ptpress.com.cn
天津翔远印刷有限公司印刷
◆ 开本：800×1000　1/16
印张：29.25　　　2022 年 8 月第 1 版
字数：545 千字　　　2022 年 8 月天津第 1 次印刷
著作权合同登记号　图字：01-2021-2066 号

定价：109.80 元

读者服务热线：(010) 81055410　印装质量热线：(010) 81055316
反盗版热线：(010) 81055315
广告经营许可证：京东市监广登字 20170147 号

内容提要

本书介绍量子计算的理论基础、基本原理和工作机制，帮助读者了解量子计算的基础和概况。全书共 12 章，首先介绍为什么要使用量子计算，然后分基础知识和量子计算两个部分，介绍量子计算所依赖的经典计算的相关知识，以及量子计算的工作机制，并展望量子计算的发展前景。

本书适合对量子计算感兴趣，并且想要学习和了解与量子计算相关的物理学、计算机科学和工程开发等知识的读者。

献给朱迪思、凯蒂和威廉

我对你们的感激无法计算

前言

一切所谓的真实皆由我们视为不真实之物构成。

尼尔斯·玻尔（Niels Bohr）[1]

说到计算机，大多数人想到的都是笔记本电脑，也有人可能会想到更大型的机器，比如支撑网络的服务器、互联网和云等。环顾四周，你也许还能在其他地方看见计算机。举个例子，现在的大部分汽车装有 20～100 台计算机，这些计算机控制着汽车的运动和制动系统、监控着汽车空调和车载娱乐系统等。

智能手机也是计算机，很多人每天在智能手机上花的时间比在其他许多东西上花的时间都多。现代手机内部使用了 64 位①处理器，但这里先不谈“64 位处理器”是什么意思。运行所有应用程序所需的内存空间约为 3 GB，也就是 3 吉字节②。“吉”是什么，“字节”又是什么？

所有这些计算机都是*经典计算机*（*classical computer*），其最初的设计思路可以追溯到 20 世纪 40 年代。用更科学的说法，我们说这些计算机具有*冯·诺依曼架构*（*von Neumann architecture*），其得名于数学家兼物理学家约翰·冯·诺依曼（John von Neumann）。

当然，现在早已不再是 20 世纪 40 年代，但直到今天，我们日常生活中很多地方使用的计算机都仍旧是这种机器的现代版本。计算机中负责“思考”的组件是处理器。近年来，处理器的运行速度越来越快，计算机的内存空间也越来越大，这让我们可以运行更多、更大的应用程序，这些程序可以完成相当复杂的任务。图形处理器的发展为我们带来了越来越好的游戏体验。过去 20 年来，存储器的规模迎来爆发式增长，让我们可以

---

① 位，即 bit，也译作“比特”，本书在不同的语境中会使用不同的译法。——译者注

② 吉字节，即 gigabyte，也常称为“千兆字节”。——译者注

将越来越多的应用、照片和视频存储在我们日常携带的设备中。说到经典计算机及其发展方式，其趋势总结起来就是在追求“越多越好”。

对于支撑全世界的企业运营和互联网应用的计算机服务器，也可以得出类似的结论。你是否在云中存储过自己的照片？这个云究竟在哪里？你在云中保存了多少照片？成本如何？你能以多快的速度从那个“说不清、道不明”的地方存取你的照片和其他数据？

着实惊人，这都是计算机的力量。看起来每一代计算机都会变得越来越快，它们能为我们做的事情也将越来越多。在为我们提供娱乐方式、方便我们与朋友和家人的联系，以及解决其他重要问题方面，这些或大或小的机器似乎还将继续变强，没有尽头。

但……事实并非如此。

尽管还会继续出现一些进步，但始于20世纪60年代中期的“每两年处理器能力倍增”的趋势将难以为继。这种倍增趋势被称为*摩尔定律*（*Moore's Law*），其大致意思是：“每两年，处理器的速度会翻倍，尺寸会减半，能耗也会减半。”

这里的“翻倍”和“减半”都是近似的，但物理学家和工程师在这几十年中确实取得了非凡的进步，也因此，现在你的腕表几乎可以装下比最初需要占满一个房间的计算机更强大的计算机。

关键的问题在于处理器尺寸会减半的部分。我们无法无限地缩减晶体管和电路的尺寸。当我们将其尺寸缩减到接近原子大小时，电子器件将变得非常拥挤，以至于当我们想让处理器的某部分执行某项任务时，其相邻的部分也会受到影响。

另外还存在一个更深层、更涉及基础本质的问题：我们多年前创造了一种架构并对其进行了极大的改进，就一定意味着使用这种架构的计算机最终可以成功解决每种类型的问题吗？换句话说，我们凭什么认为我们现在拥有的各种计算机能够解决每个可能出现的问题。如果我们一直坚持使用同一种计算机技术，“越多越好”的趋势是否将后继无力？我们的计算方式是否存在错误或局限，让我们无法取得我们所需或想要的进步？

对于最后一个问题，不管你思考的是这个问题的哪个方面，都可以合理地认为其答案介于“可能是”或“确实是”之间。

真是让人沮丧的答案。好吧，其实只有当我们想不出一种或多种有望突破这些局限的新型计算机时，这样的答案才让人沮丧。

而这就是本书要谈的东西。量子计算的思想至少可以追溯到 20 世纪 80 年代早期，是一种基于量子力学原理而提出的全新类型的计算机架构。而量子力学的思想可以追溯到约一个世纪前，尤其是 20 世纪 20 年代——那时候物理学家开始注意到实验结果与理论预测不符的现象。

但是，本书关注的不是量子力学。自 2016 年以来，已有数万用户能通过云服务使用量子计算硬件了。这种云被称为“量子云服务”。人们开始为新型的量子计算机编写程序，不过为量子计算机编程的方法与为经典计算机编程的方法完全不同。

为什么量子计算吸引了如此之多的人？我确信一部分原因是好奇心。来看看科幻领域吧！“量子”这个词在科幻电影中出现的次数实在太多了，以至于观众也很好奇这个词的实质是什么。

一旦我们度过了觉得量子计算新颖、有趣的阶段，我们就会问“好吧，这究竟有什么用呢？”，以及“这将在什么时候以怎样的方式改变我们的生活？”。我将介绍专家认为的未来几年和几十年里最可能实现的用例。

是时候了解量子计算了。是时候停用经典的思维方式，开始*量子地*（*quantumly*）思考了（尽管我相信，在英语中，quantumly 并不是个真实存在的词）！

本书为谁而写？

本书的目标读者是对数学非常感兴趣并希望学习与量子计算相关的物理学、计算机科学和工程开发等知识的人。我将介绍有关量子计算的基础数学知识（这部分会很快完成），然后深入介绍操作和使用量子比特与量子算法的方式。

虽然本书包含大量数学内容，但它们都未以“定义-定理-证明”的形式呈现。我更想做的是把这些内容蕴含的思想呈现给读者，让读者理解这些思想之间的关系，而不是用严谨的形式推导所有结果。

我的另一个目标是让读者做好准备，以便进一步阅读有关量子计算的更高阶材料，而读者在阅读那些更高阶的材料时还可能会回到本书来帮助自己理解某些核心主题。要阅读本书，读者不必是一位物理学家，也无须事先了解量子力学。

我将在本书的某些位置给出一些使用 Python 3 编写的代码示例。这些都是附加内容，并不需要掌握，但如果读者能读懂 Python 代码，可能有助于读者更好地理解本书。

本书的很多示例都来自 IBM Q 量子计算系统。我在编写本书时是 IBM Q 管理团队的成员。

本书涵盖哪些内容?

在我们开始理解量子计算的工作机制之前，我们需要花点时间了解一下经典的计算方式。事实上，这不仅仅是为了进行比较——我相信，未来的计算将是经典计算与量子计算的混合形态。

学习某种事物的最佳方法通常是从基本原理开始，然后逐步深入，这样才能知道如何进行推理，而不必依赖死记硬背或错误的类比。

第一部分　基础知识

本书第一部分涵盖理解量子计算概念所需的数学知识。虽然我们最终会在非常高的维度上使用复数来进行计算，但通过分析传统的二维和三维上的操作就足以获得很多见解。

第 1 章　为什么要使用量子计算?

第 1 章将提出本书最基本的问题：我们为什么要使用量子计算？我们为什么关注量子计算？我们的生活将因此而发生怎样的改变？我们希望将量子计算应用于哪些用例并取得重大进展？“重大进展”究竟是什么意思？

第 2 章　经典并不是老旧

经典计算机已无处不在，但知道其内部构造和了解其工作原理的人却相对较少。为便于后面将其与量子计算机进行比较，在第 2 章中，我首先会介绍经典计算机的基础知识，然后说明它们为什么难以完成某些类型的计算。我将简单地介绍“比特”（bit，也称“位”）的概念，也就是单个 0 或 1，并说明这样的观点：使用大量比特可以组建出你如今使用的所有软件。

第 3 章　超越想象的数

人们日常使用的数被称为实数，其中包括有理数和无理数。但是，现实生活中还存在其他类型的数以及具有大量相同代数学性质的结构。在第 3 章中，我将介绍这些数，它们是我们理解量子计算机所做的“计算”的基础。

第 4 章　平面、圆和球面，都是啥？

在第 4 章中，我们将从代数转入几何，并了解两者的关联。究竟什么是圆？当我们从二维升入三维时，圆与球又有什么共同之处？很显然它们有三角函数上的关系，但这并非一个有法律约束力的声明。平面是理解复数的基础，而复数正是量子比特定义的关键。

第 5 章　维度

有了代数和几何的基础知识之后，在第 5 章中，我们将脱离我们熟悉的二维和三维世界。向量空间可以延伸到很多维度，这也是我们理解量子计算机实现指数级计算能力的关键。使用许多维度能做什么？你又该怎样思考此时的运算？另外，我还会花些篇幅来介绍量子计算将如何助力人工智能的开发。

第 6 章　“可能”是什么意思？

阿尔伯特·爱因斯坦（Albert Einstein）曾说过：“上帝不和宇宙玩掷骰子。”

这句话与宗教无关，而是表达他对大自然运作方式中发挥作用的随机性和概率思想的不安。好吧，他其实是没有正确地理解概率的思想。量子计算的根基（即量子力学）是物理学领域中一个艰深又神秘的部分，其核心正是概率。因此，为帮助你理解量子过程和行为，在第 6 章中，我将介绍概率的基础知识。

第二部分　量子计算

本书第二部分涵盖量子计算工作机制的核心。我将介绍单个和聚集在一起的量子比特，然后用其创建线路以实现算法。其中大部分都是理想情况，即量子比特的容错能力是完美的。当我们真正构造量子计算机时，我们必须处理物理现实中的噪声问题并满足降低误差的需求。

第 7 章　一个量子比特

到第 7 章，我们将以非平凡的方式探讨量子比特。我将介绍量子比特的量子态的向量表示与布洛赫球面表示，并给出叠加的定义，这能为量子比特“同时为 0 和 1”这样常见的说法提供解释。

第 8 章　两三个量子比特

当有两个量子比特时，我们需要具备更多的数学知识，因此我将在第 8 章引入张量积的概念，以帮助我们解释纠缠。纠缠的作用曾被爱因斯坦称为“幽灵般的超距作用”，这种作用能将两个量子比特紧密关联在一起，使两者的行为不再相互独立。通过叠加，纠缠能为量子计算带来巨大的运算空间。

第 9 章　连接成线路

给定一组量子比特，你该如何操纵它们来解决问题或执行计算？答案是用与可逆运算相对应的门来构建量子比特的线路。现在，可以想一想“电路板”这个经典术语。在第 9 章中，我将使用电路的量子模拟来实现算法，而算法正是计算机完成任务的秘诀。

第 10 章　从线路到算法

讨论并了解了一些简单的算法之后，在第 10 章中，我将介绍一些更复杂的算法。将这些算法组合到一起，能实现彼得 • 舒尔（Peter Shor）于 1995 年提出的快速整数分解算法。本章包含大量数学内容，但我们已在前文学过了所需的数学知识。

第 11 章　走向物理实在

当构建物理实在的量子比特时，其行为模式并不与数学和教科书所描述的完全一致。误差总是存在的，产生误差的原因可能是量子系统所处环境中的噪声。这里的噪声不是指某人大喊大叫或大声播放音乐的声音，而是指波动的温度、辐射、振动等。在第 11

章中，我将介绍在构建量子计算机时必须考虑的几个因素，描述可作为全系统性能指标的量子体积，最后以探讨著名的量子猫科动物——薛定谔的猫作结。

本书的收尾章将概述有关未来的问题。

第 12 章　有关未来的问题

在第 12 章中，如果我说“我认为量子计算将在 10 年内做到……”，那么我将描述在那之前需要实现的 3 或 4 项重大科学突破。我将按领域细分，讲解我们正在量子计算科学和工程方向努力寻求的创新并解释原因。我还会给出一些用以区分“炒作”与现实的指导原则。这里所描述的内容都旨在激发你提出自己的问题。

本书体例

对于一些我认为需要读者记住的重要内容，我将使用这种文本框：

> 这非常重要。

本书没有练习题，但会有一些问题。有些问题的答案在正文文本中，有些则留给读者去思考。在学习过程中尝试解答它们吧。这些问题按章进行了编号：

> **问题 0.0.1**
>
> 你为什么要问这么多问题？

本书还会用以下形式给出代码示例和输出，以便让读者了解如何使用现代编程语言 Python 3 来实现量子计算。

```
def obligatoryFunction ():
    print (" Hello quantum world !")

obligatoryFunction ()

Hello quantum world!
```

加方括号的数字（比如 [1]）指向参考资料。这些参考资料罗列在各章的最后。

了解更多
你可能会在这样的地方看见一些参考资料，它们能帮助你对某一主题有更多了解。

现在，我们开始吧！首先来看看我们为什么应该使用量子计算系统，这样我们才能解决经典计算系统无力解决的一些问题。

参考资料

[1] Karen Barad. “Meeting the Universe Halfway”. *Quantum Physics and the Entanglement of Matter and Meaning*.2nd ed. Duke University Press Books, 2007.

贡献者

作者简介

罗伯特·S. 苏托尔拥有 30 年以上的信息技术行业从业经历并一直担任技术领头人和技术高管。在他的职业生涯中，有 20 多年时间都在 IBM 研究院纽约实验室度过。在这期间，他从事或领导着符号数学计算、优化、人工智能、区块链和量子计算方面的工作。他参与完成了许多研究论文并与已故的理查德·D. 詹克斯（Richard D. Jenks）合著了《Axiom：科学计算系统》[①]一书。

他也曾领导过该企业在新兴行业标准、Linux 软件、移动和开源等领域的软件方面的工作。他是一位经过训练的理论数学家，拥有普林斯顿大学博士学位和哈佛学院本科学位。他的编程生涯始于 15 岁时并已使用过一路出现的大多数编程语言。

作者的感谢

- 感谢我的妻子朱迪思·亨特以及我的孩子凯蒂和威廉，感谢他们在本书写作期间带来的爱和乐趣。
- 感谢 John Kelly、Arvind Krishna、Dario Gil、Jay Gambetta、Jamie Thomas、Tom Rosamilia 和 Ken Keverian，感谢他们对 IBM Q 项目的领导工作和他们个人的支持。

---

① Axiom 是一套免费的通用型计算机代数系统，也称符号代数系统，这是一类用于处理数学表达式的软件，旨在实现代数运算的自动化。Axiom 的最早版本名为 Scratchpad II，于 1977 年在理查德·詹克斯的领导下开发成功，之后在 1990 年左右更名为 Axiom。

- 感谢以下人士，感谢他们在量子计算的科学、技术、商业和生态系统等方面所提供的对话、见解和灵感。

  Abe Asfaw、Alexis Harrison、Ali Javadi、Amanda Carl、Andrew Cross、Anthony Annunziata、Antonio Corcoles-Gonzalez、Antonio Mezzacapo、Aparna Prabhakar、Bill Minor、Brian Eccles、Carmen Recio Valcarce、Chris Lirakis、Chris Nay、Christine Ouyang、Christine Vu、Christopher Schnabel、Denise Ruffner、Doug McClure、Edwin Pednault、Elena Yndurain、Eric Winston、Frederik Flöther、Hanhee Paik、Heather Higgins、Heike Riel、Ingolf Wittmann、Ismael Faro、James Wootten、Jeanette Garcia、Jenn Glick、Jerry Chow、Joanna Brewer、John Gunnels、Jules Murphy、Katie Pizzolato、Lev Bishop、Liz Durst、Luuk Ament、Maika Takita、Marco Pistoia、Mark Ritter、Markus Brink、Matthias Steffen、Melissa Turesky、Michael Gordon、Michael Osborne、Mike Houston、Pat Gumann、Paul Kassebaum、Paul Nation、Rajeev Malik、Robert Loredo、Robert Wisnieff、Sarah Sheldon、Scott Crowder、Stefan Woerner、Steven Tomasco、Suzie Kirschner、Talia Gershon、Vanessa Johnson、Vineeta Durani、Wendy Allan、Wendy Cornell 和 Zaira Nazario

- 感谢我在这本书中提到的人。
- 感谢 Packt 出版商和包括 Andrew Waldron、Tom Jacob 和 Ian Hough 在内的编辑团队。

本书中出现的任何知识或理解错误都是我个人造成的。

英文版审稿人简介

乔纳森·罗梅罗（Jhonathan Romero）是一位量子计算科学家和企业家。他出生于哥伦比亚巴兰基亚市，在哥伦比亚国立大学获得化学学士和硕士学位后又在哈佛大学获得了化学物理学博士学位。他的研究重心是在近期的量子设备上开发用于量子模拟和人工智能的算法。乔纳森是 Zapata Computing 公司的一位联合创始人和研究科学家，该公司是商用量子算法和软件开发的先驱之一。他发表过许多计算化学和量子计算领域的论文。

译者简介

吴攀，资深科技内容译者和编辑。出生于四川省广安市，拥有南京理工大学工学学士学位。已翻译和编写大量科学、技术及相关产业文章，涵盖人工智能、机器人、量子计算、区块链、网络安全、半导体、人造语言等诸多领域。曾先后在半导体媒体《电子发烧友》、科技媒体《雷锋网》和人工智能媒体《机器之心》担任编辑。已出版的译著包括《捍卫隐私》《超级转化率》《人人都该懂的能源新趋势》等。另外，他还是一位科幻小说作者和译者。

中文版审稿人简介

尹璋琦，北京理工大学物理学院量子技术研究中心教授。1999 年到 2009 年，在西安交通大学应用物理系学习，先后获物理学学士、硕士和博士学位。2007 年至 2009 年在美国密歇根大学公派联合培养。2010 年到 2019 年先后在中科院武汉物理与数学研究所、中国科学技术大学和清华大学工作，2019 年调入北京理工大学。

研究兴趣为量子信息与量子精密测量、宏观系统量子效应等，发表论文六十余篇。入选教育部青年长江学者（2020），任《中国科学：物理学力学天文学（英文版）》青年编委。主持自然科学基金委青年项目和面上项目各一项。

资源与支持

本书由异步社区出品，社区（www.epubit.com）为您提供相关资源和后续服务。

提交勘误信息

作者和编辑尽最大努力来确保书中内容的准确性，但难免会存在疏漏。欢迎读者将发现的问题反馈给我们，帮助我们提升图书的质量。

如果读者发现错误，请登录异步社区，按书名搜索，进入本书页面，单击“提交勘误”，输入勘误信息，单击“提交”按钮即可（见下图）。本书的作者和编辑会对读者提交的勘误进行审核，确认并接受后，将赠予读者异步社区的 100 积分（积分可用于在异步社区兑换优惠券、样书或奖品）。

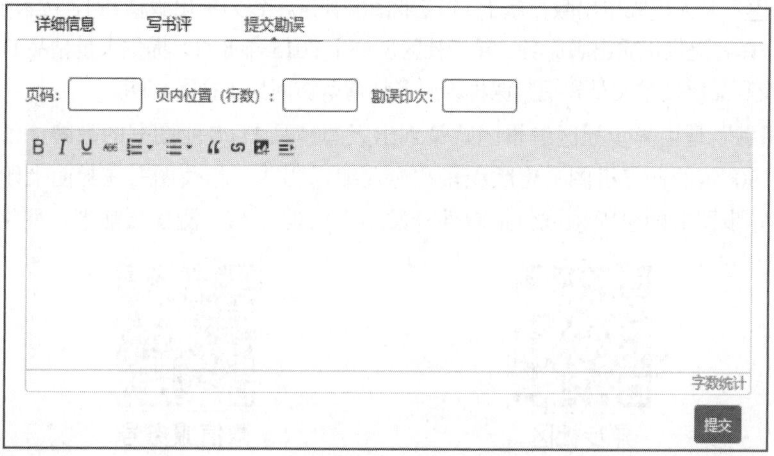

扫码关注本书

扫描下方二维码，读者会在异步社区微信服务号中看到本书信息及相关的服务提示。

与我们联系

我们的联系邮箱是 contact@epubit.com.cn。

如果读者对本书有任何疑问或建议，请发邮件给我们，并请在邮件标题中注明本书书名，以便我们更高效地做出反馈。

如果读者有兴趣出版图书、录制教学视频，或者参与图书翻译、技术审校等工作，可以发邮件给我们；有意出版图书的作者也可以到异步社区在线提交投稿（直接访问 www.epubit.com/contribute 即可）。

如果读者来自学校、培训机构或企业，想批量购买本书或异步社区出版的其他图书，也可以发邮件给我们。

如果读者在网上发现有针对异步社区出品图书的各种形式的盗版行为，包括对图书全部或部分内容的非授权传播，请将怀疑有侵权行为的链接发邮件给我们。这一举动是对作者权益的保护，也是我们持续为读者提供有价值内容的动力之源。

关于异步社区和异步图书

“异步社区”是人民邮电出版社旗下 IT 专业图书社区，致力于出版精品 IT 技术图书和相关学习产品，为作译者提供优质出版服务。异步社区创办于 2015 年 8 月，提供大量精品 IT 技术图书和电子书，以及高品质技术文章和视频课程。更多详情请访问异步社区官网。

“异步图书”是由异步社区编辑团队策划出版的精品 IT 专业图书的品牌，依托于人民邮电出版社近 30 年的计算机图书出版积累和专业编辑团队，相关图书在封面上印有异步图书的 LOGO。异步图书的出版领域包括软件开发、大数据、AI、测试、前端、网络技术等。

异步社区

微信服务号

目录

第一部分　基础知识

第 4 章 平面、圆和球面，都是啥？ 100

第 5 章 维度 127

第 8 章 两三个量子比特 254

第 9 章 连接成线路 280

第 10 章 从线路到算法 338

第一部分

基础知识

第 1 章 为什么要使用量子计算？

自然并不是经典模式的，可恶。如果你想模拟自然，你最好使用量子力学来做。

理查德·费曼（Richard Feynman）[5]

1965 年的诺贝尔物理学奖获得者理查德·费曼在其 1982 年的论文《用计算机模拟物理学》（“Simulating Physics with Computers”）中说到，他想“探讨存在精准模拟的可能性，即计算机的行为与自然的行为完全一致的可能性。”然后他又说了上面的话，声称自然界的设计方式并不能使自己通过经典的二进制计算机进行计算。

我们将从这一章开始探索量子计算与经典计算的不同之处。经典计算驱动着当今的智能手机、笔记本电脑、互联网服务器、大型机、高性能计算机，乃至汽车中的处理器。

我们将探讨一些用例——这些用例目前还无法在经典计算机上使用经典方法解决，但未来某天也许会被量子计算攻克。这是为了激励你了解本书探讨的量子计算的基础和细节。

对于这一主题，仅用一本书是无法详尽介绍的。而且随着创新的继续，我们会创造出越来越好的硬件和软件，我们的技术和潜在用例目标也在不断变动。本书的目标是让你做好准备，以便能更深入地探究量子计算的编程和应用。

1.1 神秘的量子比特

假设我正站在一个房间里，头顶上有一盏灯，旁边有一个可以开灯或关灯的开关（见图 1-1）。这只是一个普通开关，所以我无法调节灯光亮度。要么全开，要么全关。我可以随意改变开关状态，但我也只能做这一件事。这个房间只有一扇门，没有窗户。当我在门外时，如果门关着，我看不见里面的任何光。

我可以待在房间里，也可以离开。取决于开关的位置，这盏灯要么亮起，要么熄灭。

现在，我要重新布线了。我将用这栋建筑里另一个地方的另一个开关替换原本的开关。现在我完全看不见灯，但同样地，这盏灯的亮灭状态完全由这个开关的两个位置决定。

如果我走向装有这盏灯的房间并打开门，我可以看到该灯是亮还是灭。我可以进出该房间任意次，这盏灯的状态依然由那个或开或关的开关所决定。这盏灯是“经典模式的”。

现在，让我们想象一组采用*量子*模式的灯和开关，我们分别称之为“量子灯”和“量子开关”。

当我走进有这盏量子灯的房间时，和之前一样，它要么亮起，要么熄灭。这个量子开关和普通开关不一样，它的形状像一个球（见图 1-2），其顶部（不妨称为北极）表示“断开”，底部（不妨称为南极）则表示“闭合”。而在这个球的中部，刻了一条线。

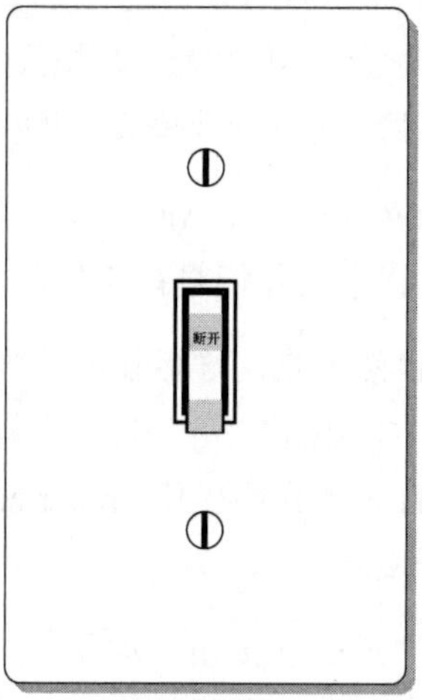

图 1-1

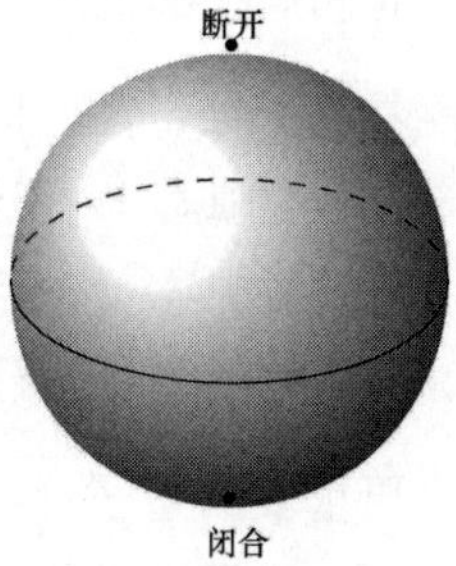

图 1-2

当我在这栋建筑里有量子开关却看不见量子灯的地方时，有意思的情况出现了。

我将手指放在量子开关的球面上来控制这个开关。如果我将手指放在北极，则量子灯肯定熄灭；如果我将手指放在南极，则量子灯必然亮起。你可以走进房间查看，也总是能得到上述结果。

如果我把手指移到量子开关球面的其他任何地方，这个量子灯在你查看时可能处于熄灭或亮起状态。如果你不查看，则这个量子灯可能处于一种中间状态：它并非变暗了，也并非处于熄灭或亮起状态，它只是在被查看时以一定概率处于熄灭或亮起状态。这实在非同寻常！

在你打开门看见量子灯的瞬间，这种不确定性就会消除。灯要么亮起，要么熄灭。此外，如果此时我的手指正放在量子开关上，那么这根手指会被迫移动到南极或北极位置，其分别对应于所看见的量子灯的亮灭状态。

查看量子灯这一行为会迫使开关进入闭合或断开状态。我不必看到量子灯本身，只要我打开一点点门，能看见灯是否在发光就够了。

如果我在有量子灯的房间里放一个摄像机，然后在看视频的同时将我的手指放在量子开关上，则这个开关的行为模式将与普通开关完全一样。除了顶部和底部，我将无法触碰这个量子开关的其他任何地方。既然我构想了这个案例，那就假设存在某种阻碍我触碰极点外其他任何位置的力场吧！

如果你或我都没有以任何方式查看这个量子灯，那么我触碰这个量子开关时的情形又会有何不同？触碰其北半球或南半球是否会影响量子灯在我查看时的亮灭状态？

会的。触碰量子开关上更接近北极或南极的位置会分别使得量子灯熄灭或亮起的概率更高。如果我将手指放在极点之间的圆圈（赤道）上，则量子灯亮起或熄灭的概率刚好各为 50%。

以上描述的系统被称为*二态量子系统*（*two-state quantum system*）。当量子灯未被查看时，它处于亮起和熄灭的*叠加*（*superposition*）状态。我们将在 7.1 节探索叠加。

尽管这可能看起来很奇怪，但有证据表明大自然就是这样运作的。电子具有一种被称为“自旋（spin）”的属性。在这一属性的基础上，电子就是一种二态量子系统。构成光的光子本身就是一种二态量子系统。我们将在 11.3 节介绍极化（polarization，也称“偏振”，偏振光太阳镜中便用到了极化）时涉及这一主题。

对本书而言更重要的*量子比特*（*quantum bit，常写为 qubit，也称“量子位”*）也是一种二态量子系统。量子比特是对经典计算中比特概念的扩展和补充，而比特要么为 0，要么为 1。量子比特是量子计算中的基本信息单位。

本书要讲的是通过操纵量子比特使目前仅使用经典计算无法攻克的问题得到解决的方法。对于某些问题，似乎仅使用 0 或 1 是十分难以解决的，而如果坚持使用 0 或 1，所需的时间和内存都将多得不切实际。

使用量子比特时，我们将亮起或熄灭对应的术语 1 或 0 分别替换为 $|1\rangle$ 和 $|0\rangle$。我们也不再使用量子灯这一说法，从现在开始将其称为量子比特。

在图 1-3 中，你的手指在量子开关上的位置现在由两个角度表示：θ 和 φ。图 1-3 本身被称为布洛赫球面，这是量子比特的一种标准表示方法，我们将在 7.5 节介绍它。

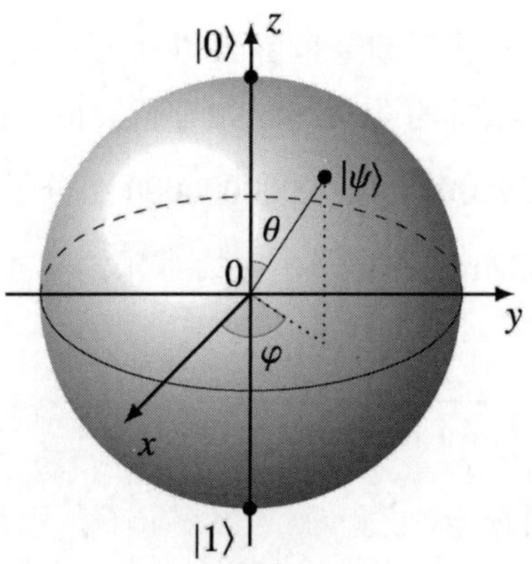

图 1-3

1.2　我没有犯困！

如果我们可以不用实验室里的试管或烧杯，而是在计算机中进行化学反应，会如何呢？如果进行一个新实验就像运行一个应用程序那么简单，只需几秒就能完成，又会如何呢？

要真正实现这一点，我们需要程序能完全*保真*地完成这项任务。计算机中建模的原子和分子的行为应该与试管中的原子和分子的行为**完全一致**。物理世界中发生的化学反应需要精准的计算来模拟。我们将需要完全忠实的模拟。

如果我们能大规模地做到这一点，也许就能算出我们需要的分子（这些分子可能是一种用于洗发水的新材料，甚至是一种用于汽车和飞机的新型合金）；也许我们可以更高效地发现针对你的生理机能定制的药物；也许我们可以更好地理解蛋白质折叠的方式，并由此理解它们的功能，进而有可能创造出能为我们的身体带来积极转变的定制酶。

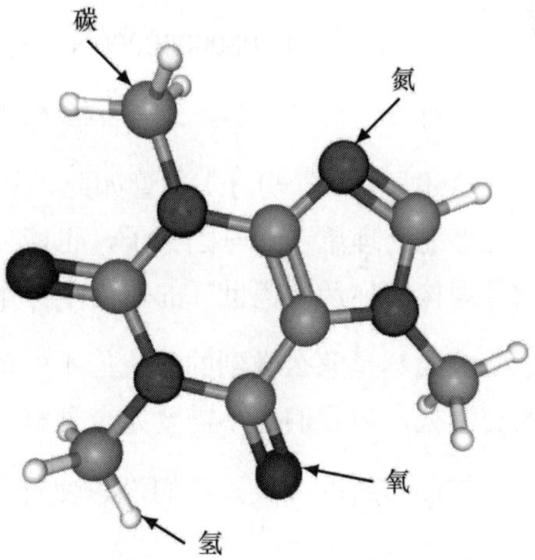

图 1-4

这看起来可以实现吗？虽然我们已经有能运行各种模拟程序的大型超级计算机了，但我们现在能以上述方式为分子建模吗？

我们以 1,3,7-三甲基黄嘌呤为例来谈谈吧（见图 1-4），它的分子式为 $C_8H_{10}N_4O_2$ 。这种化学名称晦涩难懂的分子其实每天都被全世界数以百万计的人享用——它还有另一个名称：**咖啡因**。一杯 8 盎司[①]的咖啡约含 95 mg 咖啡因，也就是约 2.95×10^{20} 个分子，即：

295000000000000000000 个分子

常见的 12 盎司可乐约含 32 mg 咖啡因，健怡可乐约含 42 mg 咖啡因，能量饮料通常约含 77 mg 咖啡因[11]。

> **问题 1.2.1**
>
> 你每天会喝下多少咖啡因分子？

分子数很多，因为我们是在数宇宙中物体的数量，而我们知道宇宙很大。举个例子，科学家估计单是地球，原子数量级就达到了 $10^{49}\sim10^{50}$ [4]。

我们找个语境来看看这些数字：$1000=10^3$，$1000000=10^6$，$1000000000=10^9$，以此类推。1 GB 等于 10^9 字节，1 TB 等于 10^{12} 字节。

回到本节开始时提出的问题：我们可以在计算机中精准地为咖啡因建模吗？我们不是必须要为一杯咖啡中的大量咖啡因建模，但我们可以完全表征某一瞬间的单个分子吗？

咖啡因是一种小分子，其中包含了质子、中子和电子。特殊地，就算我们只描述决定分子结构的能量构型以及将分子聚合在一起的键，该分子的信息量也多得惊人。具体来说，所需的比特数，即 0 和 1 的数量，大约为 10^{48}，即：

1000000000000000000000000000000000000000000000000

再看看之前的内容，这差不多相当于地球原子总数的 1%～10%。

这还只是一个分子！尽管如此，大自然还是能以某种方式相当高效地处理这些信息。大自然能处理单个咖啡因分子，也能处理咖啡、茶和其他软饮中所有的咖啡因分子，还能处理构成你及周遭世界的每一个分子。

大自然是怎么做到的？我们不知道！当然，理论还是有的，它们处于物理学和哲学的交汇处，但我们并不需要完全理解也能将其利用起来。

按照传统的方式，我们没法使用足够的存储空间来容纳如此之多的信息。我们想要

① 盎司（ounce）既是重量单位又是容量单位。在此处表示液体盎司，1 盎司约为 29.57 mL，8 盎司约为 236.56 mL，后文的 12 盎司约为 354.84 mL。——译者注

获得精准表征的梦想似乎就此破灭了。这正是本章开始时引述的理查德·费曼（如图 1-5 所示）所说的“自然并不是经典模式的”的含义。

图 1-5 1959 年，理查德·费曼在美国加州理工学院。照片属于公共领域

但是，当使用量子比特来执行计算时，160 个量子比特就能容纳 $2^{160} \approx 1.46 \times 10^{48}$ 比特的信息。先说清楚，我不会介绍我们该如何将这些数据放入量子比特，我也不会谈如果我们要用这些信息来做一些有趣的事情，我们还需要多少量子比特。但是，量子比特确实带来了希望。

使用经典方法时，我们永远无法完整表征一个咖啡因分子。未来，当我们有了足够强大的量子计算系统，其中包含了足够多质量极高的量子比特时，也许我们就能在计算机中进行化学研究了。

了解更多

在量子化学这个科学领域中，量子计算机也许最终会被用于计算分子性质和蛋白质折叠构型等任务，但怎样能做到这一点却并不是三言两语就能说清的。尽管如此，前文的为咖啡因分子建模就是*量子模拟*（*quantum simulation*）的一个例子。

如果你想了解截至 2019 年在化学领域应用量子计算的历史和最佳方法，可以参考 Cao 等人的综述[2]。如果你想理解规模化地进行分子的量子模拟这个具体问题及其与高性能计算机的交织情况，可参考 Kandala 等人的文章[10]。

1.3 量子计算为什么不一样

我可以在经典计算机上写一个模拟掷硬币的小应用程序。这个应用程序可以在我的手机或笔记本电脑上进行。

我们不使用正面或反面，而使用 1 和 0。我将这个例程称为 R，其初值为 1 或 0，然后随机返回 1 或 0。也就是说，它有 50%的概率会返回 1，50%的概率会返回 0。不管 R 以怎样的方式做了什么，我们都不知道。当你看到“R”，要想到 random（随机）。

这被称为公平抛掷（fair flip）。它没有经过加权，不会略微偏好其中某个结果。我们究竟能否在经典计算机上得到真正随机的结果则是另外一个问题。在这里，先假设我们的应用程序是公平的。

如果将 *R* 的初值设为 1，则可以预计其有 50%的概率返回 1，有 50%的概率返回 0；如果将 *R* 的初值设为 0，结果也是一样的。我称这两个应用程序分别为 *R*(1)和 *R*(0)。

如果只看 *R*(1)或 *R*(0)的结果，没办法分辨 *R* 的初值究竟是 1 还是 0。这就像是在神秘的掷硬币游戏中，无法仅凭硬币落地后的情况知道硬币是从正面还是反面朝上的情况开始抛掷的。我说掷硬币游戏“神秘”，是因为我能看到掷硬币的结果，但对抛掷行为本身的机制或硬币的初始状态一无所知。

如果 *R*(1)和 *R*(0)都随机为 1 和 0，那当执行 *R* 两次（图 1-6）时又会发生什么？

我将其写作 *R*(*R*(1))和 *R*(*R*(0))。答案还是一样的：均等分配的随机结果。不管我们执行 *R* 多少次，情况总是一样的：结果是随机的，我们不能反向推断出初始值。用 5.3 节中的术语来说：*R* 是*不可逆的*。

现在来看量子版本。我不再使用 *R*，而使用 *H*（图 1-7），我们将在 7.6 节学到它。它也能以同等的概率返回 0 或 1，但它还有两个有趣的性质。

（1）它是可逆的。尽管无论是从 1 还是从 0 开始，它都会随机得到 1 或 0，但我们总是能反过来查看初始时的值。

（2）它是其本身的逆运算或反运算。连续执行两次的结果就相当于什么也不做。

但是，这里有个陷阱。如果你想要逆转 *H* 的结果，那么你就不能查看 *H* 的结果。

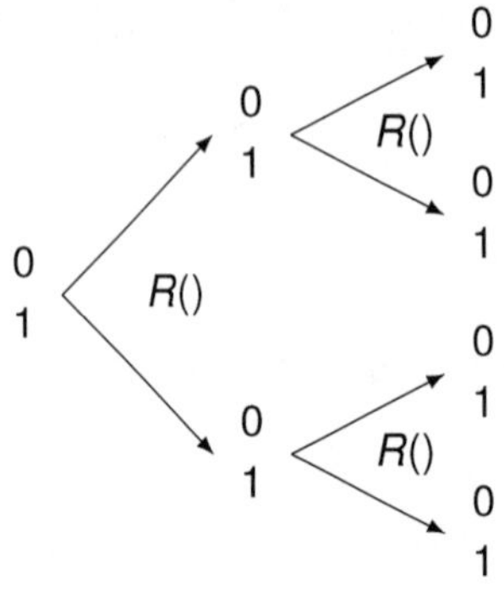

图 1-6

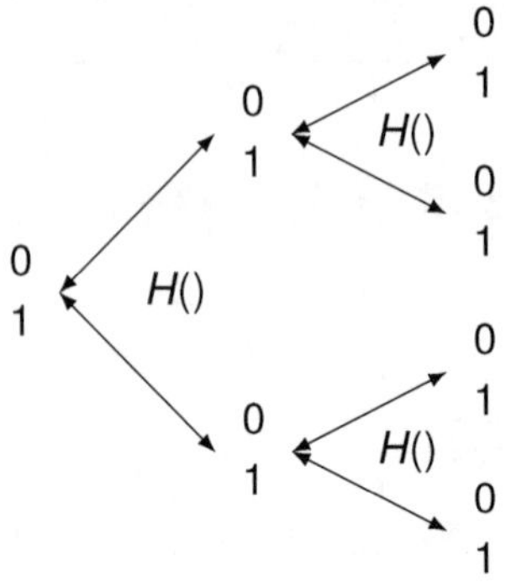

图 1-7

如果我们将 *H* 的初值设为 0 或 1，执行并查看结果，然后再次执行 *H*，那么结果就与使用 *R* 的一样了。在量子设置中，如果你在错误的时间执行了观测，你就直接回到了严格经典的行为。

使用掷硬币的术语来总结一下：如果你抛掷的是一枚量子硬币，抛掷后**不去查看它**，然后再次抛掷，就会得到你开始时的正面或反面；如果你看了，得到的就是经典的随机结果。

问题 1.3.1

请将该行为与 1.1 节的量子开关和量子灯的行为进行比较。

量子的另一个不同之处是处理同时值（simultaneous value）的方式。通常手机或笔记本电脑将字节（byte，记为 B）作为内存或存储器的基本单位，因此我们有“兆字节”（megabyte，记为 MB）这样的短语，其意思是一百万字节。

一个字节又可进一步分解为 8 个我们之前已经见过的比特。每个比特都可能是 0 或 1。算一算，每个字节都能表示为有 $2^8 = 256$ 种可能性的、用 8 个 0 或 1 构成的数字，但它*一次只能保留一个值*。

8 个量子比特则可以*同时*表示 256 个值。

这是通过叠加实现的，但也要用到*纠缠*（*entanglement*），这样我们才能将两个或多个量子比特的行为紧密地关联在一起。正因如此，对于我们在 1.2 节提到的咖啡因示例，如果使用量子表征，我们就能为工作内存大小带来指数级增长（实实在在的）。我们将在 8.2 节探索纠缠。

1.4 应用于人工智能

人工智能及其子学科机器学习涉及大量类型广泛的数据驱动技术和模型。它们被用于寻找信息中的模式、基于信息进行学习以及更“智能地”自动执行任务。它们也能为人类提供用其他方法很难获得的帮助和见解。

这里提供了一个思路，可以帮助你思考量子计算怎样应用于人工智能等计算密集型的、过程复杂的大型系统中。下面给出了 3 种也许可用量子计算补充经典技术的方法，它们在某种程度上分别对应于小、中、大规模。

（1）在一个软件组件中间某处可能有某个数学计算过程可通过量子算法加速。

（2）经典计算过程中有某个已得到良好描述的组件可用其量子版本替代。

（3）存在一种因为可以使用量子计算而完全不使用传统方法中某些经典组件的方法，

或整个经典算法都可以被更快或更有效的量子算法替代。

在我写作本书时，量子计算机尚未成为大数据（big data）机器。也就是说，你无法将数以百万计的信息记录用作量子计算的输入。不过，当你开始检查数据中的关联或依赖关系时，量子计算可以帮助完成输入数量适中但计算量“爆炸”的任务。正如我们在 1.2 节的咖啡因示例中看到的那样，凭借其呈指数级增长的工作内存，量子计算也许能够控制和应对这种“爆炸”。（参见 2.7 节对指数级增长的讨论。）

但在未来，量子计算机也许能够输入、输出和处理更多的数据。即便现在仍旧只有理论，但我们仍然可以合理地问：某天是否会有可用于人工智能的量子算法？

我们来看一些数据。我是个铁杆棒球迷，而棒球有很多相关的统计数据。这种分析甚至还有个专有名词：赛伯计量学（sabermetrics）。

假设我有一张按年份统计的一名棒球运动员的统计数据表，如图 1-8 所示。

Year	GP	AB	R	H	2B	3B	HR	RBI	BB	SO
2019	136	470	105	136	27	2	41	101	110	111
2018	162	587	94	156	25	1	46	114	74	173
2017	152	542	73	132	24	0	29	92	41	145
2016	140	490	84	123	26	5	27	70	50	109
2015	162	634	66	172	32	4	25	83	26	108
2014	148	545	110	153	35	1	29	79	74	144

其中

GP=Games Played=比赛场数
AB=At Bats=打数
R=Runs scored=得分
H=Hits=安打
2B=2 Base hits (doubles)=二垒安打（二安）
3B=3 Base hits (triples)=三垒安打（三安）
HR=Home Runs=本垒打
RBI=Runs Batted In=打点
BB=Bases on Balls (walks)=四坏球（保送）
SO=Strike Outs=三振

图 1-8　一名棒球运动员的逐年统计数据

为了让这些数据看起来更数学化，我们可以用这些数据创建一个矩阵：

$$
\begin{bmatrix}
2019 & 136 & 470 & 105 & 136 & 27 & 2 & 41 & 101 & 110 & 111 \\
2018 & 162 & 587 & 94 & 156 & 25 & 1 & 46 & 114 & 74 & 173 \\
2017 & 152 & 542 & 73 & 132 & 24 & 0 & 29 & 92 & 41 & 145 \\
2016 & 140 & 490 & 84 & 123 & 26 & 5 & 27 & 70 & 50 & 109 \\
2015 & 162 & 634 & 66 & 172 & 32 & 4 & 25 & 83 & 26 & 108 \\
2014 & 148 & 545 & 110 & 153 & 35 & 1 & 29 & 79 & 74 & 144
\end{bmatrix}
$$

有了这样的信息，我们可以使用机器学习技术来对其进行处理，以预测这名运动员的未来表现，甚至预测其他相似运动员的可能表现。这个过程中使用到的矩阵运算将在第 5 章进行讨论。

美国职业棒球大联盟有 30 支球队。加上他们的训练球队和培养球员的“小联盟”球队，每支大联盟球队的整个体系中都可能有超过 400 名球员。这样一来，球员总数量就超过了 12000，其中每一名球员都有各自完整的历史。实际的统计数据比我列出的多，这样我们的矩阵规模很容易就能超过 100000 个值。

在娱乐行业，很难估计有多少部电影存在，但数量肯定远超过 100000。对于每部电影，我们都可以列出其特征，比如它的类型（喜剧片、剧情片、爱情片等）、主演、导演、制片人、电影中的地理位置、所使用的语言等。这样的特征有数百个，而*看过这些电影的人也数以百万计*。

对于每个观众，我们还可以添加他是否喜欢某类电影、某个演员、某个场景位置或某个导演等特征。使用这些信息，根据观众和与观众相似的人的偏好，系统可以推荐在 12 月的某个周六晚上看的电影。

现在将每名棒球运动员或电影的每个特征视为一个维度。你可能会想到自然界的两三个维度，而在人工智能中，维度数可能成千上万，甚至达到数百万。

如前文所述，用于人工智能的矩阵的行数和元素数可达数百万。我们应该怎样理解它们，从而获得对其的见解、窥见其中的模式呢？考虑到要处理如此大量的信息，我们究竟能否在经典计算机上足够快速和准确地完成这些数学计算呢？

最初，人们以为量子算法也许能为这样的经典推荐系统带来指数级的运行速度提升，但 Ewin Tang 在 2019 年提出的一种“量子启发的算法”却表明一种经典方法也能带来这样的巨大提升[17]。什么是“指数级提升”？举个例子，指数级提升可能指能在 6 天内完成某事，而不是用 $10^6=100$ 万天——大约是 2740 年。

Tang 的研究成果是经典算法和量子算法交织发展的一个有趣案例。为经典计算开发算法的人会从量子计算汲取灵感，为量子计算开发算法的人也会从经典计算汲取灵感。另外，针对一个问题的任意特定的解决方法都可能包含经典组件和量子组件。

尽管如此，许多人仍旧相信量子计算能为某些矩阵计算带来巨大的提升。其中一个例子是 **HHL** 算法的提出。HHL 是提出这一算法的 3 位研究者（Aram W. Harrow、Avinatan Hassidim 和 Seth Lloyd）的姓氏首字母缩写。这个例子属于本节开头提到的“可用量子计算补充经典技术的方法”中的第一种。

这样的算法有望在经济学和计算流体动力学等许多领域发挥作用。它们还对数据的结构和密度有要求，而且可能使用我们将在 5.7.6 小节讨论的条件数（condition number）等性质。

了解更多

当你学完本书之后，你将有足够的知识基础阅读描述 HHL 算法的原始论文，以及近期关于如何将量子计算应用于线性代数问题的研究[7]。

在机器学习领域中一个重要的问题是分类。最简单的分类器是*二元分类器*，可将事物划分到两类中的一类。根据类别的定义，分类也可能或难或易。

下面给出一些二元分类的示例：

- 你喜欢的书**或**你不喜欢的书；
- 喜剧片**或**剧情片；
- 无麸质**或**有麸质；
- 用鱼做的菜**或**用鸡肉做的菜；
- 英国足球队**或**西班牙足球队；
- 普通辣酱**或**超辣辣酱；
- 棉衬衫**或**免烫衬衫；
- 开源**或**专有；
- 垃圾电子邮件**或**有用的电子邮件；
- 美国联盟中的队伍**或**国家联盟中的队伍①。

第二个划分喜剧片或剧情片的例子可能并不恰当，因为有些电影同时属于两者。

从数学上看，我们想象一些数据是输入，然后将其分类为 +1 或 –1 。我们可以取一个相当大的数据集，手动为其打上 +1 或 –1 的标签，然后从这个*训练集*中*学习*如何对未来的数据进行分类。

机器学习二元分类算法包括随机森林、k 近邻、决策树、神经网络、朴素贝叶斯分

① 美国联盟（American League）和国家联盟（National League）为两个不同的职业棒球联盟。——编者注

类器和支持向量机（Support Vector Machine，SVM）等。

在训练阶段，首先给定一个预分类的目标（书籍、电影、蛋白质、操作系统、棒球队等）列表。然后使用以上算法学习如何将新的目标划分为其中一个类别。

SVM 是一种直接、简单的方法，具有清晰的数学描述。在二维情况下，我们尝试画出一条直线将目标（在图 1-9 中用点表示）分到两类中的一类。

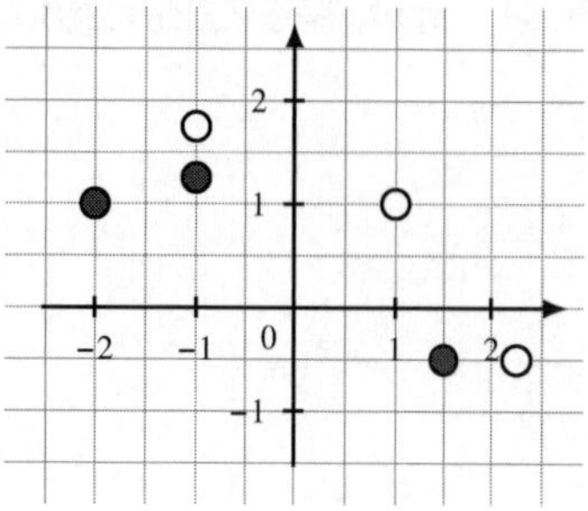

图 1-9

这条直线应尽可能使目标分组之间的间隙最大。

图 1-10 中给出了一条直线的示例，其将实心点划分到了直线的下方，将空心点划分到了直线的上方。

给定一个新点，我们可以将其标到图中，然后看它是在直线的上方还是下方。这代表着将其划分为空心点或实心点。

假设我们知道这个点被正确地划分到直线的上方。我们可以接受这一结果，然后继续操作。

但如果这个点分类错误，我们就将这个点添加到训练集中，然后尝试计算出一条更好的新直线。这也许无法做到。

在图 1-11 中，我在直线上方纵坐标接近 2 的位置添加了一个新的实心点。有了这一个点，我们将无法计算出可以分开这些点的直线。

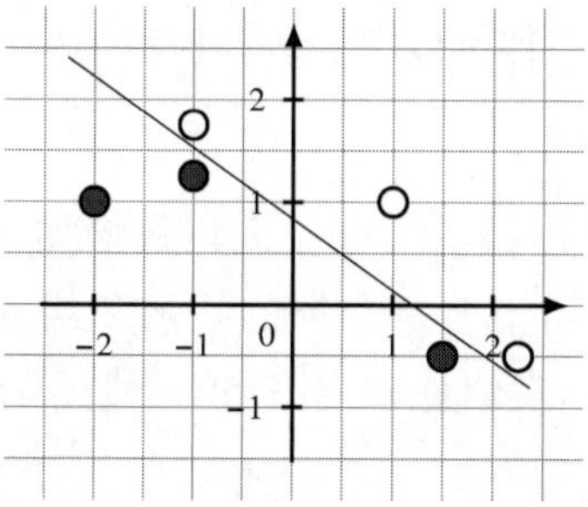

图 1-10

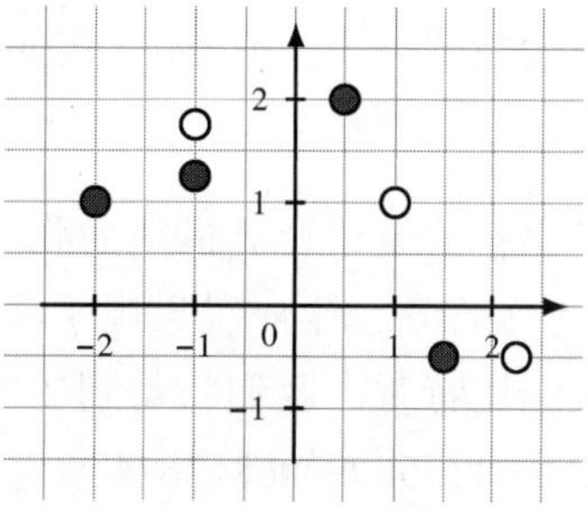

图 1-11

如果我们在三维空间中表示这些点，我们将需要找到一个能以最大间隙分开这些点的平面。我们将需要计算一些新的量，使这些点位于平面的上方或下方。用几何术语来说，如果仅给出 x 和 y，我们就需要以某种方式计算出一个用于表示第三个维度的 z。

对于使用 n 个维度的表征，我们要计算出$(n-1)$维的分割*超平面*（*hyperplane*）。我们将在第 4 章介绍二维和三维，在第 5 章讨论一般情况。

在图 1-12 中，我先从图 1-11 中取同样的值并将它们平放在坐标平面中。然后添加一个竖直维度，将实心点移到平面下方，将空心点移到平面上方。使用这一构造，坐标平面本身就能将这些值分开。

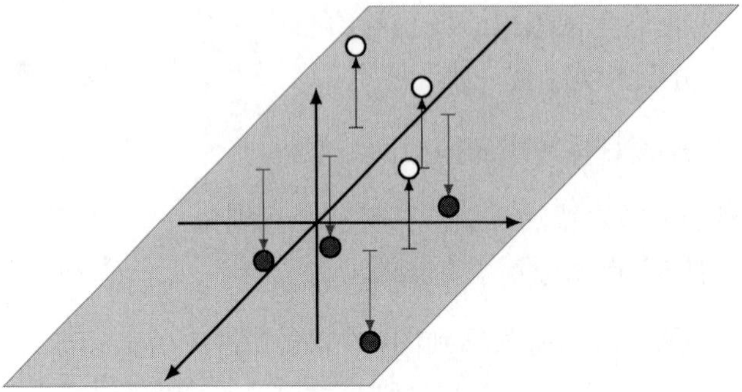

图 1-12

我们虽然无法在二维空间中将这些点分开，但能在三维空间中做到这一点。这种面向更高维度的映射被称为*核技巧*（*kernel trick*）。尽管这一案例中的坐标平面可能并不是理想的分割超平面，但它能让你理解我们在这里的思路。*核函数*（*kernel function*，核技巧的一部分）的优点是我们真正需要做的几何计算可能比你预想的在更高维空间中所需的计算少得多。

现在需要指出，对于那些我们能使用传统方法很好地解决的小问题，我们无须尝试量子方法。除非问题足够大，值得付出量子线路相对于经典电路的额外开销①，否则采用量子方法是没有优势的。另外，如果我们能想出一种可以在经典计算机上轻松模拟量子方法的技术，那我们就不一定需要量子计算机了。

1 量子比特的量子计算机能为我们提供一个二维的工作空间。每增加一个量子比特，维度就会翻倍。这一现象基于将在第 7 章和第 8 章介绍的叠加和纠缠概念。当有 10 个量子比特时，我们将得到 $2^{10}=1024$ 维。类似地，当有 50 个量子比特时，我们将得到 $2^{50}=1125899906842624$ 维。

还记得棒球运动员和电影的特征的维度吗？为了在*量子特征空间*（*quantum feature space*）中执行人工智能计算，我们需要足够大的量子计算机。重点就是：在大型量子特征空间中处理维度极高的数据。

① “电路”与“线路”在本书英文版中均为“circuit”，但本书将经典电子计算机场景中的该词译为电路，将量子计算相关场景中的该词译为线路。——译者注

现在已有一种在量子特征空间中生成分割超平面的量子方法。还有另一种方法可以跳过生成超平面的步骤，直接得到非常准确的分类核函数。随着我们能纠缠的量子比特数量的增加，分类成功率也将得到提升[8]。这个研究领域很活跃：我们该如何使用经典方法中不存在的纠缠来找到比使用严格的传统方法更好的模式或新模式？

了解更多

将量子计算与机器学习等人工智能技术联系起来的研究论文正越来越多，但研究成果有些零散。在总结当今研究现状方面比较好的书是 Peter Wittek 所著的《量子机器学习》（*Quantum Machine Learning*）[19]。

再提醒一次：目前量子计算机还不能处理大量数据！

另外，Torial 等人[18]展示了一项机器学习在量子计算和化学方面的高级应用。

1.5 应用于金融服务

假设我们有一个半径为 1 的圆，它内切于一个正方形，则该正方形的边长为 2，面积为 $2 \times 2 = 4$。那么这个圆的面积 A 是多少？

在你回忆几何面积公式之前，我们试试另一种计算方法，这会用到比率和一些实验。

假设我们将 N 个硬币抛掷到这个正方形上，然后统计其中有多少硬币的中心位于其内切圆上或圆内（如图 1-13 所示）。如果这一数量为 C，则

$$\frac{\text{圆的面积}}{\text{闭合正方形的面积}} = \frac{A}{4} \approx \frac{C}{N} = \frac{\text{落在圆中的硬币数}}{\text{硬币总数}}$$

因此，$A \approx \frac{4C}{N}$。

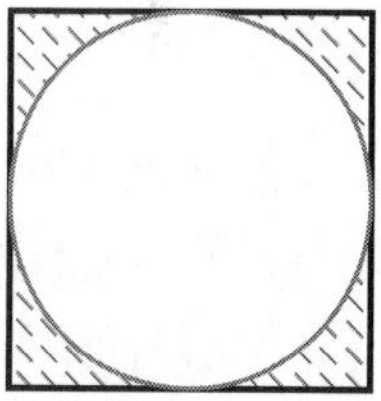

图 1-13

这里涉及随机性：硬币有可能全部落在圆内或以更小的可能性全部落在圆外。当 $N = 1$ 时，我们将完全无法准确地估计 A，因为 $\frac{C}{N}$ 只能为 0 或 1。

问题 1.5.1

如果 $N=2$，A 可能的估计值是多少？$N=3$ 时又如何？

很显然，选择的 N 越大，对 A 的估计就越准确。

我使用 Python 及其随机数生成器创建了 10 个中心位于正方形内的点。图 1-14a 展示了这些点的位置。在这种情况下，$C=9$，$A\approx 3.6$。

当 $N=100$ 时，我们得到图 1-14b，此时 $C=84$，$A\approx 3.36$。要记住，如果生成的随机数不同，这些数字也会有所差异。

图 1-14c 所示的是 $N=500$ 的情况。现在 $C=387$，$A\approx 3.096$。

A 的实际值为 $\pi\approx 3.14159$。这一技术名为*蒙特卡罗采样*（*Monte Carlo sampling*），可以追溯到 20 世纪 40 年代。

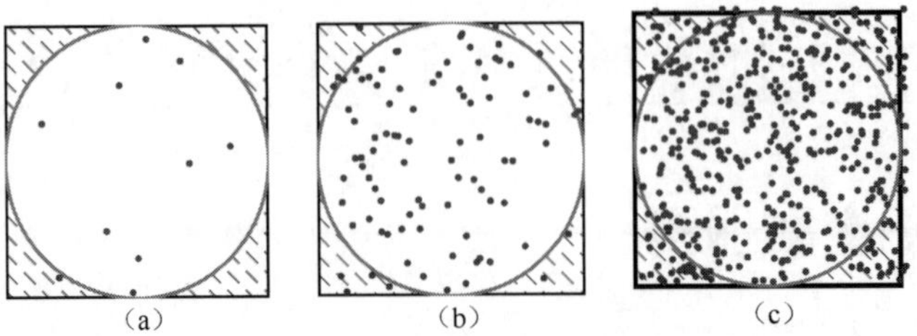

图 1-14

下面给出了使用这一技术在 N 越来越大时所得到的 A 的近似值。要记住，因为我们使用的是随机数，所示这些数字也会随所使用的数值序列的变化而变化：

N	10	100	1000	10000	100000	1000000	10000000
A	3.6	3.36	3.148	3.1596	3.14336	3.141884	3.1414132

要接近实际值 π，需要运行很多次，即 N 的值要非常大。尽管如此，这个例子表明我们可以使用蒙特卡罗采样技术来近似求取可能没有公式的值（在这个案例中我们估计的是 A）。在这个案例中，我们故意忽视了已有的知识，即圆的面积为 πr^2，其中 r 是圆的半径。

我们将在 6.7 节介绍其中涉及的数学知识，并且说明如果想以至少 99.9999%的概率在 0.00001 的精度内估计 π 的值，我们需要 $N\geqslant 82863028$。也就是说，我们需要使用的点的数量超过 8200 万！所以，虽然这里可以使用蒙特卡罗方法，但效率很低。

在这个案例中，我们事先已经通过其他方法知晓了答案。如果我们不知道答案，而且没有可供计算的公式，那么蒙特卡罗方法可成为一种有用的工具。但是，由于需要非常大量的样本才能得到合理的准确度，因此这一过程的计算量也非常大。我们如果可以显著降低所需的样本数量，就能以较快的速度计算得到更准确的结果。

鉴于本节的标题提到了“金融”，那么我现在可以毫不奇怪地指出：蒙特卡罗方法可用于计算金融（computational finance）。我们计算 π 时的随机性可以转换成不确定性等概念。而不确定性可与概率关联到一起，概率又可用于计算投资的风险和回报率。

对于投资回报率，就不是看一个点是在圆内还是圆外了。我们在计算风险时可能需要考虑多项因素：

- 市场规模；
- 市场份额；
- 售价；
- 固定成本；
- 运营成本；
- 过时淘汰成本；
- 通胀或通缩；
- 国家货币政策；
- 天气；
- 政治因素。

对于以上或其他任何与特定投资相关的因素，我们要对其进行量化处理，并分配可能结果的概率，然后以加权的方式将所有可能的情况组合起来计算风险。这是一个无法一次性计算完成的函数，但我们可以使用蒙特卡罗方法来估计——类似于 6.7 节中的圆分析（circle analysis），但更复杂。这样，我们就可以知道需要多少样本得到所需准确度的结果。

在这个关于圆的例子中，即使仅得到一般合理的准确度也需要数千万个样本。要分析投资风险，我们所需的样本数量可能还要多很多个数量级。那么，我们该怎么办？

我们可以使用高性能计算机，也确实是这么做的。我们可在考虑每个因素时思考更少的可能。举个例子，可以将可能的售价变化幅度设置得更大，也可以咨询更专业的专家，得到更准确的概率（这可以提升准确度，同时不一定增加计算时间），还可以使用更少的样本，只要我们能接受精度更低的结果。

我们也可以考虑使用蒙特卡罗方法的量子版本或其他替代方法。2015 年，Ashley Montanaro 描述了一种使用量子计算进行二次加速的方法[12]。这能使速度有多大提升？

要得到前文的圆计算中所提到的准确度，我们无须再使用 8200 万个样本，仅使用大约 9000 个样本（$9055 \approx \sqrt{82000000}$）就能达到目标。

2019 年，Stamatopoulos 等人的研究展示了使用量子计算系统实现金融期权定价的方法和需要考虑的问题[16]。需要强调：为了真正做到这一点，我们所需的量子计算机在规模、准确度和计算能力方面都要远胜于本书撰写时已有的量子计算机。但是，正如很多在行业用例上完成的算法研究一样，我们相信我们的道路是正确的：使用量子计算能以显著更快的速度解决一些重大问题。

通过使用蒙特卡罗方法，我们可以改变我们的假设，然后对其进行场景分析。如果我们最终可以使用量子计算机来极大地减少所需样本的数量，我们将能以更快的速度分析更多的场景。

了解更多

David Hertz 在 1964 年发表于《哈佛商业评论》（*Harvard Business Review*）的论文非常浅显易懂地介绍了用于风险分析的蒙特卡罗方法，尽管文中并未用到“蒙特卡罗”这个词[9]。近期的一篇论文更全面地总结了这些方法以及将它们应用于市场分析的历史[6]。

本书的目标是介绍量子计算，以便你有足够的知识储备可以阅读特定行业的量子计算用例和研究论文。举个例子，要了解用于风险分析的现代量子算法，可阅读 Woerner 和 Egger 等人的文章[20] [3]。Braine 等人[1]介绍了使用量子计算进行交易结算方面一些早期的探索结果。

1.6 可以用于加密吗？

你可能在新闻媒体上见过如下的头条标题。

- 量子安全末日！
- Y2K？做好准备迎接 Q2K！
- 量子计算将突破所有互联网安全技术！

这些让人喘不过气的“宣言”意在抓住你的眼球，而且通常包含关于量子计算和安全的严重误解。我们来看看这些担忧的根源所在，然后从现实角度来讨论量子计算是否真的会造成安全危机。

RSA 是一种常用的安全协议，其工作方式如下。

- 你希望别人给你发送安全信息。这意味着你需要给他们提供一些东西，以便他们在发送之前对消息进行加密。你且只有你可以解密他们发送给你的信息。
- 你发布一个用于加密发送给你的消息的公钥。任何获得这个公钥的人都能使用它。
- 另外还有一个密钥，即你的私钥。你且只有你拥有它。你可以使用它解密并读取加密后的消息[15]。

尽管上面谈到的是发送给你的消息，但这个方案也适用于通过互联网发送交易数据并安全地将信息存入数据库中。

可以肯定的是，如果有人窃取了你的私钥，就会让网络安全遭遇紧急风险。而量子计算既不能从物理上窃取你的私钥，也不能说服你把它交给坏人。

但如果我能根据你的公钥计算出你的私钥呢？

你的公钥看起来像是一个数对(e,n)，其中n是一个非常大的整数，而且它是两个质数的乘积。我们将这两个质数记为p和q。举个例子，如果$p=982451653$且$q=899809343$，则$n=pq=884019176415193979$。

你的私钥看起来像是一个整数对(d,n)，其中的n与公钥中的n一样。真正需要保密的是其中的d。

潜在的问题是：如果某人能快速地将n分解为p和q，那么他们就能计算出d。也就是说，快速的整数分解会导致 RSA 加密被破解。

虽然乘法非常简单，你很早就已经学会了，但将整数分解却非常难。对于特定两个质数的乘积，如果使用已知的经典方法来分解，可能需要数百乃至数千**年**的时间。

鉴于此，除非d被盗取或被你交给了别人，否则消息应当安全无虞。除非，世上存在使用非经典计算机的另一种整数分解方法。

1995 年，彼得·舒尔发布了一种用于整数分解的量子算法。相比于已知的经典方法，舒尔算法可获得指数级的速度提升。我们将在 10.6 节分析舒尔算法。

听起来真是有大问题呀！这也正是很多有关量子计算和安全的文章如此“疯狂”的根源。但问题的关键是：**为了执行这样的分解，量子计算系统需要达到怎样的计算能力**

和计算质量？

撰写本书时，科学家和工程师正在构建*物理量子比特*达到两位数的量子计算机，并希望在未来几年里构建出物理量子比特达到 3 位数的系统。举个例子，研究者已经讨论过具有 20、53、72 和 128 个量子比特的情况。（要注意人们说的“将有”和“真的有”的差别。）物理量子比特是指用硬件实现的逻辑量子比特，我们将在第 7 章提到它。

物理量子比特有噪声，而噪声会导致计算出现误差。舒尔算法需要使用具备完全容错和纠错能力的逻辑量子比特，也就是说，我们需要有能力检测和纠正量子比特中出现的错误。实际上，如今的笔记本电脑和智能手机的内存和数据存储器中就具备这种机制。我们将在 11.5 节探索量子纠错。

根据经验法则，假设打造一个逻辑量子比特需要 1000 个非常好的物理量子比特（如图 1-15 所示）。根据研究者、市场“炒作”和主观愿望的不同，这个估计值可能会有所差异，但我认为 1000 是比较合理的。我们将在第 11 章讨论这两类量子比特的关系。目前，我们正处于*多噪声中规模量子*（*Noisy Intermediate-Scale Quantum*，*NISQ*）时代。NISQ 这个术语是物理学家 John Preskill 于 2018 年提出的[14]。

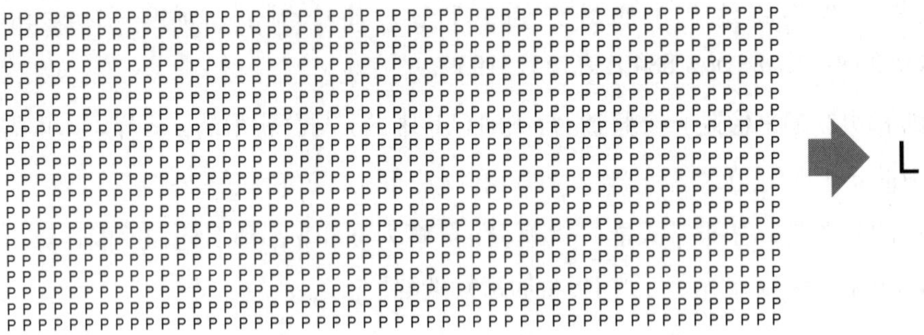

图 1-15　打造一个逻辑量子比特（L）需要许多物理量子比特（P）

进一步估计，要使用舒尔算法来分解当今的 RSA 所使用的 n，大概需要 $10^8 = 1$亿 个物理量子比特。这差不多对应 10 万个逻辑量子比特。另一方面，现在已有的量子计算机的物理量子比特数量仅有两三位数。两个数量级间差异巨大。

这些数字也许过于保守，但我认为与实际情况的差别也不会太大。如果有人引述了远远更小的数字，你要尝试了解他们的动机以及他们所使用的数据。

我们可能要等到 2035 年乃至更遥远的未来才能造出如此强大的量子计算机，也可能永远无法造出如此强大的量子计算机。假设我们未来能够造出这样的量子计算机，那么我们现在应该做什么呢？

首先，你应该开始迁移到所谓的后量子（post-quantum）或抗量子（quantum-proof）加密协议。美国国家标准技术研究所的一个跨国研究团队正在为这些加密协议制定标准。量子计算系统无法破解这些协议，尽管其最终也许能破解 RSA 和其他经典协议。

你也许觉得还有很多时间，足够迁移你的交易系统。但完成迁移究竟需要多少时间？对金融机构来说，部署新的安全技术可能需要 10 年乃至更长的时间。

更重要的是你的数据。如果有人能在 15 年、30 年或 50 年内攻破你的数据库，是否会造成麻烦？对于大部分组织机构来说，答案是确凿的。你现在就应该开始为你的数据寻求使用新的后量子安全标准的软硬件加密支持。

最后，不管有没有量子计算，如果你现在没有很好的网络安全和加密策略或者还没有实际部署它们，那么你将面临很大的风险。抓紧时间解决这些问题吧。想知道量子计算系统能否以及何时可能会被用于破解加密方案？你应该听听那些真正参与制造量子计算系统的人的说法，毕竟其他所有人的言论都是“二手”或“三手”知识。

了解更多

在估计量子计算系统能否以及何时可能威胁到网络安全时，不同的人有不同的看法。任何有关这一主题的研究都有必要随技术的发展而更新。在本书首次出版之时，对此做出最完整分析的大概是 Mosca 和 Piani[13]。

1.7 小结

在第 1 章中，我介绍了近来人们对量子计算机感兴趣的原因。经典计算比特“孤立”的 1 和 0 可以被量子比特无限的状态扩展和补充。叠加和纠缠性质可让我们获得经典计算机无法提供的、多维度的工作内存。

量子计算的行业用例尚在萌芽，但专家相信量子计算很快就能用于化学、材料科学和金融服务等领域。在人工智能领域，量子计算也可用于提升某些计算的性能。

在传统媒体和社交媒体上，对于安全性、信息加密和量子计算之间的影响，一直存在很多不同的声音，主要的分歧在于其所需的性能和时间。

在第 2 章中，我将更详细地介绍基于经典比特的计算，并从技术角度探索量子计算如何帮助我们解决用当今的其他方法无法解决的问题。从第 3 章到第 6 章，我将介绍理解量子计算的工作方式所必需的数学知识。要介绍的内容有很多，但量子计算值得我们深入学习，而不仅仅是肤浅地理解“是什么”“怎么样”“为什么”。

参考资料

[1] Lee Braine et al. *Quantum Algorithms for Mixed Binary Optimization applied to Transaction Settlement*. 2019.

[2] Yudong Cao et al. “Quantum Chemistry in the Age of Quantum Computing”. In: *Chemical Reviews* (2019).

[3] Daniel J. Egger et al. *Credit Risk Analysis using Quantum Computers*. 2019.

[4] FermiLab. *What is the number of atoms in the world?* 2014.

[5] Richard P. Feynman. “Simulating Physics with Computers”. In: *International Journal of Theoretical Physics* 21.6 (June 1, 1982), pp. 467-488.

[6] Peter Furness. “Applications of Monte Carlo Simulation in marketing analytics”. In: *Journal of Direct, Data and Digital Marketing Practice* 13 (2 Oct. 27, 2011).

[7] Aram W. Harrow, Avinatan Hassidim, and Seth Lloyd. “Quantum Algorithm for Linear Systems of Equations”. In: *Physical Review Letters* 103 (15 Oct. 2009), p. 150502.

[8] Vojtěch Havlíček et al. “Supervised learning with quantum-enhanced feature spaces”. In: *Nature* 567.7747 (Mar. 1, 2019), pp. 209-212.

[9] David B Hertz. “Risk Analysis in Capital Investment”. In: *Harvard Business Review* (Sept. 1979).

[10] Abhinav Kandala et al. “Hardware-efficient variational quantum eigensolver for small molecules and quantum magnets”. In: *Nature* 549 (Sept. 13, 2017), pp. 242-247.

[11] Rachel Link. *How Much Caffeine Do Coke and Diet Coke Contain?* 2018.

[12] Ashley Montanaro. “Quantum speedup of Monte Carlo methods”. In: *Proceedings of the Royal Society A: Mathematical, Physical and Engineering Sciences* 471.2181 (2015), p. 20150301.

[13] Michele Mosca and Marco Piani. *Quantum Threat Timeline*. 2019.

[14] John Preskill. *Quantum Computing in the NISQ era and beyond.*

[15] R. L. Rivest, A. Shamir, and L. Adleman. "A Method for Obtaining Digital Signatures and Publickey Cryptosystems". In: *Commun. ACM* 21.2 (Feb. 1978), pp. 120-126.

[16] Nikitas Stamatopoulos et al. *Option Pricing using Quantum Computers*. 2019.

[17] Ewin Tang. *A quantum-inspired classical algorithm for recommendation systems*. 2019.

[18] Giacomo Torlai et al. *Precise measurement of quantum observables with neural-network estimators*.

[19] P. Wittek. *Quantum Machine Learning. What quantum computing means to data mining*. Elsevier Science, 2016.

[20] Stefan Woerner and Daniel J. Egger. "Quantum risk analysis". In: *npj Quantum Information* 5 (1 Feb. 8, 2019), pp. 198-201.

第 2 章 经典并不是老旧

不管头脑多么简单，不管地位多么卑微，我们都逃不开质疑我们所相信的一切的责任。

威廉·金登·克利福德（William Kingdon Clifford）

在介绍量子计算时，我们可以简单、轻松地说它“在每个方面都与经典计算完全不同！”好吧，就算这样说了，我们究竟在比较什么呢？

我们首先来看看经典计算机及其解决问题的工作方式是怎样的。在此基础上，再去看量子计算将如何使用涉及量子比特、叠加和纠缠的运算来替代经典计算（即使是最基础的计算）。

2.1 计算机内部是什么样的?

如果我现在要买一台笔记本电脑，那么我需要考虑以下硬件选项：

- 机器的尺寸和重量；
- 显示器的质量；
- 处理器及其计算速度；
- 内存和存储容量。

3 年前，我自己组装了一台台式游戏电脑，我购买并组装了以下部件：

- 机箱；
- 电源；
- 主板；

- 处理器；
- 内存；
- 具有图形处理单元（Graphics Processing Units，GPU）和显存的显卡；
- 内置硬盘驱动器和固态硬盘；
- 内置蓝光驱动器；
- 无线网络 USB 设备；
- 显示器；
- 扬声器；
- 鼠标和键盘。

如你所见，我必须做出很多选择。在购买笔记本电脑时，你要思考购买该机器的原因以及想用它做什么，不会太多考虑具体的硬件。你不必选择部件的生产商，也不必考虑能让这些部件协同工作的标准。

购买智能手机时也是同理。你需要先选择手机操作系统，然后选一家生产商，挑选一款手机，最后决定你需要多少存储空间来放应用、音乐、照片和视频等。

在上面所有的组件中，我将主要关注其中 4 种：处理器、GPU、内存和存储器（硬盘驱动器或固态硬盘）。其中处理器是通用计算的“大脑”，GPU 适用于专用计算，内存用于保存计算期间的信息，存储器则用于长时间保存应用程序使用或产生的数据。

所有组件都要安装在主板上或连接到主板，而主板上还有大量支持和连接这些组件的电路。我的讨论中并没有完整囊括计算机中每种可能的独立或集成组件。

首先来看存储器。在人工智能这样的应用中，为了寻找模式和执行分类等任务，往往需要处理很多 MB 或 GB 级的数据。这些信息要么存储在 IBM 公司于 1956 年最先推出的那种硬盘驱动器中，要么存储在现代的固态硬盘中。

> 最小的信息单位是比特，而比特要么表示 0，要么表示 1。

现如今的存储器容量可达 TB 级，而 $1\ \text{TB} = 1000\ \text{GB} = 10^3\ \text{GB}$。而 1 GB = 1000 MB，1 MB = 1000 kB，1 kB 则表示 1000 B。因此，$1\ \text{TB} = 10^{12}\ \text{B} = 1000000000000$ 字节，而 1 字节= 8 比特。

上述量的换算采用 10 的整数幂作为倍数。另一种常见的版本是将千字节定义为1024（即 2^{10}）字节，更大的单位以此类推。两种版本在数值上有些许差别，但对于大多数用途来说差别并不明显。

数据可以是你想到的任何东西，如音乐、视频、消费者记录、客户记录、演示文稿、财务数据、天气历史和预报以及本书的来源等。这些信息必须要尽可能长时间地可靠保存，因此，适用于存储这些信息的存储器被称为*持久性存储器*（*persistent storage*）。也就是说，一旦我将数据放入了硬盘中，不论什么时候我想使用它，它都在那里。

这个硬盘可能位于执行处理操作的计算机之中，也可能位于网络中的其他地方。“云”上的数据也存储在硬盘之中，可以被那里的处理器读取，也可被你的机器读取。

这里说的“可靠保存”信息是什么意思？从较高的层面来讲，这意味着信息在其他地方有备份，可实现冗余。我也可以坚持说“可靠保存”意味着要对数据进行加密，使得其仅能被获得授权的人和进程访问。从较低的层面来讲，我希望以 0 和 1 形式保存的数据能一直与录入时保持一致。

我们先来看看普通的字符是如何保存的。如今，我们通常使用 Unicode 来表示超过 10 万个国际字符和符号，其中包括一些相对较新的符号，比如 emoji 符号[10]。但是，很多应用仍然使用着 ASCII（也被称为 US-ASCII）字符集，其中仅包含在美国常用的少量字符。ASCII 使用了一个字节中的 7 个比特（0 或 1）来表示这些字符。表 2-1 中给出了一些例子。

表 2-1

比特	字符	比特	字符
0100001	!	0111111	?
0110000	0	1000001	A
0110001	1	1000010	B
0110010	2	1100001	a
0110011	3	1100010	b
0111100	<	1110011	s

我们从右向左、从 0 开始给这些比特编号：

字符“a”：	1	1	0	0	0	0	1
	↑	↑	↑	↑	↑	↑	↑
位置：	6	5	4	3	2	1	0

如果偶然出现了什么状况让字符“a”的 5 号比特从 1 变成了 0，则我们最终会得到字符“A”。如果这出现在文本之中，你可能会说这无伤大雅，因为该文本仍旧可读。尽管如此，这已经不再是我们一开始存入的数据了。如果我将字符“s”的 6 号比特改为 0，则会得到字符“3”。这样的数据错误可能改变文本的拼写和数值大小，进而影响到对天气、资金和驾照号码等数字的读取。

这种错误发生的原因可能是硬件原有的或后天造成的缺陷、操作环境中的极端“噪声”，甚至是极不可能出现的散射到此的一点宇宙辐射。现代的存储器硬件在生产时会经过严密的测试，具有非常严谨的公差。但是，存储设备中的软件通常可以检测出错误并纠正它们。这样的软件的目标是尽可能少地使用其他数据来快速检测并纠正错误——这就是*容错*（*fault tolerance*）。

其思路是我们首先以某种方式使用额外的信息对初始数据进行编码，从而让我们能以某种方式判断是否出现了错误以及是否存在可能的修复方式，然后对数据进行一些处理，之后解码信息并在必要时纠正它，如图 2-1 所示。

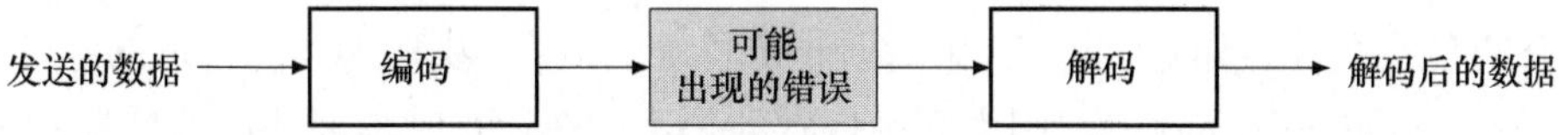

图 2-1

一种用于规避错误的策略是多次存储数据。这种策略被称为*重复码*（*repetition code*）。假设我想存储“a”，我可以将其保存 5 次：

1100001　**0**100001　**1**100001　**1**100001　**1**100001

第一个和第二个副本的 6 号比特不一样，说明出现了错误。因为 5 个副本中有 4 个是一致的，我们也许可以据此“纠正”这个错误，将其实际值确定为 1100001。但是，谁能保证其他副本没有出错？比重复码更高效的检测和纠正错误的策略是存在的，但重复码是其他多种策略底层的核心概念。

另一种可用于检测错误的策略是使用偶校验位（even parity bit）。我们在原有的数据上加上一个比特。如果为 1 的比特数为奇数，则在数据前面加一个 1；如果为 1 的比特数为偶数，则在前面加一个 0：

1100001→**1**1100001

1100101→**0**1100101

如果我们拿到的一段数据中有奇数个 1，那我们就知道其中至少有一个比特出错了。

如果错误总是在存储器的某个特定区域中持续出现，那么控制软件就可以向硬件下达指令，不使用存储器的这一部分。我们的系统中有 3 个用于保持数据正确的进程。

- *检测错误*：发现已出现的错误。
- *纠正错误*：以已理解的统计置信度修复错误。
- *减少错误*：一开始就通过生产制造或控制防范错误出现。

了解更多

量子纠错的很多技术和术语都可以追溯和类比到始于 20 世纪 40 年代的经典用例[2] [3] [8]。

操作系统的作用之一是让软件通过操作文件系统来使用持久性存储器。文件系统的设计方案有很多，但你可能只知道数据可装入各个名为“文件”（file）的容器中，然后分组到文件夹或目录。针对文件系统的大部分工作都由非常底层的代码完成，这些代码可将某个设备中存储的信息移至另一个设备，也可将信息移入或移出应用程序。

介绍了持久性存储器，我们再来看看计算机中的内存。我认为其更合适的称呼是“工作内存”（working memory），因为其中保存的是系统在运行时需要使用的信息。内存中保存了部分操作系统、运行中的应用程序，以及这些应用程序正在使用的工作数据。应用程序中不需要立即使用的部分数据可能会通过一种名为“分页”（paging）的方法存入硬盘。内存中的信息可能读取自硬盘、由处理器计算得到，或以其他某种方式存入。

对于内存，一个常见的规则是“越多越好”。这听起来似乎是理所当然的，但低成本的笔记本电脑往往会在内存的容量上有所缩减，也因此应用程序的运行速度会更慢。这类笔记本电脑的内存容量可能仅有用于编辑视频或玩游戏的高端台式计算机的 20%。

对内存位置的访问是通过地址实现的，如图 2-2 所示。

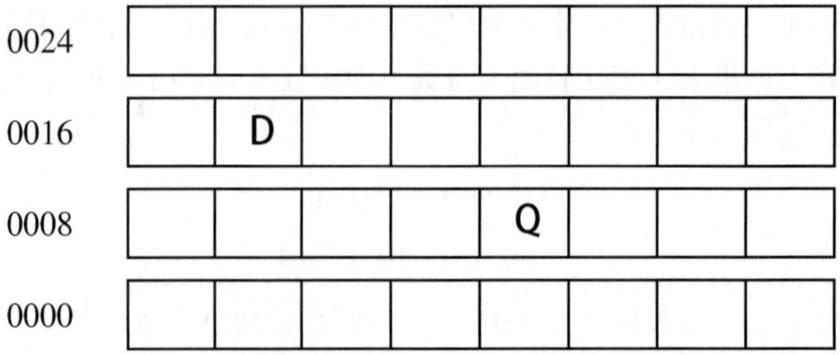

图 2-2

图 2-2 中，表示字符“**Q**”的数据的字节位于地址 0012，而表示字符“**D**”的数据的字节则位于地址 0017。如果内存很大，表示地址的数字也会非常大。

接下来看经典计算机中的中央处理器（Central Processing Unit，CPU）。虽然说起来很老套，但 CPU 确实像是计算机的“大脑”。它控制着指令序列的执行，而这些指令序列可以完成许多任务，包括运算、将数据移入和移出内存、使用处理器中名为*寄存器*（*register*）的特定快速内存以及根据条件跳转至指令序列中其他位置等。当前最新的处理器可以帮助解释型编程语言管理内存，甚至可以生成随机数。

在物理实体方面，如今的 CPU 是由晶体管、电容器、二极管、电阻器以及将它们连接到同一个*集成电路*中的路径构成的。我们需要区分这些电子电路和逻辑电路，其中前者是后者的物理实现。

1965 年，戈登 • 摩尔（Gordon Moore）在开发了多年经典处理器之后得出了一个推论，他假设我们大约每两年就能让处理器的速度翻一倍[6]。当这一趋势开始失势时，工程师们又找到了在一个处理器中放入多个处理单元的方法。这些处理单元被称为内核（core）。

处理器可能会有一些执行特定功能的特殊单元。*浮点运算单元*（*Floating Point Unit*，*FPU*）执行的例程可处理带有小数的数字。*算术逻辑单元*（*Arithmetic Logic Unit*，*ALU*）可为整数算术运算提供硬件加速。一个 CPU 并不限定只有一个 FPU 或 ALU。CPU 架构中可能包括多个这样的单元，以便更好地用于高性能计算机等设备。

缓存（*cache*）可通过存储即将使用的数据和指令来提升 CPU 的性能。例如，在从存储器检索数据时，通常不会仅检索 1 字节的信息，更好的做法是将其周围成百上千字节的信息一起拉到快速内存中。这样做基于一个假设：如果处理器现在正在使用某个数据，那么它很快就将使用其周围的其他数据。为了让内核能以尽可能短的等待时间处理所有数据和指令，人们开发出了非常复杂、精细的方案。

你可能听说过 32 位或 64 位计算机，也可能根据这一性质选过操作系统。这些数据代表处理器的*字长*（*word size*），表示计算机通常处理的一份数据的“自然”大小，决定了处理器在进行算术运算时所能处理的整数大小以及其在访问内存时能使用多大的地址。

对于第一种情况，32 位的字长仅能使用前 31 位来保存数值，最后 1 位用于保存符号。尽管这些数字的具体保存方法有很多种，但常用的方案是：如果符号位为 1，则表示这个数是负数；如果符号位为 0，则表示这个数是零或正数。

对于内存寻址，和上面一样，假设内存的第一个字节的地址为 0。给定一个 32 位的地址大小，最大地址是 $2^{32}-1$，共 4294967296 个地址，也就是说这个处理器可用的最大内存容量为 4 GB。而如果使用 64 位处理器，处理器可用的内存容量会大得多。

问题 2.1.1

64 位处理器可访问的最大内存地址是多少？

在如今的高级处理器中，内存中的数据实际上并不是通过指向某个物理位置的简单整数地址来存取的，而是通过*内存管理单元*（*Memory Management Unit*，*MMU*）。通过一个映射了特定硬件的方案，MMU 可将你给出的地址转译为计算机内存中的某个位置。这叫作*虚拟内存*（*virtual memory*）。

除了 CPU，计算机可能还有一个单独的 GPU。GPU 可用于涉及视频的高速计算，尤其是游戏以及增强现实和虚拟现实等应用。GPU 可以集成到主板上，也可以通过外接独立显卡的形式接入，其通常带有 2 GB、4 GB 或更大的专用内存（也称显存）。这些独立显卡的功率很大，发热量也很大，但它们具备出色的图形计算能力。

相比于更通用的 CPU，GPU 有一定数量的经过高度优化的函数，因此速度会快得多，在某些特定运算上的速度有时可比 CPU 快数百倍。GPU 所能处理的运算和数据并不限于图形，它也很擅长线性代数和类似几何运算的运算，这使其成为某些人工智能算法的理想选择[11]，也用于数字货币领域。

如今的量子计算机还没有自己的存储器、内存、FPU、ALU、GPU 及 CPU 等一整套部件。实际上，它就像是一个 GPU，有一套自己的运算指令集，使其能以显著更快的速度执行一些特殊的算法。能快多少？不是快两三倍，而是快数千倍。

GPU 是经典架构的一种变体，而量子计算机则完全不同。

你无法直接在量子系统上运行经典软件或经典算法。不过，量子计算机能与经典计算机协同工作，从而创造出新的混合系统。其中的难点是找到将它们组合到一起的方法，以解决那些目前还无法解决的问题。

2.2　2 的幂

在基于 0 和 1 的经典计算系统中，我们常会遇到数字 2。当然，我们不应感到意外，因为我们进行的就是二进制算术运算，这正是一种基于两个数字的运算。

在日常生活中，大多数人都使用以 10 为基数的数字，即“十进制数”。为了构建这样的数，我们通常使用 0、1、2、3、4、5、6、7、8、9 这 10 个符号，它们也被称为计数单位（digit）。注意最大的计数单位是 9，比基数 10 少 1。

实际上，比如 247 这个数是 $2\times10^2+4\times10^1+7\times10^0$ 的缩写形式；对于 1003，我们可以将其展开为 $1\times10^3+0\times10^2+0\times10^1+3\times10^0$。在展开形式中，我们将数写成了 0～9 的计数单位与 10 的幂相乘再以降序相加的形式，并且不省略中间的幂。

对于二进制数，我们可以进行类似的操作。二进制数可写成比特（0 或 1）与 2 的幂相乘再以降序相加的形式，并且不省略中间的幂。这里给出一些例子：

$$0=0\times2^0$$

$$1=1\times2^0$$

$$10=1\times2^1+0\times2^0$$

$$1101=1\times2^3+1\times2^2+0\times2^1+1\times2^0$$

上面的“10”是二进制数 10，而非十进制数 10。你可以自己验证：上面的二进制数 10 是十进制数 2 的另一种表示。在上下文没有说明使用的是二进制还是十进制时，我会使用添加下标的方式（如 10_2 或 2_{10}）来说明其是二进制数还是十进制数。

如果只能使用两个比特，那么我能写出的数仅有 00、01、10、11 这 4 个。11_2 就是 3_{10}，等于 2^2-1。如果能使用 8 个比特，那么我能写出的数的范围为 00000000～11111111，最大的数为 2^8-1。

而如果有 64 个比特，那么可写出的最大数为 64 个 1 构成的一串数，即：

$$2^{64}-1=18446744073709551615$$

这就是 64 位处理器可使用的最大正整数。

二进制的加法就是比特相加并进位，类似这样：

$$0+0=0$$

$$1+0=1$$

$$0+1=1$$

$$1+1=10$$

我们有 $1+0=1$，而 $1+1=10$。因为要进位，所以我们必须在左边加一个比特。当我们在硬件上进行这样的操作，而处理器没有足够的空间让我们使用额外的比特时，我们就会遇到溢出问题。执行数学计算的硬件和软件需要检查是否会出现这种情况。

2.3　真或假?

了解了基本算术运算，我们来看看基本逻辑运算。这里仅有两个值：真（true）和假（false）。我们想知道使用其中一个或两个值能做什么。

对于单个逻辑值，最有意思的事情是你可以用其中一个替代另一个。**非**（**not**）运算可以变真为假、变假为真：

非真=假

非假=真

对于两个我们分别记为 p 和 q 的输入，逻辑运算主要有 3 种：**与**（**and**）、**或**（**or**）、**异或**（**xor**）。请思考这个称述："当你**与**你妹妹打扫了自己的房间后，我们去吃冰淇淋。"结果是称述"我们去吃冰淇淋"的真实性和虚假性。

如果你和你妹妹都没有打扫房间，或者你们只有一人打扫了自己的房间，那么结果就为假。如果你们俩都把自己的房间打扫干净了，则结果为真，你们就可以开始考虑冰淇淋的口味，以及是吃杯装冰淇淋还是圆筒冰淇淋了。

如果我们用(你,你妹妹)来表示你和你妹妹各自是否打扫了房间的不同组合，则在(假,假)、(真,假)、(假,真)这 3 种组合的情况下，你们吃不到冰淇淋。只有在组合为(真,真)的情况下你们能吃到冰淇淋。我们可以这样表示：

真与真=真

真与假=假

假与真=假

假与假=假

为了看起来更简洁，我们可以将其整合成表 2-2。

表 2-2

p=你	q=你妹妹	p与q
真	真	真
真	假	假
假	真	假
假	假	假

其中第一列是“**与**”左侧的值，第二列是“**与**”右侧的值，每一行都是两个值和相应的结果。这样的表被称为真值表（truth table）。

另一种情况是只要一个输入为真就满足条件。比如这个称述：“当你**或**你妹妹喂了狗后，我们去看电影。”结果是称述“我们去看电影”的真实性和虚假性。我们可以用同样的方式将其整合成表 2-3。

表 2-3

p	q	p或q
真	真	真
真	假	真
假	真	真
假	假	假

最后还有一种情况：有且仅有一个输入为真时满足条件。这与“**或**”的情况类似，不同之处是，两个输入都为真时，结果为假，这被称为“**异或**”。如果我说：“我现在要么去餐厅，要么去图书馆。”我说的是我的下一个目的地，那么“去餐厅”和“去图书馆”中仅有一个为真，而不可能同时为真。其对应的真值表如表 2-4 所示。

表 2-4

p	q	p异或q
真	真	假
真	假	真
假	真	真
假	假	假

问题 2.3.1

我们该怎样称述这个异或示例的输入和结果？

我们还有这些逻辑的“**非**”版本，表示取与对应的结果相反的结果。也就是说我们先求“**与**”“**或**”“**异或**”的结果，然后将真变为假或将假变为真。这种“先做某事再取反”的操作在口语或书面语言中并不常用，但在计算机语言中却大有用处。

与非（**nand**）的定义如下：

真与非假=非(真与假)=真

其真值表如表 2-5 所示。

表 2-5

p	q	p与非q
真	真	假
真	假	真
假	真	真
假	假	真

或非（**nor**）和**异或非**（**nxor**）的情况留给你自己探究。这种“**非**”版本的逻辑看起来似乎有些奇怪和过于烦琐，但将在 2.4 节中介绍的逻辑电路会用到其中一些。

问题 2.3.2

请根据上面的示例和讨论填写下面的真值表：

p	q	p或非q	p	q	p异或非q
真	真		真	真	
真	假		真	假	
假	真		假	真	
假	假		假	假	

我们可以不使用“真”和“假”这样的词，而分别使用 1 和 0 来表示两种结果，这说明逻辑运算与算术运算之间暗含着某种联系。

2.4　逻辑电路

现在我们已经简单了解了逻辑，再来看看逻辑电路。最基本的逻辑电路看起来就像是二进制关系的简单表示，但更高级的逻辑电路可实现加法、乘法和许多其他数学运算。它们也可以操作基本数据。逻辑电路实现了算法并最终实现了你的计算机或设备上的应用程序。

首先我们来看核心的运算，即*门*（*gate*）。

在我看来，美国标准使用的门的形状看起来就像是某种飞船设计。

我们不使用真和假，而使用 1 和 0 作为输入和输出门的值。

图 2-3 中的门有两个输入和一个输出。这个门不是可逆的，因为它能使用不同的输入得到相同的输出。当输出为 0 时，我们无法确定其输入。我们还会使用另一些门，如图 2-4 所示。

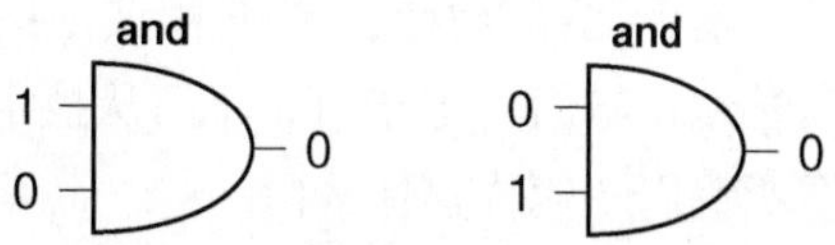

图 2-3

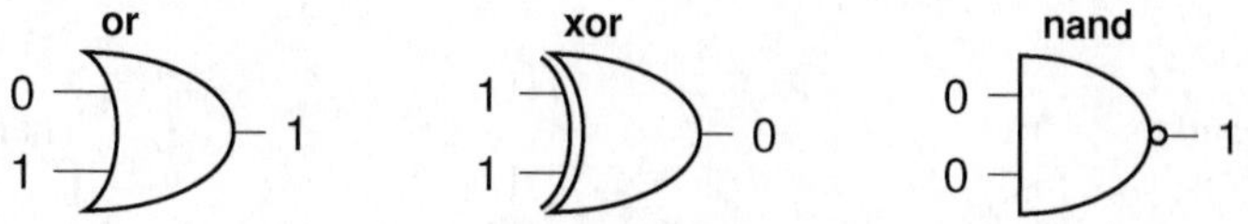

图 2-4

我们通常使用符号“⊕”来表示**异或**运算。

非门有一个输入和一个输出。它是可逆的：如果连续使用两次**非**门，结果就是初始的输入。

学习电子工程的人会在学业早期学到这些门以及用它们构建的逻辑电路。但本书不讲电子工程。相反，我希望你将上述的门看作切实的构建模块。我们接下来会将它们连接到一起，再将它们拆开，创造出新的逻辑电路。也就是说，我们将“试玩”它们，同时熟悉这个想法：我们能创建执行目标任务的逻辑电路。

将一个**非**门（如图 2-5 所示）的输出与另一个**非**门的输入相连，我们会得到与输入 x 一样的值（如图 2-6 所示），无论 x 是 0 还是 1。

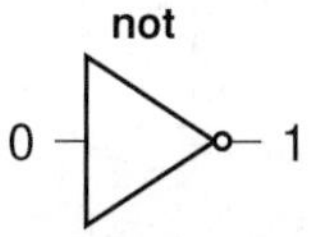

图 2-5

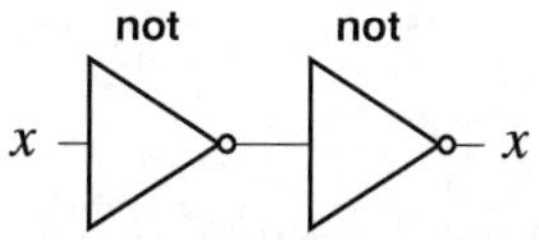

图 2-6

注意，我们可以通过门的组合来构建其他门。例如我们没有专用的**与非**（**nand**）门，我们可以构建一个，如图 2-7 所示。

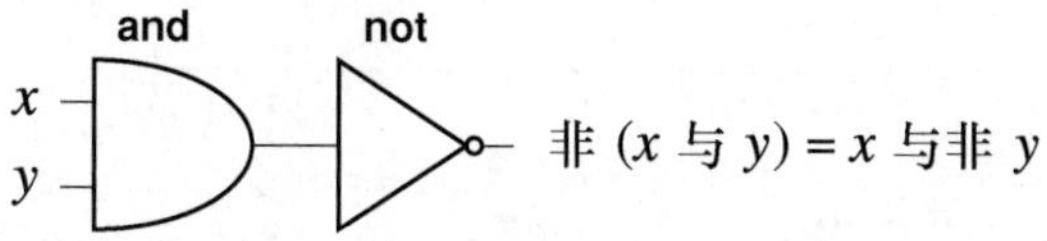

图 2-7

又如，我们可用**与非**门和**非**门构建**与**门，如图 2-8 所示。

基于此可以看到：如有需要，我们可以减少所用的门的数量。从图 2-8 中可以看到，同时配备**与**门、**与非**门和**非**门从技术上讲有些多余，但同时配备它们会方便很多。继续看看我们还能构建什么门。

即便是**与非**门这种有两个输入的门，我们也可以向其每个输入推送同样的值，如图 2-9 所示。

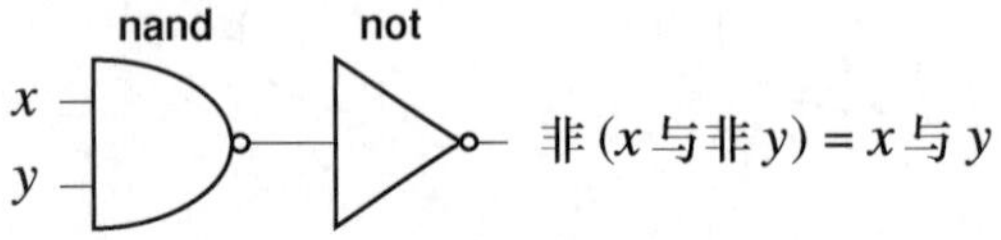

图 2-8

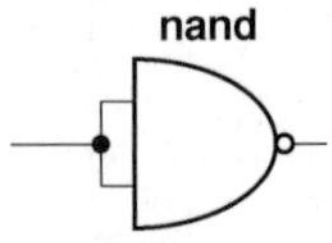

图 2-9

如果向这个逻辑电路输入 0 或 1，结果会是怎样？0与非0 = 1，1与非1 = 0。这与“非门”的表现完全一致！这就意味着：如果我们真有需要，可以不使用**非**门。使用这种方法，我们可以抛弃**非**门和**与**门，只用**与非**门。我们开始意识到**与非**门可作为某种基本构建模块。

通过将 4 个**与非**门连接到一起，我们可以创造出一个**异或**门。连接 3 个与非门则可以创造出一个或门。在此基础上再各增加一个**与非**门，则可以分别得到**异或非**门和**或非**门。

> 仅使用**与非**门就可以构建出每种逻辑门，**或非**门也一样。因为具备这一性质，**与非**门和**或非**门也被称为*通用门*（*universal gate*）[7]。

使用多个**与非**门来替代这些基本逻辑门是很烦琐且低效的，但这确实是可以做到的事情。图 2-10 中给出了构建**或**门的方式。

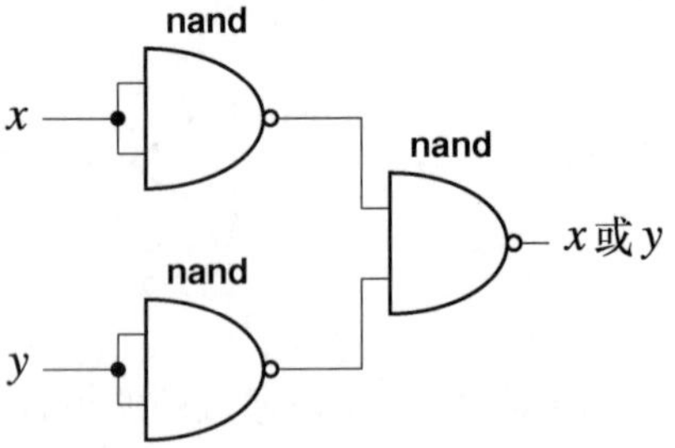

图 2-10

对于有两个输入和一个输出的二元逻辑门，总共有 8 种可能性，4 种可能的输入（0 和 0、0 和 1、1 和 0、1 和 1）对应两种可能的输出（0、1）。正如图 2-10 中的**或**门一样，通过组合连接**与非**门，你可以构建这 8 种逻辑门中的任何一种。

> **问题 2.4.1**
>
> 请试试仅用**与非**门创建**或非**门。

通过这些逻辑门电路，我们看到了经典计算在非常低的层面上的工作方式。我将在 9.2 节介绍量子计算线路时用到线路和通用门的概念。

目前我们仅学习经典逻辑门本身。其行为、组成方式和通用性都很有意思，但这些还不是其真正让人着迷的地方。接下来我们做些数学运算吧！

2.5 逻辑上的加法

使用 2.2 节讨论过的二进制算术运算：

$$0+0=0$$
$$1+0=1$$
$$0+1=1$$
$$1+1=10$$

我们关注一下等号后面的值，并暂时丢掉最后一种情况下的进位，那么这就与有两个输入的**异或**门（如图 2-11 所示）一样。

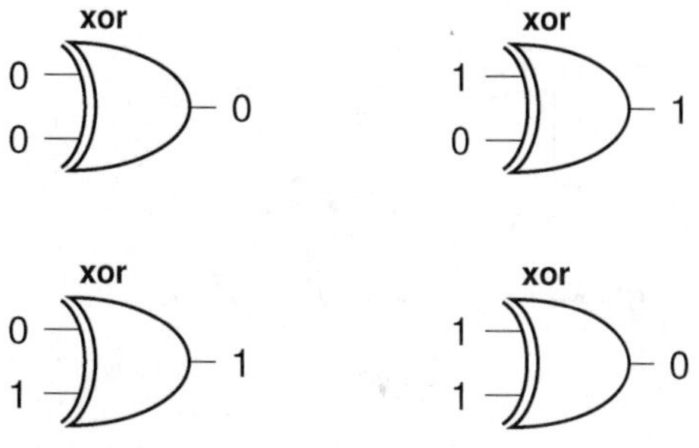

图 2-11

我们确实丢掉了记录进位的那个比特，但我们现在将自己限定为仅有一个比特。怎样的门运算能让我们仅在两个输入为 1 时得到也为 1 的进位，否则都返回 0？是的，就是**与**门！所以，如果我们将**异或**门和**与**门组合起来，就能得到两位的输出，我们就可以执行两个比特的简单加法。

问题 2.5.1

请先不要偷看以下内容，尝试画出一个能执行这一加法的电路。你可以复制各个比特的值并将其发送到两个不同的门。

问题 2.5.2

你偷看了吗？

逻辑门组合后的样子如图 2-12 所示，其中 A、B、S、C 是比特。这个电路有两个

分开的输入比特 A 和 B，并会输出一个 2 比特的答案 CS：

$$A+B=CS$$

$$0+0=00$$

$$1+0=01$$

$$0+1=01$$

$$1+1=10$$

我们称 S 为*求和*（*sum*）比特，C 为*进位输出比特*（*carry-out bit*）。这个电路则被称为半加器（half-adder），其无法在大型电路中使用。它缺少一些东西，你能猜到是什么吗？

全加器（full-adder）还有另一个输入比特，即*进位输入*（*carry-in*）比特。这个进位比特可能是整个电路中处于它前面的加法器所输出的进位。如果之前没有加法，则这个进位输入比特就设为 0。

全加器如图 2-13 所示，这个方框中包含一个处理这些输入并得到两个输出的电路。

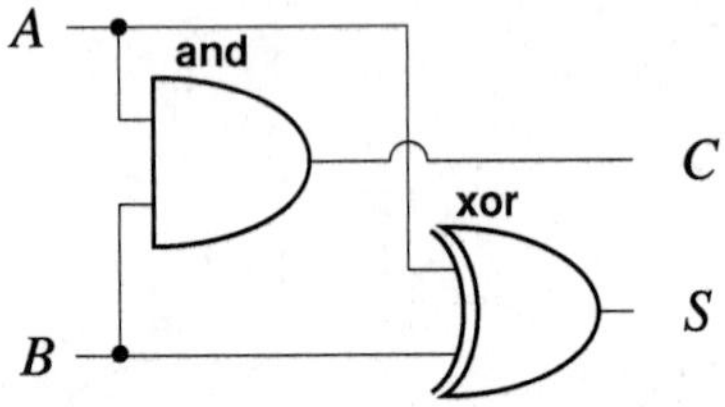

图 2-12

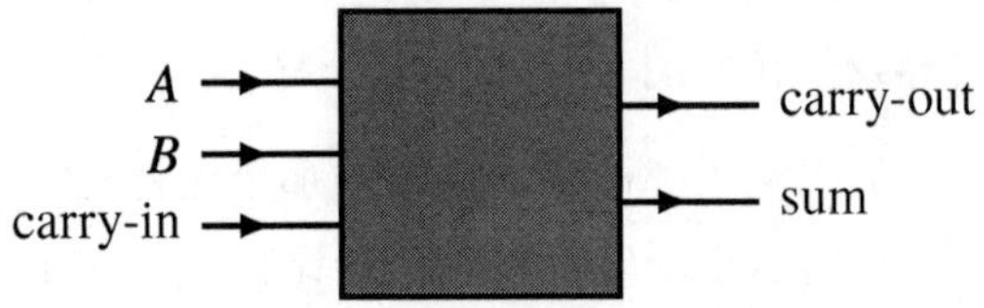

图 2-13

问题 2.5.3

这个电路是怎样的？

使用更多逻辑门可将这个电路扩展到拥有更多比特。通过这种方式，我们可以创造出实现全加运算的经典处理器。减法、乘法和除法等其他算术运算通常实现在经典处理单元的 ALU 中，并且通常已经被分组。

对于加法，ALU 可接收许多比特的整数输入，然后得到包含许多比特的整数输出和。ALU 还能提供其他信息，比如最后一位的加法是否造成了*溢出*，即进位输出没有足够存放空间的情况。

ALU 中的电路包含成百上千个（甚至更多）逻辑门。笔记本电脑和智能手机中的现代处理器可使用的整数位数为 64。在以上简单电路的基础上，请试着估计一下实现这样位数的全加器需要多少个逻辑门。

如今的程序员和软件工程师很少亲自动手直接操作经典电路。人们已在经典电路上构建了多层操作架构，这让程序员可以快速完成所需任务。

如果我正为智能手机写一个涉及画圆的应用程序，那么关于用于执行算术运算和实现屏幕上图形显示的底层计算过程和电路，我无须掌握任何知识。我可以使用一个高级例程，其输入为圆心的位置、半径、圆的颜色和圆内部的填充色。

已经有人创建了实现这个高级例程的软件库，有人编写了更底层的图形运算代码，也有人构建了非常基础的电路，实现了图形运算之下的基本运算。

在不断提升的抽象层级上，软件是分层的。C、C++、Python、Java、Swift 等编程语言隐藏了底层细节。这些语言的软件库提供了可复用的代码，很多人都可以通过组合它们来构建新的应用程序。

不过，最底层总是存在的，而电路就位于最底层附近。

2.6 从算法上讲

算法（algorithm）一词通常被广义地用于表示“计算机所做的一些事情”。金融市场会使用算法来计算出售股票或债券的恰当时机和价格。人工智能也会使用算法来寻找数据中的模式，以便理解自然语言、在人机对话中构建回复、查找生产制造中的异常、检测金融欺诈。人工智能甚至还会用算法来创造用于烹饪的新型混合香料。

不正式地说，算法是一种配方，就像食物配方一样，算法可以表达你需要的输入（如水、面粉、黄油、鸡蛋等）、预期结果（比如面包等）、所要采取的步骤序列、应该使用的子过程（如搅拌、揉、烤、冷却等），以及在出现选择时要做什么（如果面团太软，就加些面粉）。

我们将每个步骤称为一个*运算*或*操作*（*operation*），并为其提供相应的名称，如“搅拌”“烤”“冷却”等。我们希望整个过程成功且高效，为此我们要为算法中的每个操作构建尽可能好的运算流程。

这个“配方”并不是指实际的面包烘焙，而是对这一过程的抽象描述。同样，算法也是抽象地描述要让计算机做的事情。对于算法所描述的任务，具体的实现和执行要由电路和构建于电路之上的更高层例程完成。能得到同一结果的算法可能不止一种。

例如，计算机算法中的运算或操作可能是将两个数相加、比较一个数是否比另一个数大、交换两个数、在内存中存储或检索某个值等。

量子计算机并不使用经典的逻辑门、运算和基本比特。尽管量子线路和算法的外观和行为与经典电路和算法都非常不同，但它们在高层上的抽象思路是一致的：通过一系列步骤来操作和处理数据以得到我们希望的、有用的答案。

2.7　指数级增长和其他增长

很多人使用“指数级增长”这个短语的方式其实并不对，他们觉得这只表示“增长得非常快”。指数级增长实际上涉及指数。图 2-14 所示为 4 种增长模式：指数级增长、二次增长、线性增长和对数增长。

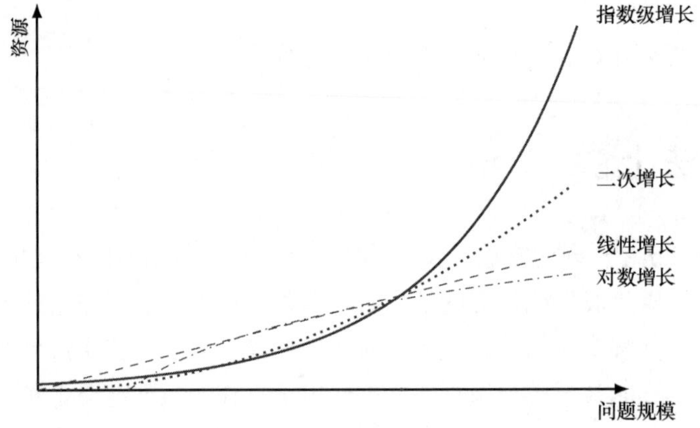

图 2-14

在图 2-14 中，我让它们在某一点相交，然后各自分离。交汇之后，对数增长（点画线）的增速较慢，线性增长（短画线）保持增速，二次增长（点线）继续以抛物线形式加速增长，指数级增长（实线）则在急速增长。

我们看看纵坐标上的变化情况，我将其标注为相对于横坐标“*问题规模*”的“*资源*”。随着问题规模的增长，所需资源的增长会有多快？这里的“资源”可能是指算法所需的时间、计算过程所用的内存量或必需的存储空间。

当我们将*问题规模*水平向右移动一定距离时，在竖直方向上，对数增长的速度正比于*问题规模*的倒数（即 $\frac{1}{\text{问题规模}}$）；线性增长的速度则保持恒定，因为其*资源*增速并不取决于*问题规模*；二次增长的速度正比于*问题规模*；指数级增长的速度则正比于当前*资源*。

对数是仅为正数定义的。$\log_{10}(x)$ 这一函数回答的问题是“10 的多少次幂等于 x？”。当 x 为 10 时，答案是 1。如果 x 等于 100 万，则答案是 6。另一个常用对数是 $\log_2$，其中 2 替代了上述案例中 10 的位置。对数增长的速度*非常*慢。

下面分别给出了对数增长、线性增长、二次增长和指数级增长的示例：

$$\text{对数增长资源} = 2 \times \log_{10}(\text{问题规模})$$

$$\text{线性增长资源} = 4 \times \text{问题规模}$$

$$\text{二次增长资源} = 0.3 \times \text{问题规模}^2$$

$$\text{指数级增长资源} = 7.2 \times 3^{\text{问题规模}}$$

注意表示指数级增长的示例中的变量“*问题规模*”。这意味着对于较大的问题规模，指数级增长的速度将很快，并越来越快。如果存在这种正指数级增长，结果很快就将失控。

如果你一开始有 100 元，获得了年利率为 6% 的复利，那么一年后你会有 $100 \times (1 + 0.06)$ 元，两年后你会有 $100 \times (1 + 0.06) \times (1 + 0.06) = 100 \times (1.06)^2$ 元，t 年之后你会有 $100 \times (1.06)^t$ 元。这就是指数级增长。你的资金将在大约 12 年后翻倍。

量子计算机在未来几十年内都无法完全替代经典计算机。但是，量子计算也许能在短时间内帮助解决一些之前难以解决的问题。量子计算机的计算能力具备与其量子比特数呈指数级增长的潜力。这能用于控制我们试图解决的问题中类似的增长吗？

2.8　那会有多难？

一旦你决定做某事，那会用掉你多少时间？会花费多少金钱？消耗多少资源？你怎样比较做这件事的最差方法和最佳方法？

当你想在计算机上完成任务时，这些问题都要考虑。关于金钱这一点可能不太明显，但你在运行应用程序时需要为所使用的处理、存储和内存付费。不管你是购买更强大的计算机还是为云服务持续付费，花费金钱都是不可避免的。

本章的最后，我们来看看经典计算问题的复杂度。首先，我们要探讨的是搜索和排序以及用于执行这两种任务的算法。

每当我听到“搜索和排序”时，我的耳中就情不自禁地响起博比 • 刘易斯（Bobby Lewis）于 1960 年发布的经典摇滚歌曲 *Tossin' and Turnin'*。你可以听听看，感觉是不是极具“传染性”？

2.8.1　排序

排序是指以某种顺序排列多项事物。以你收藏的书为例，你可以重新摆放这些书，使它们按照书名首字母在字母表中的顺序排列在书架上，也可以按照出版年份以降序排列它们。如果有多本书发表于同一年，你还可以按照第一作者姓氏的首字母在字母表中的顺序排列它们。

当我们根据书名排序时，书名就是决定一本书摆放位置的关键。当我们根据年份和作者姓氏排序时，年份是要考虑的*主要因素*，作者姓氏则是*次要因素*。

在执行排序之前，我们需要确定比较事物的方式。换句话说，我们可能会问“第一个数是否比第二个数小”或“第一本书的书名首字母在字母表中的位置是否比第二本书靠前”，答案要么为真，要么为假。

对于新程序员，常困扰他们的一个问题是按数值或*字典顺序*比较数字等事物。对于第一种情况，要根据数值大小来比较；而对于第二种情况，我们需要一个字符接一个字符地比较。以 54 和 8 为例，从数值上看，后者比前者小；从字典顺序上看，前者却更小，因为字符 5 排在字符 8 之前。

因此，你在编程时需要将它们转换成同一格式。如果要将“ –34,809 ”转换为数值，结论是多少呢？在欧洲大部分地区，逗号用作小数点，而在美国、英国等国家，逗号表示千分位。

现在我们来看两种根据数值大小按升序排列一列数字的方法。第一种方法名为冒泡排序（bubble sort）。它具备一些优良特性，比如简单、直观。但当所要排序的对象数量很多且混乱程度较高时，这种方法的效率极低。

冒泡排序有两个基本操作：*比较*和*交换*。其中前者是比较两个数的大小，如果第一个数小于第二个，则返回“真”，否则返回“假”；后者则是交换两个数在列表中的位置。

冒泡排序的思路是重复遍历列表、比较相邻的数。如果相邻两个数的顺序不对，就交换它们并继续遍历列表。不断重复这一过程，直到能无交换地完成一次遍历，就完成了对列表的排序。说起来非常简洁、精练！

先来看一个已经排好序的、包含 4 个数字的列表：

$$[-2,0,3,7]$$

先比较−2 和 0。它们的顺序正确，所以继续比较。0 和 3 的顺序也正确，所以无须做什么。3 和 7 的顺序也没什么问题。我们执行了 3 次比较，没有交换。因为我们无须交换任何数字，任务便已完成。

现在来看以下列表：

$$[7,-2,0,3]$$

先比较 7 和−2，后者比前者小，所以交换这两个数的位置，得到一个新列表：

$$[-2,7,0,3]$$

接下来看 7 和 0。同样需要交换，然后我们得到：

$$[-2,0,7,3]$$

再比较 7 和 3，这两个数的顺序也不对。执行交换，然后得到：

$$[-2,0,3,7]$$

现在我们已经执行了 3 次比较和 3 次交换。因为交换的数量不为零，所以我们需要再遍历该列表一次。这一次我们又执行了 3 次比较，但没有进行交换，说明任务完成了。我们总共进行了 6 次比较和 3 次交换。

现在来看最坏的情况，此时列表中的顺序与所需顺序完全相反：

$$[7,3,0,-2]$$

第一次遍历：

$[7,3,0,-2]$　比较并交换第一个数和第二个数

$[3,7,0,-2]$　比较并交换第二个数和第三个数

$[3,0,7,-2]$　比较并交换第三个数和第四个数

$[3,0,-2,7]$

我们进行了 3 次比较和 3 次交换。

第二次遍历：

$[3,0,-2,7]$　比较并交换第一个数和第二个数

$[0,3,-2,7]$　比较并交换第二个数和第三个数

$[0,-2,3,7]$　比较第三个数和第四个数，但不执行交换

我们进行了 3 次比较和两次交换。

第三次遍历：

$[0,-2,3,7]$　比较并交换第一个数和第二个数

$[-2,0,3,7]$　比较第二个数和第三个数，但不执行交换

$[-2,0,3,7]$　比较第三个数和第四个数，但不执行交换

我们进行了 3 次比较和一次交换。

第四次遍历：

$[-2,0,3,7]$　比较第一个数和第二个数，但不执行交换

$[-2,0,3,7]$　比较第二个数和第三个数，但不执行交换

$[-2,0,3,7]$　比较第三个数和第四个数，但不执行交换

没有交换，所以任务已完成，而且同样进行了 3 次比较。

对于这个包含 4 个数的列表，我们总共进行了 4 次遍历，其中包括 12 次比较和 6 次交换。对于最坏情况下的列表，我们能否写出某个计算公式？

我们有 4 个顺序完全不对的数，所以我们需要 4 次完全遍历才能完成对它们的排序。对于长度为 n 的列表，我们每次遍历必须进行 $(n-1)$ 次比较，在这个例子中为 3 次。

交换的次数则很有意思。第一次遍历交换的次数是 3 次，第二次是 2 次，第三次是 1 次，第四次则不执行交换，所以总的交换次数为：

$$3+2+1=(n-1)+(n-2)+\cdots+1$$

其中 n 是列表的长度。很显然这里存在一个模式。

有一个能帮助我们得到这个最终的和的公式。如果我们想把 1, 2, …, m 的连续正整数加起来，我们可以这样计算：$\frac{m(m+1)}{2}$。

问题 2.8.1

请计算 $m=1$、$m=2$ 和 $m=3$ 时的结果。如果我们在此基础上再加上 $m+1$，这个公式还成立吗？也就是说，你能否把

$$\frac{m(m+1)}{2}+m+1$$

写成：

$$\frac{(m+1)(m+1)}{2}$$

如果可以，那么你就通过*归纳法*证明了这一公式。

在我们的例子中，$m=n-1$，因此执行交换的总次数为 $\frac{(n-1)n}{2}$。当列表中的数有 4 个时，经过计算，执行交换的次数正好是我们人工统计的 6 次。

当有 4 个数时，在最坏的情况下也就执行 6 次交换，可能看起来还行，但如果我们有 1000 个顺序完全颠倒的数呢？则交换的次数将为：

$$\frac{999\times1000}{2}=499500$$

也就是说，如果列表中有 1000 个顺序完全颠倒的数，需要执行近 50 万次交换。

而如果列表中有 100 万个顺序完全颠倒的数，那么交换的次数将为：

$$\frac{999999\times1000000}{2}=499999500000$$

即 4999 亿 9950 万次交换。这就实在太多了。改写一下这个公式：

$$\frac{(n-1)n}{2}=\frac{n^2-n}{2}=\frac{1}{2}n^2-\frac{1}{2}n$$

可以看到，交换的次数会随列表中数的数量呈平方级增长。事实上，

$$\text{交换次数}\leqslant\frac{1}{2}n^2$$

当 $n\geqslant1$ 时，上式始终成立。当遇到这种情况时，我们就说我们的算法的复杂度为 $O(n^2)$，在英语中读作“big Oh of *n* squared”。

这里给出更形式化的描述：如果存在一个正实数 c 和整数 m 使得

$$操作数量 \leqslant cf(n)$$

其中对于函数 f, $n \geqslant m$，则用于解决基于 n 个对象的问题的相关操作的数量为 $O(f(n))$。

在我们的例子中，$c=\frac{1}{2}$、$f(n)=n^2$、$m=1$。

了解更多

在计算机科学中被称为复杂性理论（complexity theory）的领域，研究者的目标是确定可能的 f、c、m 中最佳的一组，以尽可能地接近所研究的增长行为[1，第 3 章] [9，1.4 节]。

对于某个固定的正数 t，如果一个算法的复杂度为 $O\left(n^t\right)$，则该算法具有*多项式时间*（*polynomial time*）的复杂度。复杂度为 $O(n)$、$O\left(n^2\right)$ 和 $O\left(n^3\right)$ 的算法是其中比较简单的案例。

如果指数 t 非常大，那么这个算法可能会非常低效和不实用。具有多项式时间的复杂度实际上就是指该算法复杂度的上界为 $O\left(n^t\right)$。因此，我们也可以说复杂度为 $O(\log(n))$ 的算法是具有多项式时间复杂度的，其运行速度比复杂度为 $O(n)$ 的算法快。

回到排序问题，我们来看看冒泡排序算法的最坏情况。最好的情况是无须执行交换的。因此在研究某个过程时，我们应该研究最好情况、最坏情况和一般情况。对于冒泡排序，复杂度的最好情况是 $O(n)$，而一般情况和最坏情况都是 $O\left(n^2\right)$。

如果你在编写和测试一个算法程序，而它的运行时间似乎非常长，则要么是你的软件有漏洞，要么就是你遇到了接近最坏情况的案例。

我们能以比 $O\left(n^2\right)$ 更高的效率执行排序吗？效率能高多少？

通过检查，我们可以稍微对冒泡排序算法进行一些优化。请看看每次遍历之后列表的最后一项，思考一下我们能否减少比较的次数。但是，占了大部分执行时间的操作是交换而非比较。我们就不思考如何改进这种排序算法了，我们来看另一种思路非常不一样的算法。

排序算法有很多种，如果你有兴趣，可以通过自行在网上搜索来了解主要的排序算法。你也能找到一些直观展示排序过程中对象移动方式的可视化内容（它们还挺有趣的）。计算机科学与技术专业的学生通常会在学习算法和数据结构时了解不同版本的排序算法。

我们要看的另一种排序算法名为*归并排序*（*merge sort*），这种算法可以追溯到 1945 年。它是由约翰·冯·诺依曼（图 2-15）发现的[4]。

为了更好地了解归并排序的工作方式，我们使用一个更大的数据集，其中包含 8 个对象，而且我们不再对数字进行排序，而是对名字进行排序。初始列表如下：

Katie Bobby William Atticus Judith Gideon Beatnik Ruth

我们将以字母表的顺序对其进行升序排列。目前，这个列表既没有排好序，也不是完全相反的顺序，所以这是一种一般情况。

首先我们将这个列表分为 8 组（因为有 8 个名字），每组都只包含一项，如图 2-16 所示。

图 2-15　20 世纪 40 年代的约翰·冯·诺依曼。照片使用遵守洛斯阿拉莫斯国家实验室的要求

图 2-16

每组内部是已经排好序的，毕竟每组中只有一个名字。接下来从左向右两两组对，如图 2-17 所示，我们得到了包含两个名字的分组（我们在合并时将它们调整为正确的顺序）。

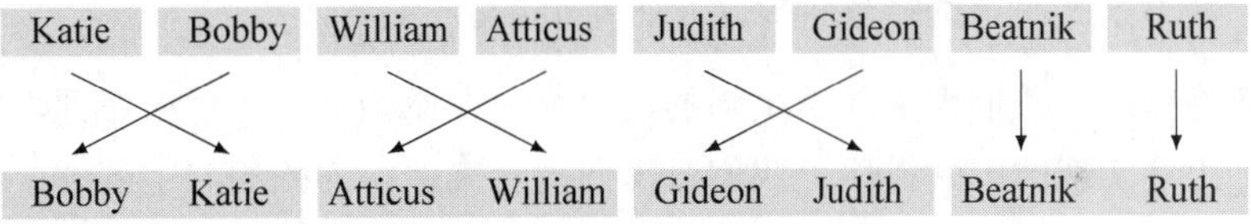

图 2-17

接下来同样从左向右，将包含两项的分组合并为包含 4 项的分组。我们知道分组内的名字是已经排好序的。在一个包含 4 项的分组内，首先从第一对中的第一个名字开始，如果它比第二对中的第一个名字小，则将其放在这个分组的最前面，否则，就将第二对的第一个名字放在前面，如图 2-18 所示。

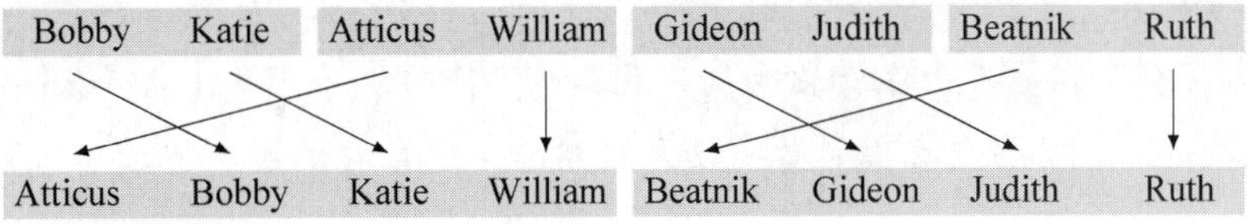

图 2-18

继续这样操作。如果一对比较完了，就将另一对的所有名字按顺序放在这个分组的后面。

最后我们得到了一个分组，从左至右归并了我们遇到的所有名字，如图 2-19 所示。

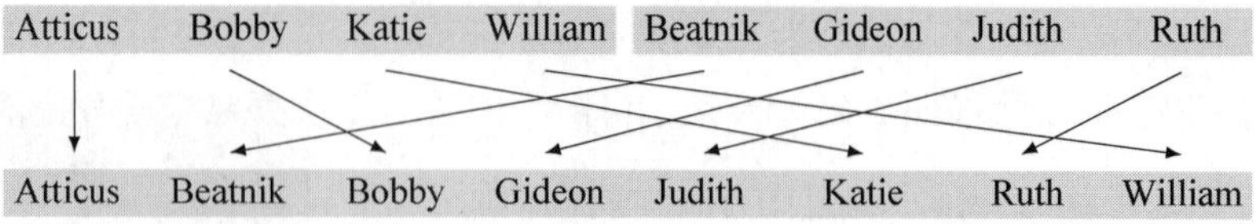

图 2-19

在归并排序的各种变体版本中，有一种变体被称为*自下而上*的实现，其要将数据完全分解为大小为 1 的数据块，再对其进行组合。

对于这种算法，我们感兴趣的不是交换，因为我们要构建新的集合，而不是操作已有的集合。也就是说，不管情况如何，我们都需要将名字放入新的分组中。因此，我们关心的不是交换的次数，而是比较的次数。对这一问题的分析并不简单，如果你有兴趣，可以参考介绍相关算法的书或在网上寻找相关资料。归并排序算法的复杂度为$O(n\log(n))$ [1]。

相较于$O(n^2)$，其效率提升很明显。请忘掉O的定义中的常量并使用以 10 为底数的对数，对于$n = 1000000 = 100$万，有$n^2 = 1000000000000 = 10^{12} = 1$万亿，而$\log_{10}(1000000) \times 1000000 = 6000000 = 6 \times 10^6 = 600$万。你愿意执行多少次比较？名字数量的 100 万倍还是 6 倍？

不管是冒泡排序还是归并排序，我们最终都能得到一样的答案，但所用的算法和它们的性能千差万别。决定选择哪种算法是很重要的。

对于冒泡排序，我们仅需使用足够的内存来保存原始列表，然后在列表内移动数字即可。对于上述实现的归并排序，我们既需要内存来保存初始的名字列表，还需要很多内存以在执行包含两项的分组时使用。不过在那之后，我们可以复用保存初始名字列表的内存，使用其来保存下一轮比较的包含 4 项的分组。

我们也可以复用内存，使用两次初始内存来完成这一排序。内存需求还可进一步减少，不过这留给聪明的你自行研究了。

问题 2.8.2

我刚才提到了在内存中保存数据。如果要排序的对象非常多，从而无法将所有信息都放入内存中，你会怎么做？你将用到硬盘等持久性存储器，但该如何使用呢？

尽管我重点谈论了执行一个算法所需的交换和比较等操作的次数，但你可以自己研究所需内存以及执行相关的复杂度分析。在内存方面，冒泡排序的复杂度是$O(1)$，而归并排序的复杂度是$O(n)$。

2.8.2 搜索

我们的讨论基于这个问题：对于一个包含 n 个对象的集合 S，我们希望知道特定的目标对象是否在 S 中。举例如下。

- 我想我的衣柜中某处有一件海军蓝色毛衣。它是否在里面？究竟在什么位置？这里，目标为“我的海军蓝色毛衣”。
- 如果我将干净的袜子以其主要颜色的名称排序后放在我的衣柜抽屉里，那么我的蓝色菱形花纹袜子是否干净可穿？
- 我有一个包含我的慈善机构的 650 位志愿者信息的数据库，他们中有多少人和我住在同一城镇？
- 我带我的孩子去看魔术表演，并自愿上台参与。红桃 Q 在魔术师拿着的纸牌中的哪个位置？

稍加思考，我们就能明白搜索问题最坏的情况是复杂度为 $O(n)$，除非你非要做些莫名其妙和值得怀疑的事情。来看第一个对象。它是目标吗？如果不是，检查第二个对象并进行比较。继续检查，如有必要，一直检查到第 n 个对象。要么最终找到目标，要么 S 中根本不包含目标。这是一种*线性搜索*，因为要从集合的起点一直搜索到终点。

如果目标在 S 中，则最好的情况是我们第一次就找到它，最坏的情况是我们第 n 次才找到它。平均而言，我们需要尝试 $\frac{n}{2}$ 次。

在使用经典方法时，我们如果想要做得更好，就需要更多信息。

- S 是否已经排序？
- 是否能直接读取任何对象，比如“我要读取第四个对象”。这被称为*随机访问*（*random access*）。
- S 是对象的线性集合，或者 S 具备更复杂的数据结构？

如果 S 只有一项，那就直接检查它。如果那就是*目标*，那我们就完成了任务。

如果 S 是一个支持随机访问的已排序集合，则我们可以执行*二分搜索*（*binary search*）[①]。

① 二进制、二元分类、二分搜索、二叉树的对应英文中都有 binary 一词，它们具有本质上的联系，但根据汉语使用习惯，本书在不同的语境中采用了不同的汉语译法。——译者注

因为涉及“binary”一词，因此这肯定和数字“2”有关。

现在，我们使用之前已排好序的名字列表为例进行说明。我们提出的问题是检查 Ruth 是否在 S 中。列表 S 中有 8 个名字，如果执行线性搜索，我们需要尝试 7 次才能找到 Ruth，如图 2-20 所示。

Atticus	Beatnik	Bobby	Gideon	Judith	Katie	Ruth	William
						↑	

图 2-20

接下来尝试二分搜索法。令 $m=\frac{n}{2}=4$，这接近名字列表的中点位置。

对于 m 不是整数的情况，我们可以进行四舍五入。检查 S 中的第 m 个名字，这里是指第 4 个，名字是 Gideon。因为 S 是已排好序的且 Gideon < Ruth，所以 Ruth 不可能位于该列表的前半部分。通过这个简单的计算，我们就已经去掉了 S 中一半的名字。现在我们仅需考虑图 2-21 所示的列表。

其中有 4 个名字，对半分则得到 2 个名字，第二个名字是 Katie。因为 Katie < Ruth，所以 Ruth 同样不在这个列表的前半部分。我们在列表的后半部分（如图 2-22 所示）继续重复这一操作。

Judith	Katie	Ruth	William

图 2-21

Ruth	William

图 2-22

这个列表的长度为 2，对半分之后检查第一个名字。Ruth！终于找到了！

我们仅用 3 次搜索就找到了 Ruth。就算最后一次对半分并比较后我们没能找到 Ruth，剩下的子列表也只剩一项了，那项肯定就是 Ruth，因为我们已经假设 S 确实包含这个名字。我们仅用 $3=\log_2(8)$ 步就定位了我们的目标。

二分搜索最坏的情况是复杂度为 $O(\log(n))$，但要记住前提条件是 S 已经排好序且支持随机访问。和排序问题一样，在搜索问题上也有很多技术和数据结构能让我们相当高效地查找对象。

举个数据结构的例子，图 2-23 所示为上述名字搜索示例的二叉树。虚线表示根（root）到 Ruth 的路径。要在计算机中实现二叉树，需要更加注意内存布局和簿记（bookkeeping）。

问题 2.8.3

如果我向这个二叉树添加另外两个名字：Richard 和 Kristin。你该如何插入这些名字并重新排列这个二叉树？如果我从原始的树中删除 Ruth 或 Gideon 呢？

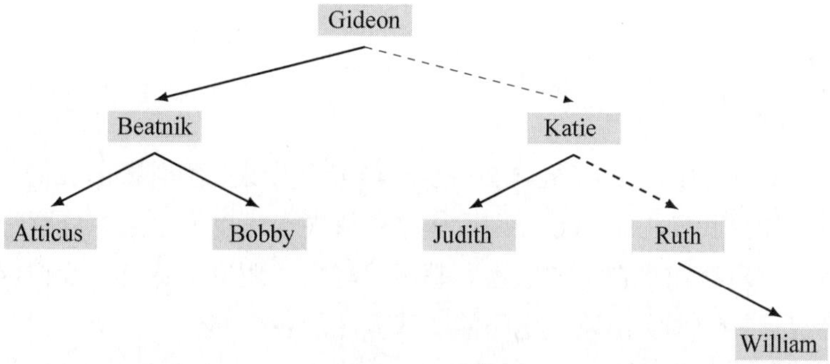

图 2-23 二叉树

问题 2.8.4

请了解散列法（hashing，也称哈希法）的工作方式，这能让你有额外的收获。请思考搜索的综合性能，以及如何才能以一种有用的形式保留对象的基本数据结构。

在排序和搜索的相关主题上，人们已经写了很多书。我们将在 9.7 节介绍格罗弗量子算法时回到这一主题，届时我们将了解如何仅用复杂度 $O\left(\sqrt{n}\right)$ 在未经排序且不支持随机访问的列表中定位目标。

如果用一个复杂度为 $O\left(\sqrt{f(n)}\right)$ 的算法替换一个复杂度为 $O\left(f(n)\right)$ 的算法，那就相当于实现了二次级提升。如果用一个复杂度为 $O\left(\log\left(f(n)\right)\right)$ 的算法来替代，则就相当于实现了指数级提升。

假设我有一个需要 100 万天才能完成的算法——运行它需要接近 2740 年！不考虑 O 表示法中的常量并使用 $\log_{10}$，则二次级提升将使得这一算法在1000 天内完成，大约为 2.74 年，而指数级提升能让完成计算的时间锐减至短短 6 天。

了解更多

排序和搜索算法有很多种，当然也有很多用于数百种计算用例的算法。正如我们刚才看到的，为了性能，决定在哪种情况下使用哪种算法是非常重要的。某些应用甚至还提供了用于选择所要使用的算法的算法[5] [9]!

2.9 小结

基于比特 0 和 1 的经典计算机自 20 世纪 40 年代以来一直伴随着我们，帮助我们存储和处理信息。如果我们将 1 和 0 分别看作真和假（也可以反过来，分别看作假和真），就能发现比特与逻辑存在很自然的联系。基于“与”等逻辑运算符，我们创造出了能执行加法等更高级运算的真实电路。电路能实现算法的各个部分。

由于所有实现某个目标的算法都各不相同，因此衡量算法的时间复杂度和内存复杂度是非常重要的。接下来，我们将通过介绍经典案例来理解量子计算能为我们带来怎样的提升。

参考资料

[1] Thomas H. Cormen et al. *Introduction to Algorithms.* 3rd ed. The MIT Press, 2009.

[2] R.W. Hamming. “Error Detecting and Error Correcting Codes”. In: *Bell System Technical Journal* 29.2 (1950).

[3] R. Hill. *A First Course in Coding Theory*. Oxford Applied Linguistics. Clarendon Press, 1986.

[4] Institute for Advanced Study. *John von Neumann: Life, Work, and Legacy.*

[5] Donald E. Knuth. *The Art of Computer Programming, Volume 3: Sorting and Searching*. 2nd ed. Addison Wesley Longman Publishing Co., Inc., 1998.

[6] Gordon E. Moore. “Cramming more components onto integrated circuits”. In: *Electronics* 38.8 (1965), p. 114.

[7] Ashok Muthukrishnan. *Classical and Quantum Logic Gates: An Introduction to Quantum Computing.*

[8] Oliver Pretzel. *Error-correcting Codes and Finite Fields*. Student Edition. Oxford University Press, Inc., 1996.

[9] Robert Sedgewick and Kevin Wayne. *Algorithms*. 4th ed. Addison-Wesley Professional, 2011.

[10] The Unicode Consortium. *About the Unicode Standard.*

[11] B. Tuomanen. *Explore high-performance parallel computing with CUDA*. Packt Publishing, 2018.

第 3 章 超越想象的数

理论物理学方法应该适用于本质特征可用数字表示的所有思想分支。

保罗·狄拉克（Paul Dirac）

1933 年诺贝尔奖颁奖晚宴致辞

在计数、百分比、比率、价格、数学作业、税金以及其他实际应用中都会使用数：

$$1 \qquad 0 \qquad -1 \qquad 9.99999$$

$$-\sqrt{2}+1 \qquad \frac{22}{7} \qquad 3.14159265\cdots \qquad \pi$$

这些例子中使用的都是实数。本章将介绍实数的性质，尤其是整数等实数的子集的性质。我们还将在此基础上延伸到复数等其他集合，而复数正是理解量子计算的核心。

举个例子，量子比特的定义就是一对带有附加性质的复数。我们会在本章学习量子计算的代数方面的基础知识，并将在第 4 章转向几何方面。

3.1 自然数

尽管存在 π 这种特别又有名的数，但我们用于计数的数要简单得多：1, 2, 3,…我可能会说：“看，那里有 1 只小狗、2 只小猫、3 辆车和 4 个苹果。如果你再给我 2 个苹果，那我就有 6 个苹果。如果我将其中 1 个给我妹妹，我就还有 5 个。如果我再买 2 袋、每袋 5 个装的苹果，那我总共会有 15 个，也就是 3×5。”

自然数集是从 1 开始、不断加 1 得到的所有数的集合：

$$\{1,2,3,4,5,6,7,\cdots\}$$

其中不包括 0[①]。“{”和“}”用于标识包含所有这些数字的集合。

当我们表示某个任意自然数而非任何特定的自然数时，我们可使用 n 或 m 等变量名。

自然数集是无限的。这一点很容易证明。假设存在某个特定的数 n 是最大的自然数，则根据定义，$n+1$ 必然是更大的自然数。这种*反证法*表明存在一个最大的自然数的前提是错误的。因此，自然数集是无限的。

为了不反复书写“自然数”，我有时会使用 $\mathbb{N}$ 指代所有自然数的集合。如果我们只使用 $\mathbb{N}$，我们能进行怎样的运算？

首先，我们可以通过熟悉的算术规则来对它们做加法。$1+1=2$、$3+4=7$、$999998+2=1000000$ 等。

加法是自然数的关键，是其定义中的必要部分。在定义中，我们提到集合 $\{1,2,\cdots\}$ 是通过从 1 开始、不断加 1 得到的。

我从这些基础数开始介绍是为了说明一点：我们关心的不只是这个数和那个数，我们要思考整个集合以及我们能通过加法等运算用集合来做什么。

如果我们使用“+”将两个自然数加到一起，得到的必然是另一个自然数。因此 $\mathbb{N}$ 在加法运算下是封闭的。这种在某种运算下封闭的性质称为*封闭性*（*closure*），意思是在执行这项运算之后，结果仍在该集合中。

再以一个比基本算术更奇怪的运算举例，比如求平方根。1 的平方根仍然是 1，是自然数；4 的平方根是 2，也是一个自然数。但 2 的平方根 $\sqrt{2}$ 不是自然数，事实上它是一个无理数。

$$\sqrt{2}=1.41421356237\cdots$$

因此，$\mathbb{N}$ 在平方根运算下不是封闭的。

在 $\mathbb{N}$ 中，加法满足交换律：$n+m=m+n$（如 $4+11=11+4$）。不管以怎样的顺序计数，得到的答案总是一样的。

减法呢？减法在某种意义上是加法的补充。因为 $3+4=7$，所以 $3=7-4$ 且 $4=7-3$。我们也可以说最后一个等式表示的是：“4 就是 7 减去 3、从 7 中拿掉 3 或从 7 中扣除 3

① 一般地，自然数集包含 0。本书尊重原书表达，约定自然数不包含 0，特此说明。——译者注

的结果”。

对于所有自然数n和m，$n+m$总是位于$\mathbb{N}$中。但是，只有在$n>m$时，$n-m$才位于$\mathbb{N}$中。$24-17=7$是自然数，但$6-6=0$不是自然数，因为0不在$\mathbb{N}$的定义范围内。$17-24=-7$也不是自然数，因为最小的自然数是1。所以$\mathbb{N}$在减法运算下不是封闭的。

除了使用表示相等的“=”外，我们还可以使用“<”和“>”等比较运算符来说明一个自然数比另一个自然数更小或更大。因为我们可用这种方式比较$\mathbb{N}$中的任意两个数，所以我们说自然数是有序的。因为有比较运算，所以我们能以升序和降序对自然数构成的集合进行排列。

由于我们已经知道加法了，我们就可以这样定义乘法：$n\times m$是指n个m自己与自己相加。特别要指出：$1\times n=n\times 1=n$。乘法在加法之上满足分配律：$3\times(8+11)=(3\times 8)+(3\times 11)=57$。

乘法与加法一样满足交换律：$n\times m=m\times n$。实际上，这就表示了你在计数时对目标的分组方式。

$$
\begin{aligned}
3\times 7 &= 7+7+7 \\
&= (3+3+1)+(2+3+2)+(1+3+3) \\
&= 3+3+(1+2)+3+(2+1)+3+3 \\
&= 3+3+3+3+3+3+3 \\
&= 7\times 3
\end{aligned}
$$

$\mathbb{N}$在乘法运算下是封闭的，但在除法运算下不是封闭的。举个例子，$4/2$是自然数，但$1/3$不是自然数。

对自然数而言，乘法的定义直接来自加法。但对于更复杂的数学集合，乘法会复杂得多。

首先，我们先对自然数集进行扩展，以消除封闭性方面的一些问题。

3.2 非负整数

如果我们在$\mathbb{N}$的基础上再加入0作为最小值，就得到了非负整数集[①]，用$\mathbb{W}$表示。

① 原书写为“whole numbers”，可译为“全数”，但这种译法在汉语语境中不常见，故使用意译的“非负整数”。——译者注

非负整数本身在数学领域的使用场景不多，不过我们还是来看看加上额外的 0 后这个集合会有怎样的性质。

这个集合在加法和乘法运算下仍是封闭的，在除法运算下不是封闭的。另外，我们现在必须注意除以零的情况。现在 $3-3$ 或 $n-n$ 这样的表达式也在 $\mathbb{W}$ 中了，情况有所好转，但这个集合在减法运算下仍不封闭。

到目前为止，看起来变化不大。但事实如何呢？

> **0** 对加法运算而言是一个*单位元*（*identity element*），这是我们需要了解的新概念。我会将 **0** 加粗来凸显其特殊性。这个独一无二的数对任意非负整数 w 都有 $w+\mathbf{0}=\mathbf{0}+w=w$。
>
> 因此，$14+\mathbf{0}=\mathbf{0}+14=14$。另外，$\mathbf{0}\times w=w\times\mathbf{0}=\mathbf{0}$。

对于非负整数集 $\mathbb{W}$：

$$\{\mathbf{0},1,2,3,\cdots\}$$

和加法运算，**0** 是加法运算的单位元。

现在你可能已经意识到，我们在讨论自然数时，可以说 **1** 是乘法运算的单位元。那么我们重新表述一下我们所知的 $\mathbb{N}$ 和 $\mathbb{W}$。

> $\mathbb{N}$ 是值为 $\{1,2,3,4,\cdots\}$ 的无限有序集合，使用满足交换律的加法运算得到。通过在一个自然数上加 **1**，我们可以得到下一个更大的数。$\mathbb{N}$ 在加法运算下是封闭的。乘法运算也满足交换律，其单位元为 **1**。乘法在加法之上满足分配律。$\mathbb{N}$ 在乘法运算下是封闭的。$\mathbb{N}$ 在减法运算或一般定义下的除法运算下不是封闭的。

> $\mathbb{W}$ 是在 $\mathbb{N}$ 的基础上添加一个新的最小值 **0** 而扩展得到的无限有序集合。**0** 是加法运算的单位元。$\mathbb{W}$ 的加法和乘法运算满足交换律，而且在这两种运算下是封闭的，但 $\mathbb{W}$ 在减法和除法运算下不具备这些性质。

看得出来，我们探讨的早已不是简单的数字（1, 2, 3 等），而是从计数和特定的数值转向了数的集合和它们的性质。尽管我不会继续将 0 和 1 加粗，但它们并非任意的随机数，它们具有非常重要的作用。后面我们会看到“类 0”和“类 1”的对象，它们都不只是简单的数。

有了加法运算和乘法运算，我们可以定义幂运算（也称指数运算）了。如果 a 和 w 是非负整数，w^a 就等于 a 个 w 自己与自己相乘。注意，这与我们基于加法定义乘法存在某种相似性。

$$3^7 = 3\times3\times3\times3\times3\times3\times3$$

这意味着 $w^1 = w$，而 $w^0 = 1$（即便对于 $w = 0$ 也成立，即使现在看起来可能还不直观）。

如果将两个有指数的表达式相乘，结果会如何呢？当底数（我们为其添加幂的部分）一样时，我们将指数相加：

$$\begin{aligned}2^3\times2^4 &= (2\times2\times2)\times(2\times2\times2\times2)\\ &= 2\times2\times2\times2\times2\times2\times2\\ &= 2^7 = 2^{3+4}\end{aligned}$$

更一般而言：$w^a \times w^b = w^{a+b}$。另外，

$$w^a \times w^0 = w^{a+0} = w^a = w^a \times 1$$

这能进一步体现 $w^0 = 1$ 合理之处。

> 当某处根据上下文很明显表示乘法时，我们可以省略“×”，如 $2^3\times2^4 = 2^3 2^4 = 2^7$ ①。

3.3 整数

有时候，人们在首次遇到负数时会感到困惑。我怎么能拥有负数量的东西呢？我总不能拥有比没有苹果还少数量的苹果，对吧？

要理解这一点，我们可以把正数看作你拥有那样数量的东西或金钱，而负数就是你欠别人的东西或金钱。

如果你有 100 元，而要写一张 120 元的支票或通过电子方式支付这一数量的账单，那就可能发生两种情况。第一种是支付失败，而银行还可能收取手续费。第二种是银行帮你支付全部数额，并通知你账户已透支并向你收取手续费，然后你需要很快支付这一数额或从其他账户向其付款。

让我们忽略货币单位而只讨论数值：你一开始有 100，然后变为−20，此时你欠银行 20。如果你立即向你的账户存入 200，则你的余额为 180，即 $-20+200$。

---

① 对于不符合国内习惯的数学表述，本书尽量按英文原书保留其表述语句，且在不影响理解的情况下适当将原书使用的符号调整为符合国内习惯的形式。——译者注

整数（记为$\mathbb{Z}$）解决了非负整数在减法运算下不封闭的问题。我们定义一个运算“$-$”，称其为取反。对于每个非负整数n，$-n$就是使得$n+(-n)=0$的那个值（我们认为$-0=0$）。这个扩展得到的新数集称为整数集，接下来我们讨论其运算和性质。

1、12、345 等整数是*正整数*。更确切地说，正整数是任意自然数或大于 0 的任意非负整数。正整数大于 0。

−4、−89、−867253 等整数是*负整数*。换句话说，对于任意自然数n，负整数即$-n$形式的整数。负整数小于 0。0 既不是正整数，也不是负整数。

取反具有这样的性质：$-(-n)=n$。取反会反转数值的大小排序：因为$4<7$，所以$-4>-7$，也即$-7<-4$。整数写成有序数集时如下所示：

$$\{\cdots,-4,-3,-2,-1,0,1,2,3,4,5,\cdots\}$$

乘法和除法两边的负号会相互抵消：$(-1)\times(-1)=1$，$-1/(-1)=1$。任意整数n和m都满足这一关系：$n\times(-m)=(-n)\times m=-(n\times m)$。

如果n是非负整数，则当n为偶数时$(-1)^n$为 1，当n为奇数时$(-1)^n$为-1。

对于整数n，我们这样定义n的绝对值：如果n为 0，则其绝对值为 0；如果n为正整数，则其绝对值为n；如果n为负整数，则其绝对值为$-n$。我们使用两根竖线$|n|$来表示n的绝对值。因此

$$|n|=\begin{cases}n, & n>0\\ 0, & n=0\\ -n, & n<0\end{cases}$$

这里给出一些例子：

$$|-87|=87$$

$$|0|=0$$

$$|231|=231$$

不正式地说，求绝对值就是在整数前有负号时去掉这个负号。我们也可以说，整数的绝对值就是其与 0 之间的距离，不管这个整数是小于 0 还是大于 0。

对于整数n和m，总是有$|nm|=|n|\times|m|$以及$|n+m|\leqslant|n|+|m|$。

绝对值是对大小或长度的度量，并且可应用于代数和几何领域中的其他概念。事实

上，对于量子比特而言，绝对值与计算中得到一个答案或另一个答案的概率有关。

举例如下。

$n+3$ 能让 n 增加 3，$n+(-3)=n-3$ 的结果是让 n 减少 3。

- $7+3$ 的意思是让 7 增加 3，得到 10。
- $7+(-3)$ 的意思是让 7 减少 3，得到 4。
- $-7+3$ 的意思是让-7 增加 3，得到-4。
- $-7+(-3)$ 的意思是让-7 减少 3，得到-10。

根据加法运算的一般规则和上面的例子可知：对于任意整数 n 和 m，$n+(-m)=n-m$ 且 $n-(-m)=n+m$。

基于此，可以看到整数在减法运算下是封闭的：如果用一个整数去减另一个整数，结果也必然是一个整数。有了加法和取反，我们可以不使用减法，但使用减法会更加方便，并且能降低表达式的复杂程度。

你可能在少年时代就已经学过这些规则和性质了。我在这里重复介绍是为了让你能从更广义的角度看待加法、减法和取反运算，因为它们能应用于任意整数运算，而不只是简单的算术运算。

回到取反。对于任意整数，有且仅有一个整数在与其相加时能得到 0。如果这个整数是 33，则需要加 -33 才能得到 0。如果这个整数是 -74，则为了得到 0 需要加 74。在这里，0 非常重要，因为它是加法运算的单位元。

绝对值为 1 的数都被称为一个*单位*（*unit*）。整数有两个单位：1 和 -1。

*质数*是指大于 1 且其在乘法下的因数仅有 1 与其本身的正整数。这些数是质数：

$$2 \qquad 3 \qquad 37$$

这些数不是质数：

$$0 \qquad\qquad 1 \qquad\qquad -25(\text{可写为}-5\times 5)$$

$$4(\text{可写为}2\times 2) \qquad 12(\text{可写为}3\times 4\text{，即}3\times 2^2) \qquad 500(\text{可写为}2^2\times 5^3)$$

当一个数能整除另一个数时，我们可在它们之间使用“|”符号。比如 5 能整除 500，则可以记为 $5\,|\,500$。如果一个整数是两个或多个质数（这些质数可以一样，比如 7×7）的积，则该整数被称为合数。

如果对 6 进行因数分解，可以得到等价的 3×2 和 2×3 。我们通常按从小到大的顺序展示各个因数。

你只能以一种方式将一个非零整数分解为零个或多个质数乘一个单位的形式，其中某些质数可能重复。比如前文对 500 进行因数分解，质数 2 出现了两次，质数 5 出现了 3 次。

质数的数量是无限的。对质数及其泛化领域的研究与多个数学领域相关，尤其是数论。

> $\mathbb{Z}$ 是在 $\mathbb{W}$ 的基础上加入负数（$-1, -2, -3$ 等）而扩展得到的无限有序集合。整数执行加法运算时的单位元为 0。对于任意整数 n，都存在唯一的 $-n$ 使得 $n+(-n)=0$ 。$\mathbb{Z}$ 的加法和乘法运算满足交换律，并且在这两种运算以及减法运算下是封闭的，但 $\mathbb{Z}$ 在除法运算下不满足这些性质。此外，乘法在加法之上满足分配律。

我们再从相对几何的角度来认识整数。我们可以画出熟悉的数轴（图 3-1），其中负数在 0 的左边，正数在 0 的右边。

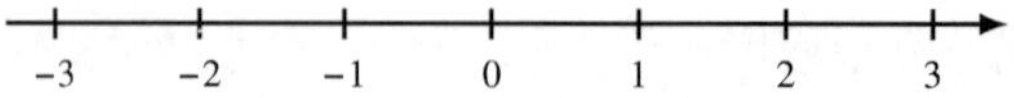

图 3-1

这种表示能帮你更好地理解整数。数轴并不是整数集，而是通过几何的方式来帮助你理解代数。

对整数取反就是将其反转到 0 的另一边。对整数取反两次就意味着在反转到 0 的另一边之后又反转回开始的位置，因此两次取反就相当于不做任何操作。绝对值就表示 0 的左边或右边的整数与 0 的距离。

与 0 相加不会移动数在数轴上的位置。与一个正整数相加意味着在数轴上向右移动该正整数个单位，而与一个负整数相加则意味着在数轴上向左移动该负整数的绝对值个单位，与减去一个正整数的效果一样。

> **问题 3.3.1**
>
> 请使用数轴思考为何取反会反转两个整数的大小排序。

数轴是一条线，而线是一维的。要精确定位数轴上的任意一个点，只需使用一个数。因此我们可以将 0 右边相距 7 个单位的点的坐标记为(7)。在数轴上，我们将 0 称为*原点*。而这又是 0 的一大特殊用途。

数学家在工作时常常会将一个领域的问题转译到另一个领域，而后一个领域往往已经得到更好的理解或有更好的工具和技巧。这里我已经展示了一些在整数的代数和几何之间转译的方法。

3.4 有理数

有理数（记为$\mathbb{Q}$）能解决整数在除以非零数值的除法运算下不封闭的问题。

3.4.1 分数

首先来看分数，分数就是有理数。你可能在第一次学习有理数时就知道了。这虽然是基础知识，但复习一下也非常有用，能让我们更好地把握$\mathbb{Q}$的整体情况。

给定一块长条面包，如果我们从正中间将其切开，我们就将其分成了两半。用分数表示：一半=1/2。两个一半加起来就是一整块面包，因此$1/2+1/2=2\times 1/2=1$。两半就是$2/2$，就是 1。四半则能组成两块面包：$4/2=2$。

再看看整块的面包，$1/1$是一块，$2/1$是两块，$147/1$是 147 块。任意整数n都可表示为分数形式：

$$n/1=\frac{n}{1}$$

对于分数的乘法，我们将*分子*相乘作为结果的分子，将*分母*相乘作为结果的分母，然后简化所得到的结果。下面来讨论这一过程。

假设我们有另一块长条面包，这一次我们将其分为三等份，则每一份都是整块面包的$1/3$。这 3 个 1/3 加起来就是整块面包，即$1/3+1/3+1/3=3\times 1/3=1$。

如果将这 3 个 1/3 块面包再次对半分，我们就能得到 6 块大小相等的面包，它们全部加起来就等于原来的一整块。如果将其中两小块加起来，就又能得到 1/3 块。因此$1/6+1/6=2\times 1/6=1/3$。用另一种更详细的写法：

$$2\times\frac{1}{6}=\frac{2}{6}=\frac{2\times 1}{2\times 3}=\frac{2}{2}\times\frac{1}{3}=1\times\frac{1}{3}=\frac{1}{3}$$

我们可以将“×”看作“个”：1/2 个 1/3 是 1/6：

$$\frac{1}{2}\times\frac{1}{3}=\frac{1}{6}$$

当分母（上面对半分时的 2、三等分时的 3 以及 1/6 的 6）相等时，分数的算术运算（尤其是加法和减法）很简单。而当分母不同时，我们需要找到最小公分母（Least Common Denominator，LCD）。

如果我们将 1/6 块面包和 1/3 块面包组合到一起，会得到多少面包？

$$\frac{1}{6}+\frac{1}{3}=\frac{1}{6}+2\times\frac{1}{6}=3\times\frac{1}{6}=\frac{3}{6}$$

在这种情况下，最小公分母就是 6，因为三分之几总是可以表示为二倍的六分之几。

$1/3+1/5$ 又如何呢？我们并不能简单地将三分之几写成五分之几，所以我们需要将这两个分数都细分到一样的大小。在这里，我们可以细分到 1/15。$1/3=5/15$，而 $1/5=3/15$。

$$\frac{1}{3}+\frac{1}{5}=\frac{5}{15}+\frac{3}{15}=\frac{8}{15}$$

你可能很难像想象 1/2、1/3、1/4 或 1/5 一样直观地想象 1/15，但分数的性质都是一样的。在这个例子中，15 是 3 和 5 的*最小公倍数*（*Least Common Multiple，LCM*）：能同时被 3 和 5 整除的最小正整数。

下面通过一个例子来介绍计算两个整数的最小公倍数的方法。我们就以 –18 和 30 为例。因为我们要找的是一个正整数，所以就暂且忘记 18 前面的负号吧。

首先将这两个数分别分解为质数的积：$18=2\times9=2\times3^2$，$30=2\times3\times5$。然后将这些质数组成一个集合。我们将两组分解中出现过的所有质数都放入该集合，其中每个质数都仅保留指数较大的一个。如果指数一样大（比如这里质数 2 在两组分解中的指数都为 1），则保留其中任意一个即可。具体流程如下。

- 该集合一开始是空集，这里表示为{}。
- 逐个处理 $18=2\times9=2\times3^2$ 中的各个质数。
    - 2 还不在该集合中，所以加进去，得到{2}。
    - 3 还没有以任何指数形式存在于该集合中，所以加入 3^2，得到 $\{2,3^2\}$。
- 逐个处理 $30=2\times3\times5$ 中的各个质数。
    - 2 已在该集合中，那就忽略它。
    - 3 已带着更大的指数 2 存在于该集合中，也忽略它。
    - 5 不在该集合中，那就加进去。

- 最终得到的集合为$\{2,3^2,5\}$。

将该集合中的所有数相乘，得到 90，这就是这两个数的最小公倍数。这样能确保原来的每个数都能将 90 均分，而且 90 就是可以同时被它们均分的最小值。

当两个数没有共同的质因数时，最小公倍数就是它们的乘积的绝对值。

当分子非平凡（不等于 1）时，我们还需要让它们做一些乘法。如上所述，假设我们已经找到了 3 和 5 的最小公倍数 15，则 15 就是$2/3+7/5$的最小公分母。

我们将借助它来做加法，减法类似。

$$\begin{aligned}\frac{2}{3}+\frac{7}{5}&=\frac{5}{5}\times\frac{2}{3}+\frac{3}{3}\times\frac{7}{5}\\&=\frac{5\times 2}{5\times 3}+\frac{3\times 7}{3\times 5}\\&=\frac{10}{15}+\frac{21}{15}\\&=\frac{31}{15}\end{aligned}$$

如果给一个有理数加上非负整数指数，就相当于给其分子和分母分别加上该指数。

$$\left(\frac{-3}{4}\right)^5=\frac{(-3)^5}{4^5}=\frac{-243}{1024}$$

要将分数约为最简分数形式，需要约去分子和分母共有的质因数。进一步规范一下：如果有负号，使其最多含有一个负号，且将负号放在分子上。

举例如下：

$$\frac{1}{-2}=\frac{-1}{2}\qquad\qquad \frac{5}{5}=\frac{5^1}{5^1}=\frac{5^0}{5^0}=\frac{1}{1}=1$$

$$\frac{2}{8}=\frac{2^1}{2^3}=\frac{2^0}{2^2}=\frac{1}{4}\qquad\qquad \frac{12}{30}=\frac{2^2\times 3^1}{2^1\times 3^1\times 5^1}=\frac{2^1}{5^1}=\frac{2}{5}$$

如果分子和分母中含有共同的质因数，就让该质因数除以自身，得到 1。这样我们就从分子和分母中移除了该质因数。这个过程称为约分。

3 和 4 之间并不存在整数。但是对于任意两个有理数，在它们之间总是能找到另一个有理数。只需求它们的平均即可：$\frac{3+4}{2}=\frac{7}{2}$。

因此，尽管我们可通过加 1 或减 1 的方式从一个整数跳转至下一个整数，但它们之间还有其他数，我们无法平滑地从一个整数直接到达下一个整数。

整数在正方向和负方向都是无限的，因此有理数也是如此。另外，在任意两个不同的有理数之间存在无限多个有理数。

最大公约数

计算最小公倍数还有一种更直接的方法，即使用最大公约数。

> 令 a 和 b 为两个非零整数。我们可以假设它们都为正整数。*最大公约数* g 是使得 $g \mid a$ 和 $g \mid b$ 成立的最大正整数。$g \leqslant a$ 且 $g \leqslant b$。我们将求最大公约数的运算记为“gcd”。最大公约数 g 的一大性质是存在使得等式 $an+bm=g$ 成立的整数 n 和 m。
>
> 如果 $g=1$，我们就说 a 和 b 互质。

给定

$$\operatorname{lcm}(a,b)=\frac{ab}{\gcd(a,b)}$$

如果 a 或 b 是负数，则使用其绝对值。

要计算 $\gcd(a,b)$，可使用*欧几里得算法*中的商和余数。根据除法的性质，对于正整数 a 和 b，若 $a \geqslant b$，则存在非负整数 q 和 r，使得

$$a=bq+r$$

其中 $0 \leqslant r < b$。q 被称为 a 除以 b 的商，r 是余数。因为 $r<b$，所以 q 无论多大均可。如果 $r=0$，则 $b \mid a$ 成立且 $\gcd(a,b)=b$。

我们假设 n 能整除 a 和 b，那么 n 就能整除 $a-bq$（即 r）。也就是说，对于 $n=\gcd(a,b)$，有

$$\gcd(a,b)=\gcd(b,r)$$

我们将求 a 和 b 的最大公约数的计算替换成了求 b 和 r 的最大公约数的计算，而 b 和 r 是一对更小的数。我们可以重复这一过程，得到越来越小的一对数。因为 $r \geqslant 0$，这个过程最终会停下来。

一旦得到的 r 为 0，我们回头取其前一个余数。这个数就是 a 和 b 的最大公约数。

问题 3.4.1

请计算 gcd(15295,38019)。你能否对结果进行因数分解？

欧几里得原本使用的是减法，但借助现代计算机，我们已能高效地计算商和余数。

3.4.2 用数学形式进行概括

现在我们回退一步，就像之前总结自然数、非负整数和整数一样概述有理数及其运算性质。

正如我们为非负整数 w 引入了唯一能使得 $w+(-w)=0$ 成立的整数 $-w$ 一样，我们也能确定对于非零的 w，$1/w$ 是唯一能与 w 相乘 1 得到 1 的值。我们称 $1/w$ 为 w 的*倒数*。用准确的术语来说，$1/w$ 是 w 的唯一乘法逆元（unique multiplicative inverse），但这样说起来太啰嗦了。另外，默认 w 不为零。

有理数通过乘法逆元对整数进行了扩展，并为加法、减法、乘法和除法运算规则带来了类似的扩展。

对于任意整数 a 和非零整数 b，我们定义 $a/b=\frac{a}{b}$ 等价于 $a\times\frac{1}{b}$。$\frac{b}{b}=1$。

对于非零的 c 和 b，$\frac{c\times a}{c\times b}$ 和 $\frac{a}{b}$ 这两种形式的表达式表示的是同一个有理数。

如果 a 和 b 没有共同的质因数，则我们说有理数 $\frac{a}{b}$ 是以最简形式表示的。有理数表达式化简是指写出它的最简形式。现在我们可以写出算术运算的规则了。

1．相等

设 b 和 d 不为零，则如果 $a\times d=c\times b$，则两个表达式 $\frac{a}{b}$ 和 $\frac{c}{d}$ 表示的是同一个有理数。

2．加法

将分子和分母交叉相乘，将结果相加得到新的分子，再将分母相乘得到新的分母，然后化简。

$$\frac{a}{b}+\frac{c}{d}=\frac{a\times d+c\times b}{b\times d}$$

其中 b 和 d 不为零。另一种方法是将每个分数写为其最小公分母的形式，再将分子相加，然后化简。

3．减法

将分子和分母交叉相乘，将结果相减得到新的分子，再将分母相乘得到新的分母，然后化简。

$$\frac{a}{b}-\frac{c}{d}=\frac{a\times d-c\times b}{b\times d}$$

其中 b 和 d 不为零。另一种方法是将每个分数写为其最小公分母的形式，再将分子相减，然后化简。

4．取反

对一个数取反就相当于让其与 -1 相乘。分子和分母上的负号可以相互抵消。

$$-\frac{a}{b}=\frac{-a}{b}=\frac{-1\times a}{b}=\frac{a}{-1\times b}=\frac{a}{-b}$$

其中 b 不为零。

5．乘法

过程：将分子相乘得到新的分子，将分母相乘得到新的分母，然后化简。

$$\frac{a}{b}\times\frac{c}{d}=\frac{a\times c}{b\times d}$$

其中 b 和 d 不为零。

6．求倒数

非零有理数的倒数就是分子和分母互换之后得到的有理数。

$$\frac{1}{\left(\frac{a}{b}\right)}=\left(\frac{a}{b}\right)^{-1}=\frac{b}{a}$$

其中 a 和 b 不为零。有理数的 -1 次幂表示计算其倒数。

7. 除法

有理数的除法运算就相当于第一个数乘第二个数的倒数。

$$\frac{\left(\frac{a}{b}\right)}{\left(\frac{c}{d}\right)}=\frac{a}{b}\times\frac{1}{\left(\frac{c}{d}\right)}=\frac{a}{b}\times\frac{d}{c}=\frac{a\times d}{b\times c}$$

其中b、c和d不为零。

8. 指数

与其他数类似，有理数的 0 次幂的结果为 1。如果指数为负整数，则表示先将分子和分母互换，然后以原指数的绝对值为指数分别计算分子和分母。

$$\left(\frac{a}{b}\right)^n=\begin{cases}\frac{a^n}{b^n}, & 整数n>0\\ 1, & n=0\\ \frac{b^{-n}}{a^{-n}}, & 整数n<0\end{cases}$$

其中b不为零或n为负整数时a不为零。

> $\mathbb{Q}$是对$\mathbb{Z}$进行扩展后得到的无限有序集合，其扩展方式为首先加入所有非零整数n的乘法逆元$\frac{1}{n}$，然后进一步加入基于整数n和非零整数m定义的值$\frac{n}{m}=n\times\frac{1}{m}$。
>
> 有理数在执行乘法逆元运算时有唯一的单位元 1，即对于任意的非零有理数r，总是存在唯一的乘法逆元$\frac{1}{r}$使得$r\times\frac{1}{r}=1$。$\mathbb{Q}$上的加法和乘法运算满足交换律，并且在这两种运算以及减法运算和除数非零的除法运算下是封闭的。

有理数似乎最终能够解决所有的算术问题并得到有效的答案。但是，虽然$\sqrt{4}$和$\sqrt{\frac{1}{25}}$都是有理数，但$\sqrt{2}$和$\sqrt{\frac{1}{5}}$却都不是有理数。

如果$\sqrt{2}$是有理数，则应该存在正整数m和n使得$m/n=\sqrt{2}$，即$\frac{m^2}{n^2}=2$。我们可以假设m和n之间没有共同的质因数——这很关键！

上述等式不可能成立，我们来证明它。每个偶整数都可以写成 $2k$ 的形式，其中 k 是另一个整数。类似地，所有奇整数都可以写成 $2k+1$ 的形式。因此，计算一个整数的平方时，如果该整数为偶数，结果为 $4k^2$，也是一个偶数；而如果该整数为奇数，结果为 $4k^2+4k+1$，也是一个奇数。

这也表明，如果一个偶数是某数的平方，则这个数必然也为偶数；如果一个奇数是某数的平方，则这个数必然也为奇数。

如果 $m^2/n^2=2$，则 $m^2=2n^2$，m^2 是偶数，所以 m 也必然是偶数。因此必然存在一个整数 j，使得 $m=2j$，则 $m^2=4j^2$。

然后可得：

$$m^2=4j^2=2n^2$$

因此

$$2j^2=n^2$$

和前面一样，这表明 n^2 和 n 是偶数。m 和 n 都是偶数，所以它们具有共同的因数 2。

但我们之前已经假设 m 和 n 之间没有共同的因数，所以出现了矛盾！因此并不存在这样的 m 和 n，$\sqrt{2}$ 也就不是有理数了。

问题 3.4.2

请使用类似的方法证明 $\sqrt{3}$ 不是有理数。

3.5　实数

当我们介绍完实数后，我们就分析完了大多数人见过的所有典型的数。首先从小数开始。

3.5.1　小数

如果用*小数*表示实数，基本形式如下。

- 可以有负号。
- 后面是一串由计数单位 0、1、2、3、4、5、6、7、8、9 构成的有限位数的数字。

- 再后面是圆点，称为*小数点*。
- 之后是有限或无限位数的计数单位。

在许多地方，小数点是用逗号而非点号表示，但本书采用了美国和英国的惯例。

如果小数点之后没有数字，则可以省略小数点。

> 在一般的数学语境中，如果小数点右侧只有若干个 0，那么这些 0 经常常会省略掉。但这些 0 也可能得到保留，比如在表示测量精度或在计算机代码中表示数值时。

小数点左侧如果只有若干个 0，那么这些 0 偶尔会全部省略。不同场景中可能出现以下写法：

$$0 = 0. = .0 = 000.00$$

$$1 = 1. = 1.0 = 000001$$

$$-3.27 = -03.27 = -3.27000000000$$

按照惯例，在小数点前后保留单个 0 也是常用的做法：比如 0.0 和−4.0。

整数 1327 可以展开成：

$$1\times10^3 + 3\times10^2 + 2\times10^1 + 7\times10^0$$

类似地，整数−340 可展开成：

$$(-1)\left(3\times10^2 + 4\times10^1 + 0\times10^0\right)$$

对于小数点右边的部分，我们可将其展开为 10 的负指数幂。例如：

$$13.27 = 1\times10^1 + 3\times10^0 + 2\times10^{-1} + 7\times10^{-2}$$

$$-0.340 = (-1)\left(0\times10^0 + 3\times10^{-1} + 4\times10^{-2} + 0\times10^{-3}\right)$$

小数点位于10^0和10^{-1}两位之间。

因为10^{-1}就是$\frac{1}{10}$，所以小数点后面的第一位数被称为“十分位”。接下来的一位被称为“百分位”，因为其对应于$10^{-2} = \frac{1}{100}$。继续下去，还有千分位、万分位、十万分位、百万分位等。

要将$1/2$这样一个分数转写为小数，我们需要尽力将其分母改写为 10 的幂的形式。

这个例子很简单，因为$1/2=5/10$。$5/10$ 就是0.5。

而如果是$3/8$，则需要一直展开到$375/1000$。

$$\begin{aligned}\frac{3}{8}&=\frac{3}{2^3}\times\frac{5^3}{5^3}\\&=\frac{3}{2^3}\times\frac{125}{125}\\&=\frac{375}{1000}\\&=\frac{300}{1000}+\frac{70}{1000}+\frac{5}{1000}\\&=\frac{3}{10}+\frac{7}{100}+\frac{5}{1000}\\&=3\times10^{-1}+7\times10^{-2}+5\times10^{-3}\\&=0.375\end{aligned}$$

因为$10=2\times5$，所以10 的任意次幂都是 2 的该次幂乘 5 的该次幂。也因此，上面的例子选择了 5^3。我们有 $10^3=2^3\times5^3$。

但这种方法并不适用于所有分数向小数的转写。$1/7$ 的小数表示是

$$0.142857142857142857142857142857142857142857\cdots$$

请注意其中不断循环的“142857”。

$$0.\boxed{142857}142857142857142857142857142857142857\cdots$$

它会永远循环下去，一次又一次。这是一个无限小数的展开形式。我们约定在循环部分之上加一条线来表示它：

$$\frac{1}{7}=0.\overline{142857}$$

> 任何有理数的小数展开形式都是有限小数或带有循环部分的无限循环小数。

我们在上面已经展示了如何将有限小数转写为分数形式：将该小数表示成 10 的幂的和，然后执行有理数的算术运算。

$$
\begin{aligned}
2.13 &= 2\times10^{0}+1\times10^{-1}+3\times10^{-2}\\
&= 2+\frac{1}{10}+\frac{3}{100}\\
&= \frac{213}{100}
\end{aligned}
$$

这个分数已经是最简形式了，但一般来说我们最后会有一个化简步骤。

将无限循环小数转写为分数形式则要稍微复杂一些。以 $r=0.\overline{153846}$ 为例，其中循环部分有 6 位数，而且这个循环部分紧跟在小数点之后。将两边同时乘 $10^6=1000000$。

$$1000000r = 153846.\overline{153846}$$

则

$$1000000r - r = 153846.\overline{153846} - 0.\overline{153846}$$

可得

$$
\begin{aligned}
999999r &= 153846\\
r &= \frac{153846}{999999}\\
r &= \frac{2}{13}
\end{aligned}
$$

问题 3.5.1

如果循环部分是在小数点之后更右边，该如何调整这一方法？

如果小数部分整体并不循环，你可以将其分为有限展开部分加上循环部分除以对应的 10 的幂。

$$
\begin{aligned}
3.2\overline{153846} &= 3.2+0.0\overline{153846}\\
&= \frac{32}{10}+\frac{2}{13}\times10^{-1}\\
&= \frac{32}{10}+\frac{2}{130}\\
&= \frac{32}{10}\times\frac{13}{13}+\frac{2}{130}\\
&= \frac{416}{130}+\frac{2}{130}
\end{aligned}
$$

$$= \frac{418}{130} = \frac{209}{65}$$

这些计算展现了有理数与将其展开得到的小数之间的关系。

问题 3.5.2

请写出 $0.\overline{9}$ 对应的分数。

如果 r 是实数，则 $\lfloor r \rfloor$ 表示对 r 向下取整（*floor*），即小于或等于 r 的最大整数。类似地，$\lceil r \rceil$ 表示对 r 向上取整（*ceiling*），即大于或等于 r 的最小整数。

3.5.2　无理数和极限

还有一种情况我们没考虑到，即没有循环部分的无限小数。这种数不是有理数，而是无理数。实数是有理数与无理数的统称。因为 $\sqrt{2}$ 不是有理数，所以它肯定是无理数。

我们来看看一个实数的小数近似形式：

$$\pi = 3.14159265358979323846264338327950\cdots$$

π 是一个无理数，因此没有无限循环部分。π 不是 $22/7$，也并非 3.14。它们只是 π 的分数和小数近似，而且还不是非常精确的近似。

π 无法写成分数形式，你也无法写完用来表示它的无限多个数字。π 在 $\mathbb{R}$ 中，但不在 $\mathbb{Q}$ 中。

请看：

$$3.1 \quad 3.14 \quad 3.141 \quad 3.1415 \quad 3.14159 \quad 3.141592 \quad 3.1415926 \quad \cdots$$

这是一串有理数（用小数表示），而且越来越接近 π 的真实值。

想要将与 π 的差距降到 100 万分之一以内？有 $\pi - 3.1415926 < 0.000001$。降到一亿分之一以内？有 $\pi - 3.141592653 < 0.00000001$。这样的操作还可以继续。

这样我们就有了一个有理数序列。如果我们设置一个接近度阈值（比如 100 万分之一），则我们就能在这个序列中找到一个数，使得其与后面所有数都至少与 π 如此接近。我们说无理数 π 是这个有理数序列的*极限*（*limit*）。

如果你让这个阈值更小一些，则我们还是能在这个序列中找到一个至少如此接近的数。我们称以上序列*收敛*于 π 。

想想看，这个序列中的所有数都是有理数，但极限却不是。不正式地说，如果将有理数放入所有有极限的收敛序列中，就得到了实数。

当然，有的有理数序列会收敛到有理数。例如：

$$\frac{1}{1},\frac{1}{2},\frac{1}{3},\cdots,\frac{1}{n},\cdots$$

会收敛到极限 0。这里我们令 n 越来越大，则可以写出：

$$\lim_{n\to\infty}\frac{1}{n}=0$$

类似地，

$$-\frac{2}{1},-\frac{3}{2},-\frac{4}{3},\cdots,-\frac{n+1}{n},\cdots$$

会收敛到 -1 。再举一个极限不那么明显的例子：

$$\lim_{n\to\infty}\left(1+\frac{1}{n}\right)^n$$

随着 n 越来越大，这个例子中括号内的表达式越来越接近 1。随着 n 增大，计算得到的值似乎会收敛：

$$n=1，得到 2$$
$$n=10，得到 2.5937424601\cdots$$
$$n=10000，得到 2.71814592682\cdots$$
$$n=100000，得到 2.71826823719\cdots$$

这个序列会收敛到 $e=2.7182818284590452353 60\cdots$ ，这是自然对数的底数，也是一个无理数。与 π 类似，e 也是数学领域中的一个特殊值，其“自然地”出现在许多场景中。

再来看这个序列：

$$1,2,3,4,5,\cdots,n,\cdots$$

它不会收敛到任何有限的有理数。我们称之为*发散序列*。

> 我们将实数集定义为 $\mathbb{Q}$ 的扩展，其中包含有理数的所有收敛序列的极限。另外，实数集在取实数的收敛序列的极限这一运算上是封闭的。

封闭、封闭性、是否封闭，这些概念才是我们日常使用的各种数的基础。

极限对微积分运算至关重要。是否存在能收敛到某个固定且唯一值的无限数字序列？这不同于大部分人在学业早期学到的任何概念。一开始遇见它时，我们可能会感到畏惧和气馁。

还记得前面我提及的 $0.\overline{9}$ 吗？它是以下序列的极限：

$$
\begin{array}{l}
0.9 \\
0.99 \\
0.999 \\
0.9999 \\
0.99999 \\
\quad\cdots
\end{array}
$$

每当我们移动到该序列的下一位数，我们就在最右边加一个 9。看起来极限似乎为 1。如果你希望与 1 的差距在 1000 万亿分之一（10^{-15}）以内，则要写到 0.9999999999999999。不管你想要与 1 多接近，我都可以在后面加上足够的 9，使得这个数及该序列中更后面的数都至少达到这样的接近程度。所以该序列收敛到 1，1 就是该序列的极限。

我们再看看这样一个序列——其中每个数都是其前一个数和另一个数的和：

$$
\begin{array}{l}
1 \\
1-\frac{1}{3} \\
1-\frac{1}{3}+\frac{1}{5} \\
1-\frac{1}{3}+\frac{1}{5}-\frac{1}{7} \\
1-\frac{1}{3}+\frac{1}{5}-\frac{1}{7}+\frac{1}{9} \\
\quad\cdots
\end{array}
$$

这个序列收敛于 $\frac{\pi}{4}$，但收敛速度极慢。如果要用于计算机计算，寻找收敛速度快的序列是非常重要的。

3.5.3　二进制形式

正如我们可以使用计数单位 0、1、2、3、4、5、6、7、8、9 写出十进制形式的非负整数，我们也可以仅用 0 和 1 来将其表示成二进制形式。我们已在 2.2 节见过了一些例子。

以下算法可将 $\mathbb{W}$ 中的任意 w 从十进制形式转换为二进制形式。

（1）如果 $w=0$，则结果也为 0，任务完成。

（2）否则，令 b 为一个初始为空的占位符，我们之后将在此放入比特。

（3）如果 w 是奇数，则将 1 放入 b 的最左侧，再将 w 设为 $w-1$，否则，就将 0 放入 b 的最左侧。现在，不管是哪种情况，将 w 重新赋值为 $w/2$。

（4）如果 $w=0$，任务完成，b 就是答案，否则，回到第（3）步。

举个例子，如果 $w=13$，b 一开始则为空。

- w 是奇数，所以 b 现在是 1，然后我们计算 $(w-1)/2=6$ 作为新的 w。
- w 是偶数，所以 b 现在是 01，然后我们计算 $w/2=3$ 作为新的 w。
- w 是奇数，所以 b 现在是 101，然后我们计算 $(w-1)/2=1$ 作为新的 w。
- w 是奇数，所以 b 现在是 1101，然后我们计算 $(w-1)/2=0$ 作为新的 w。
- $w=0$，任务完成。w 的二进制表示为 $b=1101_2$。

我们在这个数字后面放了一个下标 2，是为了提醒我们这是一个二进制数。

现在假设我们有一个小数 r，其取值范围为 $0 \leqslant r < 1$。对于一个仅使用 0 和 1 以二进制形式表示的“二进制小数点”右侧的部分，我们可能会想知道它的十进制形式。同样，我们将其展开，不过不是展开成 10 的负指数幂的形式，而是展开成 2 的负指数幂的形式。

$$0.011_2 = 0 \times 2^{-1} + 1 \times 2^{-2} + 1 \times 2^{-3}$$

十进制形式为 $\frac{1}{4}+\frac{1}{8}=\frac{3}{8}=0.375$。

要将一个实数的小数部分转换成二进制，我们的算法与上面的算法有共通之处。

（1）如果 $r=0$，则结果也为 0，任务完成。

（2）否则，令 b 为一个初始仅含“.”的占位符。这表示我们此后将在其中放入比特。

（3）将 r 乘 2，得到 s。因为 $0 \leqslant r < 1$，所以 $0 \leqslant s < 2$。如果 $s \geqslant 1$，将 1 放入 b 的最右侧并令 $r=s-1$，否则，将 0 放入 b 的最右侧并令 $r=s$。

（4）如果 $r=0$，任务完成，b 就是答案，否则，回到第（3）步。

看起来似乎很合理。我们用 $r=0.375_{10}$ 来验证一下。首先，r 不为 0，b 为占位符“.”。

- 令 $s=2r=0.75$，小于 1。我们在 b 的右侧加一个 0 并令 $r=s=0.75$。现在 b 为“.0”。
- 令 $s=2r=1.5$，大于 1。在 b 的右侧加一个 1 并令 $r=s-1=0.5$。现在 b 为“.01”。
- 令 $s=2r=1$，等于 1。在 b 的右侧加一个 1 并令 $r=s-1=0$。现在 b 为“.011”。
- 因为 $r=0$，所以转换已完成，答案是 0.011_2。

如果用表格形式，这个过程如表 3-1 所示，看起来会没那么烦琐。

表 3-1

s	b	r
无	.	0.375
0.75	.0	0.75
1.5	.01	0.5
1	.011	0

第一行是初始设置。答案是最后一行的 b，此时 $r=0$。

这个答案与之前例子中的一致。我们再以 $r=0.2_{10}$ 为例看看，如表 3-2 所示。

表 3-2

s	b	r
无	.	0.2
0.4	.0	0.4
0.8	.00	0.8
1.6	.0001	0.6
1.2	.00011	0.2
0.4	.000110	0.4
…	…	…

我没再继续，因为这个过程开始重复了。我们换种方式，使用表示循环小数的符号：

$$0.2_{10}=0.\overline{0011}_2$$

十进制小数 0.2 没有明确的有限二进制形式，它的二进制形式带有一个循环部分。

对于小数，以下规则是成立的。

- 十进制有理数的二进制形式要么是有限的，要么带有无限循环部分。
- 带有无限循环部分的二进制数是十进制的有理数。
- 无理数的二进制形式也是无限不循环的。
- 无循环部分的无限二进制小数是无理数。

给定一个由非负整数 w 和小数部分 $r(r<1)$ 构成的实数，你可以将其各部分的二进制形式连接起来以得到整体的二进制形式。举个例子，小数 5.125 完全展开成二进制形式之后是 110.001_2。

问题 3.5.3

17.015625_{10} 的二进制形式是怎样的？$\frac{4}{3}$ 呢？

3.5.4 连分数

实数还有一种高中代数课通常不会教的扩展方式，那就是*连分数*（*continued fraction*），下面两式的等号右侧就是其中两个例子：

$$\frac{15}{11}=1\frac{4}{11}=1+\cfrac{1}{2+\cfrac{1}{1+\cfrac{1}{3}}} \qquad \frac{11}{15}=0+\cfrac{1}{1+\cfrac{1}{2+\cfrac{1}{1+\cfrac{1}{3}}}}$$

我们可以将整数部分直接写在前面，然后构建一个分子为 1 的递归分数序列。

下面通过第一个例子介绍该算法的过程。首先将整数部分写在前面。

（1）第一次近似：1。取近似后，余下 $\frac{4}{11}$，取其倒数得到 $\frac{11}{4}=2\frac{3}{4}$。取其中非负整数的部分，然后将其用作展开式的第二部分。

（2）第二次近似：$1+\frac{1}{2}$。取剩下的分数部分的倒数，得到 $\frac{4}{3}=1\frac{1}{3}$。将其中非负整数部分用于展开式。

（3）第三次近似：$1+\cfrac{1}{2+\cfrac{1}{1}}$。取 $\frac{1}{3}$ 的倒数得到 3，将其用于展开式。现在没有非零的分数部分了，所以算法到此结束。

（4）最后的展开式为：$1+\cfrac{1}{2+\cfrac{1}{1+\cfrac{1}{3}}}$。

这是一个有限连分数展开，因为其中项的数量有限。根据分数的算术运算规则，如果一开始使用的是有限连分数，那么最后会得到一个有理数。我们这里实现的只是 3.4.1 小节的欧几里得算法的一种变体。

更有趣的是，任意有理数在展开成这种形式时都会这样终止。我们不必担心有理数的循环部分需要像使用小数和二进制形式那样转换成无限的连分数。

问题 3.5.4

$-\frac{97}{13}$ 的连分数展开形式是怎样的？0.375 呢？

我们可使用变量名将有限连分数写为：

$$b_0+\cfrac{1}{b_1+\cfrac{1}{b_2+\cfrac{1}{\ddots+\cfrac{1}{b_n}}}}$$

这里所有的 b_j 都在 $\mathbb{Z}$ 中，且当 $j>0$ 时 $b_j>0$。也就是说，b_0 可以为负数或零，但其余的必须为正整数。上式的另一种更简短的表示方式是：

$$[b_0;b_1,b_2,\cdots,b_n]$$

也可以再添加一项来表示有理数：

$$[b_0;b_1,b_2,\cdots,b_{n-1},b_n,1]$$

但我更喜欢更简短的版本。如果最后一项不能为 1，则一个有理数将有唯一一种表示形式。

问题 3.5.5

令 $r>0$ 在 $\mathbb{R}$ 中，则

$$r[b_0;b_1,b_2,\cdots,b_n]=[rb_0;rb_1,rb_2,\cdots,rb_n]$$

是否成立？

如果给定的展开式是无限的呢？它不会是有理数。事实上，它会收敛到一个无理数。

每个无理数都有唯一的无限连分数展开形式 $f=[b_0;b_1,b_2,b_3,\cdots]$。

无限连分数可以有循环部分或根据某个公式循环的部分。和之前一样，上面加线的是循环部分。

表 3-3 中第一项是“黄金比例”，而最后一项是自然对数的底 e。请注意，在 e 的展开式中，每隔两个 1 出现的整数会稳步地增加 2。

表 3-3

值	展开式
$\frac{1+\sqrt{5}}{2}$	$[1;\overline{1}]$
$1+\sqrt{2}$	$[2;\overline{2}]$
$\frac{3+\sqrt{13}}{2}$	$[3;\overline{3}]$
$\sqrt{3}$	$[1;\overline{1,2}]$
$\sqrt{7}$	$[2;\overline{1,1,1,4}]$
$\tan(1)$	$[1;1,1,3,1,5,1,7,1,9,1,11,\cdots]$
e	$[2;1,2,1,1,4,1,1,6,1,1,8,1,\cdots]$

问题 3.5.6

请根据连分数计算黄金比例的前 6 位数。

我们再看看最前面的两个例子，现在我们可以将其写为更简短的形式：

$$\frac{15}{11} = [1;2,1,3] \qquad \frac{11}{15} = [0;1,2,1,3]$$

你从中发现了什么吗？第一，这两个分数互为倒数；第二，除了后一个展开式多一个 0 之外，展开式的其余部分是一样的。这在一般情况下都成立。

令 r 是一个正的有理数。假设 $r < 1$，则其连分数展开式为

$$[0;b_1,b_2,\cdots,b_n]$$

$\frac{1}{r}$ 的展开式为

$$[b_1;b_2,\cdots,b_n]$$

另一方面，如果 $r > 1$，则其展开式为

$$[b_0;b_1,b_2,\cdots,b_n]$$

$\frac{1}{r}$ 的展开式为

$$[0;b_0,b_1,b_2,\cdots,b_n]$$

给定一个无限连分数 $f = [b_0;b_1,b_2,b_3,\cdots]$，我们很自然地会看其有限分数序列，即 f 的*渐近分数*（convergents）。

$$f_0 = [b_0;] = \frac{x_0}{y_0}$$

$$f_1 = [b_0;b_1] = \frac{x_1}{y_1}$$

$$f_2 = [b_0;b_1,b_2] = \frac{x_2}{y_2}$$

…

$$f_n = [b_0;b_1,b_2,b_3,\cdots,b_n] = \frac{x_n}{y_n}$$

然后我们也很自然地会问，对于上述序列中的一个数 f_j，f 和 f_j 有怎样的关系。每个 x_j 都是一个整数，每个 y_j 都是一个正整数。f_j 都为化简后的形式（比如，会使用 $\frac{1}{2}$ 而非 $\frac{3}{6}$）。

对于特定的收敛程度 f_n，渐近分数 f_j 具有以下性质。

- 当 $j<n$ 且为奇数时，对于所有 f_j，满足 $f_1>f_3>f_5>\cdots>f_n$。
- 当 $j<n$ 且为偶数时，对于所有 f_j，满足 $f_2<f_4<f_6<\cdots<f_n$。
- 如果 $j<k<n$，则 $|f_n-f_k|<|f_n-f_j|$。

这就意味着渐近分数会在 f_n 的上下波动，并且越来越近，如图 3-2 所示。

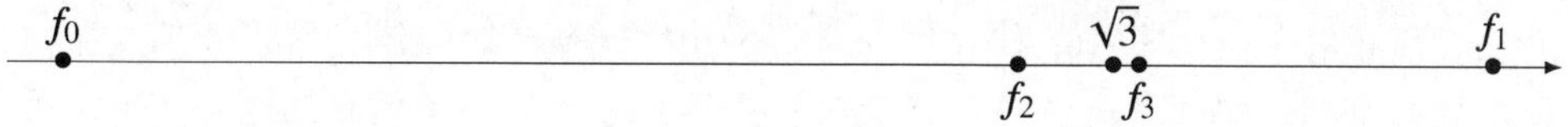

图 3-2

这个例子展示了向 $\sqrt{3}$ 的快速收敛。

使用上面的 f 可得：

$$f_2=[b_0;b_1,b_2]=b_0+\cfrac{1}{b_1+\cfrac{1}{b_2}}=\frac{b_0b_1b_2+b_2+b_0}{b_1b_2+1}=\frac{b_2(b_0b_1+1)+b_0}{b_1b_2+1}$$

问题 3.5.7

请计算 f_1、x_1、y_1 和 f_3、x_3、y_3。猜一下，如果给定 $n-1$ 和 $n-2$ 的值，该如何计算 x_n 和 y_n。通过计算 f_4、x_4 和 y_4 来验证你的猜想。

连分数的收敛性质[3]

令实数 r 为无限连分数 $f=[b_0;b_1,b_2,b_3,...]$ 的值。令 $f_j=\frac{x_j}{y_j}$ 为其渐近分数。

- 每个渐近分数都是一个越来越小的分数，即 $\gcd(x_j,y_j)=1$。
- 如果 $k>j$，则 $y_k>y_j$。
- 分母 y_j 呈指数级增长：

$$y_j\geqslant 2^{\frac{j-1}{2}}$$

- 只需计算 j 足够大的渐进分数，我们就能以任意接近程度求 r 的近似。

$$\left|r-f_j\right|=\left|r-\frac{x_j}{y_j}\right|<\frac{1}{y_j y_{j+1}}$$

问题 3.5.8

如何修改上面的称述，使其对有限连分数也成立？

了解更多

连分数很有趣，但它在某种程度上只是数学的一个专业领域。它们并不复杂，但也没有在每个领域得到广泛应用。代数和数论教材通常只会简单介绍这一主题，但也有少量专门讲解它们的书[7,第 10 章][3][8]。

3.6 结构

我花了些时间来介绍实数及其整数和有理数等子集的运算和性质，因为这些知识经过适当抽象之后在其他数学领域也很常见。代数结构能让我们学习事物并证明它们，然后在遇到新的数学类别时应用它们。我们首先来看 3 种代数结构：*群*、*环*、*域*。

3.6.1 群

假设有一个包含对象的集合 G。比如，G 可能是前面介绍过的 $\mathbb{Z}$、$\mathbb{Q}$ 或 $\mathbb{R}$。在 G 的元素之间逐对执行的某种运算，我们用“$\circ$”表示。这是一个占位符，表示在两个对象之上执行的运算。

对于数字，“$\circ$”运算可以是“+”或“×”，但也可能是其他完全不同的操作。你要使用你对数字的直觉，并理解更普遍的一般情况。我们将该集合及其运算放到一起记为$(G,\circ)$。

我们写“$\circ$”的位置与加法或乘法符号通常出现的位置一样，即两个元素之间。比如对于 G 中 a 和 b 的运算，我们写作 $a\circ b$。

这个符号是*中缀*（*infix*）符号。-7 等中出现的负号“$-$”是*前缀*（*prefix*）符号。阶乘运算 $n!=1\times2\times\cdots\times(n-1)\times n$ 中的阶乘符号“!”是*后缀*（*postfix*）符号。

如果$(G,\circ)$满足以下条件，我们就说它是一个群（group）。

- 如果 a 和 b 在 G 中，则 $a \circ b$ 也在 G 中。这是封闭性。
- 如果 a、b、c 在 G 中，则 $(a \circ b) \circ c = (a \circ b \circ c)$ 也在 G 中。这是结合律。
- 对于 G 中的任意 a，G 中存在一个唯一元素 id 使得 $a \circ \mathrm{id} = \mathrm{id} \circ a = a$ 都成立。这是指存在唯一的单位元。
- 对于 G 中的任意 a，都有一个可记为 a^{-1} 的元素使得 $a^{-1} \circ a = a \circ a^{-1} = \mathrm{id}$。这是指存在 a 的逆元。

逆元是唯一的。假设存在两个元素 b 和 c，使得 $b \circ a = a \circ b = \mathrm{id}$ 且 $c \circ a = a \circ c = \mathrm{id}$，则通过在右侧使用“$\circ c$”，可得 $b \circ a \circ c = \mathrm{id} \circ c$，所以 $b \circ (a \circ c) = c$。因为 c 是 a 的逆元，所以 $b = c$。

我们不要求“$\circ$”运算满足交换律：$a \circ b$ 无须等于 $b \circ a$。但如果对于 G 中所有 a 和 b 都有 $b \circ a = a \circ b$，我们就称 G 为可交换群（commutative group）。

在数学文献中，可交换群通常也被称为*阿贝尔群*（*abelian group*），以纪念 19 世纪初的数学家尼尔斯·亨利克·阿贝尔（Niels Henrik Abel），但我们还是继续使用前面的描述性名称。

尽管我们可能已经知道求解 $x^2 + x - 6$ 这样的多项式的根的二次公式，但你可能并不知道也有（非常繁杂的）公式可用于求解三阶和四阶多项式的根。尽管在阿贝尔之前的数百年时间里都有人在研究这一问题，但他最终证明并不存在用于求解五阶多项式的根的公式。

如果 G 的一个子集可使用同样的运算“$\circ$”，并在该运算下是封闭的（包含 id），并且在其逆运算下也是封闭的，则称该子集为 G 的*子群*（*subgroup*）。举例如下。

- $\mathbb{N}$ 在加法运算下不是群，因为其中缺少 0 和负数。
- $\mathbb{W}$ 在加法运算下不是群，因为所有正数都缺少对应的负数。
- $\mathbb{Z}$、$\mathbb{Q}$ 和 $\mathbb{R}$ 在加法运算下都是群，且单位元都是 0。$\mathbb{Z}$ 是 $\mathbb{Q}$ 的子群，而 $\mathbb{Q}$ 又是 $\mathbb{R}$ 的子群。
- 偶整数集（如图 3-3 所示）在加法运算下是群，单位元为 0，且它为 $\mathbb{Z}$ 的子群。

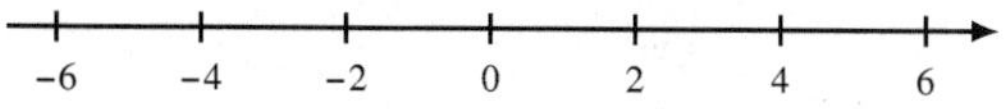

图 3-3

- 奇整数集在加法运算下不是群。
- $\mathbb{Z}$ 在乘法运算下不是群，因为其中不含大部分整数的乘法逆元。
- $\mathbb{Q}$ 在乘法运算下不是群，因为 0 没有乘法逆元。
- 去掉 0 的有理数集在乘法运算下是群，但在加法运算下不是。
- 类似地，非零实数集在乘法运算下是群，但在加法运算下不是。

前文中从 $\mathbb{N}$ 到 $\mathbb{W}$ 再到 $\mathbb{Z}$，我们似乎过于关注细枝末节了，但这是为了系统性地说明它们的性质，以最终证明 $\mathbb{Z}$ 在“+”下是一个群。

以上例子中出现过的群都是可交换群。有限和无限、可交换与不可交换……对群的研究很是有趣，也是许多数学和物理学研究中一大关键主题。

再举个例子，请想象你生活在一条无限长的笔直街道上，如图 3-4 所示。

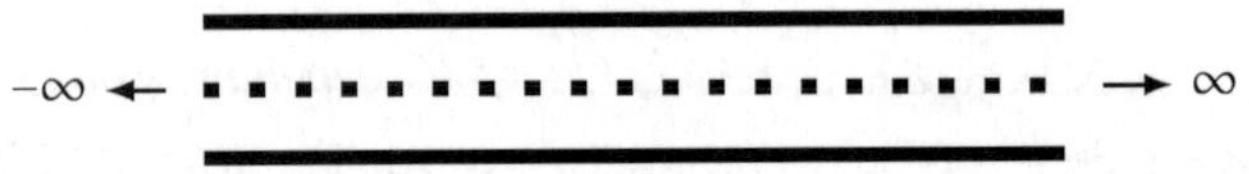

图 3-4

对于我们的群，可进行“向左走 12 米”和“向右走 4 米”两种形式的运动。群运算“∘”则是这些运动的组合，可视为“然后”，则我们可以这样写：

$$a = \text{“向左走 12 米”}$$

$$b = \text{“向右走 4 米”}$$

$$a \circ b = \text{“向左走 12 米”然后“向右走 4 米”} = \text{“向左走 8 米”}$$

注意，我并未在街道上设定起点位置，所有运动都是相对的。“向右走”的元素的逆元是对应的“向左走”的元素。其单位元 id 是“向右走 0 米”，我们认为这与“向左走 0 米”指向的是同一元素。

你可以自行验证“∘”是否满足结合律和交换律。

通过添加类似的“向前走”和“向后走”的元素，我们可以将这个群扩展到二维。如果想扩展到三维，还可加入“向上走”和“向下走”的元素。请思考每种情况下的结合律、交换律等性质。

问题 3.6.1

这个群是有限的还是无限的？有哪些子群？

现在假设我们的街道不是直线，而是一个周长为 4 米的圆（如图 3-5 所示）。你只能进行顺时针或逆时针运动且每次运动的距离（以米为单位）都为自然数。

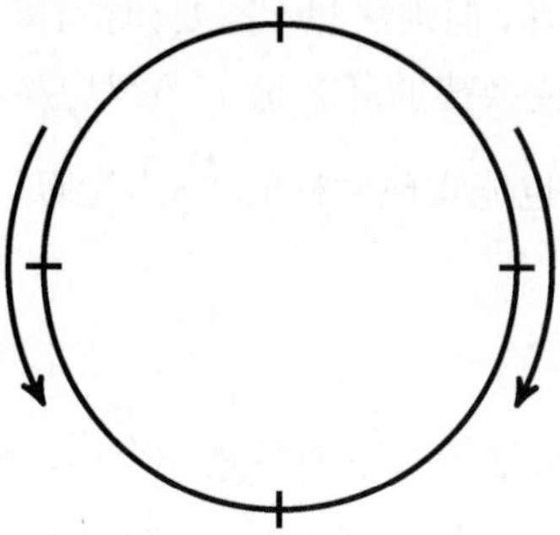

图 3-5

不管我们向哪个方向移动 4 米都会绕圆一周，回到初始位置。逆时针移动 5 米与逆时针移动 1 米或顺时针移动 3 米指向的是相同的元素。

问题 3.6.2

这个群是有限的还是无限的？如果我们允许在顺时针或逆时针方向上移动任意非负实数的距离，这个群是有限的还是无限的？

3.6.2 环

当运算不止一个时，得到的结构会更复杂，当得到的结构满足某些要求时，我们称这类结构为环（ring）。为了方便，我们将这两个运算分别记为“+”和“×”，但要记住，它们的运算方式可能与数值的加法和乘法非常不同。

如果满足以下条件，则称$(R,+,\times)$是一个环。

- R 在运算“+”下是可交换群，且具有单位元 0。
- 如果 a、b、c 在 R 中，则$(a\times b)\times c=a\times(b\times c)$也在 R 中。这是运算“×”的结合律。
- R 中存在一个元素 1，使得 $a\times 1=1\times a=a$ 对于 R 中的任意 a 都成立。这是指存

在运算“×”的单位元。

- 运算“×”在运算“+”之上满足分配率，即如果 a、b、c 在 R 中，则 $a\times(b+c)=(a\times b)+(a\times c)$ 且 $(b+c)\times a=(b\times a)+(c\times a)$。

注意 $0\neq1$。

尽管环中的加法满足交换律，但乘法却不需要。你可能猜到了，*可交换环*（*commutative ring*）是指在乘法运算下满足交换律的环。至于*不可交换环*，定义就很明显了。

如果 R 在“+”下的子群也能实现同样的“×”运算，包含 1 且在“×”下封闭，就称这个子群为*子环*（*subring*）。

举例如下。

- $\mathbb{Z}$、$\mathbb{Q}$ 和 $\mathbb{R}$ 在加法和乘法运算下都各是一个环，其单位元分别为 0 和 1。$\mathbb{Z}$ 是 $\mathbb{Q}$ 的一个子环，而 $\mathbb{Q}$ 又是 $\mathbb{R}$ 的一个子环。当我们希望将 $\mathbb{Z}$ 视为一个加法群时，就将其写作 $\mathbb{Z}^+$。
- 偶整数不是 $\mathbb{Z}$ 的一个子环，因为其不包含 1。
- 令 a 和 b 为整数，对于 $\mathbb{R}$ 中形式为 $a+b\sqrt{2}$ 的所有元素，有

$$\mathbf{0}=0+0\sqrt{2}$$
$$\mathbf{1}=1+0\sqrt{2}$$
$$-\left(a+b\sqrt{2}\right)=-a-b\sqrt{2}$$
$$\left(a+b\sqrt{2}\right)+\left(c+d\sqrt{2}\right)=(a+c)+(b+d)\sqrt{2}$$
$$\left(a+b\sqrt{2}\right)\times\left(c+d\sqrt{2}\right)=(ac+2bd)+(ad+bc)\sqrt{2}$$

则我们称之为 $\mathbb{Z}\left[\sqrt{2}\right]$，它是一个基于 $\mathbb{Z}$ 扩展得到的可交换环。除 $\mathbb{Q}$ 之外，这是我们见到的首个比 $\mathbb{Z}$ 大但比 $\mathbb{R}$ 小的环。

在某些可交换环中，在 a 和 b 均不为 0 的情况下，$a\times b=0$ 也可能成立。如果这不可能，R 就被称为*整域*（*integral domain*）。换句话说，要让 $a\times b=0$，我们必须要让 a 或 b 为 0。我们目前见过的所有环都是整域①。

① 注意，“整域”中的域（domain）与下文的域（field）虽然中文都译作“域”，但英文不同。不过，域都是整域。——译者注

3.6.3 域

> *域*（*field*）是指每个非零元素都有一个乘法逆元的可交换环。域的非零元素在除法运算下是封闭的。

$\mathbb{Q}$ 和 $\mathbb{R}$ 是域，但 $\mathbb{Z}$ 不是。$\mathbb{Q}$ 是 $\mathbb{R}$ 的*子域*（*subfield*）。反过来看，$\mathbb{R}$ 是 $\mathbb{Q}$ 的一个扩展域。举个例子，令 r 和 s 在 $\mathbb{Q}$ 中，对于形式为 $r+\sqrt{2}s$ 的所有数，如果按常规方式执行算术运算，则我们可以得到一个 $\mathbb{Q}$ 的扩展域，而这个扩展域又是 $\mathbb{R}$ 的子域。我们将这个域记为 $\mathbb{Q}\left[\sqrt{2}\right]$。

所有的域都是整域。假设对于都不为 0 的 a 和 b 有 $a\times b=0$，然后，存在使得 $a^{-1}\times a=1$ 成立的 a^{-1}，那么 $a^{-1}\times a\times b=a^{-1}\times 0$ 就意味着 $1\times b=0$。但我们已经说过 b 不为 0！矛盾出现了，因此不存在这样的 b。因此域都是整域。

3.6.4 进一步抽象

我还想简要介绍另外两种代数结构，因为我们之前已经见过它们的例子了。不过，本书的其余部分并不会用到它们。如果 $\mathbb{Z}$ 在加法运算下是群，那 $\mathbb{W}$ 在加法运算下又是什么？$\mathbb{W}$ 不含有 –2 等加法逆元，所以它必然不是群。

不仅如此，$\mathbb{N}$ 又是什么？根据 3.1 节的约定，$\mathbb{N}$ 甚至没有加法运算的单位元 0。

> 如果满足以下条件，则我们称$(G,\circ)$是*半群*（*semigroup*）。
>
> - 如果 a 和 b 在 G 中，则 $a\circ b$ 也在 G 中。这是封闭性。
> - 如果 a、b、c 在 G 中，则 $(a\circ b)\circ c=a\circ(b\circ c)$ 也在 G 中。这是结合律。
>
> 如果在此基础上还满足以下条件，则称$(G,\circ)$为*幺半群*（*monoid*）。
>
> 对于 G 的每个元素 a，G 中存在一个唯一的元素 id 使得 $a\circ \mathrm{id}=\mathrm{id}\circ a=a$。这是指存在唯一的单位元。

基于此，$\mathbb{N}$ 是半群，而 $\mathbb{W}$ 是幺半群。所有群都是幺半群，而所有幺半群都是半群。

在 3.10 节的总结中，我将提供一张表和一幅图，其中展示了这些代数结构的关联方式以及本章中介绍的各种数集。

了解更多

群论在数学和物理学的许多领域中都无处不在[10]。环、域等结构是代数、代数数论、交换代数和代数几何等数学领域的基础[1][5]。

3.7　模算术

整数的数量是无限的，因此有理数和实数的数量也是无限的。存在行为与它们类似但有限的数集吗？

考虑整数模 6 的余数的集合：$\{0,1,2,3,4,5\}$。在讨论该集合中的 3 时，我们将其写作 $3 \bmod 6$。给定任意整数 n，我们可以通过计算模 6 的余数而将 n 映射到这个集合中。算术运算能以同样的方式完成：

$$7 \equiv 1 \bmod 6 \qquad (4-5) \equiv 5 \bmod 6$$

$$-2 \equiv 4 \bmod 6 \qquad (3\times 7) \equiv 3 \bmod 6$$

$$(5+4) \bmod 6 \equiv 3 \bmod 6 \qquad (2+4) \equiv 0 \bmod 6$$

这里没有使用“=”，而是使用了“≡”：对于 $a \equiv b \bmod 6$，我们说 a 和 b 对于模 6 同余。这就意味着 $a-b$ 可以被 6 整除：$6 \mid (a-b)$。

这在加法运算下是一个群，单位元为 0。在上面的例子中，2 是 4 的加法逆元。

我们将其记为 $\mathbb{Z}/6\mathbb{Z}$。

问题 3.7.1

$-1 \bmod 6$ 是多少？对于大于 1 的自然数 n，$-1 \bmod n$ 是多少？

我们将上述集合中的 0 去掉看看。而且我们不再看加法，而看单位元为 1 的乘法。

这还是一个群吗？它在乘法运算下是否封闭？是否每个元素都有逆元？

因为 $2\times 3 = 6 \equiv 0$，而 0 不在该集合中，所以它在乘法运算下不封闭！

2、3、4 这 3 个元素**没有**乘法逆元，因为它们与 6 有同样的因数。

1 的逆元就是其本身。$(5\times 5) \bmod 6 \equiv 5^2 \bmod 6 \equiv 25 \bmod 6 \equiv 1 \bmod 6$，因此 5 也是自己的逆元。

如果我们限定群中仅包含与 6 无共同因数的元素，则我们会得到$\{1,5\}$这样一个非常小的群，这个群有个“漂亮”的数学写法：$(\mathbb{Z}/6\mathbb{Z})^{\times}$。

如果我们不使用 6，而使用 15，则$(\mathbb{Z}/15\mathbb{Z})^{\times}$中的元素为

$$\{1,2,4,7,8,11,13,14\}$$

对于“不含共同因数”的元素，我们还有一种更好的表示方法，这要用到最大公约数。当且仅当$\gcd(a,b)=1$时，整数a和b没有共同的非平凡因数，也就是说a和b互质。如果满足这个条件，则存在整数n和m使得$an+bm=1$。如果对其执行模 6 运算，则

$$1 \equiv an+bm \bmod b \equiv an \bmod b$$

因此，n就等于a^{-1}模b！

“X 当且仅当 Y”的意思是“如果 X 为真，则 Y 也为真；且如果 Y 为真，则 X 也为真”。不可能其中一个为真而另一个为假。

$(\mathbb{Z}/15\mathbb{Z})^{\times}$中的整数$a$满足$0<a<15$且$\gcd(a,15)=1$。如果我们使用 7，则$(\mathbb{Z}/7\mathbb{Z})^{\times}$中的元素为$\{1,2,3,4,5,6\}$。

这种情况就很有趣了！*因为 7 是质数*，所以所有非零元素都在里面。如果p是质数，则与从 1 到$p-1$的所有数都没有共同因数，也就是说它们都与p互质。

> 当且仅当p为质数时，元素$1,2,\cdots,p-1$可构成一个乘法群，其单位元为 1。该群含有$(p-1)$个元素。
>
> 当且仅当p为质数时，元素$0,1,\cdots,p-1$可在加法运算和乘法运算下构成一个域，其单位元分别为 0 和 1。该域含有p个元素，因此可记为$\mathbb{F}_p$。

有限域远不止这些，但其他有限域就算不是以这种方式构建的，也是以这种方式构建的某个有限域的扩展。任意有限域中元素的数量都是一个质数p的整数次幂。元素数量一样的任意两个有限域都是同构的。

数学家会通过域的*特征*（*characteristic*）来区分不同类型的域。对于质数p，域要么是$\mathbb{F}_p$，要么是特征为p的$\mathbb{F}_p$的一种扩展，否则，域的特征为 0。比如$\mathbb{Q}$和$\mathbb{R}$就是特征为 0 的域。

最小的域是$\mathbb{F}_2$，它仅有两个元素：0 和 1。特征为 2 的域往往需要特殊处理，因为 2 是唯一为偶数的质数。

了解更多

有限域在纯数学和应用数学中有很多应用，包括计算机纠错和密码学[2][4][6][9]。

3.8　组合到一起

到目前为止，我们已经介绍了有限和无限的群、环、域，其中一些是另一些的扩展。在本节，我们看看它们的组合形式。

假设我们有一个包含所有整数对(a,b)的集合，并且我们在其中定义逐分量的加法和乘法运算。也就是说

$$\mathbf{0}=(0,0)$$
$$\mathbf{1}=(1,1)$$
$$-(a,b)=(-a,-b)$$
$$(a,b)+(c,d)=(a+c,b+d)$$
$$(a,b)\times(c,d)=(ac,bd)$$

这是一个环，记为$\mathbb{Z}^2$，但它不是一个整域。比如$(1,0)\times(0,1)=(0,0)$，但这两个整数对都不是$\mathbf{0}$。

同样的原因，$\mathbb{Q}^2$和$\mathbb{R}^2$都不是整域。特别要说明，它们在这些运算下都不是域。

让我们为$\mathbb{R}^2$修改一下乘法运算的定义：

$$(a,b)\times(c,d)=(ac-bd,ad+bc)$$

对于非$\mathbf{0}$的(a,b)，定义

$$(a,b)^{-1}=\left(\frac{a}{a^2+b^2},-\frac{b}{a^2+b^2}\right)$$

通过这种非同寻常的乘法运算的定义，现在我们得到了一个域。这是怎么得到的？

3.9　复数

我在 3.6.2 小节举了一个例子，说明了可以通过使用$a+b\sqrt{2}$形式的元素来扩展整数，

我们也能以类似的方式来扩展实数。

实数集$\mathbb{R}$不包含负数的平方根。我们可以将$\sqrt{-1}$的值定义为i，即$i^2=-1$。

对于$\mathbb{R}$中的a和b，请考虑形式为$z=a+b\mathrm{i}$的所有元素。这就是*复数*$\mathbb{C}$的域，形式为$\mathbb{R}[\mathrm{i}]=\mathbb{R}\left[\sqrt{-1}\right]$。

3.9.1 算术

我们将a称为z的*实部*并记为$\mathrm{Re}(z)$；将b称为z的虚部并记为$\mathrm{Im}(z)$。a和b是实数。实数是虚部为0的复数。

对于两个实数x和y，我们总是能够比较它们的相对大小，但复数却没有可从实数扩展过来的、等效的排序方法。

复数的算术计算为：

$$\mathbf{0}=0+0\mathrm{i}$$

$$\mathbf{1}=1+0\mathrm{i}$$

$$-(a+b\mathrm{i})=-a-b\mathrm{i}$$

$$(a+b\mathrm{i})+(c+d\mathrm{i})=(a+c)+(b+d)\mathrm{i}$$

$$(a+b\mathrm{i})-(c+d\mathrm{i})=(a-c)+(b-d)\mathrm{i}$$

复数的乘法要更复杂一点：

$$(a+b\mathrm{i})(c+d\mathrm{i})=(ac-bd)+(ad+bc)\mathrm{i}$$

$$\mathrm{Re}\big((a+b\mathrm{i})(c+d\mathrm{i})\big)=ac-bd$$

$$\mathrm{Im}\big((a+b\mathrm{i})(c+d\mathrm{i})\big)=ad+bc$$

来看看计算过程：

$$\begin{aligned}(a+b\mathrm{i})(c+d\mathrm{i})&=a(c+d\mathrm{i})+b\mathrm{i}(c+d\mathrm{i})\\&=ac+ad\mathrm{i}+b\mathrm{i}c+(b\mathrm{i})(d\mathrm{i})\\&=ac+(ad+bc)\mathrm{i}+bd(\mathrm{ii})\\&=ac+(ad+bc)\mathrm{i}+bd(-1)\\&=ac+(ad+bc)\mathrm{i}-bd\end{aligned}$$

$$=(ac-bd)+(ad+bc)\text{i}$$

举个例子：

$$\begin{aligned}(2+3\text{i})(4+6\text{i}) &= 2(4+6\text{i})+3\text{i}(4+6\text{i}) \\ &= 2\times4+2\times6\text{i}+3\text{i}\times4+3\text{i}\times6\text{i} \\ &= 8+12\text{i}+12\text{i}+18\times\text{i}\times\text{i} \\ &= 8+24\text{i}+18\times(-1) \\ &= -10+24\text{i}\end{aligned}$$

使用变量 z 来指代复数已是惯例，原因可能是数的德文为“Zahl”。如果我们还需要另一复数变量，我们通常会选择 w。

3.9.2　共轭

复数有一种我们之前未曾见过的运算：*共轭*（*conjugation*）。对于 $z=a+b\text{i}$，其共轭复数为 $\overline{z}=a-b\text{i}$。

- 两个共轭的复数的积是一个非负实数 $z\overline{z}=a^2+b^2$。
- 当且仅当 $\overline{z}=0$ 时，$z=0$。
- $\text{Re}(z)=\text{Re}(\overline{z})=a$。
- $\text{Im}(z)=-\text{Im}(\overline{z})=-b$。
- 当 $\text{Im}(z)=0$ 时，z 是实数，而实数的共轭复数是其自身：$z=\overline{z}$。

共轭在复数代数中的重要性怎么强调也不为过。我们后面还会从几何角度解释共轭。

我们可以使用共轭来计算非零复数 z 的倒数。

$$z^{-1}=\frac{1}{z}=\frac{\overline{z}}{\overline{z}z}=\frac{a-b\text{i}}{a^2+b^2}=\frac{a}{a^2+b^2}-\frac{b}{a^2+b^2}\text{i}$$

问题 3.9.1

请证明

$$(a+b\text{i})\left(\frac{a}{a^2+b^2}-\frac{b}{a^2+b^2}\text{i}\right)=1$$

从而推导出复数的除法公式。

共轭在复数的所有标准运算上都有非常出色的表现。对于复数 z 和 w，有：

$$z = \overline{z} \qquad \overline{z^{-1}} = \overline{\left(\frac{1}{z}\right)} = \frac{1}{\overline{z}}$$

$$\overline{z+w} = \overline{z} + \overline{w} \qquad \overline{\left(\frac{z}{w}\right)} = \frac{\overline{z}}{\overline{w}}，其中 w \neq 0$$

$$\overline{z-w} = \overline{z} - \overline{w} \qquad \overline{z^n} = \overline{z}^n，其中 n 为整数$$

$$\overline{z \times w} = \overline{z} \times \overline{w}$$

复数 z 的*绝对值* $|z| = \sqrt{z\overline{z}}$，对于 $z = a + b\mathrm{i}$，即 $\sqrt{a^2+b^2}$。任何绝对值为 1 的数都被称为一个*单位*。

问题 3.9.2

你能证明 $|z| = |\overline{z}|$ 吗？

3.9.3 单位

绝对值为 1 的数被称为一个单位。不像实数只有单位 1 和 –1，复数有无限多个单位。

在复数中，1、–1、i、–i 都是单位，此外还有所有满足 $a^2+b^2=1$ 的 $a+b\mathrm{i}$。因此 $\frac{\sqrt{2}}{2} \pm \frac{\sqrt{2}}{2}\mathrm{i}$ 和 $\frac{\sqrt{3}}{2} \pm \frac{1}{2}\mathrm{i}$ 都是单位。

问题 3.9.3

你是否见过与这里的实部和虚部中的数类似的数？

给个提示：对于任意实数 x，$\sin^2(x)+\cos^2(x)=1$。也就是说，只要复数的形式为 $z=\cos(x)+\sin(x)\mathrm{i}$，就能保证 $|z|=1$。所有这种形式的数都是 $\mathbb{C}$ 中的单位。不仅如此，它们也是 $\mathbb{C}$ 中仅有的单位。

看似有点无中生有，但我们已经将 $\sqrt{-1}$、基于它扩展得到的复数，以及三角函数联系到了一起。这些将是我们学习量子比特的关键工具，而量子比特又是量子计算的基本信息对象。

当我们学习复数的几何性质时，我会介绍*欧拉公式*：$e^{xi}=\cos(x)+\sin(x)i$。基于此可得到*欧拉恒等式*：

$$e^{\pi i}=-1$$

其中 $e=2.71828\cdots$，是自然对数的底。

很多人都认为这是最“美丽”的数学方程式之一，它将整数（-1）、微积分的一个基础无理数（e）、三角函数的核心无理数（π）和复数（i）联系到了一起。

3.9.4　多项式和根

当我们必须使用许多变量名时，我们并不能总是使用 a、b、c、x、y、z 等不同的字母。因此，如有必要，我会使用带下标的变量，如 x_i（其中 i 是下标），又如 a_i（该表达式涉及 $a_1,a_2,\cdots,a_n$ 这 n 个变量）。后面我们还会见到涉及多个下标的表达式，比如 $a_{2,3}$。

令 $p(z)$ 为一个多项式：

$$p(z)=a_nz^n+a_{n-1}z^{n-1}+\cdots+a_2z^2+a_1z+a_0$$

其中复数 $a_1,\cdots,a_n$ 中至少有一个不为 0，则至少存在一个复数 s 使得 $p(s)=0$。s 就是 p 的一个根且 $z-s$ 能够整除 $p(z)$。

a_i 称为 p 的系数。约定 $a_1,\cdots,a_n$ 中至少一个不为 0 是为了保证 p 不为一个常量多项式。例如：

$$p(z)=2-\frac{4}{5}i$$

是一个常量多项式。对于这个多项式，不存在复数 s 使得 $p(s)=0$。如果 $a_n\neq0$，则 n 被称为该多项式的*阶数*或*次数*（*degree*）。

我们来看看这些概念都是什么意思。以多项式 $p(z)=z^2-1$ 为例，$s=1$ 或 $s=-1$ 都能使 $p(s)=0$，即 $p(1)=1$ 且 $p(-1)=0$。在这个例子中，$p(z)$ 有两个实数系数：$a_2=1$ 和 $a_0=-1$。它的根也都是实数。这两个根与 p 的因式分解有关，即：

$$p(z)=(z-(1))(z-(-1))$$

其中，括号中的实数为这个多项式的根。更简单的写法是：

$$p(z)=(z-1)(z+1)$$

再来看另一个有实系数的多项式：$p(z)=z^2+1$。这个多项式和前一个一样简单，这里 $a_2=1$ 且 $a_0=1$。如果 $p(z)=0$，则 $z^2+1=0$，那么 $z^2=-1$。所以能使该式成立的 s 必须为 -1 的平方根。但并不存在满足这一条件的实数。有且仅有两个复数满足条件，即 i 和 $-$i。

$$p(\mathrm{i})=p(-\mathrm{i})=0$$

$$p(z)=(z-\mathrm{i})(z+\mathrm{i})$$

> 当 $p(z)$ 有实系数时，*并不直接意味着它的根也是实数*。正如之前我们看到的，$\mathbb{N}$ 在减法运算下不封闭，$\mathbb{R}$ 在求解有实系数的非常量多项式的实数根运算下也不封闭。

同样，正如 $\mathbb{Z}$ 能解决 $\mathbb{N}$ 在减法运算下的封闭性问题，$\mathbb{C}$ 也能解决 $\mathbb{R}$ 在求解非常量多项式的根时遇过的问题。本节开始时的称述甚至暗含了更多信息：$\mathbb{C}$ 在求解有复系数的非常量多项式的复根的运算下是封闭的。

对于一个域来说，这是一个非常强大且重要的性质。我们可以这样描述：复数*在代数运算下是封闭的*。$\mathbb{Q}$ 和 $\mathbb{R}$ 在代数运算下都不封闭。

下面来看看二次多项式方程 $ax^2+bx+c=0$，其中 a、b、c 均为实数且 $a\neq 0$。我们可通过配方法来求解 x。具体来说，我们要使用

$$\left(x+\frac{b}{2a}\right)^2=x^2+\frac{b}{a}x+\left(\frac{b}{2a}\right)^2=x^2+\frac{b}{a}x+\frac{b^2}{4a^2}$$

这个式子看似是随便写出来的，但你可学着通过寻找等式两边的模式并理解你可以采取的行动来分隔所需的项和变量，进而求解方程。

下面的“$\Rightarrow$”符号的意思是“表明”。

$$\begin{aligned}
ax^2+bx+c=0 &\Rightarrow x^2+\frac{b}{a}x+\frac{c}{a}=0\text{，因为}a\neq 0\\
&\Rightarrow\left(x^2+\frac{b}{a}x+\frac{c}{a}\right)+\frac{b^2}{4a^2}=\frac{b^2}{4a^2}\\
&\Rightarrow\left(x^2+\frac{b}{a}x+\frac{b^2}{4a^2}\right)+\frac{c}{a}=\frac{b^2}{4a^2}\\
&\Rightarrow x^2+\frac{b}{a}x+\frac{b^2}{4a^2}=\frac{b^2}{4a^2}-\frac{c}{a}
\end{aligned}$$

$$\Rightarrow \left(x+\frac{b}{2a}\right)^2=\frac{b^2}{4a^2}-\frac{c}{a}$$

$$\Rightarrow x+\frac{b}{2a}=\pm\sqrt{\frac{b^2}{4a^2}-\frac{c}{a}}$$

$$\Rightarrow x=\pm\sqrt{\frac{b^2}{4a^2}-\frac{c}{a}}-\frac{b}{2a}$$

$$\Rightarrow x=\frac{-b\pm\sqrt{b^2-4ac}}{2a}$$

这就是*二次公式*，现在你知道（或回忆起）它的推导方式了吧！

我如此详细地计算它的原因是它非常重要：这说明 x 有两个可能的值使得 ax^2+bx+c 为 0。一个是

$$\frac{-b+\sqrt{b^2-4ac}}{2a}$$

另一个是

$$\frac{-b-\sqrt{b^2-4ac}}{2a}$$

它们是这个多项式的根。

当 $b^2-4ac=0$ 时，有根 $-\frac{b}{2a}$，但它重复了两次。比如 $x^2-4x+4=0$ 有两个相同的根 2。

当 $b^2-4ac>0$ 时，有两个不同的实数根。比如 $x^2+x-6=0$ 有实数根 2 和−3。

当 $b^2-4ac<0$ 时，有两个不同的非实数的复根，而且它们是共轭的。

$$b^2-4ac<0\Rightarrow 4ac-b^2>0$$

因此

$$\frac{-b+\sqrt{b^2-4ac}}{2a}=\frac{-b+\sqrt{4ac-b^2}\,\mathrm{i}}{2a}=\frac{-b}{2a}+\sqrt{\frac{4ac-b^2}{4a^2}}\,\mathrm{i}$$

且

$$\frac{-b-\sqrt{b^2-4ac}}{2a}=\frac{-b-\sqrt{4ac-b^2}\mathrm{i}}{2a}=\frac{-b}{2a}-\sqrt{\frac{4ac-b^2}{4a^2}}\mathrm{i}$$

因为实数与其自身共轭，所以上述公式适用于所有情况。

> 如果 s 是多项式 ax^2+bx+c 的一个复根，其中 a、b、c 均为**实数**且 $a\neq 0$，就意味着 $as^2+bs+c=0$，则 $\overline{s}$ 也是一个根。如果 s 是实数，则 $\overline{s}$ 不是另一个不同的根。

这对阶数均大于 0 且系数为实数的多项式都成立。

> 如果 s 是 n 阶多项式
>
> $$a_nx^n+a_{n-1}x^{n-1}+\ldots+a_1x+a_0$$
>
> 的一个复根，其中所有系数均为**实数**，$n>0$ 且 $a_n\neq 0$，则 $\overline{s}$ 也是一个根。

这被称为*共轭复根定理*，不过有时候“共轭”会被省略。

3.10 小结

虽然你在日常生活中也会使用数，但数的类型可能比你预想的要多很多。在本章中，我们从简单的 $\mathbb{N}$ 开始，通过系统性地介绍运算和性质而认识了更多的数。“封闭性”思想在帮助我们理解数集的扩展方面发挥了重要作用，它能帮助我们处理一些需要解决的问题。

通过群、环、域，我们简单了解了抽象代数，并看到了它们的一些常见结构。复数是实现量子计算的关键，我们在本章中了解了其代数性质。尽管复数涉及虚构的 i，但它们在描述已知的宇宙运作模式时却非常真实。

表 3-4 和图 3-6 汇总了前面介绍的所有形式的数及它们的一些性质。其中图 3-6 所示为数集之间的包含关系。表达式

$$A\subset B \quad \text{或} \quad \begin{matrix} B \\ \cup \\ A \end{matrix}$$

的意思是 A 包含于 B。举个例子，$\mathbb{Z}$ 包含于 $\mathbb{Q}$，而 $\mathbb{Q}$ 又包含于 $\mathbb{Q}\left[\sqrt{2}\right]$。

表 3-4

数集	符号	封闭性	结构
自然数	$\mathbb{N}$	加法、乘法	半群
非负整数	$\mathbb{W}$	加法、乘法	幺半群
整数（加法子群）	$\mathbb{Z}^+$	加法、减法	群
整数	$\mathbb{Z}$	加法、减法、乘法	环
有理数	$\mathbb{Q}$	加法、减法、乘法、除法	域
一个有理数的域扩展	$\mathbb{Q}\left[\sqrt{2}\right]$	加法、减法、乘法、除法	域
实数	$\mathbb{R}$	加法、减法、乘法、除法、极限	域
复数	$\mathbb{C}$	加法、减法、乘法、除法、多项式分解、$\sqrt{-1}$	域
模整数	$\mathbb{Z}/n\mathbb{Z}$	加法、减法、乘法	环
模整数（乘法子群）	$(\mathbb{Z}/n\mathbb{Z})^\times$	乘法、除法	群
有限域	$\mathbb{F}_p$	加法、减法、乘法、除法	域

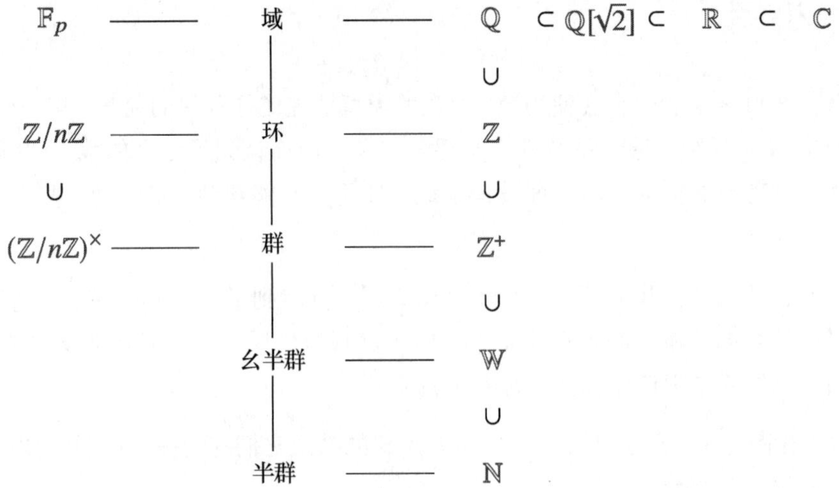

图 3-6

参考资料

[1] D. S. Dummit and R. M. Foote. *Abstract Algebra*. 3rd ed. Wiley, 2004.

[2] Kenneth Ireland and Michael Rosen. *A Classical Introduction to Modern Number Theory*. 2nd ed. Graduate Texts in Mathematics 84. Springer-Verlag New York, 1990.

[3] A. Ya. Khinchin. *Continued Fractions*. Revised. Dover Books on Mathematics. Dover Publications, 1997.

[4] Neal Koblitz. *A Course in Number Theory and Cryptography*. 2nd ed. Graduate Texts in Mathematics 114. Springer-Verlag, 1994.

[5] S. Lang. *Algebra*. 3rd ed. Graduate Texts in Mathematics 211. Springer-Verlag, 2002.

[6] Robert J. McEliece. *Finite Fields for Computer Scientists and Engineers*. 10th ed. The Springer International Series in Engineering and Computer Science 23. Springer US, 1987.

[7] S.J. Miller et al. *An Invitation to Modern Number Theory*. Princeton University Press, 2006.

[8] C. D. Olds. *Continued Fractions*. Mathematical Association of America, 1963.

[9] Oliver Pretzel. *Error-correcting Codes and Finite Fields*. Student Edition. Oxford University Press, Inc., 1996.

[10] J. Rotman. *An Introduction to the Theory of Groups*. Graduate Texts in Mathematics 148. Springer New York, 1999.

第 4 章
平面、圆和球面，都是啥?

没有算术，就不能解决任何就业问题；没有几何，就无法发明任何机器。

本杰明·富兰克林（Benjamin Franklin）

在第 3 章中，我们重点介绍了数的代数性质以及行为与数类似的对象的集合。而在本章中，我们的注意力将转向几何，并探究一番二维和三维空间。当我们在第 7 章开始了解量子比特时，我们会把单个量子比特表示成一个三维的球。因此，在我们学习量子计算方面的知识之前，我们有必要熟悉几何方面的数学知识。

4.1 函数

函数（function）这个数学概念听起来比较抽象，但只要使用过它，就知道它其实很简单。从数值角度看，函数执行的任务是以一个或多个值为输入，返回一个且仅一个值。

举个例子，对于任意实数，我们都可以求其平方。这个过程可用一个函数来表示。对于任意非负实数，如果我们取其正平方根，则我们就得到了另一个函数。但如果我们说同时取其正负平方根，则这个过程就无法用函数来表示。

我们使用 $f(x)$ 表示函数，意思是对于某个值 x，执行一些由 f 定义的运算操作之后，结果为 $f(x)$。f 可用任何字母或单词替代，使用 f 只是因为这个字母是 function 一词的首字母而已。g 和 h 也很常见。

我们可将函数的定义写成 $f(x)=x^2$、$g(x)=\sqrt{x}$ 或 $h(x)=2x-3$ 等形式。

x 可使用的值的集合称为函数的*定义域*。$f(x)=x^2$ 的定义域可以是整数集、实数集、复数集或其他任何可行的集合。举个例子，如果仅考虑实数，$g(x)=\sqrt{x}$ 的定义域为非负实数集。

函数的*值域*是指其返回值的集合。所以如果函数 $f(x)=x^2$ 的定义域是 $\mathbb{R}$，则其值域为所有非负实数构成的集合。求绝对值的函数 $|x|$ 也是如此。在提到 $|x|$ 是一个函数时，我没有提到 $f(x)$ 或 $g(x)$。

在上下文明确表示我们有一个函数时，并不一定要使用 $f(x)$ 的形式。我们也可以使用箭头表示法：$x \mapsto f(x)$ 表示输入为 x，结果为 $f(x)$。

当函数的值域是 $\mathbb{R}$ 的某个子集时，我们就说"f 是实值函数"。类似地，我们也可以定义整数值函数和复值函数。

函数的输入和输出并不是只能为数值。举个例子，设函数 $c(n)$ 的输入为整数，且当 n 为偶数时输出为白色，当 n 为奇数时输出为黑色，如图 4-1 所示。每个整数都可以映射为白色或黑色，而映射到每种颜色的整数都有无限个。

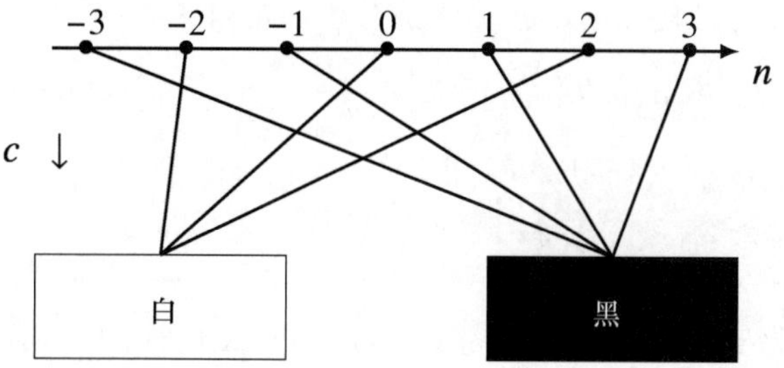

图 4-1

我们可使用箭头表示法的另一种变体来表示函数的定义域和值域。如下的形式

$$c:\mathbb{Z}\to\{白,黑\}$$

表示 c 的定义域是整数集，而值域为集合 $\{白,黑\}$。后文我们更常见到的值域是 $\{0,1\}$。

如果一个函数的值域仅有一个值，则称该函数为常值函数。函数 $\operatorname{zero}(x)=0$ 是常值函数，函数 $\sin^2(x)+\cos^2(x)$ 也是常值函数，不过你需要知道三角函数恒等式才能明白这一点。

上面的例子将 x 和 n 作为定义域变量。正如函数名不一定为 f，定义域变量也能使用任意字母或单词。另一个常见选择是 t，尤其在该变量体现时间时使用。不过，不要使用一个字母或单词来同时表示定义域变量和函数名！

> **问题 4.1.1**
>
> 如果将你的身高函数定义为 $\mathrm{height}(t)$，其中 t 是你出生后的天数，那么对你个人而言，这个函数会是怎样的？

函数并不是必须要定义成仅有一个公式的简单形式。其定义域的不同部分可能会有不同的函数形式。例如：

$$f(x)=\begin{cases}-x^2, x<0\\ x^2, x\geqslant 0\end{cases}$$

函数的种类有很多。我们在 2.7 节讨论增长时见过了指数函数、线性函数、对数函数和二次函数。多项式可以定义函数，三角函数中的正弦和余弦也可以定义函数。其中线性函数对我们来说特别重要，它是量子计算的关键。

> 如果一个定义域在实数范围内的实值函数 f 满足以下条件，则称其为线性函数。
>
> - 如果 x 和 y 为实数，则 $f(x+y)=f(x)+f(y)$。
> - 如果 a 为实数，则 $f(ax)=af(x)$。
>
> 这意味着对于实数 a、b、x 和 y，$f(ax+by)=af(x)+bf(y)$。

能将实数映射为实数的线性函数都具有 $f(x)=cx$ 这样的形式，其中 c 的值固定不变，我们将其称为*常数*。比如 $f(x)=7x$ 或 $f(x)=-x$。当应用于有更多结构的集合时，线性函数的重要性就要低得多了。

如果对于任意 x 都有 $|f(x)|=|x|$，则在实数上的实值线性函数 $f(x)$ 是怎样的？因为 $f(x)=cx$，则

$$|f(x)|=|cx|=|c||x|=|x|$$

所以 $|c|=1$，则 $c=1$ 或 $c=-1$。当 $c=1$ 时，可得到*恒等函数* $\mathrm{id}(x)=x$。

我们可以逆转一个函数的效果吗？如果 $f(x)=3x-1$，并且如果我们有 $g(x)=\frac{1}{3}x+\frac{1}{3}$，则可以得到：

$$
\begin{aligned}
g(f(x)) &= \frac{1}{3}f(x)+\frac{1}{3} \\
&= \frac{1}{3}(3x-1)+\frac{1}{3} \\
&= x-\frac{1}{3}+\frac{1}{3} \\
&= x = \mathrm{id}(x)
\end{aligned}
$$

因为$g\left(f\left(x\right)\right)=x$，所以$g$是$f$的反函数。$\mathrm{id}\left(x\right)$的反函数是其自身。

问题 4.1.2

$f\left(x\right)=5$是否有反函数？

问题 4.1.3

需要为$f\left(x\right)=x^2$的定义域设定什么条件才能使正数$\sqrt{x}$是其反函数？

如果f和g为函数且分别对于f和g的定义域中的所有x和y都有$g\left(f\left(x\right)\right)=x$且$f\left(g\left(y\right)\right)=y$，则$f$和$g$是可逆的，即其中一个函数是另一个函数的反函数。

4.2 实平面

我们在介绍整数的结构时使用了传统的数轴（也称数线），如图 4-2 所示。

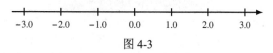

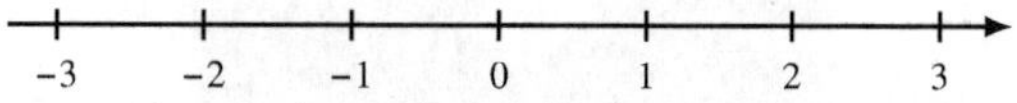

图 4-2

其中负整数在 0 的左边，正整数在 0 的右边。事实上，整数只占实数轴（如图 4-3 所示）的一部分。

图 4-3

图 4-3 所示的数轴仅有一个维度，因此我们仅需一个值（坐标）即可定位这条线上

的一个点。对于实数 x，我们可以使用 (x) 将其表示为这条线上的一个点。举个例子，点 (-2.6) 位于 -3 和 -2 这两个标记之间，如图 4-4 所示。如果上下文能清楚说明当前谈的是点或表示点与 0 的相对位置的实数，我们就可以选择使用或省略括号。

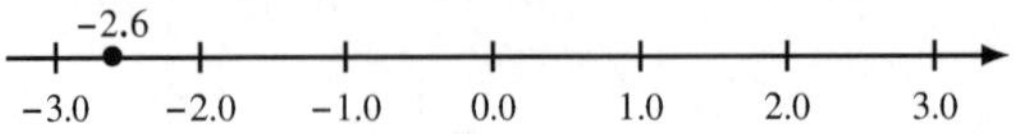

图 4-4

后文中我会省掉坐标轴旁数字的小数部分，因为很明显我们在探讨实数。

4.2.1　升至二维

现在假设这条数线位于二维空间中（如图 4-5 所示），则我们可以向上或向下扩展它了。

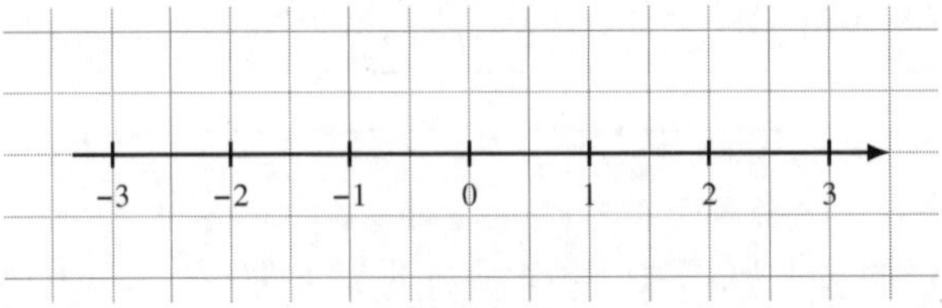

图 4-5

因为二维需要两个坐标，所以我们可使用实数 x 和 y 来表示一个点的位置，我们可将其记为 (x, y)。这被称为*笛卡儿坐标*（*Cartesian coordinates*），得名于数学家勒内·笛卡儿（René Descartes，如图 4-6 所示）。

图 4-6　弗兰斯·哈尔斯（Frans Hals）绘制的勒内·笛卡儿（1596—1650）肖像。画作属于公共领域

如图 4-7 所示，点 $(1,3)$ 位于图的右上部分，而 $\left(-\frac{5}{2},-1\right)$ 位于图的左下部分。其中的水

平线称为“x轴”，而竖直线为“y轴”。笛卡儿坐标也叫*直角坐标*（*rectangular coordinates*）。

如果你能在纸上画出这些轴和点，也许能帮你更好地看到它们的模样。图 4-7 所示的就是*实平面*（*real plane*）的图形，记为$\mathbb{R}^2$。

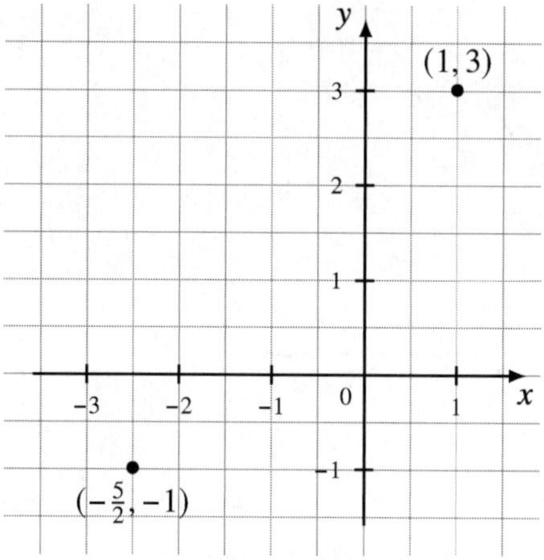

图 4-7

还有一点可以帮助我们导航的信息：坐标轴会将该平面分为 4 个区域，称为*象限*（*quadrant*）。右上区域为第一象限，其中$x>0$且$y>0$；按逆时针方向移动，第二象限满足$x<0$且$y>0$；第三象限满足$x<0$且$y<0$；第四象限满足$x>0$且$y<0$。

4.2.2 距离和长度

实平面中的两个点相距多远？

图 4-8 中，$(1,1)$到$(4,5)$间的距离是多少？这相当于问两个点之间的线段的长度。

我们说的是英里、千米、英尺、厘米这样的长度单位吗？距离通常带有某个特定的单位。但在数学领域，我们通常不指明单位，除非这涉及某个实际应用问题。我们可能会说“单位长度”，不过我们也可能会指明“x是以米度量的”。除非有必要，否则我们会省略各式单位。

勾股定理（也称毕达哥拉斯定理，Pythagorean theorem）指出，在直角三角形中，一条直角边长度的平方加上另一条直角边长度的平方等于斜边长度的平方。

我们用A、B和C分别表示图 4-9 中三角形的 3 个顶点，则线段AB和BC分别表示两条直角边，AC表示斜边。

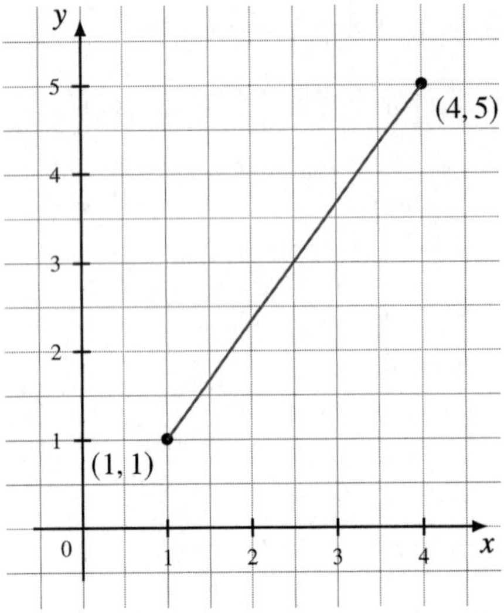

图 4-8

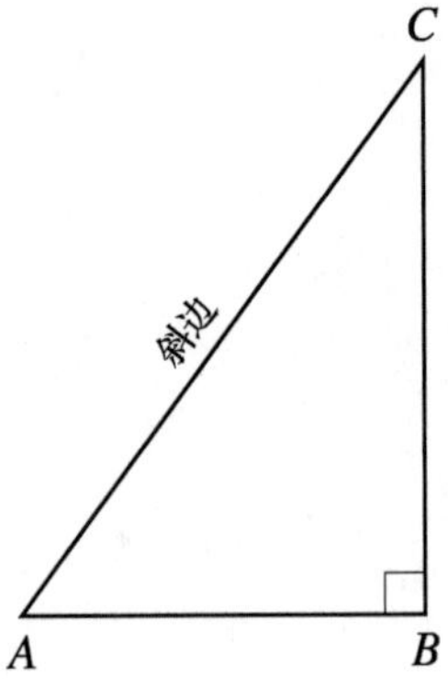

图 4-9

如果我们使用 $|AB|$ 表示线段 AB 的长度，则勾股定理可写为：

$$|AC|^2 = |AB|^2 + |BC|^2$$

或

$$|AC| = \sqrt{|AB|^2 + |BC|^2}$$

扩展一下上面的例子，则可以得到图 4-10。

令 $A = (1,1)$， $B = (4,1)$， $C = (4,5)$ 。通过对单位长度进行计数，可得 $|AB| = 3$ 且 $|BC| = 4$ 。也就是说，

$$|AC|^2 = 3^2 + 4^2 = 25$$

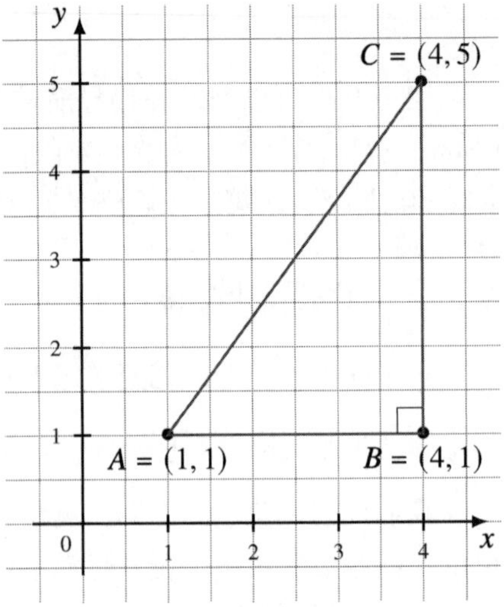

图 4-10

因此

$$|AC| = \sqrt{25} = 5$$

沿 x 轴“对单位长度进行计数”就意味着求两点之间 x 坐标的差的绝对值。在 y 轴上的做法也类似。

三角形的边长都是自然数的情况非常罕见，“勾三股四弦五”的直角三角形是一个特

别范例。如果让每条边长乘或除以同一个自然数，这个关系仍然成立。

> **问题 4.2.1**
>
> 如果 3 个自然数 n 、 m 、 p 满足 $n^2+m^2=p^2$ 的关系，我们就说这 3 个自然数是勾股数（也称毕达哥拉斯三元数，Pythagorean triple）。请找出另外两组不是 3:4:5 的简单倍数的勾股数。

如果两条直角边的长度均为 1，则斜边的长度为 $\sqrt{2}$ 。

> 给定实平面中的两个点，其坐标分别为 (a,b) 和 (c,d) ，则这两个点之间的*距离*为：
>
> $$\sqrt{(a-c)^2+(b-d)^2}$$
>
> 特别地，如果第二个点是原点 $(0,0)$ ，则距离为：
>
> $$\sqrt{a^2+b^2}$$

4.2.3 实平面中的几何图形

在学习三维和量子比特之前，你必须熟悉 $\mathbb{R}^2$ 中的标准几何图形，比如直线和圆。我们来看看这些几何图形并复习一下指数和对数等函数的一般图形表示。

1. 直线

> 给定两个坐标分别为 (a,b) 和 (c,d) 的点，则经过这两个点只能画出一条直线。直线的核心概念是当从一个点移到另一个点时，y 坐标之间距离的变化与 x 坐标之间距离的变化之比为一个常数。这个比被称为直线的*斜率*（*slope*）。

如果点 $(1,1)$ 位于一条斜率为 2 的直线上，则我们每在 x 方向上移动一个单位，y 方向上就会有 2 倍的变化。向 x 轴的正方向上移动 1 个单位（向右移动），则会向 y 轴的正方向上移动 2 个单位（向上移动）。向 x 轴的正方向上移动 –3 个单位（向左移动），则会向 y 轴的正方向上移动 –6 个单位（向下移动）。

对于经过给定点 (c,d) 且斜率为 m 的直线，如果点 (x,y) 也在该直线上，则其必然满足以下方程：

$$\frac{y-d}{x-c}=m$$

我们怎么计算 m ？如果该直线上还有另一个点 (a,b) ，则必然有：

$$\frac{b-d}{a-c}=m$$

举个例子，求经过点 $(-1,-2)$ 和点 $(2,3)$ 的直线（如图 4-11 所示）的方程。

首先，我们计算其斜率

$$m=\frac{-2-3}{-1-2}=\frac{-5}{-3}=\frac{5}{3}$$

然后可得

$$\frac{y-(-2)}{x-(-1)}=\frac{y+2}{x+1}=\frac{5}{3}$$

改写一下这个方程，就可以在给定 x 下算出对应的 y ：

$$y=\frac{5}{3}(x+1)-2=\frac{5}{3}x-\frac{1}{3}$$

$y=mx+b$ 这种表示直线的方式被称为*斜率截距式*（*slope-intercept form*），简称“斜截式”。其中 x 之前的数字 m 是斜率，即例子中的 $\frac{5}{3}$ 。当 $x=0$ 时，直线与 y 轴相交，交点位置为 $b=-\frac{1}{3}$ 。我们称 b 为 y 截距（ y -intercept）。

这将 y 表示成了 x 的函数。顺便说一点，似乎没人知道为什么要用 m 表示斜率。

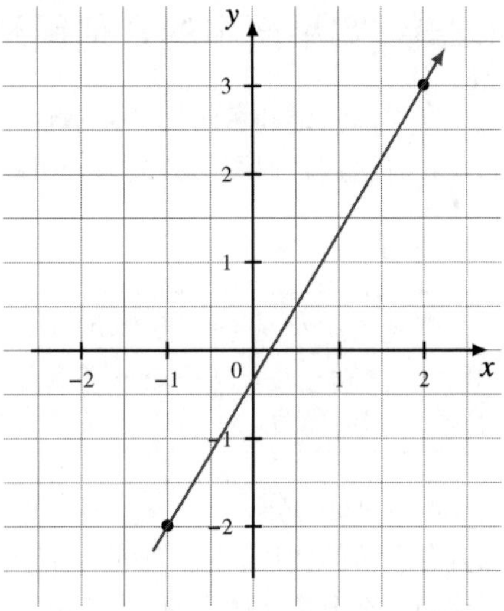

图 4-11

2．绘制函数图形

当我们有一个在 $\mathbb{R}$ 或其某个子集范围内的实值函数时，我们可以画出它的图形，就像我们刚看到的直线（其中 $y=f(x)$ ）一样。如果你想手动操作，你可以先选择足够多的 x 值，然后计算出每个 x 对应的 $f(x)$ ，再描出每个点 $(x,f(x))$ ，最后将这些点连起来。这也许能很好地描绘函数的实际“模样”，但也可能不行。

我们以 $y=f(x)=\frac{1}{3}x^2$ 为例进行说明。我们令 x 取 -2 ～ 2 的整数值。

如图 4-12 所示，外侧的平滑曲线是正确的函数图形，而内侧的虚线则是用直线连接的我们算出的那几个点得到的。

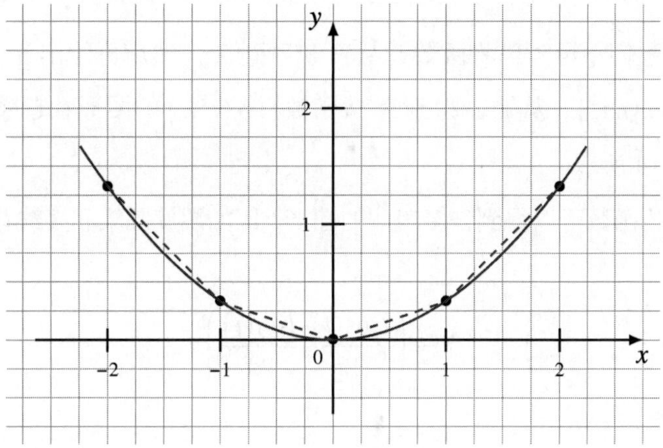

图 4-12

如果在绘图时我们粗心大意地将一个定义域之外的点包括进来，则可能会出错。比如对于 $y=f(x)=\left|\frac{1}{x}\right|$，其中 $x\neq 0$。如果我们分别绘出了 x 取 $-2,-1,1,2$ 对应的 4 个点，那么我们可能会因为粗心而画出图 4-13 中的虚线。而实际上，这个函数在 $x=0$ 处没有定义，其图形看起来应该像是图 4-13 中两条平滑的实曲线。

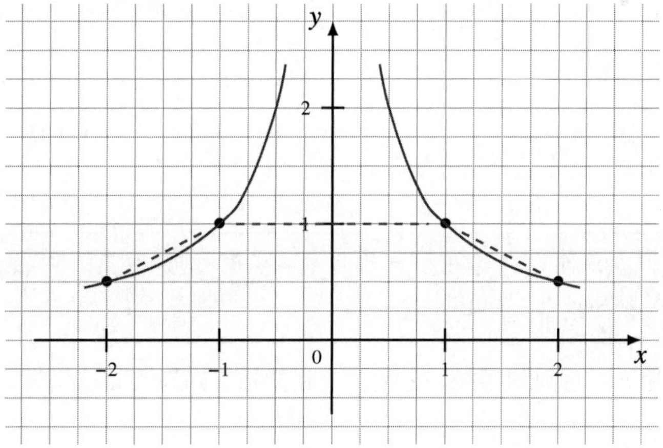

图 4-13

我们也说 $f(x)=\left|\frac{1}{x}\right|$ 在 $x=0$ 处*不连续*。

函数不仅能将一个数映射成另一个数，还可以更加复杂。现在我们想一想，如何将一个数映射成平面中的一个点。如果输入变量为t，则我们可将该点的公式记为$\left(g(t),h(t)\right)$。这包含了上面的案例，因为我们可以将$g(t)$定义为t。这被称为*已参数化函数*（*parametrized function*）。

也就是说，我们不再考虑将函数t^2从$\mathbb{R}$映射到$\mathbb{R}$，然后再绘出各个点$\left(t,t^2\right)$，而直接绘制出函数$t\mapsto\left(t,t^2\right)$，从$\mathbb{R}$映射到$\mathbb{R}^2$。函数$t\mapsto\left(t^2,t\right)$的图形看起来像是水平放置的抛物线，如图 4-14 所示。

描绘已参数化函数可以得到许多美丽的图形，比如螺旋图案和多瓣花朵图案。图 4-15 所示是

$$t\mapsto\left(\frac{t\cos(t)}{2\pi},\frac{t\sin(t)}{2\pi}\right)$$

的图形，其中$0\leqslant t\leqslant 4\pi$。

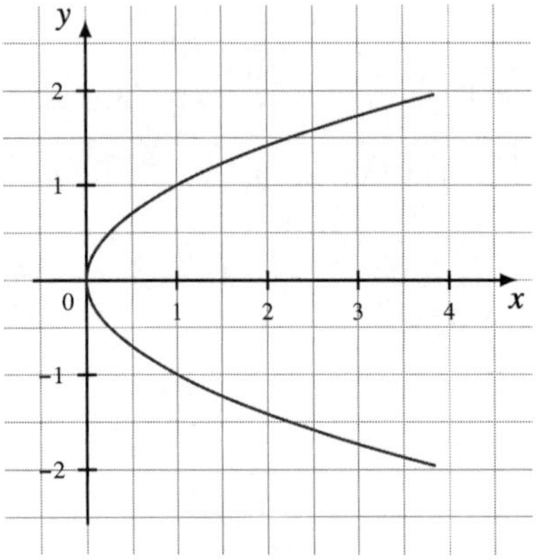

图 4-14

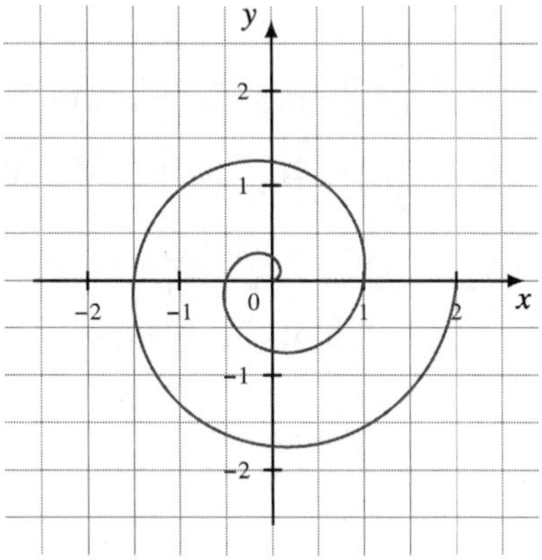

图 4-15

3. 圆

> 圆的定义是：在平面内选择一个点作为中心（圆心），取离该中心的距离为一固定正值的所有点。这个距离是圆的半径。

我们通常使用r表示圆的半径，它是一个正实数。如果圆心的坐标为(c,d)，点(x,y)与圆心的距离为r，则其满足以下公式：

$$\sqrt{(x-c)^2+(y-d)^2}=r$$

或

$$(x-c)^2+(y-d)^2=r^2$$

如果$r=1$，则这个圆为*单位圆*（*unit circle*）。

图 4-16 所示是一个圆心为$(-1.5,0.75)$、半径为 2 的圆。其方程为$(x+1.5)^2+(y-0.75)^2=2^2$。

图 4-17 所示是一个圆心为$(0,0)$、半径为 1 的单位圆。其方程为$x^2+y^2=1$。

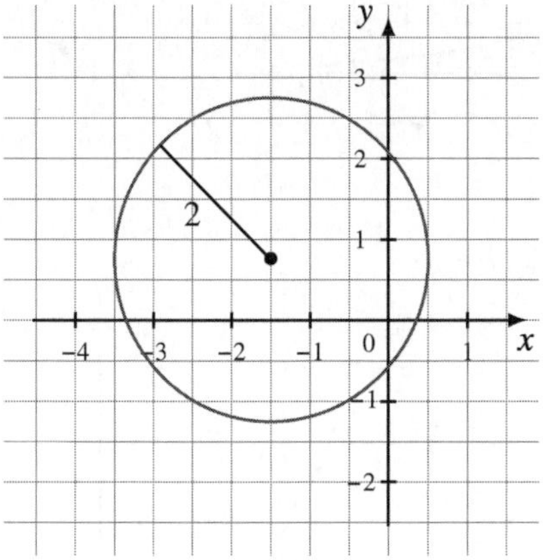

图 4-16

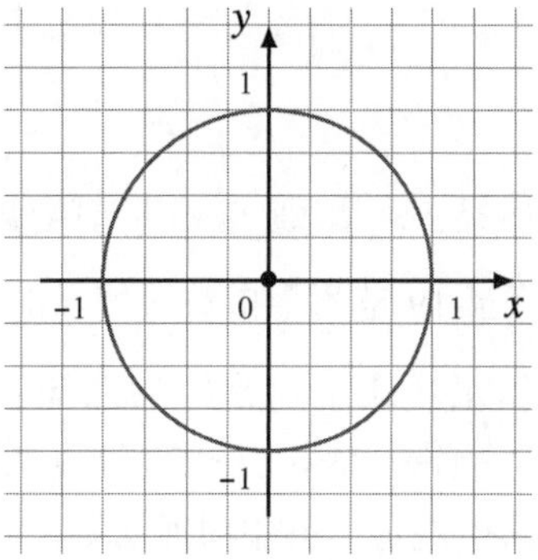

图 4-17

问题 4.2.2

如何将单位圆的方程写成 y 与 x 的函数形式？该函数的定义域和值域分别是怎样的？

4.2.4 指数和对数

指数函数的形式为

$$y=f(x)=ca^x$$

其中实数a和c为常数且$a>0$、$a\neq1$、$c\neq0$。a的常用值包括 2、10 和 e。当x为任意实数时，$f(x)$的正负与c保持一致。$f(0)=c$。

当c为正数且$0<a<1$时，$f(x)$呈现指数级衰减模式，如图 4-18 所示。

放射性衰减就遵从这一模式。

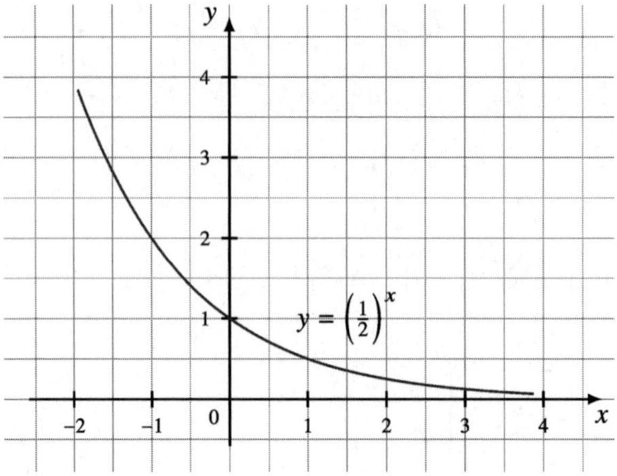

图 4-18

而如果 $a>1$，则 $f(x)$ 呈现指数级增长模式。图 4-19 是两个指数级增长的示例。

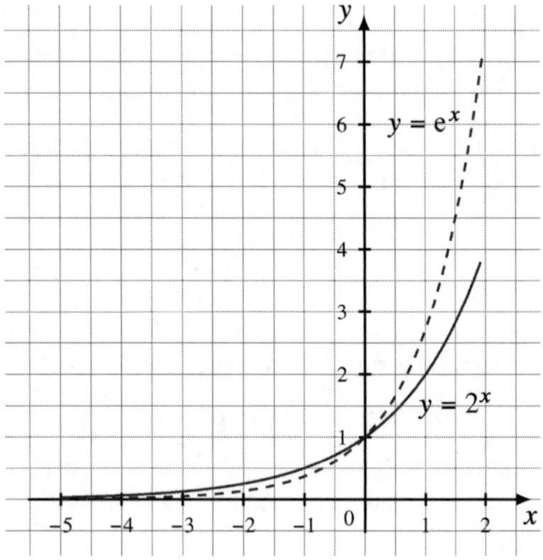

图 4-19

摩尔定律就是一种广为人知的指数变化模式。顺带一提，虽然它名为“定律”，但既非法律规定，也非物理法则，而更像是一个观察结果。该定律声称大约每过两年，计算机处理器的计算能力就会倍增，尺寸则会减半，能量需求也会减半。尽管现在摩尔定律似乎已经不再符合实际情况，但其描述的就是计算能力呈指数级增长，而尺寸和能量需求呈指数级衰减[5]。

我们来比较一下指数函数 $f(x)=10^x$ 和线性函数 $g(x)=x$ 的增长模式：

$$f(0)=1 \qquad g(0)=0$$

$$f(1)=10 \qquad g(1)=1$$

$$f(6)=1000000 \qquad g(6)=6$$

$$f(15)=1000000000000000 \qquad g(15)=15$$

在计算领域，一般来说指数级增长是需要控制和避免的，除非有特殊情况，比如它以某种方式涉及你的财产。

如果指数级增长可以表示快速增长，那么对数增长就刚好相反。*对数函数*是指数函数的反函数。

函数 $\log_2(x)$ 回答的问题是“2 的多少次幂等于 x”。在对数函数的定义中，x 只能为正实数。

$$因为2^0=1，所以\log_2(1)=0$$
$$因为2^1=2，所以\log_2(2)=1$$
$$因为2^2=4，所以\log_2(4)=2$$
$$因为2^6=64，所以\log_2(64)=6$$
$$因为2^{11}=2048，所以\log_2(2048)=11$$

只要你花费足够长的时间来学习计算机，你就会知道 2 的“力量”[①]。$\log_2$ 也被称为*二进制对数*（*binary logarithm*），如图 4-20 中的实线所示。

上述逆运算表明：$x=2^{\log_2(x)}$ 且 $x=\log_2\left(2^x\right)$。

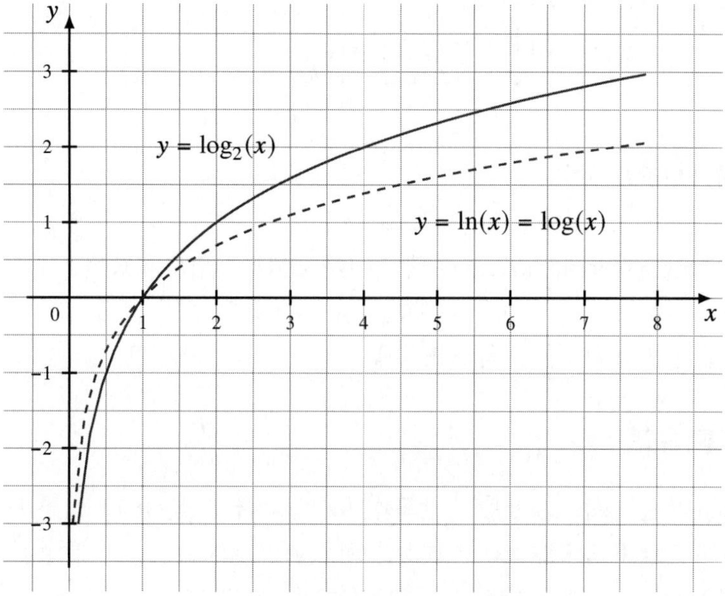

图 4-20

自然对数函数是以 e 为底数的指数函数的反函数。函数名 $\log_e$ 可以缩写为“ ln ”，但

① 在英语中，“幂”和“力量”都是 power。——译者注

本书约定将其写为“ log ”，如图 4-20 中的虚线所示。

对于任意正底数 a 、实数 t 以及正实数 x 和 y ，

$$\log_a(xy)=\log_a(x)+\log_a(y)$$

$$\log_a\left(\frac{x}{y}\right)=\log_a(x)-\log_a(y)$$

$$\log_a\left(x^t\right)=t\log_a(x)$$

我们可以将一个对数底数转换成另一个对数底数。对于另一个底数 b ，存在

$$\log_a(x)=\frac{\log_b(x)}{\log_b(a)}$$

这个公式的推导很简单。如果令 $t=\log_a(x)$ ，则 $a^t=x$ ，两边同时以 b 为底取对数，再解出 t 即可。

问题 4.2.3

请写出这个公式的推导细节并展示你的成果。

4.3　三角函数

三角函数（trigonometric function）研究的是三角形、角度和长度。希腊语中 *trigōnon* 一词的意思是“三角形”，*metron* 一词的意思是“度量”。在大多数情况下，我们的讨论范围都限定在斜边长度为 1 的直角三角形中。

4.3.1　基本函数

很多人都听说过一圈是 360 度，也写作 360° 。为什么是 360？如果你在网上搜索，你会找到有关古美索不达米亚人、古埃及人和六十进制的故事。不管原因为何，360 确实是一个很棒的数字，因为它能被很多数整除，比如 2、3、4、5、6、8、10、12、15 等。也就是说，360° 的角很容易等分成度数为非负整数的角。

不过，角度的数学含义并不“自然”，只能算是一个方便测量的单位，而角度这个单位可以以*弧度*（*radian*）替代。

半径为 r 的圆的周长为 $2\pi r$ 。如果我们绕着圆走半圈，则走过的距离为 πr ，走四分之一圈则为 $\frac{\pi}{2}r$ 。

当 $r=1$ 时，我们可使用 2π 的一部分表示我们绕圆走了多少，这就是对应于角度的*弧度度量*。半圈是 π 弧度。如果我们绕圆走 3 圈，就转过了 6π 弧度。相比于角度，弧度有真正的几何意义。当我们逆时针移动时，弧度为正；当我们顺时针移动时，弧度为负。

不管是用角度还是弧度，我们对角的测量都是从 x 的正半轴开始的。

因为我们正在探讨圆，所以 $\frac{3\pi}{4}$ 弧度的角与 $-\frac{5\pi}{4}$ 弧度的角最后都会落到圆上同一个点，如图 4-21 所示。

习惯上，在表示弧度和角度时，我们常使用希腊字母作为变量名。很常用的两个字母是 θ 和 φ 。

我们将 θ 作为角度测量值。在图 4-22 中， P 是单位圆上 $\theta=\frac{\pi}{3}$ 的点。

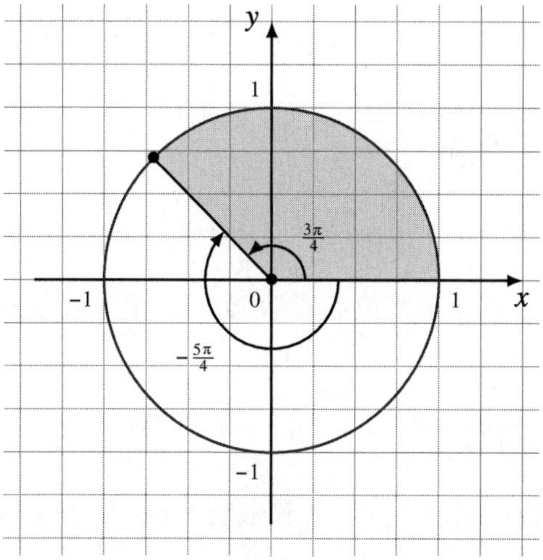

图 4-21

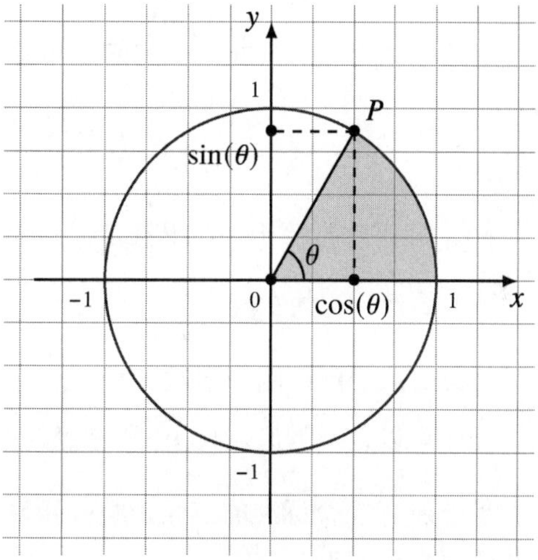

图 4-22

我们将 θ 的*余弦* $\cos(\theta)$ 定义为 P 点的 x 坐标。与之类似，将 θ 的*正弦* $\sin(\theta)$ 定义为 P 点的 y 坐标。尽管在图 4-22 中我们将 P 画在第一象限，但这一定义适用于单位圆上位于所有象限和轴上的点。

正弦和余弦函数具有很多“优雅”的性质，而这一切都围绕着以原点为圆心、半径为 1 的圆的几何性质。

因为 P 点在单位圆上，所以它与原点 $(0,0)$ 的距离为 1。也就是说

$$1=\sqrt{\left(\cos(\theta)-0\right)^2+\left(\sin(\theta)-0\right)^2}=\sqrt{\cos^2(\theta)+\sin^2(\theta)}$$

两边求平方，可得

$$1=\cos^2(\theta)+\sin^2(\theta)$$

这是*三角函数的基本恒等式*，其自然地遵循长度的定义和勾股定理。

注意，上面没有使用 $\left(\cos(\theta)\right)^2$ 的写法，而是使用了常用的简写形式 $\cos^2(\theta)$。

如果 θ 为负，我们可考虑 $|\theta|$，表示从 x 轴正半轴开始顺时针旋转。对照图 4-22，你应该能看出来 $\cos(\theta)=\cos(-\theta)$，而 $\sin(\theta)=-\sin(-\theta)$。尽管这不是严格的数学证明，但这里更重要的是培养你的几何直觉。

像余弦函数这种满足 $f(x)=f(-x)$ 的函数 f 被称为*偶函数*（*even function*），而如果 $f(-x)=-f(x)$，则 f 为*奇函数*（*odd function*）。正弦函数就是奇函数。

正切函数也是一个非常重要的三角函数，记为 $\tan(\theta)$，其定义为

$$\tan(\theta)=\frac{\sin(\theta)}{\cos(\theta)}，\text{其中}\cos(\theta)\neq 0$$

$\cos(\theta)$ 何时会等于 0？根据定义，当 x 坐标为 0 时，$\cos(\theta)$ 必然为 0，此时 θ 对应于 y 轴上的点。这些 θ 值为 $\frac{\pi}{2}$、$\frac{3\pi}{2}$、$-\frac{\pi}{2}$、$-\frac{3\pi}{2}$ 以及这些值加或减 2π 的整数倍后的值。这些倍数对应于围绕圆的圈数。

正切可以定义为原点 $(0,0)$ 到 P 点的线段的斜率。

另外还有 3 个标准的三角函数：正割（sec）、余割（csc）和余切（cot）。这 3 个函数的定义分别为：

$$\sec(\theta)=\frac{1}{\cos(\theta)}=\left(\cos(\theta)\right)^{-1}，\text{其中}\cos(\theta)\neq 0$$

$$\csc(\theta)=\frac{1}{\sin(\theta)}=\left(\sin(\theta)\right)^{-1}，\text{其中}\sin(\theta)\neq 0$$

$$\cot(\theta)=\frac{\cos(\theta)}{\sin(\theta)}=\left(\tan(\theta)\right)^{-1}\text{，其中}\sin(\theta)\neq 0$$

通过除以 $\cos^2(\theta)$ 或 $\sin^2(\theta)$，这些三角函数能与基本恒等式关联起来。

$$1=\cos^2(\theta)+\sin^2(\theta)$$

$$\frac{1}{\cos^2(\theta)}=\frac{\cos^2(\theta)}{\cos^2(\theta)}+\frac{\sin^2(\theta)}{\cos^2(\theta)}\Rightarrow \sec^2(\theta)=1+\tan^2(\theta)$$

$$\frac{1}{\sin^2(\theta)}=\frac{\cos^2(\theta)}{\sin^2(\theta)}+\frac{\sin^2(\theta)}{\sin^2(\theta)}\Rightarrow \csc^2(\theta)=\cot^2(\theta)+1$$

当分母不为 0 时，这些等式总是成立的。

三角函数在第一象限中的常用值如表 4-1 所示。

表 4-1

θ	$\cos(\theta)$	$\sin(\theta)$	$\tan(\theta)$	$\sec(\theta)$	$\csc(\theta)$	$\cot(\theta)$
0	1	0	0	1	无定义	无定义
$\frac{\pi}{6}$	$\frac{\sqrt{3}}{2}$	$\frac{1}{2}$	$\frac{1}{\sqrt{3}}=\frac{\sqrt{3}}{3}$	$\frac{2}{\sqrt{3}}=\frac{2\sqrt{3}}{3}$	2	$\sqrt{3}$
$\frac{\pi}{4}$	$\frac{\sqrt{2}}{2}$	$\frac{\sqrt{2}}{2}$	1	$\frac{2}{\sqrt{2}}=\sqrt{2}$	$\frac{2}{\sqrt{2}}=\sqrt{2}$	1
$\frac{\pi}{3}$	$\frac{1}{2}$	$\frac{\sqrt{3}}{2}$	$\sqrt{3}$	2	$\frac{2}{\sqrt{3}}=\frac{2\sqrt{3}}{3}$	$\frac{1}{\sqrt{3}}=\frac{\sqrt{3}}{3}$
$\frac{\pi}{2}$	0	1	无定义	无定义	1	0

4.3.2 反函数

三角函数有反函数吗？有的，但我们在表述定义域和值域时需要非常谨慎。我们还必须决定如何给这些反函数命名。反正切有 3 种常见的表示方式：

$$\tan^{-1}(x) \qquad \arctan(x) \qquad \operatorname{atan}(x)$$

第一种表示方式与将函数 f 的反函数记为 f^{-1} 的方式一致，但容易产生混淆，因为我们也使用 $\tan^2(x)$ 这样的形式来表示 $\left(\tan(x)\right)^2$。第三种表示方式常见于 Python、Swift、

C++和 Java 等编程语言。本书将使用第二种表示方式，因为这不仅是传统的表示方式，而且与对应角上的弧（arc）有关。

正弦函数还为一种典型形式的波赋予了名称，即*正弦波*，如图 4-23 所示。

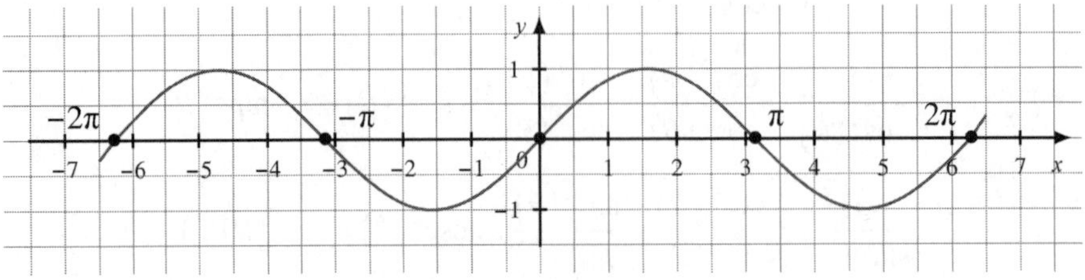

图 4-23

在图 4-23 展示的部分函数图形中，曲线穿过了 x 轴 5 次。当 x 取 $-2\pi,-\pi,0,\pi,2\pi$ 时，$\sin(x)=0$。那么，$\arcsin(0)$ 是多少呢？我们需要选择一个值域，这样才能确保 $\arcsin(x)$ 是单值的，并且是一个函数。

当定义域为 $-1\leqslant x\leqslant 1$ 且值域为 $-\frac{\pi}{2}\leqslant\arcsin(x)\leqslant\frac{\pi}{2}$ 时，反正弦 $\arcsin(x)$ 是一个函数，其图像如图 4-24 所示。

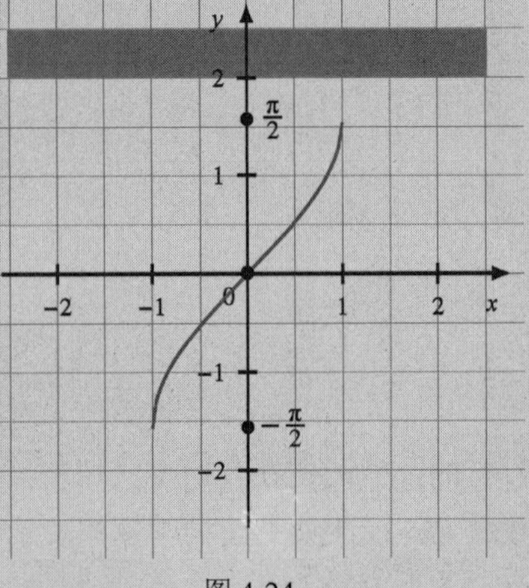

图 4-24

反余弦 $\arccos(x)$ 则有不同的值域。

当定义域为 $-1 \leqslant x \leqslant 1$ 且值域为 $0 \leqslant \arccos(x) \leqslant n$ 时，反余弦 $\arccos(x)$ 是一个函数，其图像如图 4-25 所示。

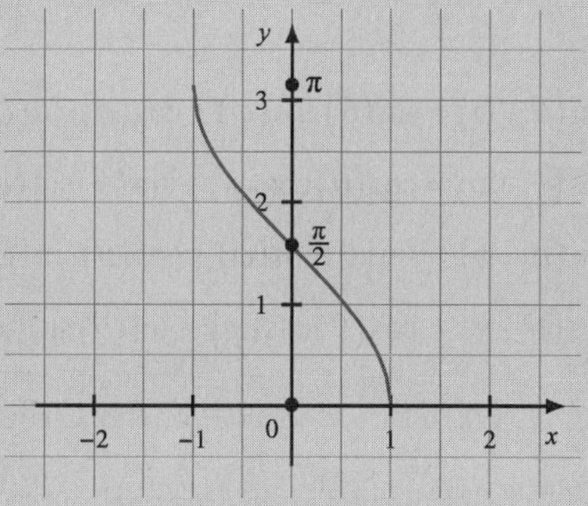

图 4-25

反正切还需要进一步考虑，因为其定义为

$$\tan(x) = \frac{\sin(x)}{\cos(x)}$$

其分母可能为 0，因为 $\cos(x)$ 可以为 0。需要我们注意的 x 值为 $\frac{\pi}{2}$ 和 $-\frac{\pi}{2}$。

当值域为 $-\frac{\pi}{2} < \arctan(x) < \frac{\pi}{2}$ 时，$\arctan(x)$ 是定义域为全体 $\mathbb{R}$ 的函数，其图像如图 4-26 所示。

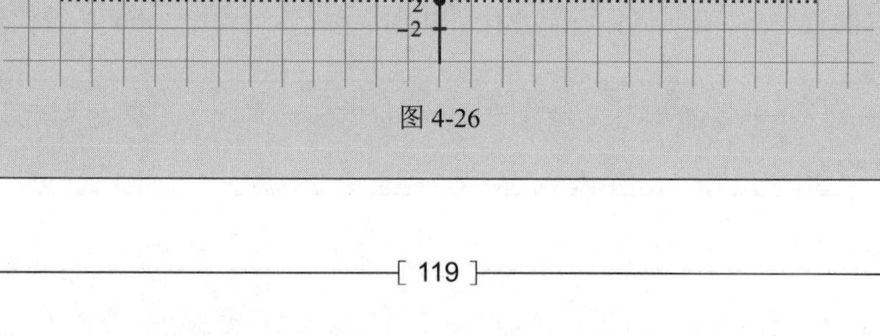

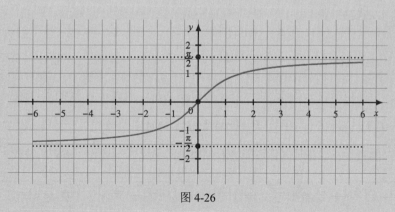

图 4-26

4.3.3　其他恒等式

还有一些有用的三角函数公式。当对参数中的角执行加法和减法时，有求其和与差对应的正弦与余弦的公式：

$$\sin(\theta+\varphi)=\sin(\theta)\cos(\varphi)+\cos(\theta)\sin(\varphi)$$
$$\cos(\theta+\varphi)=\cos(\theta)\cos(\varphi)-\sin(\theta)\sin(\varphi)$$
$$\sin(\theta-\varphi)=\sin(\theta)\cos(\varphi)-\cos(\theta)\sin(\varphi)$$
$$\cos(\theta-\varphi)=\cos(\theta)\cos(\varphi)+\sin(\theta)\sin(\varphi)$$

后两个公式可从前两个公式推导出来，因为余弦函数是偶函数而正弦函数是奇函数。

如果令求和公式中的 $\theta=\varphi$，则可得到二倍角公式：

$$\sin(2\theta)=2\sin(\theta)\cos(\theta)$$
$$\cos(2\theta)=\cos^2(\theta)-\sin^2(\theta)=2\cos^2(\theta)-1=1-2\sin^2(\theta)$$

4.4　从直角坐标到极坐标

单位圆上的每个点都可由以弧度为单位的角 φ 唯一确定，其中 $0\leqslant\varphi<2\pi$。

尽管单位圆上的点在 $\mathbb{R}^2$ 中，也就是二维的，但仅需一个值 φ 就能确定它。（通过要求该点与原点的距离始终为 1，我们无须其他值就能确定它。）

更一般地，令 $P=(a,b)$ 为 $\mathbb{R}^2$ 中的一个非零点（不是原点），令 $r=\sqrt{a^2+b^2}$ 为 P 到原点的距离，则点

$$Q=\left(\frac{a}{r},\frac{b}{r}\right)$$

在单位圆上，且有 $0\leqslant\varphi<2\pi$ 的唯一角 φ 与 Q 相对应。使用 r，我们可以进一步确定

$$P=(r\cos(\varphi),r\sin(\varphi))$$

(r,φ) 称为 P 的*极坐标*。有时候你可能会看到用希腊字母 ρ（读作“rho”）替代 r 的情况。

$\mathbb{R}^2$ 内的每一个非零点都可使用范围为 $0\leqslant\varphi<2\pi$ 的角 φ（用弧度表示）和一个正实数 r 唯一确定。

比如对于图 4-27 中的点 P，$r = 2.5$，$\varphi = \dfrac{5\pi}{4}$。

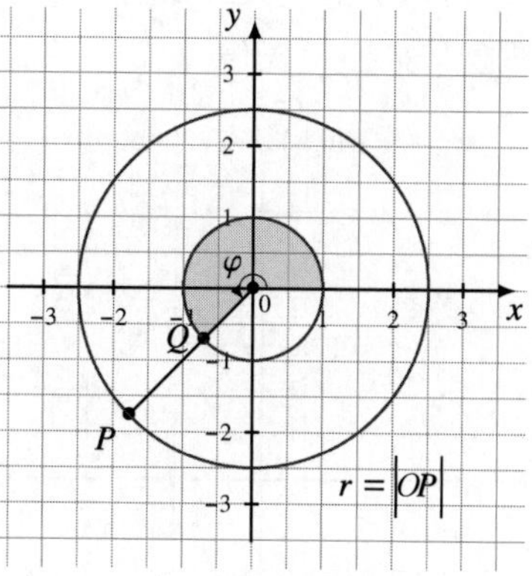

图 4-27

4.5　复“平面”

我们在第 3 章中讨论了 ℂ 的代数性质，这里我们再来看看 ℂ 的几何性质。对于实平面内的任意点 (a,b)，都有对应的复数 $a + bi$。

在复数的图形中，横轴表示复变量 z 的实部，纵轴表示虚部。它们分别替代了 x 轴和 y 轴。

图 4-28 所示为几个复数值。尽管这看起来像是复平面（*complex plane*）而且有人也确实这么说，但这并不是*平面*。平面有两个维度，但 ℂ 是一维的，我们只是将其描绘到二维的*实平面*中。我们将在第 5 章介绍向量空间时从域方面介绍有关维度的问题。

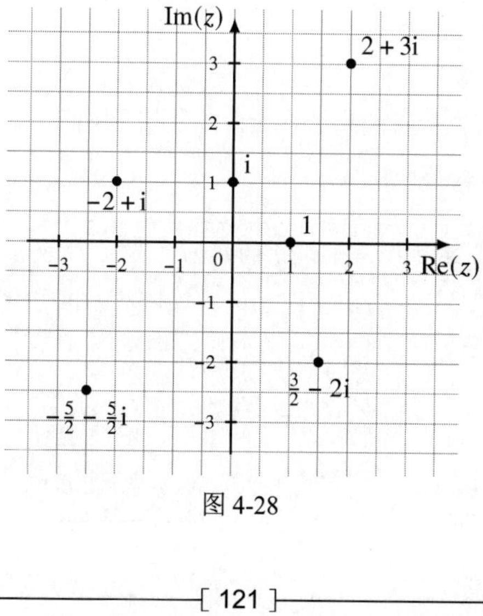

图 4-28

1. 共轭

共轭反映了关于水平轴 $\mathrm{Re}(z)$ 对称的复数（如图 4-29 所示）。如果这个数的虚部为 0，则它就在 $\mathrm{Re}(z)$ 轴上，共轭不会带来任何变化。

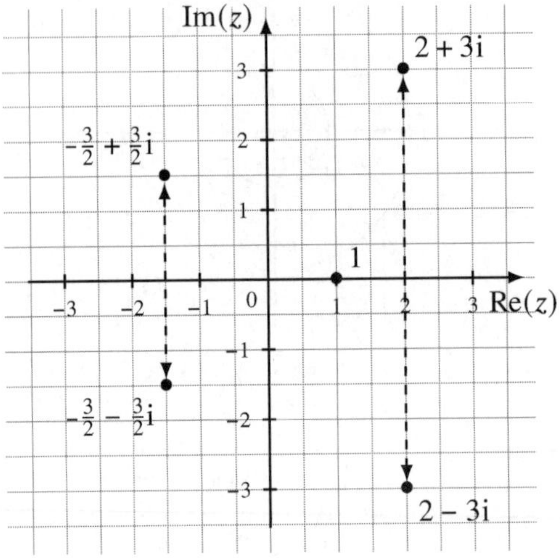

图 4-29

如果我们取一个复数 z 的共轭，然后再对结果继续求共轭，则最终会得到原复数，即 z。共轭是其自身的反函数。

> **问题 4.5.1**
>
> 0 的共轭是多少？i 呢？

2. 极坐标

前面我们已经看到，对于笛卡儿平面 $\mathbb{R}^2$ 中的点，我们可以使用极坐标进行表示。任意非零复数也可用此方法表示。

> 如图 4-30 所示，使用满足 $0 \leqslant \varphi < 2\pi$ 的角 φ（用弧度表示）和正实数 $r = |z|$，可以唯一确定 $\mathbb{C}$ 中的每个非零点 $z = a + bi$。arg 函数可将 φ 和 z 关联起来：$\varphi = \arg(z)$。
>
> $$\begin{aligned} z &= r\cos(\varphi) + r\sin(\varphi)\mathrm{i} \\ &= |z|\cos(\arg(z)) + |z|\sin(\arg(z))\mathrm{i} \end{aligned}$$
>
> 角 φ 称为 z 的*相位*（*phase*），$|z|$ 则是 z 的*幅度*（*magnitude*）。

使用“相位”一词表示复数的幅角 φ 更常见于物理学领域，而非数学领域。这里介绍它的原因是我们在描述量子比特的表示方式时需要用到它。

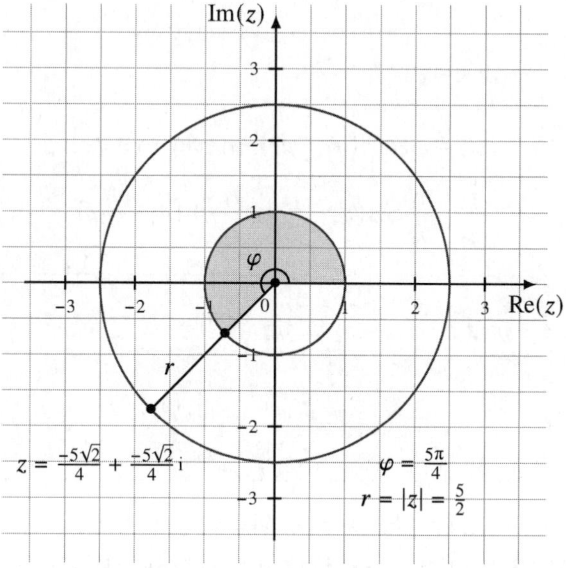

图 4-30

任意 φ 都等价于 2π 的非零整数倍加上 φ，它们都将落在同一点，但我们通常会将选择范围规范到 $0 \sim 2\pi$。

使用极坐标表示复数时，我们不再使用 (r,φ) 或更长的 $r\cos(\varphi)+r\sin(\varphi)\mathrm{i}$ 表达式，而是使用一种整合了 r 和 φ 的欧拉公式的指数形式。

3．欧拉公式

莱昂哈德·欧拉（Leonhard Euler）是 18 世纪一位成果丰硕的数学家，他为多个科学领域做出了许多贡献。他最早证明指数函数的扩展形式与复数和涉及极坐标的 $a+b\mathrm{i}$ 表示法之间存在联系。也就是说，他证明

$$re^{\varphi \mathrm{i}} = r\cos(\varphi) + r\sin(\varphi)\mathrm{i}$$

我们将使用这种表示法来表示极坐标形式的复数。

了解更多

对该公式的证明超出了本书的范围。这属于数学中名为*复分析*（*complex analysis*）的领域，你可以将其看作将用于实数的微积分扩展到复数领域的形式[1][3]。

如果 z_1 和 z_2 是非零复数，则 $|z_1 z_2| = |z_1||z_2|$ 且 $\arg(z_1 z_2) = \arg(z_1) + \arg(z_2)$。如果

$$z_1 = r_1\cos(\varphi_1) + r_1\sin(\varphi_1)\mathrm{i}$$

$$z_2 = r_2\cos(\varphi_2) + r_2\sin(\varphi_2)\mathrm{i}$$

则

$$z_1 z_2 = r_1 r_2\cos(\varphi_1 + \varphi_2) + r_1 r_2\sin(\varphi_1 + \varphi_2)\mathrm{i}$$

$$\frac{z_1}{z_2} = \frac{r_1}{r_2}\cos(\varphi_1 - \varphi_2) + \frac{r_1}{r_2}\sin(\varphi_1 - \varphi_2)\mathrm{i}$$

使用欧拉公式，如果 $z_1 = r_1 \mathrm{e}^{\varphi_1 \mathrm{i}}$ 且 $z_2 = r_2 \mathrm{e}^{\varphi_2 \mathrm{i}}$，则

$$z_1 z_2 = r_1 r_2 \mathrm{e}^{(\varphi_1 + \varphi_2)\mathrm{i}}$$

$$z_1 / z_2 = \frac{r_1}{r_2}\mathrm{e}^{(\varphi_1 - \varphi_2)\mathrm{i}}$$

当我们执行复数的乘法或除法运算时要简单一些，不过在执行加法或减法运算时却会复杂得多。这也意味着如果让一个复数乘 $\mathrm{e}^{\varphi\mathrm{i}}$，在几何上就等价于将该复数绕原点旋转 φ 弧度。如果 φ 为正，则为逆时针旋转；如果 φ 为负，则为顺时针旋转。

如果 $z = r\mathrm{e}^{\varphi\mathrm{i}}$，则 $\overline{z} = r\mathrm{e}^{-\varphi\mathrm{i}}$。

在思考复数时，不管你将其看作实部与虚部的组合还是相位与幅度的组合，它都有两个互相独立的部分，而且这两个部分都用实数表示。因为这个非常强大的性质，复数常出现在物理学和工程学中一些意想不到的位置。

4.6　实三维

在三维空间中绘制图形时，我们既可使用 3 个直角坐标 (x_0, y_0, z_0)，也可使用一个半径 r、两个角 φ 和 θ。

半径 $r = |P| = \sqrt{x_0^2 + y_0^2 + z_0^2}$。$\varphi$ 是从 x 轴正半轴到 $(0,0)$ 与 P 在 xOy 平面上的投影 (x_0, y_0) 连成的虚线所转过的角。θ 是从 z 轴正半轴到线段 OP 所转过的角，如图 4-31 所示。

这里要理解的东西有很多，但这些都是基于我们已在 $\mathbb{R}^2$ 上见过的性质构建的。当 $r = 1$ 时，我们可得到 $\mathbb{R}^3$ 中的*单位球面*（*unit sphere*），如图 4-32 所示，这是 $\mathbb{R}^3$ 中可使得 $x_0^2 + y_0^2 + z_0^2 = 1$

成立的所有点的集合，而*单位球*（*unit ball*）则是满足 $x_0^2+y_0^2+z_0^2 \leqslant 1$ 的所有点的集合。

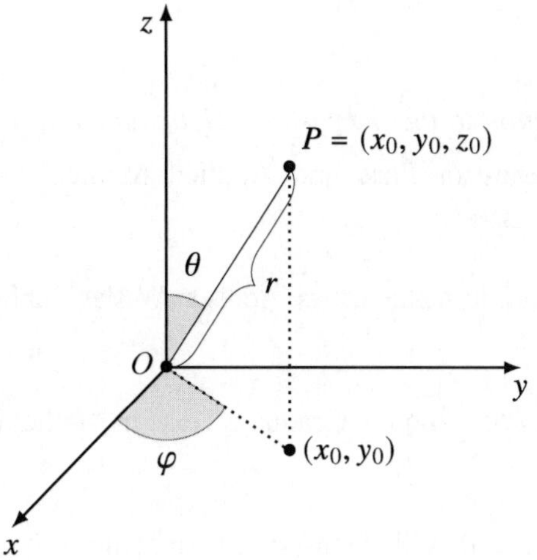

图 4-31

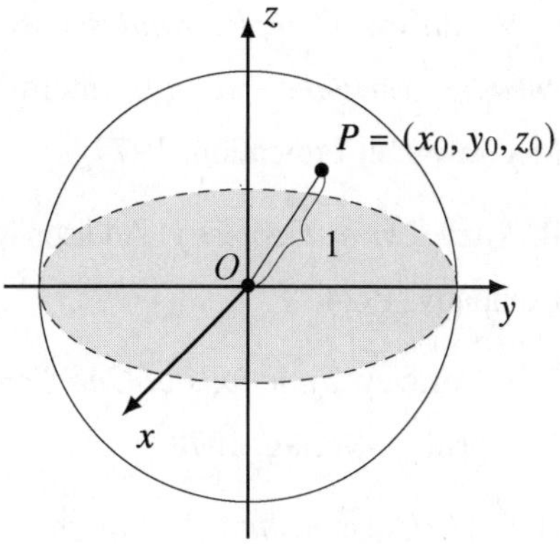

图 4-32

当我们谈到量子比特的布洛赫球面表示时，我们会经常用到这个图形。

如果我们要用 4 个实数维度，就需要 4 个坐标 (x,y,z,w)。其*单位超平面*（*unit hypersphere*）是满足 $1=x^2+y^2+z^2+w^2$ 的所有点的集合。

4.7 小结

在第 3 章介绍了代数之后，本章讨论了几何。“函数”是数学大部分领域及其在物理学等学科中应用的核心概念。函数能让我们将一个或多个输入与某种有用的输出联系起来。画出函数图形能让我们更清楚、直观地看懂它们的行为。

我们学习和复习了能让我们有效使用我们熟悉的二维和三维空间的常用工具。三角函数体现了代数和几何的“优美”联系，并且能基于勾股定理等特殊关系自然地推导。

复“平面”就像实平面 $\mathbb{R}^2$ 一样，不过其中的代数和几何能提供远不止于点的结构。欧拉公式能以一种易于使用的表示法将复数和三角函数紧密地联系到一起，这将是第 7 章和第 8 章中定义许多量子运算的基础。

了解更多

很多读者已在高中阶段通过定理和证明的形式学过了几何。如果你对这一学科感兴趣，可以自行了解和探索更高阶的公理和几何代数方法[2][4]。

参考资料

[1] L. V. Ahlfors. *Complex Analysis. An introduction to the theory of analytic functions of one complex variable*. 3rd ed. International Series in Pure and Applied Mathematics 7. McGraw-Hill Education, 1979.

[2] R. Artzy. *Linear Geometry*. Addison-Wesley series in mathematics. Addison-Wesley Publishing Company, 1974.

[3] J. B. Conway. *Functions of One Complex Variable*. 2nd ed. Graduate Texts in Mathematics 11. Springer-Verlag, 1978.

[4] H. S. M. Coxeter. *Introduction to geometry*. 2nd ed. Wiley classics library. John Wiley and Sons, 1999.

[5] Gordon E. Moore."Cramming more components onto integrated circuits". In: *Electronics* 38.8 (1965), p. 114.

第5章
维度

从纯数学角度看，思考十一维就和思考三维或四维一样轻松。

斯蒂芬·霍金（Stephen Hawking）[1]

我们很熟悉直线和圆等二维对象、立方体和球等三维对象的性质。如果我问你某个东西有多长，你可能会拿出直尺或卷尺来测量。你在拍照时，无须多想就能在三维空间中调整相机或手机的角度。

不过，这些动作背后都存在数学机制。如果我们希望执行相关的计算，我们就必须用数学形式规范地表示存在于一维或多维空间中的事物的概念，甚至维度这一概念本身也必须形式化——这就是*向量空间*（*vector space*）的概念。研究向量空间的性质和用途的学科名为*线性代数*（*linear algebra*）。

线性代数在许多学科和领域中都具有举足轻重的地位，其中包括纯粹数学、应用数学、物理学、工程学等学科，以及计算机科学和软件工程中与图形计算相关的部分领域。其也是机器学习等人工智能子领域的一大宝贵工具。

介绍线性代数的书有很多，所以本书包含我们学习量子计算所需的最低限度的线性代数知识，再额外加上10%的内容。为什么要额外加10%？这是因为某些性质和关联实在太过有趣，根本无法忽略！它们还能为你提供进一步探索线性代数的切入点。

5.1 $\mathbb{R}^2$和$\mathbb{C}^1$

我们可以将实平面看作由标准笛卡儿坐标(x, y)构成的集合，其中x和y位于$\mathbb{R}$中，表示我们可以画出的点。现在我们为这些实数对设定一种代数结构，使得如果 u 和 v 在 $\mathbb{R}^2$ 中，则 $u+v$ 也在 $\mathbb{R}^2$ 中。另外，如果 r 在 $\mathbb{R}$ 中，则 rv 也在 $\mathbb{R}^2$ 中。执行加法运算是把点对应的坐标相加。与 r 相乘（即执行*标量乘法*）也是如此。

如果 $u=(u_1,u_2)$ 且 $v=(v_1,v_2)$，则

$$u+v=(u_1+v_1,u_2+v_2)$$
$$ru=(ru_1,ru_2)$$

将原点 $O(0,0)$ 作为单位元，$\mathbb{R}^2$ 是加法运算下的可交换群，$\mathbb{R}^2$ 是基于 $\mathbb{R}$ 的二维向量空间。因为 $\mathbb{R}$ 是一个域，所以这是可能的。

现在我们不再将 $\boldsymbol{u}$ 和 $\boldsymbol{v}$ 看作实数对或点，而将它们看作向量（vector）[①]。我将使用黑斜体表示向量形式的变量或“点”。当绘制向量的图形时，我们可以将其画成从原点 $(0,0)$ 指向笛卡儿坐标表示的点的箭头，如图 5-1 所示。

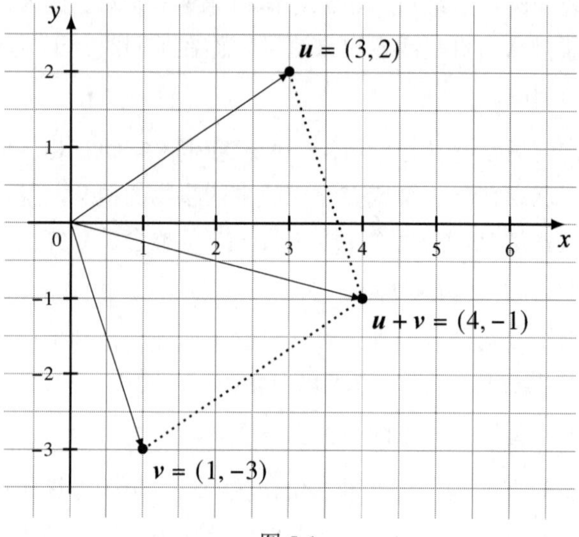

图 5-1

有两个向量很特殊，一是与笛卡儿坐标 $(1,0)$ 关联的 $\boldsymbol{e}_1$，二是与 $(0,1)$ 关联的 $\boldsymbol{e}_2$。任何与坐标 (a,b) 关联的向量都可写成 $a\boldsymbol{e}_1+b\boldsymbol{e}_2$ 的形式。如果和等于 $\boldsymbol{0}=(0,0)$，则 a 和 b 本身也必然为零，也就是说 $\boldsymbol{e}_1$ 和 $\boldsymbol{e}_2$ 是*线性无关*的。

① vector 目前最为常见的译法为“向量”，也可译为“矢量”，本书后文中出现的“左矢”和“右矢”即源自这一译法。——译者注

$\boldsymbol{e}_1$ 和 $\boldsymbol{e}_2$ 具备这样的性质，所以也被称为*基向量*（*basis vector*），而且这两个是*标准基向量*。它们可一起构成 $\mathbb{R}^2$ 的一组*基底*（*basis*），即标准基底，也称标准基。

> 笛卡儿坐标的整体思路就在于使用 $\boldsymbol{e}_1$ 和 $\boldsymbol{e}_2$。当我们提到坐标为 (a,b) 的点时，我们实际上指的是对应于向量 $a\boldsymbol{e}_1+b\boldsymbol{e}_2$ 的点。当我们提到点 (a,b) 时，除非另有说明，否则我们使用的都是笛卡儿坐标。

其他坐标也具有这一性质。例如，令

$$\boldsymbol{h}_1=\frac{\sqrt{2}}{2}\boldsymbol{e}_1+\frac{\sqrt{2}}{2}\boldsymbol{e}_2 \text{ 且 } \boldsymbol{h}_2=\frac{\sqrt{2}}{2}\boldsymbol{e}_1-\frac{\sqrt{2}}{2}\boldsymbol{e}_2$$

则

$$\boldsymbol{h}_1+\boldsymbol{h}_2=\sqrt{2}\boldsymbol{e}_1$$

且

$$\boldsymbol{h}_1-\boldsymbol{h}_2=\sqrt{2}\boldsymbol{e}_2$$

给定新向量

$$\begin{aligned}3\boldsymbol{e}_1+0\boldsymbol{e}_2&=\frac{3}{\sqrt{2}}(\boldsymbol{h}_1+\boldsymbol{h}_2)+\frac{0}{\sqrt{2}}(\boldsymbol{h}_1-\boldsymbol{h}_2)\\&=\frac{3\sqrt{2}}{2}(\boldsymbol{h}_1+\boldsymbol{h}_2)\\&=\frac{3\sqrt{2}}{2}\boldsymbol{h}_1+\frac{3\sqrt{2}}{2}\boldsymbol{h}_2\end{aligned}$$

也就是说，如果将 $\boldsymbol{h}_1$ 和 $\boldsymbol{h}_2$ 作为基底，则笛卡儿坐标下的点 $(3,0)$ 的坐标会变为 $\left(\frac{3\sqrt{2}}{2},\frac{3\sqrt{2}}{2}\right)$。

> 坐标与所使用的基底有关。有时候，通过改变基底能降低代数和几何的复杂度，使之更易于理解。

若 $\boldsymbol{u}=\boldsymbol{e}_1+2\boldsymbol{e}_2$、$\boldsymbol{v}=2\boldsymbol{e}_1-3\boldsymbol{e}_2$ 且 $r=-1$，则可得 $\boldsymbol{u}+\boldsymbol{v}=3\boldsymbol{e}_1-\boldsymbol{e}_2$ 以及 $r\boldsymbol{u}=-\boldsymbol{e}_1-2\boldsymbol{e}_2$。其图形如图 5-2 所示。

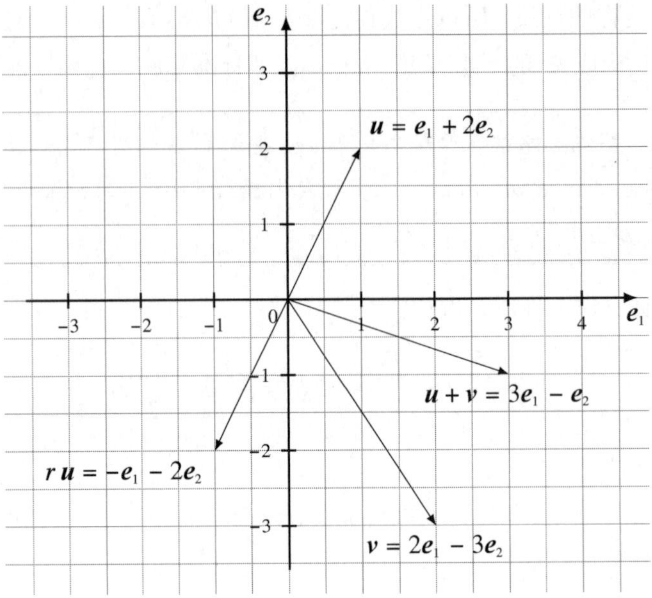

图 5-2

可以看到 $\boldsymbol{u}$ 和 $r\boldsymbol{u}$ 位于同一直线上，这就意味着它们在一起无法构成基底：$\mathbf{0} = r\boldsymbol{u} - (r\boldsymbol{u})$。

$\mathbb{R}^2$ 中向量 $a\boldsymbol{e}_1 + b\boldsymbol{e}_2$ 的长度为 $\sqrt{a^2+b^2}$，记为 $\| a\boldsymbol{e}_1 + b\boldsymbol{e}_2 \|$。

长度为 1 的向量是*单位向量*（unit vector）。$\boldsymbol{e}_1$ 和 $\boldsymbol{e}_2$ 是单位基向量，$\boldsymbol{h}_1$ 和 $\boldsymbol{h}_2$ 也是如此。

在一维空间 $\mathbb{R}^1$ 中，$\boldsymbol{e}_1$ 对应于笛卡儿坐标中的 (1)，也是标准单位基向量。向量 $a\boldsymbol{e}_1$ 的长度为 $\| a\boldsymbol{e}_1 \| = |a|$。$|a|$ 没什么特别的，就表示实数的绝对值。

而在三维空间 $\mathbb{R}^3$ 中，$\boldsymbol{e}_1$ 对应于笛卡儿坐标中的 $(1,0,0)$，另外还有两个标准基向量：$(0,1,0)$ 对应的 $\boldsymbol{e}_2$ 和 $(0,0,1)$ 对应的 $\boldsymbol{e}_3$。如果 $\boldsymbol{u} = u_1\boldsymbol{e}_1 + u_2\boldsymbol{e}_2 + u_3\boldsymbol{e}_3$ 位于 $\mathbb{R}^3$ 中，则 $\boldsymbol{u}$ 的长度为：

$$\|\boldsymbol{u}\| = \sqrt{u_1^2 + u_2^2 + u_3^2}$$

基于 $\mathbb{R}$ 的向量空间 $\mathbb{R}^1$、$\mathbb{R}^2$、$\mathbb{R}^3$ 分别为一维空间、二维空间、三维空间。

> 如果你以每小时 65 英里（1 英里约合 1.6 千米）或每小时 100 千米的速度行驶，那么这些数字就表示行驶的*速率*（speed）。如果再加上方向，比如“我以每小时 60 千米的速度向北行驶”，描述的则是*速度*（velocity）。
>
> 速度是向量。如果你用 $\mathbb{R}^2$ 中的 $\boldsymbol{e}_2$ 的方向表示北方，则以上的速度可以表示为 $60\boldsymbol{e}_2$。速度不能指示你所在的位置，只能表示你在某个方向上的运动快慢。

> *动量（momentum）*也是向量，等于物体的质量乘速度。在量子粒子层面上，*海森伯不确定性原理（Heisenberg uncertainty principle）*认为我们测量粒子的位置或动量中的一项时越精确，测量另一项时就越不精确。

$\mathbb{C}$ 是基于 $\mathbb{R}$ 的二维向量空间，其标准单位基向量为 $\boldsymbol{e}_1 = \mathbf{1} = (1,0)$ 和 $\boldsymbol{e}_2 = \boldsymbol{i} = (0,1)$。$\mathbb{C}^1$ 是基于 $\mathbb{C}$ 的一维向量空间，其标准单位基向量为 $\boldsymbol{e}_1 = (1)$。

因为我们要使用 $\mathbb{C}$ 中的 $\mathbb{R}$ 考虑多个域，所以我们需要调整一下 4.1 节中对线性函数的定义，使之具有更广的适用范围。

> 如果以下条件成立，则基于 $\mathbb{C}$ 的复值函数 f 是*线性函数*（更确切地说是*复变线性函数*）。
>
> - 如果 z 和 w 在 $\mathbb{C}$ 中，则 $f(z+w) = f(z) + f(w)$。
> - 如果 a 在 $\mathbb{C}$ 中，则 $f(az) = af(z)$。
>
> 这说明如果 a、b、z、w 均在 $\mathbb{C}$ 中，则 $f(az+bw) = af(z) + bf(w)$。
>
> 而如果满足以下条件，则基于 $\mathbb{C}$ 的复值函数 f 是*实变线性函数*。
>
> - 如果 z 和 w 在 $\mathbb{C}$ 中，则 $f(z+w) = f(z) + f(w)$。
> - 如果 a 在 $\mathbb{R}$ 中，则 $f(az) = af(z)$。

当我们将 $\mathbb{C} = \mathbb{C}^1$ 视为一维向量空间时，可使用第一个定义。当我们将 $\mathbb{C}$ 视为基于 $\mathbb{R}$ 的二维向量空间时，可使用第二个定义。在探讨量子计算时，我们主要关注基于 $\mathbb{C}$ 的向量空间。

如果 f 是 $\mathbb{C}$ 上的一个函数且 $|f(x)| = |x|$，则 f 保持其自变量的长度不变。我们将这样的函数称为*等距（isometry）函数*。如果 f 也是线性函数，则可称其为线性等距函数。

“*iso*”这个词根源自希腊语，意为“相等”或“相同”。“*isometry*”指的是度量在经历该过程之前和之后保持不变。*等温（isothermal）*指的是温度保持不变。气象图中*等压线（isobar）*穿过的地方气压相等。

等距函数可以将单位圆上的复值映射到该单位圆上。当 $0 \leqslant \theta < 2\pi$ 时，任意函数 $f(x) = \mathrm{e}^{\theta i} z$ 都是线性等距函数。请注意 $f(z)\overline{f(z)} = 1$。

共轭又如何呢？如果 $z = a + b\mathrm{i}$，则

$$|z| = \sqrt{a^2 + b^2} = |\overline{z}|$$

因此共轭是一种等距函数，但它是复变线性函数吗？对于 $f(z) = \overline{z}$ 及 $\mathbb{C}$ 中的 a，有

$$f(az) = \overline{az} = \overline{a}\,\overline{z} = \overline{a} f(z)$$

这个等式仅当 a 为实数时成立。因此共轭不是复变线性函数，但很接近了！事实上，它是实变线性函数。我们在探讨更高维的复向量空间时，我们常需要考虑共轭。

了解了这些低维实向量空间的基础知识以及 $\mathbb{R}^2$ 和 $\mathbb{C}$ 的代数和几何关系之后，我们现在可以将已讨论的知识延展到更高的维度了。

这是必不可少的，因为在量子计算中，向量空间非常大。举个例子，IBM 在 2016 年首次将一台有 5 个量子比特的量子计算机接入了其云计算平台。即便如此之小的一个系统，其数学计算也涉及 32 个复数维度！如果是有 20 个量子比特的系统，则将涉及 $2^{20} = 1048576$ 个复数维度。

我们发展的术语和符号表示法可以简化我们理解和操作如此巨大的向量空间的方式。尽管我们在三维空间中会使用 (x, y, z) 这样的坐标，但对于更高的维度，我们并不会使用如下的表示方式：

$$(x_1, x_2, x_3, x_4, x_5, x_6, x_7, x_8, x_9, x_{10}, x_{11}, x_{12}, x_{13}, x_{14}, x_{15}, x_{16}, x_{17},$$
$$x_{18}, x_{19}, x_{20}, x_{21}, x_{22}, x_{23}, x_{24}, x_{25}, x_{26}, x_{27}, x_{28}, x_{29}, x_{30}, x_{31}, x_{32})$$

现在，我们已经知道如何区分点及其对应的向量。点的坐标是我们书写其向量的基底表达式的系数。

从现在开始，我不会再使用“与点关联的向量”这种说法，因为接下来我们讨论的基本都是向量。后面需要切换点和向量的概念时，你需要自己根据上下文内容来理解和体会。

当我用 $\mathbf{v} = (v_1, v_2, v_3, v_4)$ 这样的坐标来表示向量时，请记住它们都是对应于各自特定的基向量的系数。在默认情况下，这些基底都是标准基底。如果使用了其他基底，我会在上下文的讨论中清楚说明。

5.2　向量空间

5.1 节使用我们熟悉的 $\mathbb{R}^2$ 和 $\mathbb{C}$ 介绍了几个与向量空间相关的概念。接下来就要延伸这些概念了。

令$\mathbb{F}$为一个域，比如$\mathbb{R}$或$\mathbb{C}$，令V为一个对象集合。这些对象都是向量，每个向量都用黑斜体表示，比如$\boldsymbol{v}$。与我们要学的东西相关的是一种特殊的乘法（标量乘法）和加法。

如果s在$\mathbb{F}$中，则对于V中的所有$\boldsymbol{v}$，我们假定$s\boldsymbol{v}$也在V中。这意味着集合V在基于域$\mathbb{F}$的标量乘法下是封闭的。尽管V可能定义了其元素之间的某种乘法，但我们这里并不考虑其他乘法。

对于V中的任意$\boldsymbol{v}_1$和$\boldsymbol{v}_2$，我们假定$\boldsymbol{v}_1+\boldsymbol{v}_2$也在$V$中且这种加法满足交换律。因此$V$在加法运算下是封闭的。事实上，我们要求$V$中具有单位元$\mathbf{0}$和加法逆元，因此$V$是一个可交换加法群。

V基本上算是基于$\mathbb{F}$的一个向量空间，但我们还需为标量乘法设定其他条件。这些条件涉及我们最早在数值方面见到的常规代数的性质。令s_1和s_2在$\mathbb{F}$中，则必须满足以下条件：

$$\mathbf{1}\boldsymbol{v}_1=\boldsymbol{v}_1\text{，其中 }\mathbf{1}\text{ 是 }\mathbb{F}\text{ 的乘法单位元}$$

$$s_1\left(\boldsymbol{v}_1+\boldsymbol{v}_2\right)=s_1\boldsymbol{v}_1+s_1\boldsymbol{v}_2$$

$$\left(s_1+s_2\right)\boldsymbol{v}_1=s_1\boldsymbol{v}_1+s_2\boldsymbol{v}_1$$

$$\left(s_1s_2\right)\boldsymbol{v}_1=s_1\left(s_2\boldsymbol{v}_1\right)$$

如果这些条件都满足，则我们称V是基于$\mathbb{F}$的向量空间。

向量空间的维度可能是有限的，也可能是无限的。具体数字与*基底*的大小有关。

令X为V的一个可能无限的向量子集。从表示方法上讲，我们通常将X的元素称为$\boldsymbol{x}_1,\boldsymbol{x}_2,\cdots,\boldsymbol{x}_n$。如果任意向量$\boldsymbol{v}$都可以表示为有限个$X$中的元素乘$\mathbb{F}$中的值$s_i$的和，则称$V$是$X$所*张成*（*span*）的空间。

举个例子，给定一个$\boldsymbol{v}$，其定义可能为：

$$\boldsymbol{v}=s_3\boldsymbol{x}_3+s_7\boldsymbol{x}_7+s_{31}\boldsymbol{x}_{31}$$

而V中另一个向量$\boldsymbol{u}$的定义则可能为

$$\boldsymbol{u}=s_3\boldsymbol{x}_3+s_{70}\boldsymbol{x}_{70}+s_{397}\boldsymbol{x}_{397}+s_{7243}\boldsymbol{x}_{7243}$$

$\boldsymbol{u}$和$\boldsymbol{v}$是X中元素的线性组合。

X中的向量可能多于实际所需。使用张成方法时，我们只需保证X中有限个向量的线性组合能得到V中的所有向量。

如果令 V 为 $\mathbb{R}^2$，而向量集合 X 由 $\boldsymbol{x}_1=\boldsymbol{e}_1$、$\boldsymbol{x}_2=\boldsymbol{e}_2$ 和 $\boldsymbol{x}_3=(1,1)$ 构成，则 V 就可由 X 张成，但实际上我们只需那 3 个向量中的两个即可实现这一目标。事实上，$\boldsymbol{x}_3=\boldsymbol{x}_1+\boldsymbol{x}_2$。

如果我们将以上等式改写为 $\boldsymbol{x}_3-\boldsymbol{x}_1-\boldsymbol{x}_2=\mathbf{0}=(0,0)$，则我们使用 X 中的向量构建了一个无零系数的线性组合，但它们的和为 **0**。如果发生这种情况，我们就说这些向量*线性相关*（*linearly dependent*）。如果未发生这种情况，则 X 中的向量就*线性无关*（*linearly independent*）。

> 令 X 是向量空间 V 在域 $\mathbb{F}$ 上一个可能包含无限个向量的子集，如果 X 中的向量能够张成为 V 且线性无关，则 X 就是 V 的一组基底。如果 X 中向量的数量有限，则其向量的数量就是 V 的*维度*。

这种线性无关性也表明要将一个给定向量写成基向量的线性组合形式仅有唯一一种写法。如果

$$\begin{aligned}\boldsymbol{v}&=a_1\boldsymbol{x}_1+a_2\boldsymbol{x}_2+\cdots+a_n\boldsymbol{x}_n\\&=b_1\boldsymbol{x}_1+b_2\boldsymbol{x}_2+\cdots+b_n\boldsymbol{x}_n\end{aligned}$$

则 $a_1=b_1$，$a_2=b_2$，直到 $a_n=b_n$。当我们提到“唯一”时，我们的意思是“有且仅有一个”。

> 标准基底 E 是指由标准基向量 $\boldsymbol{e}_i$ 构成的集合，其中 $\boldsymbol{e}_i$ 的第 i 个坐标位置为 1，其他位置均为 0。例如：
>
> $$\boldsymbol{e}_1=(1,0,0,\cdots,0)$$
>
> $$\boldsymbol{e}_2=(0,1,0,\cdots,0)$$
>
> 以此类推。

对于一个给定的 V，构成基底的集合 X 可能有很多个。它们全都是有限的或全都是无限的。V 的维度与所选的基底无关。在某些情况下，可以合理地将一组基底换成另一组基底。

在阅读英文材料时，要注意“basis”和“bases”的区分。basis 是指基底，即可以张成为整个向量空间的一组线性无关的向量的全体集合，其中每一个向量都是*基向量*。当有多个基向量时，就可以写作 *bases*。

当在口头讨论时，也要注意使用不同的读法来区分，比如对于“bases”，我采用的读法是“bay-seas”，而不是“base-is”。

5.3 线性映射

现在我们已经见过线性函数好几次了，对其工作方式也有了较为确切的认知。我们必须将这一思想延展到向量空间。

令U和V是基于同一域$\mathbb{F}$的向量空间，当满足以下条件时，函数$L:U\to V$是*线性映射*（*linear map*）。

- 如果$\boldsymbol{u}_1$和$\boldsymbol{u}_2$在U中，则$L(\boldsymbol{u}_1+\boldsymbol{u}_2)=L(\boldsymbol{u}_1)+L(\boldsymbol{u}_2)$。
- 如果a_1在$\mathbb{F}$中，则$L(a_1\boldsymbol{u}_1)=a_1L(\boldsymbol{u}_1)$。

因此，当a_2也在$\mathbb{F}$中时，可得

$$L(a_1\boldsymbol{u}_1+a_2\boldsymbol{u}_2)=a_1L(\boldsymbol{u}_1)+a_2L(\boldsymbol{u}_2)$$

当$U=V$时，我们也说L是U的线性变换或U上的线性算子。

如果使用笛卡儿坐标且a、b、c、d、x和y皆在$\mathbb{R}$中，则$\mathbb{R}^2$上的所有线性变换看起来都是这样：

$$(x,y)\mapsto(ax+by,cx+dy)$$

这很有趣，因为$\mathbb{R}^1$上的线性变换看起来全都是这种简单形式：$(x)\mapsto(ax)$。更进一步，$\mathbb{R}^3$上的线性变换则要混乱一些了：

$$(x,y,z)\mapsto(ax+by+cz,dx+fy+gz,hx+jy+kz)$$

这里没有使用字母e和i，因为它们有特殊含义。另外，这里的所有数都是实数。

再看看二维和三维线性变换的形式，要注意以下几点。

- 如果我们将x、y和z视为变量，则它们出现在各自的坐标位置时所带的指数为1。
- 任何位置都没有像“+7”或“−1”这样的常数项。
- 其中任意系数或所有系数都可为0。

对于$\mathbb{R}^2$而言，映射$(x,y)\mapsto(1x+0y,0x+1y)=(x,y)$为恒等变换$I$，它是自己的反函数；映射$(x,y)\mapsto(0x+0y,0x+0y)=(0,0)$为零变换$Z$，这个变换是不可逆的，因为此过程会丢弃关键信息。我将其视为线性映射的某种“黑洞”。

问题 5.3.1

$\mathbb{R}^3$ 上的恒等变换和零变换是怎样的？

在 $\mathbb{R}^1$ 中，当且仅当 $a \neq 0$ 时，变换 $(x) \mapsto (ax)$ 是可逆的。对 $\mathbb{R}^2$ 而言，当且仅当 $ad - bc \neq 0$ 时，变换 $(x, y) \mapsto (ax + by, cx + dy)$ 可逆。很显然，这种线性和可逆性质可能并没有你最初预想的那样简单。

还有一种特殊的线性变换，即映射到域 $\mathbb{F}$ 自身，而我们可将 $\mathbb{F}$ 视为一维向量空间。

令 $L: V \mapsto \mathbb{F}$ 为从向量空间 V 到其标量域 $\mathbb{F}$ 的线性映射，则 L 被称为*线性形式*（*linear form*）或*线性泛函*（*linear functional*）。所有的线性形式看起来都是这样：

$$(v_1, v_2, \cdots, v_n) \mapsto a_1 v_1 + a_2 v_2 + \cdots + a_n v_n$$

其中所有 a_i 都在 $\mathbb{F}$ 中。

一旦超过一维，线性映射和变换的结构就会变得更复杂。

5.3.1　线性变换的代数结构

令 V 是一个基于域 $\mathbb{F}$ 的向量空间。如果 L 和 M 是 V 上的线性变换，则在接连使用这两个变换时，我们可将它们组合为一个变换：

$$(L \circ M)(\boldsymbol{v}) = L(M(\boldsymbol{v}))$$

其中 $\boldsymbol{v}$ 在 V 中。通常情况下，$L \circ M \neq M \circ L$。也就是说，在二维或更高维向量空间上使用线性变换时，变换执行的顺序可能会导致结果出现差异。一般情况下，线性变换的组合不满足交换律。

恒等变换 I 可将向量映射到向量本身：$I(\boldsymbol{v}) = \boldsymbol{v}$。

使用组合运算时，基于域 $\mathbb{F}$ 的向量空间 V 上的可逆线性变换的集合能构成一个不可交换群，其单位元为恒等变换 I。

可以看到，通过理解群的概念，我们可以将大量有关线性变换的信息压缩成一句简单称述。

我们可以在一个向量空间中执行线性变换的加减法运算，也能执行标量乘法运算：

$$(L+M)(\boldsymbol{v})=L(\boldsymbol{v})+M(\boldsymbol{v})$$
$$-L(\boldsymbol{v})=(-1)L(\boldsymbol{v})=L(-\boldsymbol{v})$$
$$(L-M)(\boldsymbol{v})=(L+(-M))(\boldsymbol{v})=L(\boldsymbol{v})+(-1)M(\boldsymbol{v})=L(\boldsymbol{v})+M(-\boldsymbol{v})$$

因为在V中，加法满足交换律，所以：

$$(L+M)(\boldsymbol{v})=L(\boldsymbol{v})+M(\boldsymbol{v})=M(\boldsymbol{v})+L(\boldsymbol{v})=(M+L)(\boldsymbol{v})$$

零变换Z会将每个向量$\boldsymbol{v}$映射到零向量$\boldsymbol{0}$。

> 使用加法运算时，基于域$\mathbb{F}$的向量空间V上的线性变换的集合能构成一个可交换群，其单位元为零变换Z。
>
> 不仅如此，当组合加法运算和乘法运算时，基于域$\mathbb{F}$的向量空间V上的线性变换的集合能构成一个不可交换环。

5.3.2 $\mathbb{R}^2$上的线性变换示例

1. 拉伸和压缩

拉伸（stretch）变换是将对应坐标扩大为其非零倍，比如使y坐标加倍。相同类别中的变换还有压缩（compression）变换，也称收缩变换，即将对应坐标缩小为其非零倍，比如将x的坐标缩小为原来值的1/3。这两个变换例子可写为：

$$(x,y)\mapsto(x,2y)$$
$$(x,y)\mapsto\left(\frac{1}{3}x,y\right)$$

图5-3所示为这两种变换对单位圆上的点的拉伸效果。

拉伸变换能同时对x和y坐标进行拉伸，而且拉伸倍数可以相同，也可以不同，比如$(x,y)\mapsto\left(\pi x,\frac{5}{7}y\right)$。

拉伸和压缩是可逆的。当a和b非零时，$(x,y)\mapsto(ax,by)$的逆变换是$(x,y)\mapsto\left(\frac{x}{a},\frac{y}{b}\right)$。

如果a和b中任意一个为0，就无法进行逆变换。因此，如果a或b为0，我们倾向于将其视为投影之后再拉伸或拉伸之后再投影。

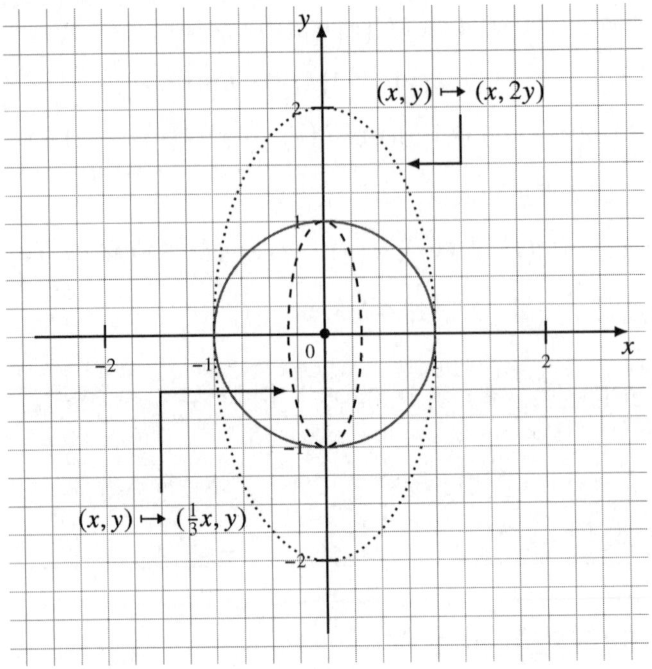

图 5-3

但如果我们想要沿其他方向拉伸呢？比如直线 $y = x$ 的方向？通过先在 x 方向上拉伸，然后再旋转 $\frac{\pi}{4}$ 弧度（45°），是否可以实现这一效果？

2．反射

反射（reflection）是将点从直线的一边移动到另一边。如果点就位于该直线上，则不会有任何变化。反射点与该直线的距离和原始点与该直线的距离相同。连接原始点与反射点的线段与反射轴直线垂直。

在图 5-4 中，我们以直线 $y = x$ 为反射轴进行了反射。该线性变换为 $(x, y) \mapsto (y, x)$。

线性变换 $(x, y) \mapsto (-x, y)$ 和 $(x, y) \mapsto (x, -y)$ 分别是以 y 轴和 x 轴为反射轴进行的反射。后者将复数的共轭与实数的线性映射对应了起来。

反射变换是自己的逆变换。

3．旋转

要将任意点 (x, y) 绕原点旋转 φ 弧度，可应用称为旋转（rotation）的线性变换

$$(x,y)\mapsto(x\cos(\varphi)-y\sin(\varphi),x\sin(\varphi)+y\cos(\varphi))$$

但我们其实已经知道这一点了！为什么？

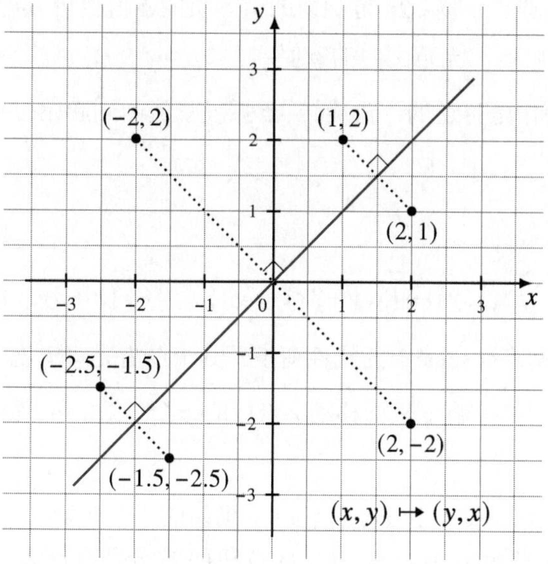

图 5-4

我们可将(x,y)看作$\mathbb{C}$中的数$x+y\mathrm{i}$。基于我们讨论过的欧拉公式，我们知道乘$\mathrm{e}^{\varphi\mathrm{i}}$就相当于将复数绕 0 旋转$\varphi$弧度。因为$\mathrm{e}^{\varphi\mathrm{i}}=\cos(\varphi)+\sin(\varphi)\mathrm{i}$，所以

$$\begin{aligned}\mathrm{e}^{\varphi\mathrm{i}}(x+y\mathrm{i})&=(\cos(\varphi)+\sin(\varphi)\mathrm{i})(x+y\mathrm{i})\\&=x\cos(\varphi)+x\sin(\varphi)\mathrm{i}+y\mathrm{i}\cos(\varphi)+y\mathrm{i}\sin(\varphi)\mathrm{i}\\&=(x\cos(\varphi)-y\sin(\varphi))+(x\sin(\varphi)+y\cos(\varphi))\mathrm{i}\end{aligned}$$

这就对应于点$(x\cos(\varphi)-y\sin(\varphi),x\sin(\varphi)+y\cos(\varphi))$。

如果我们希望旋转$\frac{\pi}{6}$弧度（30°），那么我们首先要知道

$$\cos\left(\frac{\pi}{6}\right)=\frac{\sqrt{3}}{2}\text{ 且 }\sin\left(\frac{\pi}{6}\right)=\frac{1}{2}。$$

则该线性变换为

$$(x,y)\mapsto\left(\frac{\sqrt{3}}{2}x-\frac{1}{2}y,\frac{1}{2}x+\frac{\sqrt{3}}{2}y\right)$$

以(2,2)为例，我们会得到($\sqrt{3}-1$, $\sqrt{3}+1$)，如图 5-5 所示。

当 φ 为正时，旋转方向为逆时针；当 φ 为负时，旋转方向则为顺时针。如果 $|\varphi| \geqslant 2\pi$ ，则我们可以将其替换成 $0 \leqslant |\varphi| < 2\pi$ 范围内的值。负的 φ 值也可以用一个正值替代，因此我们总是可以选择 $0 \leqslant \varphi < 2\pi$ 范围内的 φ 值。

旋转 φ 弧度的操作是可逆的：再旋转 $-\varphi$ 弧度就能回到起始位置。

4．剪切

令

$$f:(x,y)\mapsto(x,y+3x) \text{ 且 } g:(x,y)\mapsto(x+3y,y)$$

f 和 g 都是称为剪切（shear）的线性变换。其中前者是*垂直剪切*，后者是*水平剪切*。

前者保持 x 坐标不变，将 y 坐标移动 x 坐标的一个倍数。当 x 很大时，位移量也很大，但变化是线性的。

后者则保持 y 坐标不变，让 x 坐标移动 y 坐标的一个倍数。可以想象一下两个变换对构成*单位正方形*的坐标 $(0,0)$ 、 $(1,0)$ 、 $(1,1)$ 和 $(0,1)$ 分别有什么影响。

图 5-6 中重点标出了 $(1,1)$ 及其分别经过这两个剪切变换后的位置。

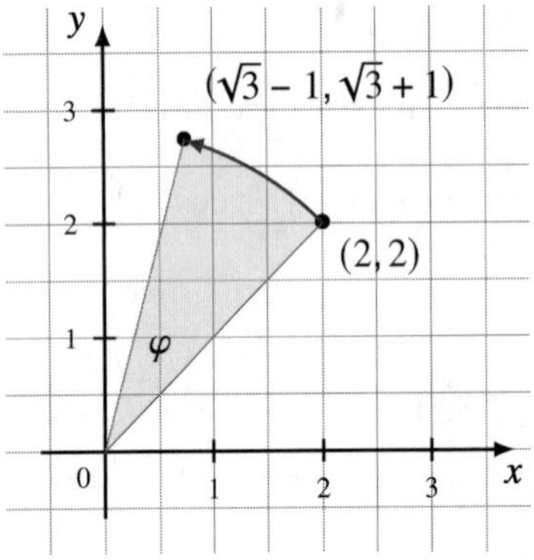

图 5-5

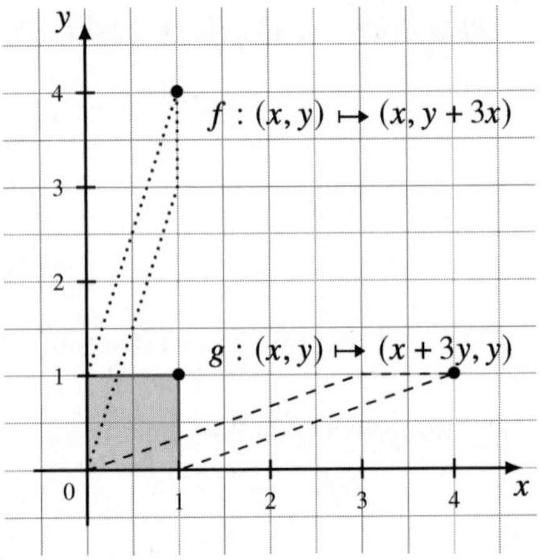

图 5-6

这里的水平剪切看起来就像是把一叠纸牌按顺序斜着抹开一定距离，让侧面形成一个平行四边形。

f 的逆变换是怎样的？可以看到，由于 f 不影响 x ，因此 f 的逆变换无须对 x 坐标进行任何操作。而对于 y 坐标，可使用 $y-3x$ 抵消原来的剪切变换。垂直剪切和水平剪切都是可逆的线性变换。

5．投影

前文介绍的线性变换都是可逆的。这里我们来看一种不可逆的线性变换——投影（projection）。

选择一条直线 A 和一个点。如果该点在直线 A 上，则任务完成，该点本身就是自己在 A 上的投影。如果该点不在直线 A 上，则过该点画一条垂直于 A 的直线，这条直线与 A 的交点为原来的点的投影。

$(x,y)\mapsto(0,y)$ 的映射是线性的，而且其丢弃了 x 坐标，将其替换成了 0。这个变换不可逆，因为点 $(0,3)$ 是无数个点在 y 轴上的投影，比如 $(4,3)$、$(-3636,3)$ 和 $(\mathrm{e},3)$ 等。任何 $(a,3)$ 形式的点都可以投影到 $(0,3)$，而且 a 可取任意实数。如果我们在使用这一变换时不知道初始的 a 值，我们也无法通过逆操作来找到它。

再从几何的角度举个例子。假设我们有一个圆心为 $(1,1)$ 且半径为 0.5 的圆，投影变换可将该圆上的所有点映射到 y 轴 0.5～1.5 的范围，如图 5-7 所示。

因为所有点都在 y 轴上，所以我们可以将其看作一种线性映射，即 $\mathbb{R}^2$ 到 $\mathbb{R}$ 的映射：$(x,y)\mapsto(y)$。

> **问题 5.3.2**
>
> 如果是投影到 x 轴上，结果会怎样？

如果使用前文在介绍反射变换时用作反射轴的直线 $y=x$，我们也可以计算出点在该直线上的投影，如图 5-8 所示。从本质上讲，简单的投影就是执行一半的反射。对于这个特定的反射变换，我们只需交换 x 和 y 坐标即可，而我们希望得到的投影变换为：

$$(x,y)\mapsto\left(\frac{x+y}{2},\frac{x+y}{2}\right)$$

请自己分析一下换算过程。可以看出，直线 $y=-x$ 上的所有点都会投影到原点。

6．单射

如果 $f(x)=0$ 表明 $x=0$，则线性映射 f 为单射。换句话说，如果 $f(x)=f(y)$，则 $x=y$。单射类型的线性变换是可逆的。

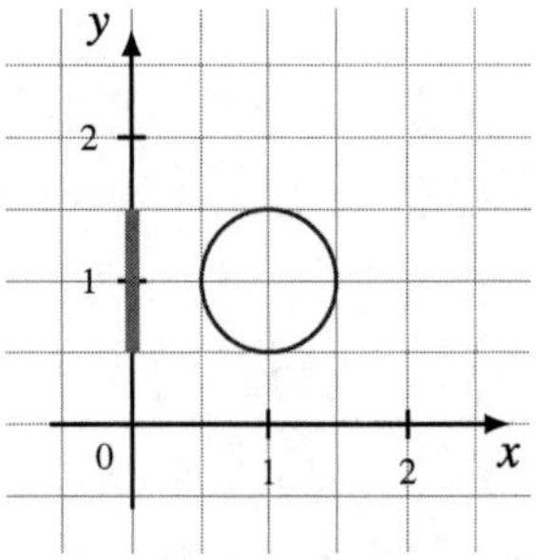

图 5-7

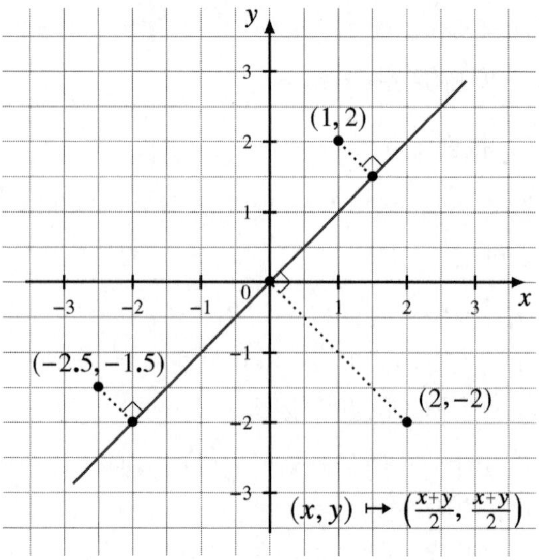

图 5-8

单射（*injection*）是一对一的线性映射。因为本书并不会介绍线性代数的所有知识，所以通常不会使用广义上的单射。借助单射，我希望你能想象将 $\mathbb{R}^1$ 等向量空间放入更高维的向量空间中。

事实上，我们一开始在从实数轴 $\mathbb{R}^1$ 升维至实平面 $\mathbb{R}^2$（如图 5-9 所示）时就已经见过这种操作了。

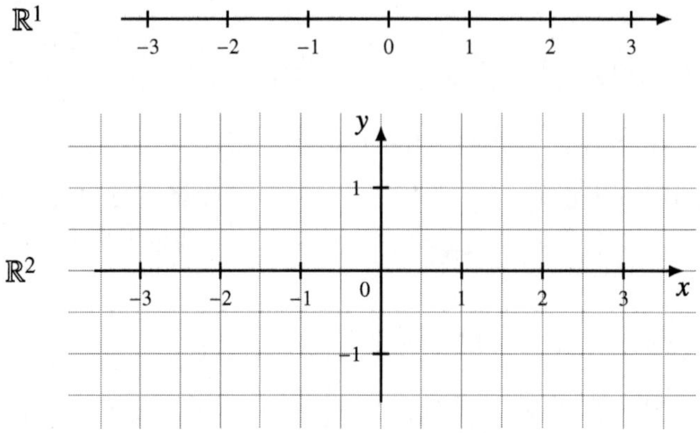

图 5-9

如果 (t) 在 $\mathbb{R}^1$ 中，则通过映射 $(t) \mapsto (t, 0)$ 将数轴变成 x 轴，从而将 $\mathbb{R}^1$ 单射到 $\mathbb{R}^2$ 中。

我们也可以将 $\mathbb{R}^1$ 单射到 $\mathbb{R}^2$ 中的直线 $y = x$ 上，该映射为：$(t) \mapsto (t, t)$ 。投影 $(x, y) \mapsto (x)$

可以抵消这个单射的效果。

5.4 矩阵

我们详细写出一个基于域$\mathbb{F}$的五维向量空间的线性变换，如下所示：

$$\begin{aligned}(v_1, v_2, v_3, v_4, v_5) \mapsto (&a_1v_1 + a_2v_2 + a_3v_3 + a_4v_4 + a_5v_5,\\ &b_1v_1 + b_2v_2 + b_3v_3 + b_4v_4 + b_5v_5,\\ &c_1v_1 + c_2v_2 + c_3v_3 + c_4v_4 + c_5v_5,\\ &d_1v_1 + d_2v_2 + d_3v_3 + d_4v_4 + d_5v_5,\\ &f_1v_1 + f_2v_2 + f_3v_3 + f_4v_4 + f_5v_5)\end{aligned}$$

这样写不切实际，尤其是当我们开始介绍线性映射的组合公式时。因此我们要引入矩阵。

矩阵的英文单数形式为“matrix”，复数形式为“matrices”。

我们首先来看矩阵的符号记法，再学习其代数运算。

5.4.1 符号和术语

这个“数值阵列”中的每一项都在域$\mathbb{F}$中：

$$\begin{bmatrix} 2 & 5 & -1 & 0 \\ 1 & -9 & 2 & -4 \\ -3 & 0 & 0 & 6 \end{bmatrix}$$

这是一个3×4的矩阵，即有 3 行 4 列，共$3\times 4=12$个元素。该矩阵的*维度*（*dimension*）为3×4。

我们使用下标来标记矩阵中的各个元素，如下所示：

$$\begin{bmatrix} a_{1,1} & a_{1,2} & a_{1,3} \\ a_{2,1} & a_{2,2} & a_{2,3} \\ a_{3,1} & a_{3,2} & a_{3,3} \end{bmatrix}$$

这是一个3×3的矩阵。在下标中，第一个数是行索引，第二个数是列索引。这个矩阵的维度为3×3。

在数学和物理学领域，我们通常使用 1 作为第一行或第一列的索引，而在计算机科学和软件编程领域，我们通常使用 0 作为第一行或第一列的索引。如果需要将公式转译为代码或将代码转译为公式，需要注意这一点。

m 行 n 列矩阵的一般情况是：

$$\begin{bmatrix} a_{1,1} & a_{1,2} & \cdots & a_{1,n} \\ a_{2,1} & a_{2,2} & \cdots & a_{2,n} \\ \vdots & \vdots & & \vdots \\ a_{m,1} & a_{m,2} & \cdots & a_{m,n} \end{bmatrix}$$

当行数与列数相等（$m = n$）时，矩阵为方阵。我们讨论的大多数矩阵都是方阵，因为这种矩阵能与线性变换对应。

$a_{1,1}$、$a_{2,2}$、$a_{3,3}$ 这样的矩阵元素位于方阵的对角线上：

$$\begin{bmatrix} \boxed{a_{1,1}} & a_{1,2} & a_{1,3} \\ a_{2,1} & \boxed{a_{2,2}} & a_{2,3} \\ a_{3,1} & a_{3,2} & \boxed{a_{3,3}} \end{bmatrix}$$

这里给对角元素加上方框只是为了强调说明。

如果一个矩阵中除左上方到右下方对角线上的元素（下称对角元素）之外的所有元素都为 0，则该矩阵为对角矩阵。这是操作起来最简单的一类矩阵。

所有元素皆为 0 的矩阵称为*零矩阵*，这当然在意料之中。对角元素皆为 1 且其他元素都为 0 的方阵称为单位矩阵。我们用 $\boldsymbol{I}_n$ 表示 $n \times n$ 的*单位矩阵*，如下所示的形式即为矩阵 $\boldsymbol{I}_4$：

$$\begin{bmatrix} 1 & 0 & 0 & 0 \\ 0 & 1 & 0 & 0 \\ 0 & 0 & 1 & 0 \\ 0 & 0 & 0 & 1 \end{bmatrix}$$

如果一个矩阵中几乎所有元素都为 0，则称该矩阵为*稀疏矩阵*。

一个矩阵的转置矩阵是指以从左上方到右下方的对角线为反射轴执行反射变换后得到的矩阵。以 2×2 的矩阵为例：

$$\begin{bmatrix} a & b \\ c & d \end{bmatrix} \xrightarrow{\text{转置}} \begin{bmatrix} a & c \\ b & d \end{bmatrix}$$

如果 $\boldsymbol{A}$ 表示矩阵，则可用 A^{T} 表示其转置矩阵：

$$如果\ \boldsymbol{A}=\begin{bmatrix} a_{1,1} & a_{1,2} & a_{1,3} \\ a_{2,1} & a_{2,2} & a_{2,3} \\ a_{3,1} & a_{3,2} & a_{3,3} \end{bmatrix}，则\ \boldsymbol{A}^{\mathrm{T}}=\begin{bmatrix} a_{1,1} & a_{2,1} & a_{3,1} \\ a_{1,2} & a_{2,2} & a_{3,2} \\ a_{1,3} & a_{2,3} & a_{3,3} \end{bmatrix}。$$

转置过程不会影响对角元素。对一个对角方阵进行转置，该矩阵不会发生任何变化。

> 如果 $\boldsymbol{A}$ 是一个 $n\times n$ 的方阵且 $\boldsymbol{A}=\boldsymbol{A}^{\mathrm{T}}$，则 $\boldsymbol{A}$ 也是*对称矩阵*（*symmetric matrix*）。当对称矩阵 $\boldsymbol{A}$ 的所有元素都在 $\mathbb{R}$ 中时，如果对于长度为 n 的任意非零实向量 $\boldsymbol{v}$ 都有 $\boldsymbol{v}^{\mathrm{T}}\boldsymbol{A}\boldsymbol{v}>0$，则称 $\boldsymbol{A}$ 是*正定矩阵*（*positive definite matrix*），而如果 $\boldsymbol{v}^{\mathrm{T}}\boldsymbol{A}\boldsymbol{v}\geqslant 0$，则称 $\boldsymbol{A}$ 是*半正定矩阵*（*positive semi-definite matrix*）。

当矩阵中有复数元素时，即 $\mathbb{F}=\mathbb{C}$ 时，我们称之为复矩阵。复矩阵的共轭矩阵是取原矩阵中每个元素的共轭而得到的新矩阵。

$$\boldsymbol{A}=\begin{bmatrix} 0 & 1+\mathrm{i} & 3-2\mathrm{i} \\ 7+\mathrm{i} & -\mathrm{i} & \frac{\sqrt{2}}{2}-\frac{\sqrt{2}}{2}\mathrm{i} \end{bmatrix} \quad \overline{\boldsymbol{A}}=\begin{bmatrix} 0 & 1-\mathrm{i} & 3+2\mathrm{i} \\ 7-\mathrm{i} & \mathrm{i} & \frac{\sqrt{2}}{2}+\frac{\sqrt{2}}{2}\mathrm{i} \end{bmatrix}$$

> 复矩阵的*伴随*（*adjoint*）*矩阵*是其转置矩阵的共轭矩阵 $\overline{\boldsymbol{A}^{\mathrm{T}}}$，记为 $\boldsymbol{A}^{\dagger}$。
> 这两个操作的顺序不影响结果，你也可以先求矩阵的共轭矩阵，再对其进行转置。

共轭和伴随矩阵在数学和物理学领域的概念有所不同，有时候其概念在这两个学科的一些子领域中也有差别。本书通过在其上添加短横线来表示共轭，如 $\overline{z}$。也有一些人通过添加星号上标来表示共轭，如 z^{*}。数学家也使用 $\boldsymbol{A}^{*}$ 来表示伴随矩阵，容易产生混淆。物理学家则倾向于通过添加上标剑号来表示伴随矩阵，如 $\boldsymbol{A}^{\dagger}$。

本书分别使用 $\overline{z}$ 和 $\boldsymbol{A}^{\dagger}$ 表示共轭和伴随关系。

> 如果 $\boldsymbol{A}$ 是一个 $n\times n$ 的复方阵且 $\boldsymbol{A}=\boldsymbol{A}^{\dagger}$，则 $\boldsymbol{A}$ 可被称为*厄米矩阵*（*Hermitian matrix*），也称*自伴*（*self-adjoint*）*矩阵*。如果 $\boldsymbol{A}$ 为 $n\times n$ 的厄米矩阵且对于长度为 n 的任意非零复向量 $\boldsymbol{v}$ 都有 $\boldsymbol{v}^{\dagger}\boldsymbol{A}\boldsymbol{v}>0$，则称 $\boldsymbol{A}$ 是正定矩阵。如果对于长度为 n 的任意非零复向量 $\boldsymbol{v}$ 都有 $\boldsymbol{v}^{\dagger}\boldsymbol{A}\boldsymbol{v}\geqslant 0$，则称 $\boldsymbol{A}$ 是半正定矩阵。

厄米矩阵得名于 19 世纪数学家夏尔 • 埃尔米特[①]（Charles Hermite，如图 5-10 所示）。复矩阵是厄米矩阵，这一概念由“实矩阵是对称矩阵”拓展而来。

图 5-10 夏尔 • 埃尔米特，约 1901 年。照片属于公共领域

问题 5.4.1

为什么厄米矩阵的所有对角元素都是实数？

问题 5.4.2

如果 $n\times n$ 的单位矩阵 $\boldsymbol{I}_n$ 是实矩阵，那么该矩阵是正定矩阵吗？如果 $\boldsymbol{I}_n$ 是厄米矩阵呢？

5.4.2 矩阵和线性映射

1. 向量表示法

在介绍本小节的主题之前，我们需要先谈谈如何书写向量。在此之前，我们已经用过 $\boldsymbol{v}$ 和 $\boldsymbol{e}_1$ 这样的“黑斜体文本”表示向量，也用过“点坐标的形式”表示向量，比如 $(2,3)$ 和 $(v_1,v_2,\cdots,v_n)$。

尽管我们还会继续使用这样的表示形式，但为便于操作矩阵，我们还要增加另外两种表示向量的形式。

① “厄米”与“埃尔米特”为同一姓氏在不同学科下的不同译名。——编者注

对于向量 $\boldsymbol{v}=(v_1,v_2,\cdots,v_n)$，有形式

$$\begin{bmatrix} v_1 & v_2 & \cdots & v_n \end{bmatrix} \text{和} \begin{bmatrix} v_1 \\ v_2 \\ \vdots \\ v_n \end{bmatrix}$$

它们分别是 $\boldsymbol{v}$ 的行形式和列形式。它们看起来就像是 $1\times n$ 和 $n\times 1$ 的矩阵，但这并非巧合。方便起见，我们可以将它们看作矩阵。

列形式的向量称为*列向量*（*column vector*）。想必你能猜到*行向量*（*row vector*）的定义。

坐标总是要基于某组基底 X，而 X 可能是标准基底 E。如果我们需要表明所使用的基底，我们可以将其名称用作下标，例如：

$$(v_1,v_2,\cdots,v_n)_X \text{、} \begin{bmatrix} v_1 & v_2 & \cdots & v_n \end{bmatrix}_X \text{或} \begin{bmatrix} v_1 \\ v_2 \\ \vdots \\ v_n \end{bmatrix}_X$$

后面我们还将使用另外两种使用*狄拉克符号*（*Dirac bra-ket notation*）的向量表示法。我们将在 7.2 节介绍量子比特的数学知识时定义它们。

2. 向量运算

行向量转置后是列向量，列向量转置后是行向量：

$$\begin{bmatrix} v_1 & v_2 & \cdots & v_n \end{bmatrix}^{\mathrm{T}} = \begin{bmatrix} v_1 \\ v_2 \\ \vdots \\ v_n \end{bmatrix} \quad \text{且} \quad \begin{bmatrix} v_1 \\ v_2 \\ \vdots \\ v_n \end{bmatrix}^{\mathrm{T}} = \begin{bmatrix} v_1 & v_2 & \cdots & v_n \end{bmatrix}$$

复向量的共轭是取原向量中每个元素的共轭而得到的新向量。

$$\overline{\boldsymbol{v}} = \left(\overline{v_1},\overline{v_2},\cdots,\overline{v_n}\right)$$

与之类似，行向量和列向量的伴随向量为：

$$[v_1 \quad v_2 \quad \cdots \quad v_n]^\dagger = \begin{bmatrix} \overline{v_1} \\ \overline{v_2} \\ \vdots \\ \overline{v_n} \end{bmatrix} \quad 且 \quad \begin{bmatrix} v_1 \\ v_2 \\ \vdots \\ v_n \end{bmatrix}^\dagger = [\overline{v_1} \quad \overline{v_2} \quad \cdots \quad \overline{v_n}]$$

复向量 $\boldsymbol{v}$ 的伴随向量是其共轭转置向量 $\overline{\boldsymbol{v}^{\mathrm{T}}}$，记为 $\boldsymbol{v}^\dagger$。

3．使用矩阵对向量进行线性变换

当我们对向量进行线性变换时，只要使用的不是恒等变换 I，就会得到不同的向量。要执行其中的算术运算，我们必须使用点坐标表示向量。

下面给出了使用 2×2 的矩阵对列向量进行线性变换的示例：

$$\begin{bmatrix} a & b \\ c & d \end{bmatrix}\begin{bmatrix} x \\ y \end{bmatrix} = \begin{bmatrix} ax+by \\ cx+dy \end{bmatrix}$$

我们对一个向量进行线性变换，得到了另一个向量：$(x,y) \mapsto (ax+by, cx+dy)$。这就是从二维向量空间到二维向量空间的线性映射的定义。

如果将线性变换表示成矩阵，则当对向量执行线性变换时，矩阵的列数必须等于该向量的元素的数量，矩阵的行数则等于目标向量空间的大小。

进行线性变换时需逐行进行。首先，矩阵第一行的第一个元素与向量的第一个元素相乘。然后，将矩阵第一行的第二个元素与向量的第二个元素相乘，并将两个乘积相加。继续如此执行，直到计算完第一行所有元素，求得的总和为所得向量的第一个元素。之后转到第二行，以此类推：

$$\begin{bmatrix} a_{1,1} & a_{1,2} & \cdots & a_{1,n} \\ a_{2,1} & a_{2,2} & \cdots & a_{2,n} \\ \vdots & \vdots & & \vdots \\ a_{m,1} & a_{m,2} & \cdots & a_{m,n} \end{bmatrix}\begin{bmatrix} v_1 \\ v_2 \\ \vdots \\ v_n \end{bmatrix} = \begin{bmatrix} a_{1,1}v_1 + a_{1,2}v_2 + \cdots + a_{1,n}v_n \\ a_{2,1}v_1 + a_{2,2}v_2 + \cdots + a_{2,n}v_n \\ \vdots \\ a_{m,1}v_1 + a_{m,2}v_2 + \cdots + a_{m,n}v_n \end{bmatrix}$$

该运算通过一个 $n\times m$ 的矩阵将一个 n 维向量映射成了一个 m 维向量。

如果 $\boldsymbol{A}$ 是 $1\times n$ 的矩阵或长度为 n 的行向量，则它为标量域 $\mathbb{F}$ 定义了一种线性形式。对于列向量 $\boldsymbol{v}$，有

$$\begin{bmatrix} a_{1,1} & a_{1,2} & \cdots & a_{1,n} \end{bmatrix} \begin{bmatrix} v_1 \\ v_2 \\ \vdots \\ v_n \end{bmatrix} = a_{1,1}v_1 + a_{1,2}v_2 + \ldots + a_{1,n}v_n$$

向量的坐标取值基于具体的基底。如果我们使用不同的基底，向量的坐标值也会不同，但它*指代的仍然是同一向量*。

矩阵的表示也总是基于具体的基底。如果换成不同的基底，矩阵也会变化，但都对应于**同一个线性映射**。

这意味着，当我们执行具体的线性变换计算时，实际上涉及是配对的(矩阵,基底)对。如果我没有说明所用的基底是什么，则假设使用的是标准基底。

矩阵 $\boldsymbol{A}$ 的秩（rank）表示 $\boldsymbol{A}$ 中线性无关的列的最大数量。我们可以将这些列看作一个个向量。另一种等效的定义是：矩阵 $\boldsymbol{A}$ 的秩表示 $\boldsymbol{A}$ 中线性无关的行的最大数量。秩是矩阵在给定基底的基础上所对应的线性映射的一个性质。

4．示例：拉伸和压缩

利用对角矩阵可实现在基向量方向上的拉伸和压缩。

$$(x,y) \mapsto (2x, 0.25y) \qquad \begin{bmatrix} 2 & 0 \\ 0 & 0.25 \end{bmatrix} \begin{bmatrix} x \\ y \end{bmatrix} = \begin{bmatrix} 2x \\ 0.25y \end{bmatrix}$$

上述变换会以拉伸方式将第一个坐标加倍，同时将第二个坐标压缩为原来的四分之一。图 5-11 所示为该变换对单位圆上的点的拉伸和压缩效果。

5．示例：反射

“共轭反射”会对第二个坐标取反：

$$(x,y) \mapsto (x,-y) \qquad \begin{bmatrix} 1 & 0 \\ 0 & -1 \end{bmatrix} \begin{bmatrix} x \\ y \end{bmatrix} = \begin{bmatrix} x \\ -y \end{bmatrix}$$

在三维情况下，对 y 坐标取反会使其被反射到 xOz 平面的另一边（如图 5-12 所示）：

$$C:(x,y,z) \mapsto (x,-y,z) \qquad \begin{bmatrix} 1 & 0 & 0 \\ 0 & -1 & 0 \\ 0 & 0 & 1 \end{bmatrix} \begin{bmatrix} x \\ y \\ z \end{bmatrix} = \begin{bmatrix} x \\ -y \\ z \end{bmatrix}$$

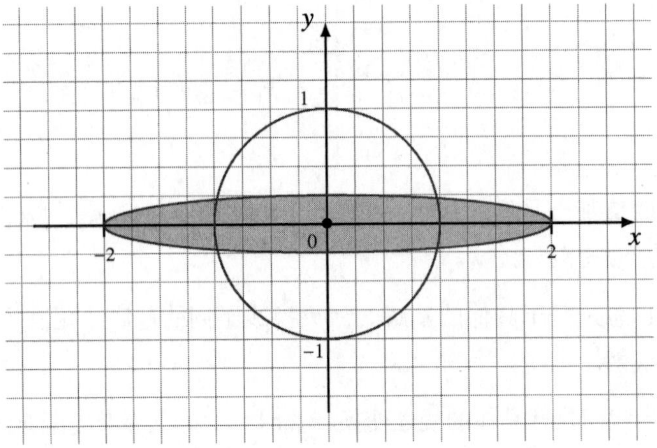

图 5-11

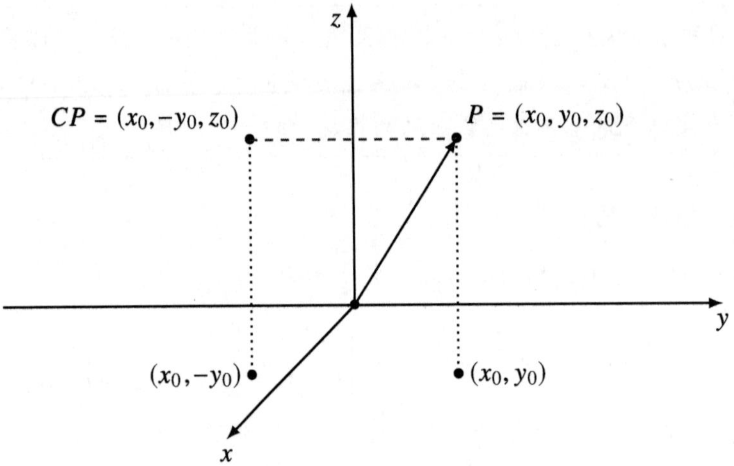

图 5-12

以直线 $y=x$ 为反射轴执行反射会交换两个坐标：

$$(x,y)\mapsto(y,x)\qquad\begin{bmatrix}0&1\\1&0\end{bmatrix}\begin{bmatrix}x\\y\end{bmatrix}=\begin{bmatrix}y\\x\end{bmatrix}$$

该变换矩阵的对角元素都为 0，所有工作都由非对角元素完成。

6．示例：旋转

正如之前介绍过的那样，线性变换

$$(x,y)\mapsto\left(x\cos(\theta)-y\sin(\theta),x\sin(\theta)+y\cos(\theta)\right)$$

$$\begin{bmatrix}\cos(\theta) & -\sin(\theta)\\ \sin(\theta) & \cos(\theta)\end{bmatrix}\begin{bmatrix}x\\ y\end{bmatrix}=\begin{bmatrix}x\cos(\theta)-y\sin(\theta)\\ x\sin(\theta)+y\cos(\theta)\end{bmatrix}$$

会将任意点(x,y)绕原点旋转θ弧度。该矩阵的秩为 2。

绕原点旋转$\frac{\pi}{2}$弧度（即 90°）会将$(1,0)$转到$(0,1)$。这看起来像是以$y=x$为反射轴进行反射变换，但$(0,1)$本身却旋转到了$(-1,0)$。

> **问题 5.4.3**
>
> 这个线性变换的矩阵是怎样的？如果该交换执行 4 次，会发生什么？

在三维空间中，变换

$$(x,y,z)\mapsto(x\cos(\varphi)-y\sin(\varphi),x\sin(\varphi)+y\cos(\varphi),z)$$

$$\begin{bmatrix}\cos(\varphi) & -\sin(\varphi) & 0\\ \sin(\varphi) & \cos(\varphi) & 0\\ 0 & 0 & 1\end{bmatrix}\begin{bmatrix}x\\ y\\ z\end{bmatrix}=\begin{bmatrix}x\cos(\varphi)-y\sin(\varphi)\\ x\sin(\varphi)+y\cos(\varphi)\\ z\end{bmatrix}$$

会将任意点(x,y,z)绕z轴旋转φ弧度。类似地，变换

$$(x,y,z)\mapsto(x,y\cos(\theta)-z\sin(\theta),y\sin(\theta)+z\cos(\theta))$$

$$\begin{bmatrix}1 & 0 & 0\\ 0 & \cos(\theta) & -\sin(\theta)\\ 0 & \sin(\theta) & \cos(\theta)\end{bmatrix}\begin{bmatrix}x\\ y\\ z\end{bmatrix}=\begin{bmatrix}x\\ y\cos(\theta)-z\sin(\theta)\\ y\sin(\theta)+z\cos(\theta)\end{bmatrix}$$

会将任意点(x,y,z)绕x轴旋转θ弧度。

这些矩阵和三角函数等式可让计算机在为电子游戏执行图形计算时移动空间中点（如图 5-13 所示）的位置。

7．示例：剪切

垂直剪切和水平剪切

$$(x,y)\mapsto(x,y+3x)\text{ 和 }(x,y)\mapsto(x+3y,y)$$

分别对应矩阵

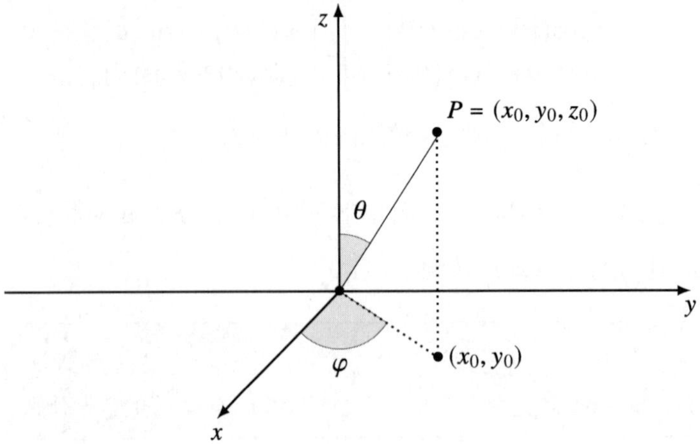

图 5-13

$$\begin{bmatrix}1 & 0\\3 & 1\end{bmatrix} \text{和} \begin{bmatrix}1 & 3\\0 & 1\end{bmatrix}$$

现在你应该很熟悉矩阵元素与原始坐标的关系了吧。

8．示例：投影

变换

$$(x,y,z)\mapsto(x,y) \qquad \begin{bmatrix}1 & 0 & 0\\0 & 1 & 0\end{bmatrix}\begin{bmatrix}x\\y\\z\end{bmatrix}=\begin{bmatrix}x\\y\end{bmatrix}$$

可将所有点从三维空间投影到二维空间。从整个 $\mathbb{R}^3$ 的角度看，其丢弃了 z 坐标，得到的投影图像为 $\mathbb{R}^2$。

如果你希望保留 $\mathbb{R}^3$，则这种投影是将所有点都投影到了 xOy 平面上，而 xOy 平面等价于 $\mathbb{R}^2$。

$$(x,y,z)\mapsto(x,y,0) \qquad \begin{bmatrix}1 & 0 & 0\\0 & 1 & 0\\0 & 0 & 0\end{bmatrix}\begin{bmatrix}x\\y\\z\end{bmatrix}=\begin{bmatrix}x\\y\\0\end{bmatrix}$$

这个投影变换对应的矩阵的秩为 2。

问题 5.4.4

该矩阵乘自身的结果是什么？该结果有何几何意义？

如果要将 $\mathbb{R}^2$ 投影到直线 $y=x$ 上，则变换为

$$(x,y)\mapsto\left(\frac{x+y}{2},\frac{x+y}{2}\right) \qquad \begin{bmatrix}\frac{1}{2} & \frac{1}{2}\\ \frac{1}{2} & \frac{1}{2}\end{bmatrix}\begin{bmatrix}x\\ y\end{bmatrix}=\begin{bmatrix}\frac{x+y}{2}\\ \frac{x+y}{2}\end{bmatrix}$$

问题 5.4.5

该矩阵乘自身的结果是什么？该结果有何几何意义？该矩阵的秩是多少？

9．示例：单射

宽泛地说，单射就是从一个向量空间映射到另一个向量空间时不会出现多个向量对应同一个目标向量的情况。对于单射的例子，我将从一个更为受限的角度来介绍，即将一个向量空间嵌入另一个向量空间，并尽可能不引入变换。

使用标准基向量，将 $\mathbb{R}^1$ 嵌入 $\mathbb{R}^2$ 中的方式有两种。第一种是将 $\mathbb{R}^1$ 映射到 x 轴：

$$(t)\mapsto(t,0) \qquad \begin{bmatrix}1\\ 0\end{bmatrix}[t]=[t \quad 0]$$

第二种是将其映射到 y 轴：

$$(t)\mapsto(0,t) \qquad \begin{bmatrix}0\\ 1\end{bmatrix}[t]=[0 \quad t]$$

同样使用标准基向量，如果要将 $\mathbb{R}^2$ 单射到 $\mathbb{R}^3$ 中，我们可以将其映射为 xOy 平面、yOz 平面或 xOz 平面。其中最后一种情况下的变换是：

$$(x,y)\mapsto(x,0,y) \qquad \begin{bmatrix}1 & 0\\ 0 & 0\\ 0 & 1\end{bmatrix}\begin{bmatrix}x\\ y\end{bmatrix}=[x \quad 0 \quad y]$$

10．示例：组合

通过一个接一个地应用变换，可以将多个变换组合起来。我们来看看旋转 $\frac{\pi}{2}$ 弧度与以 x 轴为反射轴的反射的组合变换。

根据以上的示例，可得：

$$\begin{bmatrix} x \\ y \end{bmatrix} \xrightarrow{\text{旋转}\frac{\pi}{2}\text{弧度}} \begin{bmatrix} x\cos\left(\frac{\pi}{2}\right) - y\sin\left(\frac{\pi}{2}\right) \\ x\sin\left(\frac{\pi}{2}\right) + y\cos\left(\frac{\pi}{2}\right) \end{bmatrix} = \begin{bmatrix} -y \\ x \end{bmatrix} \xrightarrow{\text{以}x\text{轴为反射轴的反射}} \begin{bmatrix} -y \\ -x \end{bmatrix}$$

以及

$$\begin{bmatrix} x \\ y \end{bmatrix} \xrightarrow{\text{以}x\text{轴为反射轴的反射}} \begin{bmatrix} x \\ -y \end{bmatrix} \xrightarrow{\text{旋转}\frac{\pi}{2}\text{弧度}} \begin{bmatrix} x\cos\left(\frac{\pi}{2}\right) - (-y)\sin\left(\frac{\pi}{2}\right) \\ x\sin\left(\frac{\pi}{2}\right) + (-y)\cos\left(\frac{\pi}{2}\right) \end{bmatrix} = \begin{bmatrix} y \\ x \end{bmatrix}$$

对于点$(1,0)$，在第一种情况下，它先映射到$(0,1)$，再映射到$(0,-1)$。而在第二种情况下，这个点会先映射到自身（因为它在x轴上），再旋转到$(0,1)$。它们的公式并不一样，我们也看到了在一个特定向量上的结果。

一般情况下，线性变换的组合不满足交换律。

在这个示例中还有其他值得注意的事情。在第二个计算示例中，一开始的(x,y)变成了最后的(y,x)：

$$\left(\text{旋转}\ \frac{\pi}{4}\ \text{弧度}\right) \circ \left(\text{以}\ x\ \text{轴为反射轴的反射}\right) = \left(\text{以直线}\ y = x\ \text{为反射轴的反射}\right)$$

组合是从右向左执行的：$(f \circ g)(x) = f(g(x))$。

如果你希望了解线性映射等函数的工作方式，可将它们用在$(1,0)$、$(0,1)$或类似的更高维的简单例子上，即*看这些映射会对标准基向量产生什么影响*。

现在，我们已经见过许多常见类型的线性变换了。通过组合，我们还能看到更多变换形式，其中一些我们已经见过。这些变换当然都涉及数学运算，因此现在是时候将矩阵看作一种代数结构了。

5.5　矩阵代数

我们已经介绍了矩阵及其与线性映射的关系。现在我们来看涉及两个或更多矩阵的相关运算。我们会先介绍矩阵的行数和列数不同的一般情况下的运算，再讨论涉及方阵的运算。

在本节中，所有矩阵都是基于域的。当我们操作多个矩阵时，它们的元素都在同一个域。我们也可以基于整数集等环来考虑矩阵，但我们在学习量子计算时无须这种限制。

5.5.1 一般矩阵的算术运算

尺寸一样（行数和列数分别相同）的矩阵执行加法运算时可以逐元素相加。例如：

$$\begin{bmatrix} a & b & c \\ d & f & g \end{bmatrix} + \begin{bmatrix} 1 & 3 & -\frac{4}{7} \\ -2 & \pi & 0 \end{bmatrix} = \begin{bmatrix} a+1 & b+3 & c-\frac{4}{7} \\ d-2 & f+\pi & g \end{bmatrix}$$

减法和取反也是同理。

$$-\begin{bmatrix} 1 & 3 & -\frac{4}{7} \\ -2 & \pi & 0 \end{bmatrix} = \begin{bmatrix} -1 & -3 & \frac{4}{7} \\ 2 & -\pi & 0 \end{bmatrix}$$

执行标量乘法是逐元素完成的。

$$5\begin{bmatrix} a & b \\ c & d \end{bmatrix} = \begin{bmatrix} 5a & 5b \\ 5c & 5d \end{bmatrix}$$

给定大于或等于 1 的整数n和m，基于域$\mathbb{F}$的$n \times m$的矩阵的集合是一个维度为$n \times m$的向量空间。

现在，我们学过的所有与向量空间相关的代数知识都适用于这样的矩阵集合了。

问题 5.5.1

请基于 5.2 节中的定义验证这确实是向量空间。你认为其“标准基底”是什么？

矩阵的和或差的转置即其转置的和或差。

$$(\boldsymbol{A}+\boldsymbol{B})^{\mathrm{T}} = \boldsymbol{A}^{\mathrm{T}} + \boldsymbol{B}^{\mathrm{T}}$$

$$(\boldsymbol{A}-\boldsymbol{B})^{\mathrm{T}} = \boldsymbol{A}^{\mathrm{T}} - \boldsymbol{B}^{\mathrm{T}}$$

$$(-\boldsymbol{A})^{\mathrm{T}} = -\boldsymbol{A}^{\mathrm{T}}$$

复矩阵的伴随矩阵也具有类似的性质。

$$(\boldsymbol{A}+\boldsymbol{B})^{\dagger} = \boldsymbol{A}^{\dagger} + \boldsymbol{B}^{\dagger}$$

$$(\boldsymbol{A}-\boldsymbol{B})^{\dagger} = \boldsymbol{A}^{\dagger} - \boldsymbol{B}^{\dagger}$$

$$(-\boldsymbol{A})^{\dagger} = -\boldsymbol{A}^{\dagger}$$

现在我们知道如何执行矩阵的加法、减法和取反运算了，下面来看矩阵乘法。其定义要更复杂一些，而且在某些维度上还需要一个相关的前提条件。

> 要使矩阵 $\boldsymbol{A}$ 和 $\boldsymbol{B}$ 能够相乘，$\boldsymbol{A}$ 的列数必须等于 $\boldsymbol{B}$ 的行数。换句话说，如果 $\boldsymbol{A}$ 是一个 $n \times m$ 的矩阵且 $\boldsymbol{B}$ 是一个 $m \times p$ 的矩阵，则它们可以相乘。

在本书中，从现在起，所有矩阵乘法在行数和列数上都满足这一条件。

在介绍一般公式之前，我们先看看 2×2 的情况。

$$\boldsymbol{AB} = \begin{bmatrix} a & b \\ c & d \end{bmatrix} \begin{bmatrix} u & v \\ w & x \end{bmatrix} = \begin{bmatrix} au + bw & av + bx \\ cu + dw & cv + dx \end{bmatrix} = \boldsymbol{C}$$

可以看到，所得矩阵 $\boldsymbol{C}$ 中的每一个元素都是第 1 个矩阵 $\boldsymbol{A}$ 中对应行与第 2 个矩阵 $\boldsymbol{B}$ 中对应列逐元素相乘之后再求和的结果。（请注意：在 5.7.1 小节介绍点积时要回到这里进行对比。）

$\boldsymbol{C}$ 中第 1 行第 1 列的元素是 $\boldsymbol{A}$ 的第 1 行与 $\boldsymbol{B}$ 的第 1 列对应元素相乘后求和的结果：

$$au + bw$$

$\boldsymbol{C}$ 中第 1 行第 2 列的元素是 $\boldsymbol{A}$ 的第 1 行与 $\boldsymbol{B}$ 的第 2 列对应元素相乘后求和的结果：

$$av + bx$$

$\boldsymbol{C}$ 中第 2 行第 1 列的元素是 $\boldsymbol{A}$ 的第 2 行与 $\boldsymbol{B}$ 的第 1 列对应元素相乘后求和的结果：

$$cu + dw$$

$\boldsymbol{C}$ 中第 2 行第 2 列的元素是 $\boldsymbol{A}$ 的第 2 行与 $\boldsymbol{B}$ 的第 2 列对应元素相乘后求和的结果：

$$cv + dx$$

这看起来很琐碎，但可以看出乘积中元素的下标与原矩阵的行和列存在对应关系。

这有个不正式的说法：*下标数学*（*subscript math*）。你可以忘记这么计算的原因，只需遵照这个流程执行简单的算术运算即可。

如果

$$\boldsymbol{A} = \begin{bmatrix} a_{1,1} & \cdots & a_{1,m} \\ \vdots & & \vdots \\ a_{n,1} & \cdots & a_{n,m} \end{bmatrix} \text{ 且 } \boldsymbol{B} = \begin{bmatrix} b_{1,1} & \cdots & b_{1,p} \\ \vdots & & \vdots \\ b_{m,1} & \cdots & b_{m,p} \end{bmatrix}$$

则

$$\boldsymbol{AB}=\begin{bmatrix} a_{1,1}b_{1,1}+\cdots+a_{1,m}b_{m,1} & \cdots & a_{1,1}b_{1,p}+\cdots+a_{1,m}b_{m,p} \\ \vdots & & \vdots \\ a_{n,1}b_{1,1}+\cdots+a_{n,m}b_{m,1} & \cdots & a_{n,1}b_{1,p}+\cdots+a_{n,m}b_{m,p} \end{bmatrix}$$

我记得有个口诀："第 1 行乘第 1 列，第 1 行乘第 2 列……"，以此类推。

从线性映射的角度来看，$\boldsymbol{B}$ 从一个 p 维向量空间映射到了一个 m 维向量空间，$\boldsymbol{A}$ 从一个 m 维向量空间映射到了一个 n 维向量空间。如果先映射 $\boldsymbol{B}$ 再映射 $\boldsymbol{A}$，则能从 p 维向量空间映射到 n 维向量空间，其中 m 维向量空间是两个映射的过渡。

求矩阵乘积的转置需要调转转置后矩阵的顺序：$(\boldsymbol{AB})^{\mathrm{T}}=\boldsymbol{B}^{\mathrm{T}}\boldsymbol{A}^{\mathrm{T}}$。求复矩阵的伴随矩阵也是如此：$(\boldsymbol{AB})^{\dagger}=\boldsymbol{B}^{\dagger}\boldsymbol{A}^{\dagger}$。请记住，伴随矩阵是共轭转置矩阵。

5.5.2 方阵的算术运算

方阵还有额外的性质、运算和结构，因为方阵可能具有逆矩阵。

1. 逆矩阵

> 令单位矩阵为 $\boldsymbol{I}$。如果 $\boldsymbol{A}$ 是一个方阵且存在一个方阵 $\boldsymbol{B}$ 使得 $\boldsymbol{AB}=\boldsymbol{BA}=\boldsymbol{I}$，则 $\boldsymbol{B}$ 是 $\boldsymbol{A}$ 的逆矩阵，记为 $\boldsymbol{A}^{-1}$。

对于 2×2 的矩阵

$$\boldsymbol{A}=\begin{bmatrix} a & b \\ c & d \end{bmatrix}$$

右乘

$$\begin{bmatrix} d & -b \\ -c & a \end{bmatrix}$$

会得到

$$\begin{bmatrix} ad-bc & 0 \\ 0 & ad-bc \end{bmatrix}$$

如果 $ad-bc\neq 0$，可用 $ad-bc$ 除第二个矩阵来得到 $\boldsymbol{A}^{-1}$。

$$\boldsymbol{A}^{-1}=\frac{1}{ad-bc}\begin{bmatrix} d & -b \\ -c & a \end{bmatrix}=\begin{bmatrix} \frac{d}{ad-bc} & -\frac{b}{ad-bc} \\ -\frac{c}{ad-bc} & \frac{a}{ad-bc} \end{bmatrix}$$

$\boldsymbol{A}^{-1}$是 $\boldsymbol{A}$ 的乘法逆元。

如果 $\boldsymbol{A}$ 是一个对角矩阵且所有对角元素均不为 0，则 $\boldsymbol{A}$ 的逆矩阵也是对角矩阵且其对角元素是 $\boldsymbol{A}$ 中对应位置元素的倒数。说起来有些冗长，还是看示例更简单：

$$\begin{bmatrix} 3 & 0 & 0 \\ 0 & \pi^2 & 0 \\ 0 & 0 & -\frac{1}{4} \end{bmatrix}^{-1}=\begin{bmatrix} \frac{1}{3} & 0 & 0 \\ 0 & \frac{1}{\pi^2} & 0 \\ 0 & 0 & -4 \end{bmatrix}$$

2．高斯消元

对于维度更高的矩阵，可使用*高斯消元*（*Gaussian elimination*）技术来计算逆矩阵、求解线性方程组。大多数线性代数教材都会介绍这种方法，但我们还是通过一个示例来详细了解其用法。

假设我们要找到以下矩阵的逆矩阵：

$$\begin{bmatrix} 1 & 2 & -1 \\ 2 & 0 & 1 \\ 3 & 1 & 0 \end{bmatrix}$$

我们先把单位矩阵 $\boldsymbol{I}_3$ 放到以上矩阵的右侧，这样我们就得到了一个 3×6 的矩阵。中间用一条竖线对其进行分隔。

$$\left[\begin{array}{ccc|ccc} 1 & 2 & -1 & 1 & 0 & 0 \\ 2 & 0 & 1 & 0 & 1 & 0 \\ 3 & 1 & 0 & 0 & 0 & 1 \end{array}\right]$$

我们的计划是执行*基本行操作*（*elementary row operation*），使得竖线左侧的子矩阵变成单位矩阵，则逆矩阵就是竖线右侧的子矩阵。如果我们无法将左侧子矩阵变换成 I_3，则说明该矩阵不可逆。

允许执行的基本行操作有 3 种。

- 将行与一个非 0 的数相乘。
- 交换两个不同的行。
- 将某一行的若干倍与另一行相加。

我们要在每一行上执行以上操作，在这个例子中每一行有 6 个元素。MATLAB 和 Mathematica 等数学软件内置了用于确定以何种顺序对哪些行执行哪些操作的算法。这里我们只需选择能合理地将左侧子矩阵转换成 $\boldsymbol{I}_3$ 的步骤即可。

将第一行的 –2 倍与第二行相加：

$$\left[\begin{array}{ccc|ccc} 1 & 2 & -1 & 1 & 0 & 0 \\ 2 & 0 & 1 & 0 & 1 & 0 \\ 3 & 1 & 0 & 0 & 0 & 1 \end{array}\right] \mapsto \left[\begin{array}{ccc|ccc} 1 & 2 & -1 & 1 & 0 & 0 \\ 0 & -4 & 3 & -2 & 1 & 0 \\ 3 & 1 & 0 & 0 & 0 & 1 \end{array}\right]$$

将第一行的 –3 倍与第三行相加：

$$\left[\begin{array}{ccc|ccc} 1 & 2 & -1 & 1 & 0 & 0 \\ 0 & -4 & 3 & -2 & 1 & 0 \\ 3 & 1 & 0 & 0 & 0 & 1 \end{array}\right] \mapsto \left[\begin{array}{ccc|ccc} 1 & 2 & -1 & 1 & 0 & 0 \\ 0 & -4 & 3 & -2 & 1 & 0 \\ 0 & -5 & 3 & -3 & 0 & 1 \end{array}\right]$$

现在，左侧子矩阵的第一列已经是 $\boldsymbol{I}_3$ 的第一列了。我们再来转换第二列。

将第三行的 –1 倍与第二行相加：

$$\left[\begin{array}{ccc|ccc} 1 & 2 & -1 & 1 & 0 & 0 \\ 0 & -4 & 3 & -2 & 1 & 0 \\ 0 & -5 & 3 & -3 & 0 & 1 \end{array}\right] \mapsto \left[\begin{array}{ccc|ccc} 1 & 2 & -1 & 1 & 0 & 0 \\ 0 & 1 & 0 & 1 & 1 & -1 \\ 0 & -5 & 3 & -3 & 0 & 1 \end{array}\right]$$

将第二行的 –2 倍与第一行相加：

$$\left[\begin{array}{ccc|ccc} 1 & 2 & -1 & 1 & 0 & 0 \\ 0 & 1 & 0 & 1 & 1 & -1 \\ 0 & -5 & 3 & -3 & 0 & 1 \end{array}\right] \mapsto \left[\begin{array}{ccc|ccc} 1 & 0 & -1 & -1 & -2 & 2 \\ 0 & 1 & 0 & 1 & 1 & -1 \\ 0 & -5 & 3 & -3 & 0 & 1 \end{array}\right]$$

将第二行的 5 倍与第三行相加：

$$\left[\begin{array}{ccc|ccc} 1 & 0 & -1 & -1 & -2 & 2 \\ 0 & 1 & 0 & 1 & 1 & -1 \\ 0 & -5 & 3 & -3 & 0 & 1 \end{array}\right] \mapsto \left[\begin{array}{ccc|ccc} 1 & 0 & -1 & -1 & -2 & 2 \\ 0 & 1 & 0 & 1 & 1 & -1 \\ 0 & 0 & 3 & 2 & 5 & -4 \end{array}\right]$$

左侧子矩阵的第二列转换完成。现在让第三行乘$\frac{1}{3}$：

$$\left[\begin{array}{ccc|ccc}1 & 0 & -1 & -1 & -2 & 2\\0 & 1 & 0 & 1 & 1 & -1\\0 & 0 & 3 & 2 & 5 & -4\end{array}\right]\mapsto\left[\begin{array}{ccc|ccc}1 & 0 & -1 & -1 & -2 & 2\\0 & 1 & 0 & 1 & 1 & -1\\0 & 0 & 1 & \frac{2}{3} & \frac{5}{3} & -\frac{4}{3}\end{array}\right]$$

最后将第三行与第一行相加就完成了整个过程：

$$\left[\begin{array}{ccc|ccc}1 & 0 & -1 & -1 & -2 & 2\\0 & 1 & 0 & 1 & 1 & -1\\0 & 0 & 1 & \frac{2}{3} & \frac{5}{3} & -\frac{4}{3}\end{array}\right]\mapsto\left[\begin{array}{ccc|ccc}1 & 0 & 0 & -\frac{1}{3} & -\frac{1}{3} & \frac{2}{3}\\0 & 1 & 0 & 1 & 1 & -1\\0 & 0 & 1 & \frac{2}{3} & \frac{5}{3} & -\frac{4}{3}\end{array}\right]$$

通过这个过程，我们计算出

$$\begin{bmatrix}1 & 2 & -1\\2 & 0 & 1\\3 & 1 & 0\end{bmatrix}^{-1}=\begin{bmatrix}-\frac{1}{3} & -\frac{1}{3} & \frac{2}{3}\\1 & 1 & -1\\\frac{2}{3} & \frac{5}{3} & -\frac{4}{3}\end{bmatrix}$$

问题 5.5.2

（你知道会有这个问题的……）请验证原矩阵与计算出的逆矩阵的乘积是$\boldsymbol{I}_3$。

如果矩阵不可逆，则在某一步时，左侧子矩阵的某一行或某一列会出现全为 0 的情况。你还可以检查其*行列式*是否为 0。

了解更多

通过高斯消元求解$n\times n$的方阵的逆矩阵的计算复杂度为$O\left(n^3\right)$。IBM 研究院的 Don Coppersmith 和 Shmuel Winograd 在 1987 年开发了一种算法，将这个复杂度降到了$O\left(n^{2.376}\right)$[2]。之后的优化仅将该复杂度降低了一点儿。

3．行列式

行列式是基于方阵的一个函数，可以得到$\mathbb{F}$中的值。它非常“优雅”且有用，能告诉我们很多信息，但当矩阵的尺寸超过2×2时，却又是如此容易出错、让人厌烦。

在讨论行列式的计算方式之前，我们先来看看它的性质。令$\boldsymbol{A}$和$\boldsymbol{B}$是$n\times n$的方阵，我们将它们的行列式分别记为$\det(\boldsymbol{A})$和$\det(\boldsymbol{B})$。

- 当且仅当$\boldsymbol{A}$可逆时，$\det(\boldsymbol{A})\neq 0$。
- 当$\boldsymbol{A}$可逆时，$\det(\boldsymbol{A}^{-1})=\dfrac{1}{\det(\boldsymbol{A})}$。
- $\det(\boldsymbol{A})=\det(\boldsymbol{A}^{\mathrm{T}})$。
- $\det(\overline{\boldsymbol{A}})=\overline{\det(\boldsymbol{A})}$。
- $\det(\boldsymbol{A}^{\dagger})=\overline{\det(\boldsymbol{A})}$。
- 对于$\mathbb{F}$中的标量b，$\det(b\boldsymbol{A})=b^{n}\det(\boldsymbol{A})$。
- 如果$\boldsymbol{A}$的任意行或列都为0，则$\det(\boldsymbol{A})=0$。但行列式为0并不意味着某行或列均为0。
- 如果$\boldsymbol{A}$中主对角线之上或之下的所有元素均为0，则其行列式为对角元素的乘积。如果对角元素中某一个为0，则行列式也为0。
- 特别要说明，单位矩阵$\boldsymbol{I}$的行列式为$\det(\boldsymbol{I})=1$。
- $\det(\boldsymbol{AB})=\det(\boldsymbol{A})\det(\boldsymbol{B})=\det(\boldsymbol{BA})$。

说真的，这难道不是一个很棒的功能吗？

对于2×2的矩阵：

$$\det\left(\begin{bmatrix} a & b \\ c & d \end{bmatrix}\right)=ad-bc$$

请基于这个公式验证以上性质。

问题 5.5.3

$\mathbb{R}^2$中表示旋转变换的矩阵的行列式是多少？

一旦矩阵的尺寸超过2×2，行列式的计算就会复杂很多。以3×3的矩阵为例，我们必须计算出一些2×2的子矩阵的行列式，然后将其与其他矩阵元素相乘，还要记住何时执行加法、何时执行减法。

$$\det\left(\begin{bmatrix} a_{1,1} & a_{1,2} & a_{1,3} \\ a_{2,1} & a_{2,2} & a_{2,3} \\ a_{3,1} & a_{3,2} & a_{3,3} \end{bmatrix}\right) = a_{1,1}\det\left(\begin{bmatrix} a_{2,2} & a_{2,3} \\ a_{3,2} & a_{3,3} \end{bmatrix}\right) - a_{2,1}\det\left(\begin{bmatrix} a_{2,1} & a_{2,3} \\ a_{3,1} & a_{3,3} \end{bmatrix}\right) + a_{3,1}\det\left(\begin{bmatrix} a_{2,1} & a_{2,2} \\ a_{3,1} & a_{3,2} \end{bmatrix}\right)$$

进一步算出来的结果是：

$$-a_{1,1}a_{2,3}a_{3,2} + a_{1,1}a_{2,2}a_{3,3} + a_{1,2}a_{2,3}a_{3,1} - a_{1,2}a_{2,1}a_{3,3} - a_{1,3}a_{2,2}a_{3,1} + a_{1,3}a_{2,1}a_{3,2}$$

对于一般情况的矩阵行列式的计算，也具有公式可循，一般专门讲线性代数的书都会介绍。

我建议，还是使用好的计算器或数学软件来计算行列式吧。

下面来看以下矩阵：

$$A = \begin{bmatrix} 2 & 0 \\ 2 & 3 \end{bmatrix} = \begin{bmatrix} 1 & 0 \\ 1 & 1 \end{bmatrix}\begin{bmatrix} 2 & 0 \\ 0 & 3 \end{bmatrix}$$

这是在 $\mathbb{R}^2$ 上进行的一组线性变换：首先在 x 方向上拉伸 2 倍，再在 y 方向上拉伸3 倍，之后进行竖直剪切。（请记住矩阵乘法相当于变换组合并且变换是从右向左执行的。）图 5-14 所示为这一组变换对单位正方形的影响。

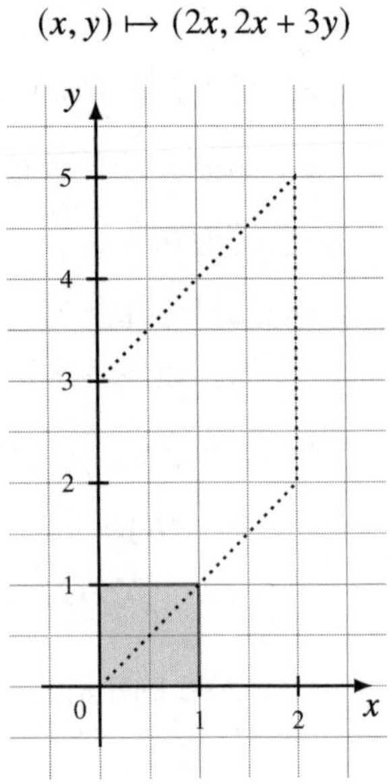

图 5-14

平行四边形的面积等于其高乘宽，此处即 $3 \times 2 = 6$ 。

使用公式求 2×2 的矩阵的行列式：$\det(\boldsymbol{A}) = 2 \times 3 - 0 \times 2 = 6$ 。如果我们再乘一个以 x 轴为反射轴的反射矩阵，我们会得到以上平行四边形的镜像，其面积相等，但矩阵的行列式将为 -6 。

> 对于基于 $\mathbb{R}^2$ 的 2×2 的矩阵 $\boldsymbol{A}$ ，将 $\boldsymbol{A}$ 应用于单位正方形所形成的平行四边形的面积为 $|\det(\boldsymbol{A})|$ 。

问题 5.5.4

请画出单位正方形与以下两个矩阵相乘后的效果并计算其行列式：

$$\begin{bmatrix}1 & 0\\0 & -1\end{bmatrix}\begin{bmatrix}2 & 0\\2 & 3\end{bmatrix}$$

在 $\mathbb{R}^3$ 中，单位正方体是基于标准基底 $\boldsymbol{e}_1=(1,0,0)$、$\boldsymbol{e}_2=(0,1,0)$、$\boldsymbol{e}_3=(0,0,1)$ 以及对应的顶点 $(0,0,0)$、$(0,1,1)$、$(1,0,1)$、$(1,1,0)$、$(1,1,1)$ 构成的正方体。

对于基于 $\mathbb{R}^3$ 的 3×3 的矩阵 $\boldsymbol{A}$，将 $\boldsymbol{A}$ 应用于单位正方体所形成的平行六面体的体积为 $|\det(\boldsymbol{A})|$。

想必你已经明白了。

对于 n 维实向量空间 $\mathbb{R}^n$ 中的一般情况，如果点

$$(x_1,x_2,\cdots,x_n)$$

中每个坐标都要么为 0，要么为 1，则所有满足条件的点可以构成一个有 2^n 个顶点的单位*超立方体*（*hypercube*）。这个单位超立方体的多维体积为 1。

对于基于 $\mathbb{R}^n$ 的 $n\times n$ 的矩阵 $\boldsymbol{A}$，将 $\boldsymbol{A}$ 应用于单位超立方体所形成的超平行六面体的多维体积为 $|\det(\boldsymbol{A})|$。我不是第一个使用*超平行六面体*（*hyperparallelepiped*）一词的人，但真希望我是。

如果这个面积或体积为 0，则我们就将线性变换的图像投影到了低于 n 维的程度。因此这个过程不可逆。举个例子，如果我们通过投影变换 $(x,y,z)\mapsto(x,y,0)$ 将正方体投影成其底面（如图 5-15 所示），则我们将无法恢复原来的 z 值。

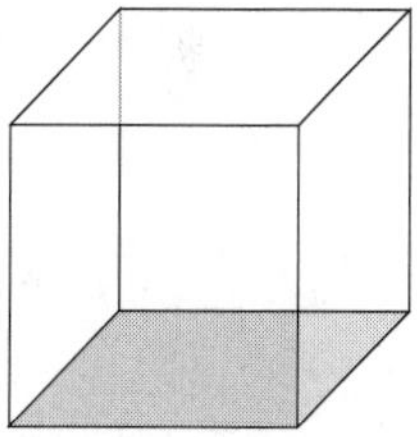

图 5-15

尽管基于某个域的给定维度的所有矩阵都是一个向量空间，但这些矩阵的子集可以具有更多代数结构。

对于 $\mathbb{N}$ 中给定的整数 n，元素在 $\mathbb{F}$ 中的所有 $n\times n$ 的可逆方阵的集合在矩阵乘法运算下是一个群。该群被称为基于 $\mathbb{F}$ 的 n 阶*一般线性群*（*general linear group*），记为 $\mathrm{GL}(n,\mathbb{F})$。

> 元素在 $\mathbb{F}$ 中且行列式为 1 的所有 $n\times n$ 的方阵的集合在矩阵乘法运算下是一个群。该群被称为基于 $\mathbb{F}$ 的 n 阶*特殊线性群*（*special linear group*），记为 $\mathrm{SL}(n,\mathbb{F})$ 。$\mathrm{SL}(n,\mathbb{F})$ 是一般线性群 $\mathrm{GL}(n,\mathbb{F})$ 的子群。

4．迹

尽管方阵的行列式可能难以计算，但计算矩阵的*迹*（*trace*）却很简单，只需计算对角元素的和即可。因此，迹的值也必然在 $\mathbb{F}$ 中。

> 如果
>
> $$\boldsymbol{A}=\begin{bmatrix} a_{1,1} & \cdots & a_{1,n} \\ \vdots & & \vdots \\ a_{n,1} & \cdots & a_{n,n} \end{bmatrix}$$
>
> 则 $\boldsymbol{A}$ 的迹为
>
> $$\mathrm{tr}(\boldsymbol{A})=a_{1,1}+a_{2,2}+\cdots+a_{n,n}$$

迹是从基于 $\mathbb{F}$ 的所有 $n\times n$ 的矩阵的向量空间到 $\mathbb{F}$ 的线性映射。该映射的加法和标量乘法运算是逐项执行的。

令 $\boldsymbol{A}$ 、$\boldsymbol{B}$ 和 $\boldsymbol{C}$ 是方阵且 d 在 $\mathbb{F}$ 中，则

$$\begin{gathered}
\mathrm{tr}(\boldsymbol{A}+\boldsymbol{B})=\mathrm{tr}(\boldsymbol{A})+\mathrm{tr}(\boldsymbol{B}) \\
\mathrm{tr}(d\boldsymbol{A})=d\ \mathrm{tr}(\boldsymbol{A}) \\
\mathrm{tr}(-\boldsymbol{A})=-\mathrm{tr}(\boldsymbol{A}) \\
\mathrm{tr}(\boldsymbol{AB})=\mathrm{tr}(\boldsymbol{BA}) \\
\mathrm{tr}(\boldsymbol{ABC})=\mathrm{tr}(\boldsymbol{CAB})=\mathrm{tr}(\boldsymbol{BCA})
\end{gathered}$$

尽管 $\mathrm{tr}(\boldsymbol{AB})=\mathrm{tr}(\boldsymbol{BA})$ 成立，但 $\mathrm{tr}(\boldsymbol{AB})=\mathrm{tr}(\boldsymbol{A})\mathrm{tr}(\boldsymbol{B})$ 通常不成立。要记清楚这一点，因为这是很容易出错的地方。行列式在乘法运算下行为模式较好，而迹在加法运算下行为模式较好。

对方阵进行转置时，由于主对角线元素不会变化，因此 $\mathrm{tr}(\boldsymbol{A})=\mathrm{tr}(\boldsymbol{A}^{\mathrm{T}})$ 。

对于复方阵：

$$\mathrm{tr}(\overline{\boldsymbol{A}})=\mathrm{tr}(\boldsymbol{A}^{\dagger})=\overline{\mathrm{tr}(\boldsymbol{A})}$$

问题 5.5.5

为什么厄米矩阵的迹是实数？

不同于行列式，迹没有简单的几何解释，但当我们替换向量空间的基底时，就会用到它。

5.6 笛卡儿积

两个向量空间的笛卡儿积（Cartesian product）很简单，可用于表示函数和映射。

如果V和W是基于$\mathbb{F}$的向量空间，而且$\boldsymbol{v}$在V中，$\boldsymbol{w}$在W中，则$V \times W$是所有配对的$(\boldsymbol{v}, \boldsymbol{w})$的集合。

考虑以下映射：

$$f: V \times W \to U$$

其中U是另一个向量空间。当我们写出$f(\boldsymbol{v}, \boldsymbol{w})$时，我们既可以将其看作一个双变量函数，也可以将其看作一个将一对参数映射到U中的函数。

令V、W和U是向量空间并有$f: V \times W \to U$。如果a是标量，$\boldsymbol{v}_1$和$\boldsymbol{v}_2$在V中，$\boldsymbol{w}_1$和$\boldsymbol{w}_2$在W中，且有

$$af(\boldsymbol{v}_1, \boldsymbol{w}_1) = f(a\boldsymbol{v}_1, \boldsymbol{w}_1) = f(\boldsymbol{v}_1, a\boldsymbol{w}_1)$$
$$f(\boldsymbol{v}_1 + \boldsymbol{v}_2, \boldsymbol{w}_1) = f(\boldsymbol{v}_1, \boldsymbol{w}_1) + f(\boldsymbol{v}_2, \boldsymbol{w}_1)$$
$$f(\boldsymbol{v}_1, \boldsymbol{w}_1 + \boldsymbol{w}_2) = f(\boldsymbol{v}_1, \boldsymbol{w}_1) + f(\boldsymbol{v}_1, \boldsymbol{w}_2)$$

则f是*双线性函数*或*双线性映射*。换句话说，如果其中每个坐标都是线性的，则f就是双线性的。

问题 5.6.1

令$h: \mathbb{R}^2 \times \mathbb{R}^2 \to \mathbb{C}^2$的定义为：

$$h((a,b),(c,d)) = (a + b\mathrm{i}, c + d\mathrm{i})$$

则h是双线性的吗？

5.7　长度与保持长度

在现实世界中，长度是一个很自然的概念，但在向量空间中，它需要一个精确的定义。使用复数时，长度概念会变得很复杂，因为我们需要用到共轭操作。长度与*幅度*有关，而幅度是对事物尺寸的度量。理解长度和范数是理解量子算法的数学基础的关键，我们将在第 10 章体会到这一点。

5.7.1　点积

> 令 V 是基于 $\mathbb{R}$ 或 $\mathbb{C}$ 的一个有限维度的向量空间，并令 $\boldsymbol{v}=(v_1,v_2,\cdots,v_n)$ 和 $\boldsymbol{w}=(w_1,w_2,\cdots,w_n)$ 是 V 中的两个向量。
>
> 则 $\boldsymbol{v}$ 和 $\boldsymbol{w}$ 的*点积*（*dot product*）是 $\boldsymbol{v}$ 和 $\boldsymbol{w}$ 中对应元素的乘积之和。
>
> $$\boldsymbol{v}\bullet\boldsymbol{w}=v_1w_1+v_2w_2+\cdots+v_nw_n$$

如果我们把 $\boldsymbol{v}$ 和 $\boldsymbol{w}$ 看作行向量，也就是 $1\times n$ 的矩阵，则

$$\boldsymbol{v}\bullet\boldsymbol{w}=\boldsymbol{v}\boldsymbol{w}^{\mathrm{T}}$$

基向量 $\boldsymbol{e}_1=(1,0)$ 和 $\boldsymbol{e}_2=(0,1)$ 的点积为 0。当两个实向量的点积出现这种情况时，我们就说这两个向量是*正交的*（*orthogonal*）。

$\boldsymbol{h}_1=\left(\dfrac{\sqrt{2}}{2},\dfrac{\sqrt{2}}{2}\right)$ 和 $\boldsymbol{h}_2=\left(\dfrac{\sqrt{2}}{2},-\dfrac{\sqrt{2}}{2}\right)$ 是一对正交的实数基向量（如图 5-16 所示），因为

$$\frac{\sqrt{2}}{2}\times\frac{\sqrt{2}}{2}+\frac{\sqrt{2}}{2}\times\left(-\frac{\sqrt{2}}{2}\right)=\frac{2}{4}-\frac{2}{4}=0$$

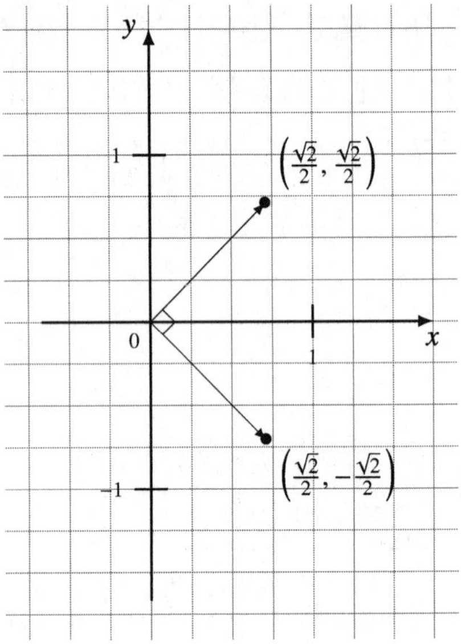

图 5-16

5.7.2　内积

同样令 V 是基于 $\mathbb{F}=\mathbb{R}$ 或 $\mathbb{F}=\mathbb{C}$ 的向量空间，内积（*inner product*）是基于其中两个向量 $\langle\boldsymbol{v},\boldsymbol{w}\rangle$ 且取值在 $\mathbb{F}$ 内的函数，并且该函数满足以下条件。

- $\langle\boldsymbol{v},\boldsymbol{v}\rangle$ 是一个大于等于 0 的实数。

- 当且仅当 $\boldsymbol{v}$ 为 0 时，$\langle \boldsymbol{v},\boldsymbol{v}\rangle = 0$。
- $\langle \boldsymbol{v},\boldsymbol{w}\rangle = \overline{\langle \boldsymbol{w},\boldsymbol{v}\rangle}$。
- $\langle \boldsymbol{v},\boldsymbol{u}+\boldsymbol{w}\rangle = \langle \boldsymbol{v},\boldsymbol{u}\rangle + \langle \boldsymbol{v},\boldsymbol{w}\rangle$。
- $\langle \boldsymbol{v},a\boldsymbol{w}\rangle = a\langle \boldsymbol{v},\boldsymbol{w}\rangle$，其中 a 在 $\mathbb{F}$ 中。

讲到这个条件的时候，某个数学家可能会说："等一下，复内积的第二个元素是线性的，但第一个却不是！"我在学习这个概念时被告知，上述定义内积的条件中，第四和第五个条件应该如下所示。

- $\langle \boldsymbol{u}+\boldsymbol{v},\boldsymbol{w}\rangle = \langle \boldsymbol{u},\boldsymbol{w}\rangle + \langle \boldsymbol{v},\boldsymbol{w}\rangle$。
- $\langle a\boldsymbol{v},\boldsymbol{w}\rangle = \overline{a}\langle \boldsymbol{v},\boldsymbol{w}\rangle$，其中 a 在 $\mathbb{F}$ 中。

但物理学家仍使用前一种写法，这样能使狄拉克符号之类的约定更易操作。（也就是说，不同版本的内积定义中，向量的左右位置可能会颠倒，但本质上它们是等价的。）所以我们将在这方面使用物理学家使用的版本，不过不知怎么，我总有些不习惯。

我建议你在此时考虑一下实向量空间。空间中，共轭函数为恒等函数。基于 $\mathbb{R}$ 的向量空间中的点积是一种实向量内积。请尝试验证以上关于内积的条件，从等号左侧开始。

当两个向量中某一个为零向量时，内积为 0。

问题 5.7.1

如果 a 在 $\mathbb{F}$ 中，为什么 $\langle a\boldsymbol{v},\boldsymbol{w}\rangle = \overline{a}\langle \boldsymbol{v},\boldsymbol{w}\rangle$ 成立？

尽管在实向量空间中 $\langle \boldsymbol{v},\boldsymbol{w}\rangle = \boldsymbol{v}\cdot\boldsymbol{w}$ 成立，但在复向量空间中却并非如此，正确的公式应当为 $\langle \boldsymbol{v},\boldsymbol{w}\rangle = \overline{\boldsymbol{v}}\cdot\boldsymbol{w}$。除非另有说明，否则默认内积都是基于实向量空间或复向量空间的。

复向量内积的性质表明：如果 $\boldsymbol{A}$ 是一个复方阵，则

$$\langle \boldsymbol{A}\boldsymbol{v},\boldsymbol{w}\rangle = \langle \boldsymbol{v},\boldsymbol{A}^{\dagger}\boldsymbol{w}\rangle$$

也就是说，通过使用共轭转置，可将对内积中某个向量的线性变换移至另一个向量。

如果我们将 $\boldsymbol{v}$ 和 $\boldsymbol{w}$ 看作复行向量，即 $1\times n$ 的矩阵，则

$$\langle \boldsymbol{v},\boldsymbol{w}\rangle = \overline{\boldsymbol{v}}\boldsymbol{w}^{\mathrm{T}}$$

带有内积的向量空间名为*内积空间*（*inner product space*），这没什么奇怪的。

> **问题 5.7.2**
>
> 如果V是基于域$\mathbb{F}$且$\mathbb{F}=\mathbb{R}$的向量空间，那么内积
>
> $$\langle,\rangle : V \times V \to \mathbb{F}$$
>
> 是否为双线性映射？当$\mathbb{F}=\mathbb{C}$时情况又如何？解答时可别忘记共轭。

如果A是一个厄米矩阵，则对于V中的向量$\boldsymbol{v}_1$和$\boldsymbol{v}_2$，$\langle A\boldsymbol{v}_1,\boldsymbol{v}_2\rangle=\langle \boldsymbol{v}_1,A\boldsymbol{v}_2\rangle$都成立。

5.7.3 欧几里得范数

> 令$\boldsymbol{v}=(v_1,v_2,\cdots,v_n)$是$V$中的向量，则$\boldsymbol{v}$的*欧几里得范数*（*Euclidean norm*，也称为$\boldsymbol{v}$的长度）为$\|\boldsymbol{v}\|=\sqrt{\langle \boldsymbol{v},\boldsymbol{v}\rangle}$。

长度为 1 的向量称为*单位向量*（*unit vector*）。如果两个单位向量是正交的，即意味着它们的内积为 0，则它们就是*标准正交的*向量。一组单位向量中如果两两正交，则这一组单位向量都是标准正交向量。

任意向量空间$\mathbb{R}^n$或$\mathbb{C}^m$的标准基向量都是标准正交向量，其中n和m为大于或等于 1 的整数。

基向量无须标准正交，但从计算角度看，标准正交大有裨益。这是因为使用标准正交基向量时，内积中存在潜在的抵消情况，向量长度也不会让坐标大小的贡献，生偏差。

举个例子，如果$\boldsymbol{v}$是一个单位向量，则$\|a\boldsymbol{v}\|=|a|\times\|\boldsymbol{v}\|=|a|$。

> 如果一个矩阵中每一列都与其他列标准正交或每一行都与其他行标准正交，则该矩阵可称为*正交矩阵*（*orthogonal matrix*）。

> **问题 5.7.3**
>
> 为什么正交矩阵$\boldsymbol{A}$的转置矩阵也是其逆矩阵？

具有默认内积和欧几里得范数的、有限维度的实向量空间和复向量空间是一种*希尔伯特空间*（*Hilbert space*），得名于数学家戴维 • 希尔伯特（David Hilbert，如图 5-17 所示）。从完全广义的角度来讲，希尔伯特空间可以具有无限维度并可使用其他范数。量子力学和量子计算领域常会谈到希尔伯特空间，但你只需记住我们这里讨论的这个具体案例。

现在，我们可以从另一个角度解释基于 $\mathbb{R}$ 的向量空间 V 中的点积和欧几里得范数了。令 $\boldsymbol{v}$ 和 $\boldsymbol{w}$ 在 V 中，则这两个向量的点积等于它们的长度的乘积再乘它们之间的夹角的余弦：

$$\boldsymbol{v} \cdot \boldsymbol{w} = \|\boldsymbol{v}\|\|\boldsymbol{w}\| \cos(\theta)$$

举个例子，令 $\boldsymbol{v} = (4,0)$ 且 $\boldsymbol{w} = (2,3)$ 在 $\mathbb{R}^2$ 中，如图 5-18 所示，则得。

$$\boldsymbol{v} \cdot \boldsymbol{w} = 4 \times 2 + 0 \times 3 = 8$$
$$\|\boldsymbol{v}\| = \sqrt{4^2 + 0^2} = 4$$
$$\|\boldsymbol{w}\| = \sqrt{2^2 + 3^2} = \sqrt{13}$$

因此，$8 = 4\sqrt{13}\cos(\theta)$。解出 $\cos(\theta)$，可得其等于 $\frac{2}{\sqrt{13}} \approx 0.5547$。这里的“$\approx$”表示“约等于”。

通过计算器或软件使用*反余弦*函数 arccos，可得 $\theta \approx 0.9827$ 弧度。

图 5-17 1912 年的戴维·希尔伯特。照片属于公共领域

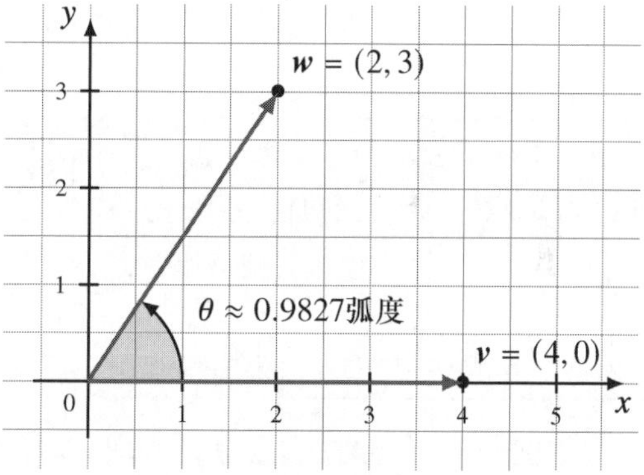

图 5-18

当 $\cos(\theta) = 0$ 时，这两个向量的夹角是直角，也就是说它们是正交的。根据公式，这说明此时点积为零。

5.7.4 反射变换

在二维向量空间中，如果 $\boldsymbol{v} = (v_1, v_2)$ 是一个非零向量，则 $\boldsymbol{w} = (-v_2, v_1)$ 与 $\boldsymbol{v}$ 正交，因为 $\boldsymbol{v} \cdot \boldsymbol{w} = 0$。这两个向量的长度一样。如果我们设

$$\boldsymbol{v}'=\left(\frac{v_1}{\|\boldsymbol{v}\|},\frac{v_2}{\|\boldsymbol{v}\|}\right) \text{ 且 } \boldsymbol{w}'=\left(-\frac{v_2}{\|\boldsymbol{v}\|},\frac{v_1}{\|\boldsymbol{v}\|}\right)$$

则 $\boldsymbol{v}'$ 和 $\boldsymbol{w}'$ 是标准正交向量，因为它们长度为 1 且正交。

$\boldsymbol{v}'$ 这个符号的英语读法是“v prime”。这是一种常用的标记法，表示我们对向量 $\boldsymbol{v}$ 等所涉对象进行了某种形式的修改。

如果 $\boldsymbol{v}=(3,4)$，$\boldsymbol{w}=(-4,3)$，那么，$\boldsymbol{v}'=\left(\frac{3}{5},\frac{4}{5}\right)$，$\boldsymbol{w}'=\left(-\frac{4}{5},\frac{3}{5}\right)$，如图 5-19 所示。

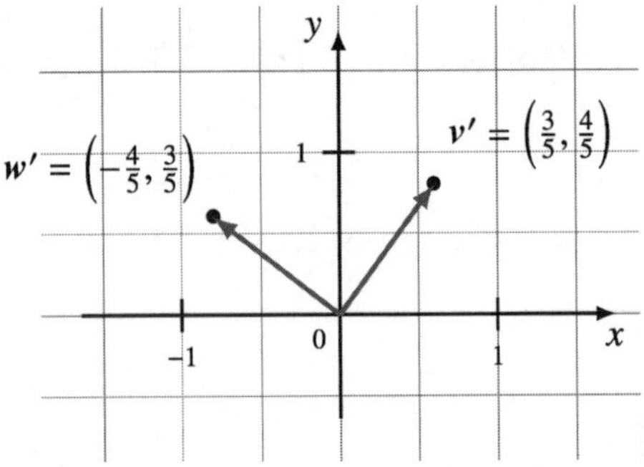

图 5-19

> 给定过 $\mathbb{R}^2$ 中原点的一条直线 L，令 $\boldsymbol{v}$ 为该直线上的一个单位向量。如果 L 是 x 轴，则 $\boldsymbol{v}$ 可以取 $(1,0)$ 或 $(-1,0)$。令 $\boldsymbol{w}$ 为与 $\boldsymbol{v}$ 正交的一个单位向量，则变换
>
> $$\boldsymbol{x}\mapsto\boldsymbol{x}-2(\boldsymbol{x}\cdot\boldsymbol{w})\boldsymbol{w}$$
>
> 是以直线 L 为反射轴的反射变换。

来测试一下。如果 L 是 x 轴，并取 $\boldsymbol{v}=(1,0)$ 且 $\boldsymbol{w}=(0,1)$，则

$$(x,y)\mapsto(x,y)-2((x,y)\cdot(0,1))(0,1)=(x,y)-(0,2y)=(x,-y)$$

这正是以 x 轴为反射轴的反射变换。

类似地，如果令 L 为直线 $y=x$ 并取 $\boldsymbol{v}=\left(\frac{\sqrt{2}}{2},\frac{\sqrt{2}}{2}\right)$ 且 $\boldsymbol{w}=\left(-\frac{\sqrt{2}}{2},\frac{\sqrt{2}}{2}\right)$，则

$$(x,y)\mapsto(x,y)-2\left((x,y)\cdot\left(-\frac{\sqrt{2}}{2},\frac{\sqrt{2}}{2}\right)\right)\left(-\frac{\sqrt{2}}{2},\frac{\sqrt{2}}{2}\right)$$

$$
\begin{aligned}
&=(x,y)-2\left(-x\frac{\sqrt{2}}{2}+y\frac{\sqrt{2}}{2}\right)\left(-\frac{\sqrt{2}}{2},\frac{\sqrt{2}}{2}\right)\\
&=(x,y)-2\left(\frac{1}{2}x-\frac{1}{2}y,-\frac{1}{2}x+\frac{1}{2}y\right)\\
&=(x,y)-(x-y,-x+y)\\
&=(y,x)
\end{aligned}
$$

我们之前已在介绍反射时见过该变换。

上述变换应该有一个对应的矩阵。令 $\boldsymbol{x}=(x,y)$ 、 $\boldsymbol{v}=(v_1,v_2)$ 、 $\boldsymbol{w}=(-v_2,v_1)$ ，则我们可将

$$\boldsymbol{x}\mapsto\boldsymbol{x}-2(\boldsymbol{x}\cdot\boldsymbol{w})\boldsymbol{w}$$

写成

$$
\begin{aligned}
(x,y)\mapsto&(x,y)-2\left((x,y)\cdot(-v_2,v_1)\right)(-v_2,v_1)\\
&=(x,y)-2(-xv_2+yv_1)(-v_2,v_1)\\
&=(x,y)+(2xv_2-2yv_1)(-v_2,v_1)\\
&=(x,y)+\left(-2xv_2^2+2yv_1v_2,2xv_1v_2-2yv_1^2\right)\\
&=\left(x-2xv_2^2+2yv_1v_2,y+2xv_1v_2-2yv_1^2\right)\\
&=\left(x\left(1-2v_2^2\right)+2yv_1v_2,2xv_1v_2+y\left(1-2v_1^2\right)\right)\\
&=\begin{bmatrix}1-2v_2^2 & 2v_1v_2\\ 2v_1v_2 & 1-2v_1^2\end{bmatrix}\begin{bmatrix}x\\ y\end{bmatrix}
\end{aligned}
$$

问题 5.7.4

因为 $\boldsymbol{v}$ 是单位向量，所以 $v_1^2+v_2^2=1$ 。反射变换矩阵

$$\boldsymbol{A}=\begin{bmatrix}1-2v_2^2 & 2v_1v_2\\ 2v_1v_2 & 1-2v_1^2\end{bmatrix}$$

的行列式是多少？

请说明 $\boldsymbol{AA}=\boldsymbol{I}_2$，即 $\boldsymbol{A}$ 的逆矩阵是其本身。请尽可能简化这些表达式。

因为 $\boldsymbol{v}$ 是单位向量，所以存在某个 θ 使得 $v_1=\cos(\theta)$ 且 $v_2=\sin(\theta)$ ，其中 θ 为 $\boldsymbol{v}$ 与 x

轴正半轴的夹角。我们可以使用三角函数形式重写该变换矩阵。

$$A=\begin{bmatrix}1-2v_2^2 & 2v_1v_2\\ 2v_1v_2 & 1-2v_1^2\end{bmatrix}=\begin{bmatrix}1-2\sin(\theta)^2 & 2\cos(\theta)\sin(\theta)\\ 2\cos(\theta)\sin(\theta) & 1-2\cos(\theta)^2\end{bmatrix}$$

请回忆一下三角函数二倍角公式，可以算出

$$1-2\cos(\theta)^2=1-2\left(1-\sin(\theta)^2\right)=-1+\sin(\theta)^2=-\cos(2\theta)$$

则该反射变换矩阵最终可以化简为（也许有些出人意料）：

$$\begin{bmatrix}1-2\sin(\theta)^2 & 2\cos(\theta)\sin(\theta)\\ 2\cos(\theta)\sin(\theta) & 1-2\cos(\theta)^2\end{bmatrix}=\begin{bmatrix}\cos(2\theta) & \sin(2\theta)\\ \sin(2\theta) & -\cos(2\theta)\end{bmatrix}$$

令 L 为过 $\mathbb{R}^2$ 中原点的一条直线，令 θ 为该直线与 x 轴正半轴的夹角，则以直线 L 为反射轴的反射变换的矩阵为：

$$\begin{bmatrix}\cos(2\theta) & \sin(2\theta)\\ \sin(2\theta) & -\cos(2\theta)\end{bmatrix}$$

我们将其与另一个角度为 φ 的反射变换组合：

$$\begin{bmatrix}\cos(2\theta) & \sin(2\theta)\\ \sin(2\theta) & -\cos(2\theta)\end{bmatrix}\begin{bmatrix}\cos(2\varphi) & \sin(2\varphi)\\ \sin(2\varphi) & -\cos(2\varphi)\end{bmatrix}$$

这等于：

$$\begin{bmatrix}\cos(2\theta)\cos(2\varphi)+\sin(2\theta)\sin(2\varphi) & \cos(2\theta)\sin(2\varphi)-\sin(2\theta)\cos(2\varphi)\\ \sin(2\theta)\cos(2\varphi)+\sin(2\theta)\sin(2\varphi) & \sin(2\theta)\sin(2\varphi)+\cos(2\theta)\cos(2\varphi)\end{bmatrix}$$

再根据三角函数的求和与求差公式，可得

$$\begin{bmatrix}\cos(2\theta-2\varphi) & -\sin(2\theta-2\varphi)\\ \sin(2\theta-2\varphi) & \cos(2\theta-2\varphi)\end{bmatrix}$$

掌声在哪里？

这正是角度为 $2\theta-2\varphi$ 的旋转变换矩阵！

在 $\mathbb{R}^2$ 中，两个反射变换可组合成一个旋转变换。

5.7.5 幺正变换

能够保持长度的线性变换具有怎样的特性？即如果有 $L:V \to V$ 且 $\|L(\boldsymbol{v})\| = \|\boldsymbol{v}\|$ 总是成立，则 L 中的矩阵有怎样的性质？

令 $\boldsymbol{U}$ 是一个复方阵，如果其伴随矩阵 $\boldsymbol{U}^{\dagger}$ 也是其逆矩阵 $\boldsymbol{U}^{-1}$，则 $\boldsymbol{U}$ 是幺正矩阵。因此，$\boldsymbol{U}\boldsymbol{U}^{\dagger} = \boldsymbol{U}^{\dagger}\boldsymbol{U} = \boldsymbol{I}$。这意味着 $\boldsymbol{U}$ 的列是标准正交的，行也是。

另外，$|\det(\boldsymbol{U})| = 1$。这是因为：

$$\begin{aligned}
1 &= \det(\boldsymbol{I}) \\
&= \det\left(\boldsymbol{U}\boldsymbol{U}^{\dagger}\right) \\
&= \det(\boldsymbol{U})\det\left(\boldsymbol{U}^{\dagger}\right) \\
&= \det(\boldsymbol{U})\det\left(\bar{\boldsymbol{U}}^{\mathrm{T}}\right) \\
&= \det(\boldsymbol{U})\det\left(\bar{\boldsymbol{U}}\right) \\
&= \det(\boldsymbol{U})\overline{\det(\boldsymbol{U})} \\
&= |\det(\boldsymbol{U})|^2
\end{aligned}$$

要证明幺正矩阵能保持长度，我们需要执行更多转置和共轭。

$$\|\boldsymbol{U}\boldsymbol{v}\|^2 = \langle \boldsymbol{U}\boldsymbol{v}, \boldsymbol{U}\boldsymbol{v} \rangle = \langle \boldsymbol{v}, \boldsymbol{U}^{\dagger}\boldsymbol{U}\boldsymbol{v} \rangle = \langle \boldsymbol{v}, \boldsymbol{v} \rangle = \|\boldsymbol{v}\|^2$$

因为长度不是负数，所以 $\|\boldsymbol{U}\boldsymbol{v}\| = \|\boldsymbol{v}\|$。反过来，如果这个等式成立，则必然有 $\boldsymbol{U}^{\dagger}\boldsymbol{U} = \boldsymbol{I}$。

旋转和反射都是幺正变换。正交矩阵是幺正矩阵。

对应于量子比特门/运算的矩阵都是幺正矩阵。

单位矩阵都是幺正矩阵，比如下面这 3 个泡利矩阵（Pauli matrix）：

$$\boldsymbol{\sigma}_x = \begin{bmatrix} 0 & 1 \\ 1 & 0 \end{bmatrix} \quad \boldsymbol{\sigma}_y = \begin{bmatrix} 0 & -\mathrm{i} \\ \mathrm{i} & 0 \end{bmatrix} \quad \boldsymbol{\sigma}_z = \begin{bmatrix} 1 & 0 \\ 0 & -1 \end{bmatrix}$$

σ 是希腊字母，读作“sigma”。泡利矩阵对量子力学而言非常重要，并且满足一些有用的恒等式：

$$\det(\boldsymbol{\sigma}_x)=\det(\boldsymbol{\sigma}_y)=\det(\boldsymbol{\sigma}_z)=-1$$
$$\operatorname{tr}(\boldsymbol{\sigma}_x)=\operatorname{tr}(\boldsymbol{\sigma}_y)=\operatorname{tr}(\boldsymbol{\sigma}_z)=0$$
$$\boldsymbol{\sigma}_x^2=\boldsymbol{\sigma}_y^2=\boldsymbol{\sigma}_z^2=-\mathrm{i}\boldsymbol{\sigma}_x\boldsymbol{\sigma}_y\boldsymbol{\sigma}_z=\boldsymbol{I}_2$$
$$\boldsymbol{\sigma}_x\boldsymbol{\sigma}_y=\mathrm{i}\boldsymbol{\sigma}_z=-\boldsymbol{\sigma}_y\boldsymbol{\sigma}_x$$
$$\boldsymbol{\sigma}_y\boldsymbol{\sigma}_z=\mathrm{i}\boldsymbol{\sigma}_x=-\boldsymbol{\sigma}_z\boldsymbol{\sigma}_y$$
$$\boldsymbol{\sigma}_z\boldsymbol{\sigma}_x=\mathrm{i}\boldsymbol{\sigma}_y=-\boldsymbol{\sigma}_x\boldsymbol{\sigma}_z$$

下面的阿达马矩阵（Hadamard matrix）也是幺正矩阵：

$$\begin{bmatrix} \frac{1}{2} & \frac{1}{2} & \frac{1}{2} & \frac{1}{2} \\ \frac{1}{2} & -\frac{1}{2} & \frac{1}{2} & -\frac{1}{2} \\ \frac{1}{2} & \frac{1}{2} & -\frac{1}{2} & -\frac{1}{2} \\ \frac{1}{2} & -\frac{1}{2} & -\frac{1}{2} & \frac{1}{2} \end{bmatrix}=\frac{1}{2}\begin{bmatrix} 1 & 1 & 1 & 1 \\ 1 & -1 & 1 & -1 \\ 1 & 1 & -1 & -1 \\ 1 & -1 & -1 & 1 \end{bmatrix}$$

从计算角度来看，幺正矩阵具有一个非常好的矩阵性质，因为计算逆矩阵很难，但计算伴随矩阵却很简单。

两个幺正矩阵 $\boldsymbol{U}_1$ 和 $\boldsymbol{U}_2$ 的积 $\boldsymbol{U}_1\boldsymbol{U}_2$ 也是幺正矩阵。

$$(\boldsymbol{U}_1\boldsymbol{U}_2)(\boldsymbol{U}_1\boldsymbol{U}_2)^\dagger=(\boldsymbol{U}_1\boldsymbol{U}_2)(\boldsymbol{U}_2^\dagger\boldsymbol{U}_1^\dagger)=\boldsymbol{U}_1(\boldsymbol{U}_2\boldsymbol{U}_2^\dagger)\boldsymbol{U}_1^\dagger=\boldsymbol{U}_1\boldsymbol{U}_1^\dagger=\boldsymbol{I}$$

对于 $\mathbb{N}$ 中给定的整数 n，元素在 $\mathbb{F}$ 中的所有 $n\times n$ 幺正矩阵的集合在乘法运算下是一个群。该群被称为基于 $\mathbb{F}$ 的 n 阶*幺正群*（*unitary group*），记为 $U(n,\mathbb{F})$。这是基于 $\mathbb{F}$ 的 n 阶一般线性群 $\mathrm{GL}(n,\mathbb{F})$ 的子群。

对于 $\mathbb{N}$ 中给定的整数 n，元素在 $\mathbb{F}$ 中且**行列式为 1** 的所有 $n\times n$ 幺正矩阵的集合在乘法运算下是一个群。该群被称为基于 $\mathbb{F}$ 的 n 阶*特殊幺正群*（*special unitary group*），记为 $\mathrm{SU}(n,\mathbb{F})$。

$\mathrm{SU}(n,\mathbb{F})$ 是 $U(n,\mathbb{F})$ 的子群，也是基于 $\mathbb{F}$ 的 n 阶特殊线性群 $\mathrm{SL}(n,\mathbb{F})$ 的子群。

问题 5.7.5

令 $\boldsymbol{P}$ 是一个 $n\times n$ 方阵且其所有元素要么为 0，要么为 1。进一步假设 $\boldsymbol{P}$ 的每一行和每一列都刚好只有一个 1，则 $\boldsymbol{P}$ 是一个*置换矩阵*（*permutation matrix*）。

- 如果 $\boldsymbol{A}$ 是一个 $n \times n$ 矩阵，则 $\boldsymbol{PA}$ 和 $\boldsymbol{A}$ 在行的顺序上有何不同？
- $\boldsymbol{AP}$ 和 $\boldsymbol{A}$ 在列的顺序上有何不同？
- 请说明 $\boldsymbol{P}$ 是幺正矩阵。

毫无疑问，幺正矩阵和幺正变换对量子计算而言是最重要的矩阵和变换之一。

了解更多

尽管本章中还有一些线性代数的有关概念需介绍，但现在可以暂停一下，为你给出一些参考资料。线性代数可以是抽象的研究[4][6]，也可以是应用数学[8]和工程学[7]的实用工具，但有时候它就只是简单地用于操作矩阵和向量。你可以根据你的学习背景挑选适合自己的教材。

5.7.6 线性方程组

以下两个方程

$$2x + 3y = 5$$
$$x - 2y = 2$$

合到一起便是一个线性方程组。其中等号左边是线性方程，右边是常数。在 $\mathbb{R}^2$ 中，这两个方程可以表示成两条直线。这两条直线可能重合，也可能平行不相交，也可能相交于某一点。

如果我们使用下标式变量，则同样的关系可以写成：

$$\begin{cases} 2x_1 + 3x_2 = 5 \\ x_1 - 2x_2 = 2 \end{cases}$$

我们还可以进一步将其写成矩阵和向量形式：

$$\begin{bmatrix} 2 & 3 \\ 1 & -2 \end{bmatrix} \begin{bmatrix} x_1 \\ x_2 \end{bmatrix} = \begin{bmatrix} 5 \\ 2 \end{bmatrix}$$

如果令

$$\boldsymbol{A} = \begin{bmatrix} 2 & 3 \\ 1 & -2 \end{bmatrix} \qquad \boldsymbol{x} = \begin{bmatrix} x_1 \\ x_2 \end{bmatrix} \qquad \boldsymbol{b} = \begin{bmatrix} 5 \\ 2 \end{bmatrix}$$

则上面的方程组就可以写成 $\boldsymbol{Ax} = \boldsymbol{b}$ ，称为线性方程，是书写线性方程组的标准形式。

我们的目标也许是求解所有 $\boldsymbol{x}$，也许是仅解出其中一部分 x_k，或者理解应用于 $\boldsymbol{x}$ 的某个函数 f。如果 $\boldsymbol{A}$ 可逆，则

$$\boldsymbol{A}\boldsymbol{x}=\boldsymbol{b} \quad \Rightarrow \quad \boldsymbol{A}^{-1}\boldsymbol{A}\boldsymbol{x}=\boldsymbol{A}^{-1}\boldsymbol{b} \quad \Rightarrow \quad \boldsymbol{x}=\boldsymbol{A}^{-1}\boldsymbol{b}$$

在这种情况下，$\boldsymbol{x}$ 仅有一个可能的值。如果 $\boldsymbol{A}$ 不可逆，则可能没有解或包含解的向量空间。

问题 5.7.6

求解以下方程组中的 x_1 和 x_2：

$$\begin{cases} 2x_1+3x_2=5 \\ x_1-2x_2=2 \end{cases}$$

并画出结果的图像。

问题 5.7.7

请找到由两个变量都无解的两个方程构成的方程组。请找到一个解为一条直线的方程组。请找到一个解为 $\mathbb{R}^2$ 的方程组。

假设我们有一个线性方程 $\boldsymbol{A}\boldsymbol{x}=\boldsymbol{b}$，其中 $\boldsymbol{A}$ 为可逆方阵，并假设 $\boldsymbol{b}$ 并不是一组确切的数。造成这种现象的原因可能是我们使用的是近似值或从科学仪器读取的测量值。如果 $\boldsymbol{b}_0$ 是“正确答案”，则 $\boldsymbol{b}=\boldsymbol{b}_0+\boldsymbol{\varepsilon}$，其中 $\boldsymbol{\varepsilon}$ 是某个很小的误差向量——至少我们希望它很小，则有

$$\boldsymbol{A}\boldsymbol{x}=\boldsymbol{b}=\boldsymbol{b}_0+\boldsymbol{\varepsilon}$$

因此

$$\boldsymbol{x}=\boldsymbol{A}^{-1}\boldsymbol{b}=\boldsymbol{A}^{-1}\left(\boldsymbol{b}_0+\boldsymbol{\varepsilon}\right)=\boldsymbol{A}^{-1}\boldsymbol{b}_0+\boldsymbol{A}^{-1}\boldsymbol{\varepsilon}$$

这就意味着 $\boldsymbol{x}$ 不同于“正确”值 $\boldsymbol{A}^{-1}\boldsymbol{b}$，与其相差 $\boldsymbol{A}^{-1}\boldsymbol{\varepsilon}$。

如果 $\boldsymbol{b}\neq\boldsymbol{0}$，我们可以通过计算 $\dfrac{\boldsymbol{\varepsilon}}{\boldsymbol{b}}$ 来了解误差 $\boldsymbol{\varepsilon}$ 的相对大小。类似地，如果计算

$$\frac{\left\|\boldsymbol{A}^{-1}\boldsymbol{\varepsilon}\right\|}{\left\|\boldsymbol{A}^{-1}\boldsymbol{b}\right\|}$$

可以得到解的相对误差。

$\boldsymbol{b}$ 中的误差有多少会转化成解中的误差？我们可以再求一次商：

$$\frac{\dfrac{\|A^{-1}\varepsilon\|}{\|A^{-1}b\|}}{\dfrac{\|\varepsilon\|}{\|b\|}}$$

当探讨解时，小误差会被放大还是能够得到控制？我们希望把这看作 A 的一种属性，因此我们定义：

$$\kappa(A)=\frac{\dfrac{\|A^{-1}\varepsilon\|}{\|A^{-1}b\|}}{\dfrac{\|\varepsilon\|}{\|b\|}} \text{ 是在所有非零 } \varepsilon \text{ 和非零 } b \text{ 上的最大值}$$

$\kappa(A)$ 被称为 A 的*条件数*（*condition number*），其中 κ 是希腊字母，读作“kappa”。

条件数总是大于或等于 1。其值越接近 1，A 在误差存在下的表现就越好。

问题 5.7.8

我们改写上面的分式：

$$\frac{\dfrac{\|A^{-1}\varepsilon\|}{\|A^{-1}b\|}}{\dfrac{\|\varepsilon\|}{\|b\|}}=\frac{\|A^{-1}\varepsilon\|}{\|A^{-1}b\|}\frac{\|b\|}{\|\varepsilon\|}=\frac{\|A^{-1}\varepsilon\|}{\|\varepsilon\|}\frac{\|b\|}{\|A^{-1}b\|}$$

这说明如果 A 是幺正矩阵，则条件数 $\kappa(A)=1$。提示：如果 A 是幺正矩阵，则 A^{-1} 也是幺正矩阵。

当条件数很大时，会出现病态问题（ill-posed problem），也称非良置问题（ill-conditioned problem）。这时候，输入中的一点小误差就会导致输出产生很大误差。从算法角度看，这可能导致算法的表现变得非常差或结果极为不准确。为了实现更稳定的计算，就需要另一种算法或补充有关该问题的其他信息了。

5.8 基底的变化

给定 n 维向量空间 V 和线性变换 $V \to V$，我们可以为 V 选择不同的基底。我们将它

们记为 $X=\{\boldsymbol{x}_1,\boldsymbol{x}_2,\cdots,\boldsymbol{x}_n\}$ 和 $Y=\{\boldsymbol{y}_1,\boldsymbol{y}_2,\cdots,\boldsymbol{y}_n\}$。如果将 X 作为基底，则将该线性变换的矩阵记为 $\boldsymbol{A}_X$；如果将 Y 作为基底，就将其记为 $\boldsymbol{A}_Y$。但是，$\boldsymbol{A}_X$ 和 $\boldsymbol{A}_Y$ 实现的是同一个线性变换。如果 $\boldsymbol{v}$ 是 V 中的一个向量，则其有对应 X 的一组坐标，也有对应 Y 的另一组坐标。

我们该如何将 $\boldsymbol{v}$ 的一组坐标转换成另一组坐标？$\boldsymbol{A}_X$ 和 $\boldsymbol{A}_Y$ 有何关系？

这个主题可能令人困惑，因为你很容易用错矩阵或用成了其逆矩阵。但如果从想表达的基本概念开始思考，剩下的一切就会水到渠成。

我们先来看一个例子，以便说明正确选择基底能实现问题的简化。

假设城市街区是按直角多边形的模式良好排布的，那么我们可以使用基向量 $\boldsymbol{x}_1=(1,0)$ 和 $\boldsymbol{x}_2=(0,2)$ 来表示位置。（注意，这两个坐标是基于标准基底给出的。）

我在给你指方向时可以说：“沿 $\boldsymbol{x}_2$ 向北走 1 个街区，再向右转并沿 $\boldsymbol{x}_1$ 向东走 2 个街区。”然后你会到达图 5-20 中星号所在的位置。使用 X 基底时，该位置为 $2\boldsymbol{x}_1+\boldsymbol{x}_2$。

这里 $\boldsymbol{x}_1$ 和 $\boldsymbol{x}_2$ 的长度不一样，这是有意为之，这使得向量的“单位”能与城市街区的长和宽相匹配。当然，基向量无须长度为 1。

但如果我们的城市网格不是严格的东西南北朝向，而是有一定的角度（如图 5-21 所示），就不那么容易表示位置了。实际上，城市的布局基于城市的历史、发展过程和地理结构等。如果我们还想沿一个基向量走后再沿另一个基向量前进，就无法使用 $\boldsymbol{x}_1$ 和 $\boldsymbol{x}_2$ 了。如果我们再继续沿这样的路径前进，就必须穿过这些建筑物。

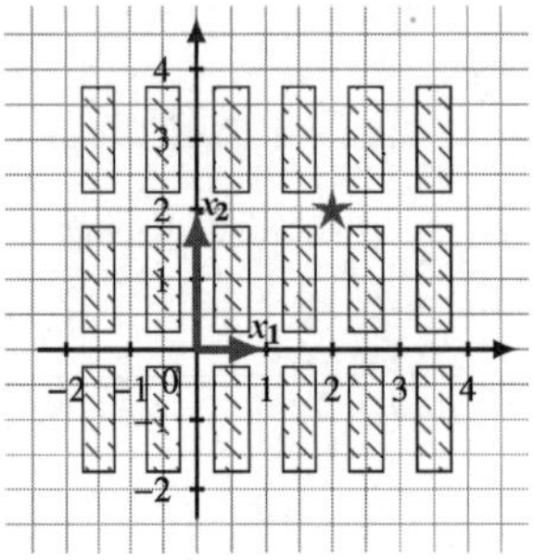

图 5-20

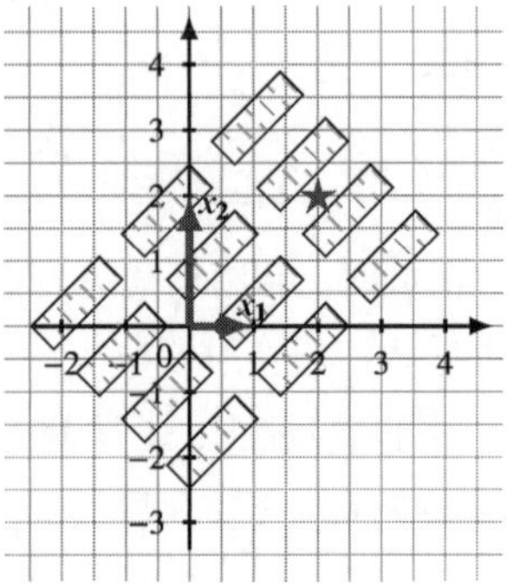

图 5-21

我们需要更换基底——一组更能满足我们想沿基向量走的愿望的基底。

我们希望找到一组能让计算和行走更容易的基底。

我们可以选择一组新的基向量 $\boldsymbol{y}_1$ 和 $\boldsymbol{y}_2$ 并让它们与我们的道路布局更好地对齐，如图 5-22 所示。现在我们可以为城市和位置使用一个新的坐标系了。

要到达五角星所在的位置，现在我们可以说“沿 $\boldsymbol{y}_1$ 方向走 $\sqrt{2}$ 个街区”。如果你不适应用平方根数进行导航，可以取近似，即大约 1.4 个街区。

回到基底以及它们之间的转换上，我们选择：

$$X = E = \{\boldsymbol{x}_1 = \boldsymbol{e}_1 = (1,0), \boldsymbol{x}_2 = \boldsymbol{e}_2 = (0,1)\}$$

和

$$Y = \{\boldsymbol{y}_1 = (2,-1)_E, \boldsymbol{y}_2 = (3,2)_E\}$$

这里的坐标都基于初始定义的标准基底（如图 5-23 所示）。

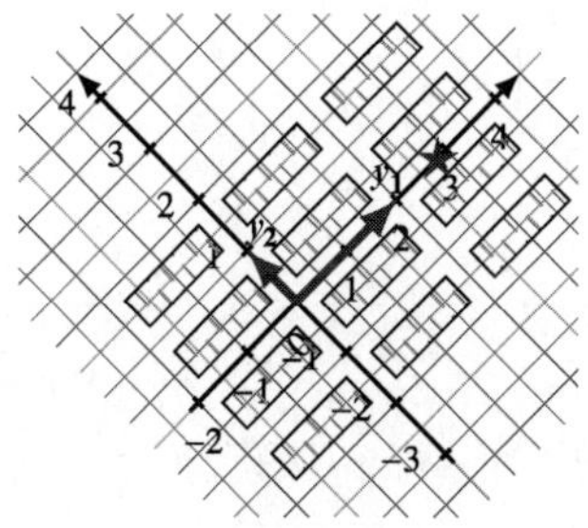

图 5-22

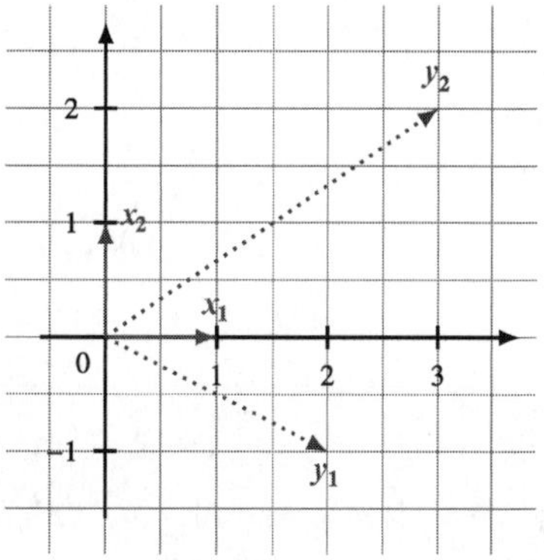

图 5-23

定义

$$\boldsymbol{M}_{Y,E} = \begin{bmatrix} 2 & 3 \\ -1 & 2 \end{bmatrix}$$

其中列是 Y 的每个基向量基于 E 的坐标。

如果 $\boldsymbol{v}_Y = (1,0)_Y$ 是向量 $\boldsymbol{y}_1$ *基于基底* Y 的写法，则

$$\boldsymbol{M}_{Y,E}\boldsymbol{v}_Y = \begin{bmatrix} 2 & 3 \\ -1 & 2 \end{bmatrix}\begin{bmatrix} 1 \\ 0 \end{bmatrix}_Y = \begin{bmatrix} 2 & -1 \end{bmatrix}_E = \boldsymbol{y}_1\text{基于}E\text{的坐标}$$

同样，如果 $\boldsymbol{v}_Y = (0,1)_Y$ 是向量 $\boldsymbol{y}_2$ 基于基底 Y 的写法，则

$$\boldsymbol{M}_{Y,E}\boldsymbol{v}_Y = \begin{bmatrix} 2 & 3 \\ -1 & 2 \end{bmatrix}\begin{bmatrix} 0 \\ 1 \end{bmatrix}_Y = \begin{bmatrix} 3 & 2 \end{bmatrix}_E = \boldsymbol{y}_2\text{基于}E\text{的坐标}$$

> 对于向量 $\boldsymbol{v}$，矩阵 $\boldsymbol{M}_{Y,E}$ 可将基于基底 Y 写出的坐标转换成基于标准基底 E 写出的坐标。在 $\boldsymbol{M}_{Y,E}$ 中，列是基向量 $\boldsymbol{y}_1$ 和 $\boldsymbol{y}_2$ 基于 E 的坐标。

如果我们想将基于 E 的坐标转换成基于 Y 的坐标，又该如何操作？事实证明，这很简单，使用 $\boldsymbol{M}_{Y,E}$ 的逆矩阵即可：

$$\boldsymbol{M}_{E,Y} = \boldsymbol{M}_{Y,E}^{-1}$$

在我们的示例中，

$$\boldsymbol{M}_{Y,E} = \begin{bmatrix} 2 & 3 \\ -1 & 2 \end{bmatrix}$$

则

$$\boldsymbol{M}_{E,Y} = \boldsymbol{M}_{Y,E}^{-1} = \begin{bmatrix} \frac{2}{7} & -\frac{3}{7} \\ \frac{1}{7} & \frac{2}{7} \end{bmatrix}$$

> **问题 5.8.1**
>
> 请验证 $\boldsymbol{M}_{E,Y}$ 与向量 $\boldsymbol{y}_1$ 基于 E 写出的坐标的积等于 $(1,0)_Y$。对 $\boldsymbol{y}_2$ 来说，这个积是怎样的？

我们并不总是在 E 和另一个基底之间执行转换。即使 X 和 Y 都不是 E，我们仍然可以使用该标准基底。

> 在改变基底时，要记住一个基本方法：如果你想将坐标表示的基底从 X 替换成 Y，可将标准基底 E 作为中间步骤。

对于任意基底 X 和 Y，可以先计算 $\boldsymbol{M}_{X,E}$ 和 $\boldsymbol{M}_{Y,E}$，再进行组合：

$$\boldsymbol{M}_{X,Y} = \boldsymbol{M}_{E,Y}\boldsymbol{M}_{X,E} = \boldsymbol{M}_{Y,E}^{-1}\boldsymbol{M}_{X,E}$$

5.9　特征向量和特征值

我们先复习一些对角矩阵的奇妙特性。请回想一下，在对角矩阵中，除主对角线元素之外，其他元素均为 0。比如以下在 $\mathbb{R}^3$ 中的简单例子：

$$\boldsymbol{A}=\begin{bmatrix}3 & 0 & 0\\ 0 & 1 & 0\\ 0 & 0 & -2\end{bmatrix}$$

其在标准基向量 $\boldsymbol{e}_1$、$\boldsymbol{e}_2$、$\boldsymbol{e}_3$ 上产生的效果分别是沿 $\boldsymbol{e}_1$ 拉伸 3 倍、在 $\boldsymbol{e}_2$ 方向上保持不变、反射到 xOy 平面另一边后再沿 $\boldsymbol{e}_3$ 拉伸 2 倍。

对角矩阵的一般形式可写成：

$$\boldsymbol{D}=\begin{bmatrix}d_1 & 0 & 0 & \cdots & 0 & 0\\ 0 & d_2 & 0 & \cdots & 0 & 0\\ \vdots & \vdots & \vdots & & \vdots & \vdots\\ 0 & 0 & 0 & \cdots & d_{n-1} & 0\\ 0 & 0 & 0 & \cdots & 0 & d_n\end{bmatrix}$$

当然，我们面对的可能是小矩阵，不会有这么多 0。

对于如上所示的对角矩阵 $\boldsymbol{D}$，有

$$\det\left(\boldsymbol{D}\right)=d_1d_2\cdots d_n$$

$$\operatorname{tr}\left(\boldsymbol{D}\right)=d_1+d_2+\cdots+d_n$$

$$\boldsymbol{D}^{\mathrm{T}}=\boldsymbol{D}$$

且有如下性质。

- 当且仅当 d_i 都不为 0 时，$\boldsymbol{D}$ 是可逆的。
- 如果 $\boldsymbol{D}$ 可逆，则

$$\boldsymbol{D}^{-1}=\begin{bmatrix}\frac{1}{d_1} & 0 & 0 & \cdots & 0 & 0\\ 0 & \frac{1}{d_2} & 0 & \cdots & 0 & 0\\ \vdots & \vdots & \vdots & & \vdots & \vdots\\ 0 & 0 & 0 & \cdots & \frac{1}{d_{n-1}} & 0\\ 0 & 0 & 0 & \cdots & 0 & \frac{1}{d_n}\end{bmatrix}$$

- 如果 $\boldsymbol{b}_1,\cdots,\boldsymbol{b}_n$ 是我们正在使用的基底，则 $\boldsymbol{D}\boldsymbol{b}_1=d_1\boldsymbol{b}_1$，$\boldsymbol{D}\boldsymbol{b}_2=d_2\boldsymbol{b}_2,\cdots,\boldsymbol{D}\boldsymbol{b}_n=d_n\boldsymbol{b}_n$。

重点来看最后一个在基向量上产生的效果，给定一个不一定为对角矩阵的一般方阵

$\boldsymbol{A}$，是否存在一个向量 $\boldsymbol{v}$ 和一个标量 λ 可使得 $\boldsymbol{A}\boldsymbol{v}=\lambda\boldsymbol{v}$？

也就是说，由 $\boldsymbol{A}$ 表示的线性变换能否产生将 $\boldsymbol{v}$ 拉伸为其 λ 倍的效果？

需要说明两点：第一，我已经尽力少使用希腊字母了，但在这里使用 λ（读作“lambda”）已是传统；第二，这里稍微有点滥用术语。如果 λ 是负实数，则实际效果是拉伸为其 $|\lambda|$ 倍并执行一次反射。

> 令 $\boldsymbol{A}$ 为一个方阵且其元素都在 $\mathbb{F}$ 中，如果存在一个非零向量 $\boldsymbol{v}$ 和标量 λ 使得 $\boldsymbol{A}\boldsymbol{v}=\lambda\boldsymbol{v}$，则称 $\boldsymbol{v}$ 是 $\boldsymbol{A}$ 的*特征向量*（*eigenvector*，*也称“本征向量”*），λ 是对应的*特征值*（*eigenvalue*，*也称“本征值”*）。“eigen” 这个前缀来自德语，意思是“本身的”或“固有的”。
>
> 特征向量和特征值都有各自的纯英文版写法：*characteristic vector* 和 *characteristic value*，不过德语版写法在“英语”世界已经得到了非常广泛的使用。

我们该如何寻找特征向量及其特征值？这就要回到行列式了。

如果 $\boldsymbol{A}\boldsymbol{v}=\lambda\boldsymbol{v}$，则 $\boldsymbol{A}\boldsymbol{v}-\lambda\boldsymbol{v}=\boldsymbol{0}$。这里的 $\boldsymbol{0}$ 是 n 维零向量。从矩阵运算方面来看，这就等价于：

$$(\boldsymbol{A}-\lambda\boldsymbol{I}_n)\boldsymbol{v}=\boldsymbol{0}$$

其中 $\boldsymbol{I}_n$ 是 $n\times n$ 的单位矩阵。如果矩阵 $\boldsymbol{A}-\lambda\boldsymbol{I}_n$ 可逆，则可以两边都乘其逆矩阵。这会得到 $\boldsymbol{v}=\boldsymbol{0}$，与特征向量的定义相矛盾。因此 $\boldsymbol{A}-\lambda\boldsymbol{I}_n$ 不可逆，其行列式为 0。

$$\det\left(\boldsymbol{A}-\lambda\boldsymbol{I}_n\right)=0$$

这是一个有单变量 λ 的多项式，它的根就是 $\boldsymbol{A}$ 的特征值！一个特征值可能会多次出现。在这种情况下，我们说该特征值的*重数*（*multiplicity*）大于 1。

> **问题 5.9.1**
>
> 如果 $\boldsymbol{A}$ 是一个 2×2 的方阵，请证明：
>
> $$\det\left(\boldsymbol{A}-\lambda\boldsymbol{I}_2\right)=\lambda^2-\operatorname{tr}\left(\boldsymbol{A}\right)\lambda+\det\left(\boldsymbol{A}\right)$$
>
> 另请证明：
>
> $$\boldsymbol{A}^2-\operatorname{tr}\left(\boldsymbol{A}\right)\boldsymbol{A}+\det\left(\boldsymbol{A}\right)\boldsymbol{I}_2=0$$

> 对角矩阵的特征值是对角元素，对应的特征向量是基向量。

我们用 2×2 的实数和复数对角矩阵来演示。首先来看这个比最简单的单位矩阵稍复杂的例子：

$$\begin{bmatrix} 1 & 0 \\ 0 & -1 \end{bmatrix}$$

这是一个对角矩阵。可以得知，1 是特征向量 $\boldsymbol{e}_1$ 的特征值，−1 是特征向量 $\boldsymbol{e}_2$ 的特征值。

通过行列式计算，可得：

$$\begin{aligned} \det\left(\begin{bmatrix} 1 & 0 \\ 0 & -1 \end{bmatrix} - \lambda\begin{bmatrix} 1 & 0 \\ 0 & 1 \end{bmatrix}\right) &= \det\left(\begin{bmatrix} 1-\lambda & 0 \\ 0 & -1-\lambda \end{bmatrix}\right) \\ &= \lambda^2 - 1 \\ &= (\lambda+1)(\lambda-1) \\ &= 0 \end{aligned}$$

这肯定了特征值为 $\lambda_1 = 1$ 和 $\lambda_2 = -1$ 的结果。

再来看一个更复杂的例子，同样计算其特征值。令

$$\boldsymbol{A} = \begin{bmatrix} 3 & 3 \\ 2 & 4 \end{bmatrix}$$

则

$$\begin{aligned} \det\left(\begin{bmatrix} 3 & 3 \\ 2 & 4 \end{bmatrix} - \lambda\begin{bmatrix} 1 & 0 \\ 0 & 1 \end{bmatrix}\right) &= \det\left(\begin{bmatrix} 3-\lambda & 3 \\ 2 & 4-\lambda \end{bmatrix}\right) \\ &= \lambda^2 - 7\lambda + 6 \\ &= (\lambda-6)(\lambda-1) \\ &= 0 \end{aligned}$$

其特征值为 $\lambda_1 = 6$ 和 $\lambda_2 = 1$。要找到每个特征值的特征向量，可以求解：

$$\begin{bmatrix} 3-\lambda & 3 \\ 2 & 4-\lambda \end{bmatrix}\begin{bmatrix} x \\ y \end{bmatrix} = \begin{bmatrix} 0 & 0 \end{bmatrix}$$

其中 $\lambda = \lambda_1 = 6$ 和 $\lambda = \lambda_2 = 1$ 要分开计算。

当 $\lambda = 6$ 时，即：

$$\begin{cases} -3x + 3y = 0 \\ 2x - 2y = 0 \end{cases}$$

两个等式都可化简为 $y = x$，因此我们可以选择该直线上任意一点来表示该向量。我们就取 $\boldsymbol{v}_1 = (1,1)$。

而当$\lambda=1$时，即：

$$\begin{cases}2x+3y=0\\2x+3y=0\end{cases}$$

现在可得$y=-\frac{2}{3}x$。我们选取$\boldsymbol{v}_2=\left(1,-\frac{2}{3}\right)$。

我们来验证一下。

$$\boldsymbol{A}\boldsymbol{v}_1=\begin{bmatrix}3&3\\2&4\end{bmatrix}\begin{bmatrix}1\\1\end{bmatrix}=\begin{bmatrix}6&6\end{bmatrix}=6\boldsymbol{v}_1$$

以及

$$\boldsymbol{A}\boldsymbol{v}_2=\begin{bmatrix}3&3\\2&4\end{bmatrix}\begin{bmatrix}1\\-\frac{2}{3}\end{bmatrix}=\begin{bmatrix}3-3\times\frac{2}{3}&2-4\times\frac{2}{3}\end{bmatrix}=\begin{bmatrix}1&-\frac{2}{3}\end{bmatrix}=\boldsymbol{v}_2$$

$\boldsymbol{v}_1$和$\boldsymbol{v}_2$都不是单位向量，但我们可以在直线$y=x$上选出一个单位特征向量$\boldsymbol{v}_1=\left(\frac{\sqrt{2}}{2},\frac{\sqrt{2}}{2}\right)$。

问题 5.9.2

要使$\boldsymbol{v}_2$为单位特征向量，在直线$y=-\frac{2}{3}x$上有哪两个选择？

特征向量$\boldsymbol{v}_1$和$\boldsymbol{v}_2$不是正交的，因为它们的点积不为 0，而是 1/3。

为便于比较，我用虚线画了一个与$\boldsymbol{v}_1$垂直的向量，如图 5-24 所示。

最后看一个例子：

$$\boldsymbol{A}=\begin{bmatrix}1&1\\-1&1\end{bmatrix}$$

则可得

$$\det\left(\begin{bmatrix}1&1\\-1&1\end{bmatrix}-\lambda\begin{bmatrix}1&0\\0&1\end{bmatrix}\right)=\det\left(\begin{bmatrix}1-\lambda&1\\-1&1-\lambda\end{bmatrix}\right)=\lambda^2-2\lambda+2=0$$

注意，这里没有因式分解的步骤。根据二次公式，其因式分解的结果为：

$$\left(\lambda+\left(-1-\mathrm{i}\right)\right)\left(\lambda+\left(-1+\mathrm{i}\right)\right)$$

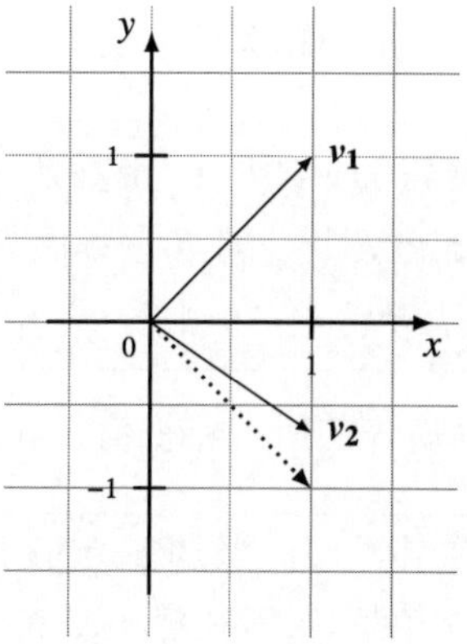

图 5-24

其特征值为 $\lambda_1 = 1 + \mathrm{i}$ 和 $\lambda_2 = 1 - \mathrm{i}$ 。居然是复数！

看起来很简单的矩阵 $\boldsymbol{A}$ 没有实数特征值，只有复数特征值。因此，它没有在 $\mathbb{R}^2$ 中的特征向量。

我们不再拘泥于 $\mathbb{R}^2$，而开始使用 $\mathbb{C}^2$，然后我们可以继续使用前述例子中的方法找到特征向量。

问题 5.9.3

$\boldsymbol{A} = \begin{bmatrix} 1 & 1 \\ -1 & 1 \end{bmatrix}$ 在 $\mathbb{C}^2$ 上对应于 λ_1 和 λ_2 的特征向量各是多少？

在这些 2×2 的例子中，计算行列式和分解多项式都很简单。当维度增大时，这些运算会困难很多。人们已经开发出一些用于计算或估计特征值和特征向量的算法和软件。它们被称为*特征求解器*（*eigensolver*）。

令 $\boldsymbol{A}$ 是基于 $\mathbb{C}^n$ 的 $n \times n$ 的复矩阵。带有单个变量 λ 的多项式 $\det(\boldsymbol{A} - \lambda \boldsymbol{I}_n)$ 可以在 $\mathbb{C}$ 上完成因式分解，因此 $\boldsymbol{A}$ 有 n 个特征值和 n 个对应的特征向量。有些特征值可能会多次出现。$\boldsymbol{A}$ 的行列式 $\det(\boldsymbol{A})$ 是 n 个特征值的积。$\boldsymbol{A}$ 的迹 $\mathrm{tr}(\boldsymbol{A})$ 则是这些特征值的和。

这些对实矩阵而言也都成立。数学家奥古斯丁-路易・柯西（Augustin-Louis Cauchy）证明如果实方阵 $\boldsymbol{A}$ 是对称的，则其有实数特征值。

事实上，我们可以换用标准正交的基底，其中由 $\boldsymbol{A}$ （基于旧基底）表示的线性变换的新矩阵是一个对角矩阵。其对角元素都是特征值，而其标准正交基底为特征向量。

我们再来看看另外一些与对角矩阵相关的事实。

如果存在一个可逆矩阵 $\boldsymbol{V}$ 使得 $\boldsymbol{D}=\boldsymbol{V}^{-1}\boldsymbol{A}\boldsymbol{V}$ 且 $\boldsymbol{D}$ 是一个对角矩阵，则矩阵 $\boldsymbol{A}$ 是可对角化（diagonalizable）矩阵。也就是说，存在一种改变基底的方式使得在原基底上由 $\boldsymbol{A}$ 表示的变换在新基底上由 $\boldsymbol{D}$ 表示。

如果我们可以计算出一个复矩阵的所有特征值，我们可以将其对角化吗？不一定。

如果复矩阵 $\boldsymbol{A}$ 的所有特征值都不同，那么它是可对角化矩阵。如果复矩阵 $\boldsymbol{A}$ 有重复的特征值，也有可能将其对角化，但一般情况下不行。

如果 $\boldsymbol{A}$ 是厄米矩阵，则当且仅当其为正定矩阵时，其所有特征值都为正。对于每个半正定矩阵 $\boldsymbol{A}$，都有且仅有一个半正定矩阵 $\boldsymbol{B}$ 使得 $\boldsymbol{A}=\boldsymbol{B}^2$。$\boldsymbol{B}$ 称为 $\boldsymbol{A}$ 的平方根，记为 $\boldsymbol{A}^{\frac{1}{2}}$。

令 $\boldsymbol{A}$ 是 $n\times n$ 的复厄米矩阵。$\boldsymbol{A}$ 的所有特征值都是实数，不同特征值的相应特征向量都是正交的，并且我们总是能找到 $\mathbb{C}^n$ 的一个由 $\boldsymbol{A}$ 的特征向量构成的基底。因为我们总是可以对特征向量执行归一化，所以我们可让该基底标准正交。

因为幺正矩阵对量子计算而言非常重要，所以我要强调它们在转换为对角矩阵时具有的一个特殊性质。

令 $\boldsymbol{U}$ 为一个复幺正矩阵，则总是存在另一个幺正矩阵 $\boldsymbol{V}$ 和一个对角幺正矩阵 $\boldsymbol{D}$ 使得 $\boldsymbol{U}=\boldsymbol{V}^{\dagger}\boldsymbol{D}\boldsymbol{V}$。因为 $\boldsymbol{V}$ 是幺正矩阵，所以 $\boldsymbol{V}^{\dagger}=\boldsymbol{V}^{-1}$，这就意味着 $\boldsymbol{V}\boldsymbol{U}\boldsymbol{V}^{\dagger}=\boldsymbol{D}$。

对一个幺正变换而言，存在一种对基底的幺正变换可将其表示为一个对角矩阵。

问题 5.9.4

$\boldsymbol{D}$ 中所有对角元素是否都必定为 $\boldsymbol{U}$ 的特征值？

5.10 直和

我们在介绍向量空间时，有时使用了 $\mathbb{R}^2$ 和 $\mathbb{R}^3$ 中相当具体的例子，有时则像本章开始那样使用了相对抽象的定义。我将继续按这种方式介绍基于同一域 $\mathbb{F}$ 的两个向量空间的*直和*（*direct sum*）。

粗略地说，直和就是将两个向量空间合并到一起。当然，这个说法既不具体，也不抽象。这是一种使用已有的向量空间得到新的向量空间的方法。

令V和W是两个基于$\mathbb{F}$且维度分别为 n 和 m 的向量空间。如果我们再令$\boldsymbol{v}=(v_1, v_2,\cdots,v_n)$且$\boldsymbol{w}=(w_1,w_2,\cdots,w_m)$，则

$$\boldsymbol{v}\oplus\boldsymbol{w}=(v_1,v_2,\cdots,v_n,w_1,w_2,\cdots,w_m)$$

在直和向量空间$V\oplus W$中。该向量空间的维度为$n+m$。

有关加法和标量乘法的所有必需要求都直接遵循这个定义，因为这些运算是逐坐标完成的。只需简单添加更多坐标即可。

$V\oplus W$有 4 种特殊的线性映射，其中两种是单射，另两种是投影。

$\text{inj}_V:V\to V\oplus W$ 映射为

$$(v_1,v_2,\cdots,v_n)\to\left(v_1,v_2,\cdots,v_n,\underbrace{0,\cdots,0}_{m\text{个}0}\right)$$

$\text{inj}_W:W\to V\oplus W$ 映射为

$$(w_1,w_2,\cdots,w_m)\to\left(\underbrace{0,\cdots,0}_{n\text{个}0},w_1,w_2,\cdots,w_m\right)$$

$\text{proj}_V:V\oplus W\to V$ 映射为

$$(v_1,v_2,\cdots,v_n,w_1,w_2,\cdots,w_m)\to(v_1,v_2,\cdots,v_n)$$

$\text{proj}_W:V\oplus W\to W$ 映射为

$$(v_1,v_2,\cdots,v_n,w_1,w_2,\cdots,w_m)\to(w_1,w_2,\cdots,w_m)$$

$\text{proj}_V\circ\text{inj}_V$ 这个组合变换是V上的恒等变换，$\text{proj}_W\circ\text{inj}_W$ 则是W上的恒等变换。

inj_V 的矩阵方程为：

$$\begin{bmatrix}1&0&\cdots&0\\0&1&\cdots&0\\\vdots&\vdots&&\vdots\\0&0&\cdots&1\\0&0&\cdots&0\\\vdots&\vdots&&\vdots\\0&0&\cdots&0\end{bmatrix}\begin{bmatrix}v_1\\v_2\\\vdots\\v_n\end{bmatrix}=\begin{bmatrix}v_1&v_2&\cdots&v_n&0&\cdots&0\end{bmatrix}$$

问题 5.10.1

另外 3 个映射的矩阵方程是怎样的？

你可以基于 $\mathbb{R}^1$ 创建

$$\mathbb{R}^2 = \mathbb{R}^1 \oplus \mathbb{R}^1$$

和

$$\mathbb{R}^3 = \mathbb{R}^1 \oplus \mathbb{R}^1 \oplus \mathbb{R}^1 = \mathbb{R}^2 \oplus \mathbb{R}^1 = \mathbb{R}^1 \oplus \mathbb{R}^2$$

问题 5.10.2

要得到 $\mathbb{R}^4$，存在多少种组合方式？要得到 $\mathbb{R}^{10}$ 呢？

如果已有 $\mathbb{C}^1$，我们也能以同样的方式得到 $\mathbb{C}^2$，然后再将两个 $\mathbb{C}^2$ 组合起来得到 $\mathbb{C}^4$。这种组合方式很平滑，因为我们就是简单地将坐标连接起来。

还有另一种使用两个向量空间构建新向量空间的技术，那就是*张量积*（*tensor product*）。要理解使用多个量子比特执行量子计算的数学基础，张量积至关重要。但张量积要难懂一些。我们将在 8.1 节介绍它，并使用它来解释量子比特纠缠。

5.11　同态

当使用函数对代数结构的集合执行操作时，我们通常需要保留一些额外的性质。现在，我们可以根据这些函数来重新定义向量空间的线性映射和变换。

5.11.1　群同态

假设 $(G,\circ)$ 和 $(H,\times)$ 是两个群，我们早已在 3.6.1 小节介绍过它们。如果 a 和 b 在 G 中且满足

$$f(a \circ b) = f(a) \times f(b)$$

则函数 $f: G \to H$ 是从 $(G,\circ)$ 到 $(H,\times)$ 的*群同态*（*group homomorphism*）。

这意味着 f 不仅是一个函数，而且其还保留了群上的运算。

群同态有以下性质。

- $f(\mathrm{id}_G)=f(\mathrm{id}_G\circ\mathrm{id}_G)=f(\mathrm{id}_G)\times f(\mathrm{id}_G)$，这意味着$f(\mathrm{id}_G)=\mathrm{id}_H$。
- $\mathrm{id}_H=f(\mathrm{id}_G)=f(a\circ a^{-1})=f(a)\times f(a^{-1})$，这意味着$f(a^{-1})=f(a)^{-1}$。

G中使得$f(a)=\mathrm{id}_H$成立的所有元素a的集合称为f的*核*（*kernel*），它是G的一个子群。

如果$f(a)=f(b)$意味着$a=b$，则f是一个*单同态*（*monomorphism*）。我们也可以说f是*一对一的*映射、f是*单射*或f可将G*嵌入*H中。如果f的核包含单个元素id_G，则f是单射函数。

> **问题 5.11.1**
>
> 请基于$f(a\circ b^{-1})$重新表述单同态的条件。

对于G中某个给定的a，f的*像*（*image*）是指H中看起来像是$f(a)$的所有元素的集合。f的这个像是H的一个子群。

如果对于H中的每个h都存在某个G中的a使得$f(a)=h$，则f是*满射*（*surjective*）函数，称为*满同态*（*epimorphism*）。这意味着H是f的像。我们也说f“*覆盖*”H。

既是单射又是满射的群同态是*同构*（*isomorphism*）。这意味着，从第一个群到第二个群的元素映射的角度来看，G和H“一样”。

最后，如果$G=H$且f是一个同构，则称f是一个*自同构*（*automorphism*）。

举例如下。

（1）标准嵌入$\mathbb{Z}\to\mathbb{Q}$、$\mathbb{Q}\to\mathbb{R}$和$\mathbb{R}\to\mathbb{C}$全都是群单同态。

（2）令n为大于 1 的正整数，数集$\{0,1,2,\cdots,n-1\}$在加法运算下是一个群，记为$\mathbb{Z}/n\mathbb{Z}$。这些数是“整数 mod n”的结果。将一个整数j映射成$j \bmod n$的函数

$$g:\mathbb{Z}\to\mathbb{Z}/n\mathbb{Z}$$

是满同态，但不是单同态。

> **问题 5.11.2**
>
> g的核是怎样的？

（3）对于任意整数n，令H是$\mathbb{Q}$中所有2^n形式的元素构成的集合$\{2^n\}$并有乘法运

算“$\times$”。根据 $n \mapsto 2^n$，可定义函数

$$h:(\mathbb{Z},+) \to (\{2^n\},\times)$$

问题 5.11.3

h 是一个同态吗？它是单同态，是满同态，还是同构？

5.11.2　环同态和域同态

假设 $(R,+,\times)$ 和 $(S,+,\times)$ 是两个环，则如果满足以下条件，函数 $f:R \to S$ 是一个环同态。

- 对于“+”运算，f 是一个群同态（也因此 $f(0_R)=0_S$）。
- 对于 R 中任意两个元素 a 和 b 都有 $f(a \times b)=f(a)\times f(b)$。
- $f(1_R)=1_S$。

问题 5.11.4

请证明对于 R 中任意 3 个元素 a、b 和 c，都有

$$f(a\times(b+c))=f(a)\times(f(b)+f(c))$$

现在我不再写出 0_S 等项中的下标，因为这些加法和乘法单位元在上下文中很清晰。

标准嵌入 $\mathbb{Z}\to\mathbb{Q}$、$\mathbb{Q}\to\mathbb{R}$ 和 $\mathbb{R}\to\mathbb{C}$ 全都是单同态。

问题 5.11.5

请定义环的单同态、满同态和同构。

域同态其实就是环同态。

假设 $(\mathbb{F}_1,+,\times)$ 和 $(\mathbb{F}_2,+,\times)$ 是两个域且 f 是从第一个域到第二个域的一个同态。我们来看看 f 的核，即映射到 $\mathbb{F}_2$ 中 0 的 $\mathbb{F}_1$ 元素的集合。

我们知道 0 在这个核中，所以假设 a 是 $\mathbb{F}_1$ 中的一个非零元素且 $f(a)=0$。因为 $\mathbb{F}_1$ 是一个域，所以必然存在一个 a^{-1} 使得 $a\times a^{-1}=1$。

$$1=f(1)=f(a\times a^{-1})=f(a)\times f(a^{-1})=0\times f(a^{-1})=0$$

因为$1 \neq 0$，所以这是矛盾的，即并不存在这样的非零a。

> 每个域同态的核都只包含0。每个域同态都是单同态。

5.11.3 向量空间同态

向量空间同态是一种加法群同态，通过其底层的域中的元素，向量空间同态保留了标量乘法。所以除

$$f(\boldsymbol{v}+\boldsymbol{w})=f(\boldsymbol{v})+f(\boldsymbol{w})$$

这样的规则之外，$f(a\boldsymbol{v})=af(\boldsymbol{v})$也成立。

> 令U和V是基于同一域$\mathbb{F}$的向量空间，我们在5.3节中定义的线性映射$f:U \to V$就是向量空间同态。
>
> 从U到其自身的同态能保留标量乘法，这是一种*线性变换*。

线性映射f的核称为f的*零空间*（*null space*）。这是一个向量空间，该向量空间的维度被称为*零化度*（*nullity*）。如果$f:U \to V$，则f的*秩*为V的维度减去f的零化度。

> **问题 5.11.6**
>
> 如果U、V和W是基于同一域$\mathbb{F}$的向量空间且
>
> $$f:U \oplus V \to W$$
>
> 是一个同态，请证明$\boldsymbol{u} \mapsto f(\boldsymbol{v},0)$是从$U$到$W$的一个同态。

对于向量空间，我们也有相应的单同态和满同态的概念。

- 当$f:V \to W$为线性映射时，如果$f(\boldsymbol{v}_1)=f(\boldsymbol{v}_2)$表明$\boldsymbol{v}_1=\boldsymbol{v}_2$，则$f$是一个单同态。其值域的一个向量是其定义域中仅一个向量的像。
- 当$f:V \to W$为线性映射时，如果对于W中任意$\boldsymbol{w}$都有V的一个$\boldsymbol{v}$使得$f(\boldsymbol{v})=\boldsymbol{w}$，则$f$是一个满同态。$W$中的任意向量都是$V$中某个向量的像。在这个意义上，$f$可“覆盖”$W$。

如果f既是单同态又是满同态，则f也是一个同构。必须说明，V和W的维度要一样。如果f可基于某基底表示成矩阵$\boldsymbol{A}$，则f的反函数f^{-1}也是一个线性映射，其矩阵为$\boldsymbol{A}^{-1}$。

了解更多

同态不仅是非常好的函数，还是数学的一大核心。没有同态，你无法研究群论，而群又是“数学大厦”的重要地基[3] [5]。

5.12　小结

线性代数这个数学领域能为我们提供理解和研究任意维度的空间所必需的语言和工具。物理学中的广义量子力学会用到无限维度的空间，我们所需的空间要简单一些，而且我们重点关注的是有限维度的向量、线性变换和矩阵。

量子计算的基本信息单位是量子比特，而量子比特的状态可用二维复向量空间表示。现在，我们基本上介绍了所有必需工具，差不多可以从纯数学描述过渡到对来自微观物理世界模型的证据的描述了。但别着急，还有一个前置数学主题尚未介绍，也就是第 6 章的内容：概率。

参考资料

[1] Emma Brockes. *Return of the time lord*. 2005.

[2] D. Coppersmith and S. Winograd. “Matrix Multiplication via Arithmetic Progressions”. In: *Proceedings of the Nineteenth Annual ACM Symposium on Theory of Computing*. STOC ’87. ACM, 1987, pp. 1-6.

[3] D. S. Dummit and R. M. Foote. *Abstract Algebra*. 3rd ed. Wiley, 2004.

[4] Paul R. Halmos. *Finite-Dimensional Vector Spaces*. 1st ed. Undergraduate Texts in Mathematics. Springer Publishing Company, Incorporated, 1993.

[5] S. Lang. *Algebra*. 3rd ed. Graduate Texts in Mathematics 211. Springer-Verlag, 2002.

[6] Elizabeth S. Meckes and Mark W. Meckes. *Linear Algebra*. Cambridge Mathematical Textbooks. Cambridge University Press, 2018.

[7] Ferrante Neri. *Linear Algebra for Computational Sciences and Engineering*. 2nd ed. Springer, 2019.

[8] Thomas S. Shores. *Applied Linear Algebra and Matrix Analysis*. 2nd ed. Undergraduate Texts in Mathematics. Springer, 2018.

第 6 章 “可能”是什么意思？

当然，任何思考用算术方法产生随机数的人都“有罪”。

约翰·冯·诺依曼[7]

本章所要介绍的内容的核心是：在任意给定情况下，所有可能发生的不同情况的概率之和总是为 1。

在本章中，我将介绍概率论的基础知识，之后我们将开始学习量子计算及其应用。

6.1 离散

概率有时候看起来就像是研究掷硬币或掷骰子，因为很多书在解释概率时都会借用这两种道具。我们很难脱离这些方便的道具。这两种道具有一共同优点，即能让我们很轻松地解释离散事件和独立性。

为了说明这两个概念，假设我们有一台制作小饼干的机器。这是一台很大的箱型机器，顶部有一个按钮，每当你按下这个按钮，该机器的底部槽口就会吐出一块小饼干。这些小饼干有 4 种口味：**巧克力**、**砂糖**、**燕麦**和**椰子**。

假设现在这台机器可制作的小饼干有无限多块。如果按下其按钮 100 万次，就会得到 100 万块小饼干。另外，假设每次获得的饼干口味都是随机的。“随机”（random）是什么意思？

不严格地说，“随机”在这里是指获得其中任一口味的概率与获得其他任一口味的概率相同。也就是说，我有大约四分之一的时间获得**巧克力**味小饼干，四分之一的时间获得**砂糖**味小饼干，获得**燕麦**和**椰子**味小饼干的时间也各为四分之一。

那么，获得一块**砂糖**味小饼干的*概率*（*probability*）就是 0.25，而获得每种口味小饼干的概率之和为 1.0。这个案例有 4 种不同的结果且每次仅会出现其中一种，我们称这种情况是*离散的*（*discrete*）。我们可将其写为：

$$P(\text{巧克力}) = P(\text{砂糖}) = P(\text{燕麦}) = P(\text{椰子}) = 0.25$$

且

$$P(\text{巧克力}) + P(\text{砂糖}) + P(\text{燕麦}) + P(\text{椰子}) = 1.0$$

其中 $P(x)$ 表示 x 发生的概率且 $0 \leqslant P(x) \leqslant 1$。在这种离散的情况下，如果概率为 1，则 x 必然会发生；如果概率为 0，则 x 永远不会发生。如果概率既非 0 也非 1，则 x 就既非不会发生，也非必然发生。

> **问题 6.1.1**
>
> 按下按钮后，*不*获得**椰子味**小饼干的概率是多少？

现在我们修改当前场景。上次服务人员不小心在小饼干机内部的**椰子味**小饼干槽中装入了**巧克力**味小饼干。这会改变我获得不同口味小饼干的概率：

$$P(\text{巧克力}) = 0.5 \qquad P(\text{砂糖}) = 0.25$$

$$P(\text{燕麦}) = 0.25 \qquad P(\text{椰子}) = 0$$

这些概率之和仍然且必然为 1，但现在获得**巧克力**味小饼干的概率是以前的两倍。而获得**椰子**味小饼干的概率为 0，也就是说这根本不可能发生。

假如服务人员忘记在**椰子**味小饼干槽中放饼干了，概率会变为：

$$P(\text{巧克力}) = 0.\overline{3} \qquad P(\text{砂糖}) = 0.\overline{3}$$

$$P(\text{燕麦}) = 0.\overline{3} \qquad P(\text{椰子}) = 0$$

因为我们谈论的只是概率，所以也有可能我连续按 3 次按钮，结果连续 3 次获得**巧克力**味小饼干。3 次观察实在太少了，结果根本不足以稳定地接近概率。只有当我执行一个动作（此处即按按钮）很多很多次时，我才能观察到给定事件出现的次数与事件总次数的比值开始接近其概率。

如果我按下按钮 100 次，则可能会得到如表 6-1 所示的结果。

表 6-1

小饼干口味	获得的次数	次数与 100 的比值
巧克力	22	0.22
砂糖	26	0.26
燕麦	25	0.25
椰子	27	0.27

上述结果基于一切都如预想般平衡的假设，其最终得到的比值也会接近概率。但如果我得到的是表 6-2 所示的结果，我可以合理地猜测有地方出了问题。如果**砂糖**味和**燕麦**味小饼干的数量差不多，同时完全没有**巧克力**和**椰子**味小饼干，我理应对此产生怀疑。当实验结果与预测值有显著差异时，你应该检查一下你的假设、硬件和软件等。

表 6-2

小饼干口味	获得的次数	次数与 100 的比值
巧克力	0	0.00
砂糖	48	0.48
燕麦	52	0.52
椰子	0	0.00

现在我们来了解一下获得一种口味的小饼干后再获得另一种口味的小饼干的概率。获得一块**燕麦**味小饼干后再获得一块**砂糖**味小饼干的概率是多少？

其结果为：

$$P(\text{燕麦然后砂糖}) = P(\text{燕麦}) \times P(\text{砂糖})$$
$$= 0.25 \times 0.25 = 0.0625 = \frac{1}{16}$$

我们还可以从另一个角度看待这个问题：第一块小饼干的口味有 4 种选择，第二块小饼干的口味也有 4 种选择，组合起来两块小饼干的口味就有 16 种选择。这些选择如下：

巧克力+巧克力	巧克力+砂糖	巧克力+燕麦	巧克力+椰子
砂糖+巧克力	砂糖+砂糖	砂糖+燕麦	砂糖+椰子
燕麦+巧克力	燕麦+砂糖	燕麦+燕麦	燕麦+椰子
椰子+巧克力	椰子+砂糖	椰子+燕麦	椰子+椰子

获得**燕麦**味小饼干后再获得**砂糖**味小饼干是这 16 种选择中的一种。

但假如我们希望最终所得是一块**燕麦**味和一块**砂糖**味小饼干呢？此时我们不再关心获得小饼干的顺序。在这 16 种可能的选择中，有 2 种符合要求，因此：

$$P(\text{燕麦和砂糖}) = \frac{2}{16} = \frac{1}{8} = 0.125$$

即

$$P(\text{燕麦然后砂糖}) + P(\text{砂糖然后燕麦})$$

> **问题 6.1.2**
>
> 我第一次按按钮得到**巧克力**味小饼干后，第二次按按钮不得到**巧克力**味小饼干的概率是多少？

6.2 更数学形式的描述

在 6.1 节中，一开始有 4 种可能的结果，即我们的机器可能吐出 4 种口味的小饼干。在这种情况下，我们的样本空间为以下集合：

$$\{\text{巧克力}, \text{砂糖}, \text{燕麦}, \text{椰子}\}$$

我们也说这 4 种口味是一个*随机变量*（*random variable*）的值。我们通常用 X 和 Y 表示随机变量。

对于获得一种小饼干后再获得另一种小饼干的情况，样本空间的大小为 16。*概率分布*（*probability distribution*）包含得到每种可能的结果（随机变量的值）的概率。对于基础的平衡情况，概率分布为：

$$\text{巧克力} \rightarrow 0.25 \qquad \text{砂糖} \rightarrow 0.25$$
$$\text{燕麦} \rightarrow 0.25 \qquad \text{椰子} \rightarrow 0.25$$

如果像该例子一样，得到各种结果的概率全都相等，则该分布为*均匀分布*（*uniform distribution*）。

如果我们的样本空间是有限的或是*可数无限的*（*countably infinite*），则我们称其为*离散*空间。如果一个集合能与整数集 $\mathbb{Z}$ 形成一一对应关系，则它就是一个可数无限集。你可以将其看作一组数量无限且有明显区分的事物，而且这些事物之间没有其他事物。

如果样本空间能与实数集 $\mathbb{R}$ 或更高维空间的某一部分相对应，则该样本空间就为*连续*（*continuous*）空间。你在烧开水时，水温值的样本空间就是从起始温度到沸点连续变化的。就算你的温度计只能读取到小数点后一两位，也并不意味着温度本身不在其范围内平滑变化。

离散空间和连续空间之间存在一个很重要的区别。具体来说，尽管温度的样本空间是连续的，但*从温度计上读取的数值*却是离散的。这些数值通常带一两位小数。由从温度计上读取的数值构成的离散样本空间是实际温度的连续样本空间的一个近似（approximation）。

当我们在计算机上使用数值方法研究这类情况时，我们更倾向于使用连续类型的技术。这会涉及微积分，但我并未将其作为本书的预备知识，所以这里不介绍（我们在讨论量子计算时不需要它们）。

我们的离散样本空间通常是 2^n 维度的复向量空间的基向量。

6.3 又错了？

假设你有一个漏洞百出的计算器，其计算结果并不总是正确的。

如果其答案错误的概率为 p，则答案正确的概率就为 $1-p$。这被称为*互补概率*（*complementary probability*）。假设不同的计算之间没有任何关联，则答案连续两次出错的概率为 p^2，答案连续两次正确的概率则为 $(1-p)^2$。

> **问题 6.3.1**
>
> 请计算当 $p=0$、$p=0.5$ 和 $p=1.0$ 时 p^2 和 $(1-p)^2$ 的值。

要让概率有用，我们令出错的概率 p 不为 0。

对于 n 次独立的尝试，答案全部错误的概率为 p^n。假设 $p=0.6$，也就是说，当尝试的次数足够多时，60%的时间会得到错误答案，40%的时间会得到正确答案。

10 次尝试之后，答案全部错误的概率为 $0.6^{10} \approx 0.006$。

如果答案一直错误的概率非常低，则可使用希腊字母 ε（读作“epsilon”）表示，因为传统上我们常使用 ε 表示错误率等非常小的数值。举个例子，也许我们一直都无法得到正确答案的概率小于 $\varepsilon = 10^{-6} = 0.000001$。

为此，我们需要求解

$$p^n < \varepsilon$$

中的 n 值。指数中有变量，这告诉你应该“使用对数”！那么使用对数可得到

$$n\log(p) < \log(\varepsilon)$$

其中隐含着一个要点：因为 $0 < p < 1$，所以 $\log(p) < 0$。一般来说，如果 $a < b$ 且 $c < 0$，则 $ac > bc$。现在两边同时除以 $\log(p)$，则“ $<$ ”将变成“ $>$ ”。

$$n > \frac{\log(\varepsilon)}{\log(p)}$$

在我们的示例中， $p = 0.6$ 且 $\varepsilon = 10^{-6}$。

快速计算一下，约得 $n > 27$。

6.4　概率和纠错

我们回头看看 2.1 节中使用重复代码进行纠错的例子。我想讨论的具体案例是发送用比特表示的信息。对于一个比特，令出现错误（0 变成 1 或 1 变成 0）的概率为 p，则不出错的概率就为 $1-p$。这和前面的例子一样。

这被称为*二元对称通道*（*binary symmetric channel*）。因为信息有两种表示方式，即比特，所以是“二元”。对于任意 0 或 1，出错的概率是一样的，所以是“对称”。

纠错方案如图 6-1 所示，具体如下。

- 创建一条将要发送给某人的消息。
- 对该消息执行变换，具体做法是对其进行编码，使其包含额外的信息。这样，就算该信息在发送给其他人的路径中被损坏，也能得到修复。
- 发送该消息。传输过程的“噪声”可能会在已编码的消息中产生错误。
- 解码该消息，使用其中存储的额外信息来尝试修复所有传输错误。

- 将该消息提交给目标收信人。

图 6-1

举个简单的例子，如果我要发送一个比特，我采用的编码方式是生成 3 个副本。也就是说，我会将 0 编码为 000，将 1 编码为 111。

在一条已编码的消息（可能有错）中，1 的数量称为其*权重*（*weight*）。解码方案为：

$$\text{解码后的已接收消息} = \begin{cases} 0, & \text{已接收消息的权重} \leqslant 1 \\ 1, & \text{其他情况} \end{cases}$$

我可能收到的比特三元组有 8 种：

000　001　010　100　111　101　110　101

在解码时，如果消息中 0 的数量比 1 多，则解码或“修复”得到的结果为 0。类似地，如果消息中 1 的数量比 0 多，则解码或“修复”得到的结果为 1。在这个例子中，如果最多出现一个错误，那么解码结果必然与原信息一致。这也是我们生成的副本数为奇数的原因。

如果我最初发送的是 0，则前 4 个三元组都会正确地解码。它们要么都是 0，要么就仅有一个错误。后 4 个三元组则出现了两个或 3 个错误的情况。

问题 6.4.1

如果我最初发送的是 1，会观察到怎样的结果？

现在假设我发送的是 0。收到未出错消息 000 的概率为 $(1-p)^3$。

有一个错误和两个正确值的情况有 3 种：001、010 和 100。收到其中之一的总概率为：

$$(1-p)(1-p)p+(1-p)p(1-p)+p(1-p)(1-p)=3p(1-p)^2$$

总体而言，收到正确消息或可修复为正确消息的概率为：

$$(1-p)^3+3p(1-p)^2=(1-p)^2(1-p+3p)=(1-p)^2(1+2p)$$

如果 $p = 1.0$，则该概率为 0。这在意料之中（这是完全无法补救的情况）。如果 $p = 0.0$，就不会出现任何错误，最后得到正确消息的概率为 1.0。

如果 $p = 0.5$，则出错和不出错的概率均为 0.5，消息正确或可修复的概率也为 0.5，如图 6-2 所示。如果 $p = 0.1$，即有 0.1 的概率出错，则消息正确或可修复的概率为 0.972。

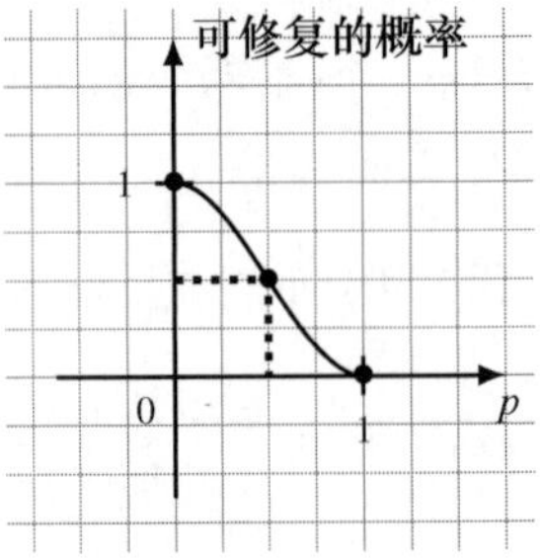

图 6-2

> **问题 6.4.2**
>
> 如果消息正确或可修复的概率为 0.9999，则 p 的最大值是多少？

6.5　随机性

很多编程语言都有能返回伪随机数（pseudo-random number）的函数。之所以加上了前缀“伪”（pseudo），是因为这些数并不真正随机。尽管如此，从统计方法的角度看，这些随机数的分布能够很好地满足大多数对随机性的需求。

给定事件的 4 个可能发生的结果 E_0、E_1、E_2、E_3 和它们发生的相应概率 p_0、p_1、p_2、p_3，我们可以怎样使用随机数来触发这些事件？

假设

$$p_0 = 0.15 \quad p_1 = 0.37 \quad p_2 = 0.26 \quad p_3 = 0.22$$

这些概率的总和为 1。这在我们的意料之中。

在 Python 3 中，函数 random()会随机返回一个取值范围为 $0.0 \leqslant r < 1.0$ 的实数 r。根据所得到的 r，我们可以决定让 E_0、E_1、E_2 和 E_3 中哪个发生。

如果你不使用 Python，使用你所用编程语言和环境中的类似函数也是一样的。

一般来说，所采用的方案都是按顺序执行以下步骤。

- 如果 $r < p_0$，则我们观察到 E_0 并**停止**观察，否则执行下一步。
- 如果 $r < p_0 + p_1$，则我们观察到 E_1 并**停止**观察，否则执行下一步。
- 如果 $r < p_0 + p_1 + p_2$，则我们观察到 E_2 并**停止**观察，否则执行下一步。
- 如果 $r < p_0 + p_1 + p_2 + p_3$，则我们观察到 E_3 并**停止**。

代码清单 6-1 给出了模拟该采样过程一定次数的代码。一次运行该代码采样 100 个样本时，我看到了如下所示的事件分布：

100 次模拟采样的结果如表 6-3 所示。

表 6-3

事件	实际概率	模拟概率
0	0.15	0.11
1	0.37	0.36
2	0.26	0.29
3	0.22	0.24

实际概率的值和模拟概率的值较为相近，但并不很相近。毕竟这是概率嘛！

显著增大采样次数至 100 万次之后，得到的值就与预期概率的相近多了。

1000000 次模拟采样的结果如表 6-4 所示。

表 6-4

事件	实际概率	模拟概率
0	0.15	0.1507
1	0.37	0.3699
2	0.26	0.2592
3	0.22	0.2202

如果你计划经常运行这段代码，那么你应该确保得到的随机数不是来自同一序列的。但是，有时候为了调试代码，你确实需要可重复的随机数序列。在这种情况下，你需要从特定的随机“种子”初始化数字的生成过程。在 Python 中，这一函数为 seed()。

代码清单 6-1　演示采样的 Python 3 代码

```
#!/usr/bin/env python3

import random

example_probabilities = [0.15, 0.37, 0.26, 0.22]

def sample_n_times(probabilities , n):
    probability_sums = []
    number_of_probabilities = len(probabilities)
    sum = 0.0
    for probability in probabilities:
        sum += probability
        probability_sums.append(sum)
    counts = [0 for probabilities in probabilities]

    for _ in range(n):
        r = random.random()
        for s,j in zip(probability_sums , range(number_of_probabilities)):
            if r < s:
                counts[j] = counts[j] + 1
                break

    print(f"\nResults for {n} simulated samples")
    print("\nEvent Actual Probability Simulated Probability")
    for j in range(number_of_probabilities):
        print(f" {j}{14*' '}{probabilities[j]}{20*' '}" \
            f"{round(float(counts[j])/n, 4)}")

sample_n_times(example_probabilities , 100)
sample_n_times(example_probabilities , 1000000)
```

有趣的是，量子技术的一大潜在用途就是生成真正随机的数。对于经典的算法，使用量子设备来模拟量子计算是很奇怪的！

了解更多

在本书中，当谈到 Python 时，都是指 Python 3。Python 官网的教程和参考资料很出色[6]。至于如何使用这门重要的现代编程语言来开发系统、研究科学和分析数据等，有很多优秀的教材可供学习[4] [5]。

6.6 期望

表 6-5 给出了随机变量 X 的有限且离散的取值分布和相应的概率。

表 6-5

值	概率
2	0.14
5	0.22
9	0.37
13	0.06
14	0.21

如果生成这些值的过程一直持续，随着时间的推移，我们“预期”会得到什么值？

我们称这个预期的值为*期望*（*expectation*），记为 $E(X)$。如果这些值出现的概率都一样，则期望 $E(X)$ 就是它们的平均值。

$$E(X)=\frac{2+5+9+13+14}{5}=8.6$$

注意，期望不必为分布中的值，而且实际情况也往往如此。

因为 X 中每个值都有相应的概率，所以其期望应为这些值的加权平均值：

$$E(X)=2\times0.14+5\times0.22+9\times0.37+13\times0.06+14\times0.21=8.43$$

对于一个随机变量，如果仅给出了其值的列表，可以假设这是一个均匀分布，则其期望就是普通的*平均值*。有时候人们不会使用 $E(X)$，而会使用 $\mu(X)$，其中 μ 是一个希腊字母，读作“mu”。

> 如果 X 是一个取值范围为 $\{x_1,x_2,\cdots,x_n\}$ 的随机变量且取对应值的概率为 p_k，并且有 $p_1+p_2+\cdots+p_n=1$，则
>
> $$E(X)=p_1x_1+p_2x_2+\cdots+p_nx_n$$
>
> 如果 X 的取值呈均匀分布，则取每个值的概率均为 $\frac{1}{n}$，所以
>
> $$E(X)=\frac{x_1+x_2+\cdots+x_n}{n}$$

X 中的值与期望 $E(X)$ 的差异有多大？对于均匀分布，X 中的各值与 $E(x)$ 的差的平均值为：

$$\frac{|x_1 - E(X)| + |x_2 - E(X)| + \cdots + |x_n - E(X)|}{n}$$

但是，绝对值会让计算变得困难又麻烦，尤其是还要计算微积分时，因此我们使用平方定义了方差（variance）。这其实没那么奇怪，因为取正实数平方根的 $\sqrt{x^2}$ 也是 $|x|$ 的一种定义方式。

现在给出方差的定义：

$$\begin{aligned}\mathrm{Var}(X) &= \frac{(x_1 - E(X))^2 + (x_2 - E(X))^2 + \cdots + (x_n - E(X))^2}{n} \\ &= E\left((X - E(X))^2\right)\end{aligned}$$

$(X - E(X))^2$ 是指值 $(x_k - E(X))^2$ 构成的新集合，其中 x_k 表示 X 中的各值：

$$(X - E(X))^2 = \left\{(x_1 - E(X))^2, (x_2 - E(X))^2, \cdots, (x_n - E(X))^2\right\}$$

又有 x_k 对应的概率为 p_k 且各概率之和为 1，则方差的公式为：

$$\begin{aligned}\mathrm{Var}(X) &= p_1(x_1 - E(X))^2 + p_2(x_2 - E(X))^2 + \cdots + p_n(x_n - E(X))^2 \\ &= E\left((X - E(X))^2\right)\end{aligned}$$

对于方差，通常使用的记法并不是 $\mathrm{Var}(X)$，而是 $\sigma^2(X)$。其中 σ 称为 X 的标准差（standard deviation），等于方差的平方根 $\sqrt{\mathrm{Var}(X)}$。

在掷硬币的问题中，令 $X = \{x_1 = 0\text{: 反面朝上}, x_2 = 1\text{: 正面朝上}\}$ 且 $p_1 = p_2 = 0.5$，则

$$E(X) = \frac{0+1}{2} = \frac{1}{2}$$

且

$$\mathrm{Var}(X) = \sigma^2 = \frac{\left(0 - \frac{1}{2}\right)^2 + \left(1 - \frac{1}{2}\right)^2}{2} = \frac{1}{4}$$

标准差则为$\sigma = \sqrt{\frac{1}{4}} = \frac{1}{2}$。

当需要掷多次硬币时，我们使用X_j表示“第j次掷硬币的结果”，所以X_1就表示第1次掷硬币，X_{652}表示第652次掷硬币。如果掷硬币20次，则正面朝上的次数为$X_1 + X_2 + \cdots + X_{20}$。更一般而言，如果掷硬币$n$次，则正面朝上的次数为$X_1 + X_2 + \cdots + X_n$，而反面朝上的次数为$n$减去正面朝上的次数。$X_j$取的值都是相同的，而且它们具有同样的分布。

基本而言，X_j表示的是可多次执行的有同样概率的动作，而且不同的X_j之间没有关联。任意一次X_j取的值都与其他X_j无关。

我们将在7.3.4小节谈到观测量子比特时再回到期望。

6.7 马尔可夫和切比雪夫抛硬币

在本节中，我们将详述1.5节中估计π值方法的数学基础。我们将硬币扔到一个正方形中，观察其中多少硬币的中心落到其内切圆上或圆内。

期望值、方差和误差之间存在两个重要的不等式，分别以安德雷・马尔可夫（Andrey Markov，如图6-3所示）和帕夫努季・切比雪夫（Pafnuty Chebyshev，如图6-4所示）的名字命名。令X是一个有限的随机变量，其分布使得

$$E(X) = p_1x_1 + p_2x_2 + \cdots + p_nx_n$$

其中每个$x_k \geqslant 0$。

图6-3 安德雷・马尔可夫，约1875年。照片属于公共领域

图 6-4　帕夫努季・切比雪夫（Pafnuty Chebyshev），约 1890 年。图片属于公共领域

马尔可夫不等式（Markov's inequality）：对于实数 $a>0$，有

$$P(X>a)\leqslant\frac{E(X)}{a}$$

在马尔可夫不等式中，表达式 $P(X>a)$ 的意思是“观察 X 中的所有 x_k，对于其中所有满足 $x_k>a$ 的 x_k，将其概率 p_k 相加得到 $P(X>a)$”。

问题 6.7.1

请证明：对于本节开始处的这个分布，当 $a=3$ 和 $a=10$ 时马尔可夫不等式成立。

切比雪夫不等式（Chebyshev's inequality）：对于任意具有分布 $E(X)$的有限随机变量 X 以及实数 $\varepsilon>0$，有

$$P\left(\left|X-E(X)\right|\geqslant\varepsilon\right)\leqslant\frac{\mathrm{Var}(X)}{\varepsilon^2}=\frac{\sigma^2}{\varepsilon^2}$$

其等价于

$$\begin{aligned}P\left(\left|X-E(X)\right|<\varepsilon\right)&=1-P\left(\left|X-E(X)\right|\geqslant\varepsilon\right)\\&\geqslant1-\frac{\mathrm{Var}(X)}{\varepsilon^2}\\&=1-\frac{\sigma^2}{\varepsilon^2}\end{aligned}$$

在切比雪夫不等式中，表达式$P\left(\left|X-E(X)\right|\geqslant\varepsilon\right)$的意思是“观察$X$中的所有$x_k$，对于其中与期望值$E(X)$的距离大于或等于$\varepsilon$的$x_k$，将其概率$p_k$相加得到$P\left(\left|X-E(X)\right|\geqslant\varepsilon\right)$”。我们可将$\varepsilon$看作与偏离期望值的概率相关的误差项。

基于切比雪夫不等式，可以得出一个很有用的结论，帮助我们理解掷硬币和1.5节介绍过的蒙特卡罗采样等采样过程。

> **弱大数定律**：令$1\leqslant j\leqslant n$且X_j的集合是独立同分布的随机变量，再令$\mu=E(X_j)$，则
>
> $$P\left(\left|\frac{X_1+\cdots+X_n}{n}-\mu\right|\geqslant\varepsilon\right)\leqslant\frac{\mathrm{Var}(X)}{n\varepsilon^2}=\frac{\sigma^2}{n\varepsilon^2}$$
>
> 因为ε和σ^2都不变，所以如果n越大，则该式右侧部分就越接近0。

这有什么用呢？来看个例子：如果我掷10次硬币，正面朝上的次数小于或等于7的概率是多少？请记住，在这个例子中$\mu=\dfrac{1}{2}$且$\sigma^2=\dfrac{1}{4}$，那么概率

$$\begin{aligned}
&P(\text{正面朝上的次数小于或等于}7)\\
&=P(X_1+\cdots+X_{10}\leqslant 7)\\
&=P\left(\frac{X_1+\cdots+X_{10}}{10}\leqslant\frac{7}{10}\right)\\
&=P\left(\frac{X_1+\cdots+X_{10}}{10}-\frac{5}{10}\leqslant\frac{2}{10}\right)\\
&=P\left(\left|\frac{X_1+\cdots+X_{10}}{10}-\frac{1}{2}\right|\leqslant\frac{1}{5}\right)\\
&=1-P\left(\left|\frac{X_1+\cdots+X_{10}}{10}-\frac{1}{2}\right|\geqslant\frac{1}{5}\right)\\
&\geqslant\frac{\sigma^2}{n\varepsilon^2}=\frac{\left(\frac{1}{4}\right)^2}{10\left(\frac{1}{5}\right)^2}=\frac{25}{10\times 16}=\frac{25}{160}=0.15625
\end{aligned}$$

在这里，$\varepsilon=\dfrac{1}{5}$。掷10次硬币时正面朝上的次数小于或等于7的概率大于或等于0.15625。

问题 6.7.2

请计算掷 100 次硬币时正面朝上的次数小于或等于 70 的概率，以及掷 1000 次硬币时正面朝上的次数小于或等于 700 的概率。

我们在 1.5 节中使用了蒙特卡罗方法来估计 π 值，具体做法是将硬币随机放置到一个有一个内切圆的 2×2 的正方形中。在讨论这个例子时，使用“点”比使用“硬币”更简单。这里的“点”可视为硬币的中心。

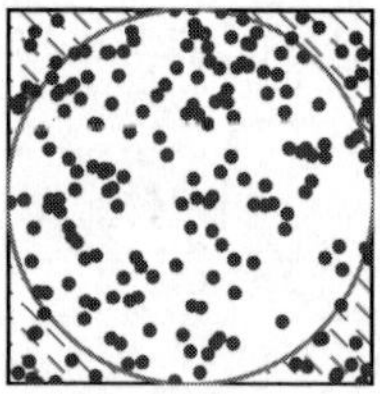

图 6-5

图 6-5 所示为使用 200 个随机点得到近似值 3.14 的例子。

现在我们以分析掷硬币的方法分析一下这个例子。在这个例子中，设

$$X=\left\{x_1=0\text{: 点落在圆外}, x_2=1\text{: 点落在圆上或圆内}\right\}$$

令 X_1 表示在正方形内落下的第 1 个随机点，$X_{1000000}$ 表示落下的第 100 万个随机点。不管表示第几个点，只要其落在圆上或圆内，X 的值都为 1。基于此，因为圆的面积为 π，正方形的面积为 4，有

$$P\left(X_k=1\right)=\frac{\pi}{4}\approx 0.785$$

所以，期望值 μ 就是这个概率。方差

$$\operatorname{Var}\left(X\right)=\sigma^2=\frac{\left(0-\frac{\pi}{4}\right)^2+\left(1-\frac{\pi}{4}\right)^2}{2}=\frac{\pi^2}{16}-\frac{\pi}{4}+\frac{1}{2}\approx 0.331$$

将这些值代入弱大数定律：

$$P\left(\left|\frac{X_1+\cdots+X_n}{n}-\frac{\pi}{4}\right|\geqslant\varepsilon\right)\leqslant\frac{\frac{\pi^2}{16}-\frac{\pi}{4}+\frac{1}{2}}{n\varepsilon^2}$$

假设我们希望得到 π 与其近似值之差大于 $0.01=\frac{1}{100}$ 的概率。首先，因为

$$P\left(\left|4\frac{X_1+\cdots+X_n}{n}-\pi\right|\geqslant\frac{1}{100}\right)=P\left(\left|\frac{X_1+\cdots+X_n}{n}-\frac{\pi}{4}\right|\geqslant\frac{4}{100}\right)$$

故有$\varepsilon=\dfrac{4}{100}$且

$$\frac{\frac{\pi^2}{16}-\frac{\pi}{4}+\frac{1}{2}}{n\varepsilon^2}=\frac{\frac{\pi^2}{16}-\frac{\pi}{4}+\frac{1}{2}}{n\left(\frac{4}{100}\right)^2}=\frac{\frac{625}{16}\pi^2-\frac{625}{4}\pi+\frac{625}{2}}{n}\approx\frac{207.158}{n}$$

如果我们希望这个误差出现的概率低于$5\%=0.05$，则我们可以求解上式等于0.05时的n值。结果为$n\approx 4143.2$。

这意味着，如果我们希望估计值与真实值最多相差$0.01=10^{-2}$的概率小于或等于5%，我们所需点的数量至少为4144。

重复这个计算过程，如果我们希望估计值与真实值最多相差$0.01=10^{-2}$的概率小于或等于$0.0001=\dfrac{1}{10000}$，则需要$n\geqslant 2071576$。换句话说，我们需要这么大的n才能以99.99%的概率保证估计值与真实值那样接近。

最后，如果我们希望估计值与真实值最多相差$0.00001=10^{-5}$的概率低于$0.0001=\dfrac{1}{10000}$，则需要$n\geqslant 82863028$。

可以看到，为了准确地估计π值，将误差限定到非常小的值，需要很多点，比如最后一个例子中，点的数量超过了8200万。

6.8 小结

本章介绍了我们学习量子计算及其应用所必需的概率知识。在介绍量子比特和量子线路时，我们会用到离散样本空间，不过它们可能会非常大。在这些情况下，样本空间的大小将为2的幂。

对于量子算法，我们的目标是调整其概率分布，使其样本空间中概率最高的元素成为某个问题的最优解。事实上，通过操控*概率幅*（*probability amplitude*），我们能找到所希望的最佳答案。在第9章和第10章介绍算法时，我不会太过深入介绍概率计算，但也会计算足够多的概率，以帮助你了解概率与干扰、复杂性和计算所需的运行次数之间的关联——毕竟只有当计算执行的次数足够多之后，我们才能足够相信自己得到的答案是正确的。

了解更多

概率与组合方面的教科书数以百计，你能在其中学到概率与统计学知识。从应用方向的初学者到理论研究者，各个层次的学习者都能找到适合的教科书，其中一些还包含详尽且深入的阐释[1]。

概率已在许多科学和工程领域得到应用，其中包括人工智能/机器学习和密码学[3][2,第 5 章]。

如果要深入理解连续概率，则需要了解微积分等知识。

参考资料

[1] D.P. Bertsekas and J.N. Tsitsiklis. *Introduction to Probability*. 2nd ed. Athena Scientific optimization and computation series. Athena Scientific, 2008.

[2] Thomas H. Cormen et al. *Introduction to Algorithms*. 3rd ed. The MIT Press, 2009.

[3] Jeffrey Hoffstein, Jill Pipher, and Joseph H. Silverman. *An Introduction to Mathematical Cryptography*. 2nd ed. Undergraduate Texts in Mathematics 152. Springer Publishing Company, Incorporated, 2014.

[4] Mark Lutz. *Learning Python*. 5th ed. O’Reilly Media, 2013.

[5] Fabrizio Romano. *Learn Python Programming*. 2nd ed. Packt Publishing, 2018.

[6] The Python Software Foundation.

[7] John von Neumann.“Various techniques used in connection with random digits”. In: *Monte Carlo Method*. Ed. by A.S. Householder, G.E. Forsythe, and H.H. Germond. National Bureau of Standards Applied Mathematics Series, 12, 1951, pp. 36-38.

第二部分

量子计算

第 7 章 一个量子比特

一个人如果不对量子理论感到震惊，那就是还没理解它。

尼尔斯·玻尔[1]

量子比特（*qubit*）是量子计算的基本信息单位。本章将基于本书第一部分的基础知识给出量子比特的数学定义。我们将从数学和计算两个角度学习可在单个量子比特上执行的运算。

尽管单个量子比特存在于看似“怪异”的二维复希尔伯特空间中，但通过将其投影到 $\mathbb{R}^3$ 中的一个球面上，我们能将其可视化，并且我们还能可视化它的叠加状态和行为。

本章探讨的所有向量空间都基于 3.9 节介绍的复数域 $\mathbb{C}$。本章中所有基底都由标准正交向量构成，除非另有说明。

7.1 初识量子比特

如果你已在其他地方见过对量子比特的描述，那你可能就读到过类似这样的内容：“量子比特是二态量子力学系统的实现，是类似于经典比特的量子版本”。我们已在 2.1 节见过“比特”，它有两个状态：0 和 1。

另一些对量子比特的讨论通常还包含一些道具：量子开关、自旋电子、偏振光太阳镜、旋转的硬币，以及甜甜圈。我不会花太多时间来思考电子，但我确实喜欢偏振光太阳镜和甜甜圈。这些介绍量子比特的方式各有优点，是帮助我们洞悉量子与经典情况差异的基础。将电子和光的极化作为例子时，描述的是真正的量子系统。

其他类比通常并不完美，甚至可能把你引入歧途，导致你的理解与真实情况不一致。

基于此原因，我们将逐步介绍关键的数学知识和洞见，以帮助你准确地推断量子计算的实际工作机制。

首先，来看一个经典比特和一个量子比特，如图 7-1 所示。

图 7-1 左侧所示的是经典比特，它的取值要么为 0，要么为 1。更具体地说，经典比特的取值只能是这两个值中的一个。不管你在任何时候观察这个比特，只要没有发生改变其*状态*（*state*）的事件，它就一直保持原状态。

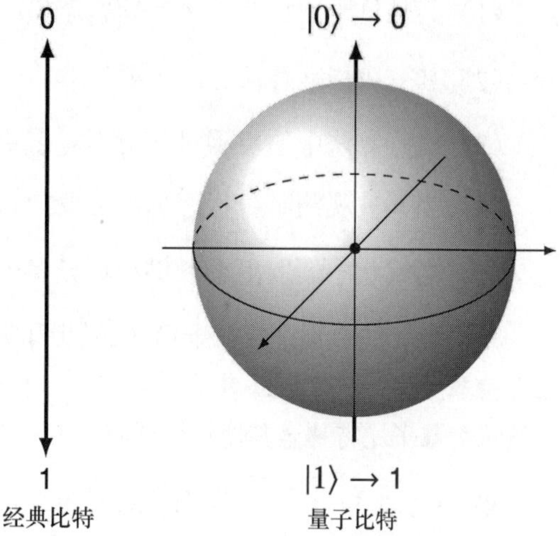

图 7-1

对于图 7-1 右侧所示的量子比特，我们使用的符号记法有所不同。首先，我们把读取量子比特信息的过程称为*观测*（*measurement*）。当我们观测量子比特时，其状态[①]总是会变为$|0\rangle$或$|1\rangle$。但是，在观测之前执行计算时，量子比特可以具有无限数量的其他状态，并可以从其中一个状态变成另一个状态。

当观测者说“好了，现在我要看看量子比特了！”并执行观测时，得到的结果总是 0 或 1。接下来你可以将其读取出来，作为一个取值为 0 或 1 的经典比特。

是的，这很怪异。这就是量子力学。近 100 年来，它让人时而困惑，时而惊喜。这种怪异的行为模式也正是量子计算的根基及其利用的特性。

继续看图 7-1 右侧所示的量子比特，我们将量子比特可能所处的所有状态表示为单位球面上的点，其中$|0\rangle$位于北极，$|1\rangle$位于南极。请记住：该球面上的点等于量子态。我将在 7.2 节中更精确地给出$|0\rangle$和$|1\rangle$的含义。

我需要说明和澄清有关“*叠加*”的一些问题。从数学角度来讲，不管量子比特的状态位于$|0\rangle$状态、$|1\rangle$状态或两者之间的任何一点，其总是处于叠加状态。但是，人们对这个术语稍微有点儿误用：通常情况下，当量子比特*不*处于$|0\rangle$或$|1\rangle$状态时，人们才说它处于叠加状态。如果其状态不在极点，则我们称之为非平凡的叠加（non-trivial

① 对于量子比特或量子系统的“状态”，由于习惯用法，本书有时会将其译为“态”，比如量子态、叠加态、二态系统等，有时则将其译为状态，比如量子比特状态。——译者注

superposition)。“变成叠加态”通常的意思是其状态移动到了赤道上的某点。

量子算法会用到多个量子比特，这些量子比特会共同构成一个*量子寄存器*(*quantum register*)。从单个量子比特的角度来看，其行为如下。

（1）其是量子比特并处于初始状态$|0\rangle$。

（2）其变成标准叠加态。不要偷看！

（3）执行算法中的步骤对其应用零或更多可逆运算。

（4）当其被观测时，状态总是会变成$|0\rangle$或$|1\rangle$。

（5）当将状态读取出来以供经典设备使用时，这些状态总是会被转换为 0 或 1。

量子计算的有趣之处在于第（2）步和第（3）步。在单位球面（在量子计算领域称为*布洛赫球面*）上，第（2）步意味着量子比特被移至赤道上一个指定的点（或状态），第（3）步意味着量子比特移至其他点（或状态）。这种移动是由算法执行的具体运算所驱动的。

第（4）步和第（5）步则像是对量子比特说：“听着，你不能永远处于某个叠加态。你需要决定变成 0 还是 1。你必须这么做。”量子比特的叠加状态，即在布洛赫球面上的位置，决定了其最终变成经典比特中的 0 或 1 的相对概率。

如果量子比特的状态位于赤道上，就能实现“完美”的随机性，因为其刚好有一半的时间会变成 0，另一半的时间变成 1。

在我看来，虽然布洛赫球面使用方便而且能可视化量子比特，但量子比特的线性代数描述是更为重要的基础知识。我们将综合使用这两种形式，以更轻松地理解量子计算的不同方面。

现在我们从球面回到线性代数。先比较以下两个称述。

（1）变量$\boldsymbol{q}$的取值可以是向量$\boldsymbol{v}$或$\boldsymbol{w}$，而且$\boldsymbol{v}$和$\boldsymbol{w}$是标准正交的基向量。

（2）变量$\boldsymbol{q}$可以是$\boldsymbol{v}$和$\boldsymbol{w}$的任意线性组合$a\boldsymbol{v}+b\boldsymbol{w}$。如果$a$和$b$不为 0，则该线性组合是*非平凡的*。

第二个称述看起来比第一个强大得多。当$a=1$且$b=0$时，$\boldsymbol{q}$的值为$\boldsymbol{v}$；当$a=0$且$b=1$时，$\boldsymbol{q}$的值为$\boldsymbol{w}$。在这两种情况下，第二个称述可以化简为第一个，也可以说第一个称述能得到第二个的扩展。

本章的剩余内容将围绕这些称述进行探索和讨论。

*量子比特*是量子信息的基本单位。在任意给定时间，量子比特都处于某个叠加态且该叠加态可表示成 $\mathbb{C}^2$ 中向量 $|0\rangle$ 和 $|1\rangle$ 的一种线性组合：$a|0\rangle+b|1\rangle$，其中 $|a|^2+|b|^2=1$。

观测会迫使量子比特发生不可逆的“坍缩”，即会通过投影变换使其状态变成 $|0\rangle$ 或 $|1\rangle$，且变换成 $|0\rangle$ 和 $|1\rangle$ 的概率分别为 $|a|^2$ 和 $|b|^2$。其中 a 和 b 被称为*概率幅*。

如有必要，我们可以将 $|0\rangle$ 和 $|1\rangle$ 转换（“读出”）成经典比特中的 0 和 1。

坍缩（collapse）一词源自对量子系统的一种物理解释，是指观测会导致叠加态转换成两个特定选择中的一个。我们将在 11.3 节观察光子极化的量子描述时研究究竟是什么属性发生了坍缩。

尽管量子比特的数学形式看起来比较“花哨”，但其本身并不非常有趣。算法需要得到结果，而且这些结果也要能转译成有意义的东西。观测和读取后，一个量子比特实际上最终也只能转换为单个经典比特（0 或 1）。因此，为了表示有用的信息，我们需要很多量子比特。

量子算法的有趣之处在于观测之前多个量子比特的交互方式，这个时候我们能发挥出基于 $\mathbb{C}^2$ 的线性代数的绝大部分力量。纠缠是指两个或更多量子比特的相关性非常高，以至于知道其中一些量子比特的信息就能让我们知道其他量子比特的相应信息。

7.2 狄拉克符号

之前在 5.4.2 小节介绍向量表示法时，我们见过几种不同的形式，例如：

$$\begin{aligned} \boldsymbol{v} &= (v_1, v_2, \cdots, v_n) \\ &= \begin{bmatrix} v_1 & v_2 & \cdots & v_n \end{bmatrix} \quad \text{（行向量形式）} \\ &= \begin{bmatrix} v_1 \\ v_2 \\ \vdots \\ v_n \end{bmatrix} \quad \text{（列向量形式）} \end{aligned}$$

现在我们新增由英国理论物理学家保罗·狄拉克发明的另外两种用于量子力学的向量表示法。它们能简化许多用于量子计算的表达式。

给定向量 $\boldsymbol{v}=(v_1,v_2,\cdots,v_n)$，我们用左矢符号 $\langle v|$（读作 “bra-v”）表示行向量

$$\begin{bmatrix}\overline{v_1} & \overline{v_2} & \cdots & \overline{v_n}\end{bmatrix}$$

其中各个元素为 $\boldsymbol{v}$ 中各个对应元素的复共轭。

类似地，对于 $\boldsymbol{w}=(w_1,w_2,\cdots,w_m)$，我们用右矢符号 $|w\rangle$ 表示列向量

$$\begin{bmatrix}w_1\\ w_2\\ \vdots\\ w_m\end{bmatrix}$$

这里没有共轭。

$|v\rangle\langle w|$ 是*外积*（*outer product*）：

$$|v\rangle\langle w|=\begin{bmatrix}v_1\overline{w_1} & v_1\overline{w_2} & \cdots & v_1\overline{w_m}\\ v_2\overline{w_1} & v_2\overline{w_2} & \cdots & v_2\overline{w_m}\\ \vdots & \vdots & & \vdots\\ v_n\overline{w_1} & v_n\overline{w_2} & \cdots & v_n\overline{w_m}\end{bmatrix}$$

当 $n=m$ 时，$\boldsymbol{v}$ 和 $\boldsymbol{w}$ 的狄拉克符号 $\langle v|w\rangle=\langle v||w\rangle=(\langle v|)(|w\rangle)$ 就是通常的*内积*。

$$\langle v|w\rangle=\langle \boldsymbol{v},\boldsymbol{w}\rangle=\overline{v_1}w_1+\overline{v_2}w_2+\cdots+\overline{v_n}w_n$$

$\boldsymbol{v}$ 的长度为 $\|\boldsymbol{v}\|=\sqrt{\langle v|v\rangle}$。

为了避免符号太多、格式太复杂，在单独使用向量名时，我会继续使用黑斜体，比如 $\boldsymbol{v}$，但在使用狄拉克符号时，我会放弃黑斜体。毕竟狄拉克符号足以说明某个变量是向量了。

了解更多

数学符号是如何发明的？研究概念时，数学家需要用简洁的方式来表达它们的含义。使用良好的符号表示方法能让读者更轻松、更透彻地理解称述和证明。随着时间的推移，事实证明更有用的符号和表达式会胜出，而其他的则会逐渐消失。狄拉克符号的实用性已经得到了证明，其也已经在整个量子力学和如今的量子计算领域得到了普遍应用[5, 1.6 节] [6, 6.2 节]。

示例

如果 $\boldsymbol{v}=(3,-\mathrm{i})$ 且 $\boldsymbol{w}=(2+\mathrm{i},4)$，则

$$\langle v| = \begin{bmatrix} 3 & \mathrm{i} \end{bmatrix} \quad 且 \quad |w\rangle = \begin{bmatrix} 2+\mathrm{i} \\ 4 \end{bmatrix}$$

因此

$$\langle v|w\rangle = 3(2+\mathrm{i}) + 4\mathrm{i} = 6+7\mathrm{i}$$

且

$$|w\rangle\langle v| = \begin{bmatrix} (2+\mathrm{i})\times 3 & (2+\mathrm{i})\mathrm{i} \\ 4\times 3 & 4\mathrm{i} \end{bmatrix} = \begin{bmatrix} 6+3\mathrm{i} & 2\mathrm{i}-1 \\ 12 & 4\mathrm{i} \end{bmatrix}$$

我们也会使用狄拉克符号来标记坐标，即便我们可能并不会列出这些坐标。常见的例子包括 $|0\rangle$、$|1\rangle$、$|+\rangle$、$|-\rangle$、$|\mathrm{i}\rangle$、$|-\mathrm{i}\rangle$ 和 $|\psi\rangle$ 等。

正如我们之前使用 n 泛指 $\mathbb{N}$ 中某个数或使用 z 泛指 $\mathbb{C}$ 中某个数一样，$|\psi\rangle$ 泛指右矢符号。ψ 是一个希腊字母，读作“psi”。

> 使用由 $\boldsymbol{e}_1$ 和 $\boldsymbol{e}_2$ 构成的标准基底时，$|0\rangle$ 为 $(1,0)$，而 $|1\rangle$ 为 $(0,1)$。$|0\rangle$ 和 $|1\rangle$ 是 $\mathbb{C}^2$ 的一组标准正交的基底。请记住，向量本身与所采用的基底表示方式无关，所以我们真正的意思是：
>
> 当使用 $\boldsymbol{e}_1$ 和 $\boldsymbol{e}_2$ 作为基底时，$|0\rangle$ 是 $\mathbb{C}^2$ 中对应坐标 $(1,0)$ 的向量，$|1\rangle$ 在该基底下的坐标为 $(0,1)$。
>
> $|0\rangle$ 和 $|1\rangle$ 通常被称为*计算基底*（*computational basis*）。

如果我们决定使用另一组标准正交的基底，则 $|0\rangle$ 和 $|1\rangle$ 仍旧是同一组向量，只是坐标不一样。

同样地，当使用标准基底时，$|+\rangle = \left(\frac{\sqrt{2}}{2}, \frac{\sqrt{2}}{2}\right)$，$|-\rangle = \left(\frac{\sqrt{2}}{2}, -\frac{\sqrt{2}}{2}\right)$。与 $|0\rangle$ 和 $|1\rangle$ 类似，它们是 $\mathbb{C}^2$ 的另一组标准正交基底。

对于 $|0\rangle$ 和 $|1\rangle$ 究竟对应哪个向量，可以根据第二个坐标来判断。至于 $|+\rangle$ 和 $|-\rangle$，则根据第二个坐标的符号来判断。

问题 7.2.1

当使用 $\left(\frac{\sqrt{3}}{2},\frac{1}{2}\right)$ 和 $\left(-\frac{1}{2},\frac{\sqrt{3}}{2}\right)$ 作为基底时，$|0\rangle$ 的坐标是多少？ $|1\rangle$ 的坐标又是多少？

图 7-2 也许能帮你解答，但如果将其画在 $\mathbb{R}^2$ 中而不是 $\mathbb{C}^2$ 中，结果会有何不同？

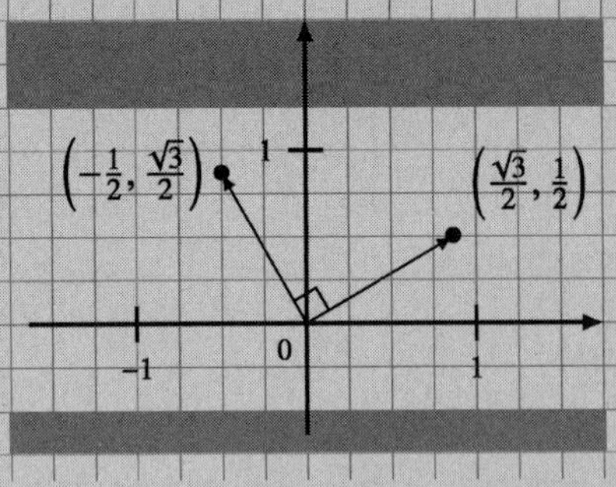

图 7-2

$|0\rangle$ 和 $|1\rangle$ 中虽然有 0 和 1，但它们**并不等于** 0 和 1！后面我们讨论观测量子比特的状态时介绍它们之间的联系，但你现在就应该在头脑里将它们区别对待。我之所以强调这一点，是因为将它们作为基底时，$\mathbb{C}^2$ 中的任意向量都可写为两者的线性组合：$a|0\rangle+b|1\rangle$，其中 a 和 b 在 $\mathbb{C}$ 中。

也许你会因此忍不住说这样的向量就是"同时为 0 和 1"！不要这样说。这只是一种线性组合。

我们已经介绍过，$1\times n$ 的矩阵或行向量能定义一种线性形式。与之类似，左矢与右矢相结合也能定义一种线性形式。对于向量 $\boldsymbol{a}=(a_1,a_2,\cdots,a_n)$，

$$\langle a|=\begin{bmatrix}\overline{a_1} & \overline{a_2} & \cdots & \overline{a_n}\end{bmatrix}$$

这对应于线性形式

$$\langle a|v\rangle=\langle \boldsymbol{a},\boldsymbol{v}\rangle=\overline{a_1}v_1+\overline{a_2}v_2+\cdots+\overline{a_n}v_n$$

其中所有 $\boldsymbol{v}$ 都在一个 n 维的复向量空间中。

如果 L 是一个在复向量空间上的线性变换，则我们可用 $L|w\rangle$ 表示"对 $|w\rangle$ 执行 L"。如果 $\boldsymbol{A}$ 是表示 L 的矩阵，则我们可使用 $\boldsymbol{A}|w\rangle$ 表示"$\boldsymbol{A}$ 乘 $|w\rangle$"。$\boldsymbol{A}$ 和显式列表示的 $|w\rangle$ 使用的基底是相同的。

对于左矢$\langle v|$，$\langle v|L$是什么意思？同样，如果$\boldsymbol{A}$是表示L的矩阵，则$\langle v|L$即$\langle v|\boldsymbol{A}$，表示行向量$\langle v|$和矩阵$\boldsymbol{A}$之间的矩阵乘法。

它们都具有很好的性质，让L和$\boldsymbol{A}$可在左矢和右矢两侧来回滑动：

$$\langle v|L\times|w\rangle=\big(\langle v|L\big)|w\rangle=\langle v|\big(L|w\rangle\big)=\langle v|\times L|w\rangle$$
$$\langle v|\boldsymbol{A}\times|w\rangle=\big(\langle v|\boldsymbol{A}\big)|w\rangle=\langle v|\big(\boldsymbol{A}|w\rangle\big)=\langle v|\times\boldsymbol{A}|w\rangle$$

其中，括号和“×”不是必要的，所以第一个例子可写成$\langle v|L|w\rangle$，第二个矩阵版本可写成$\langle v|\boldsymbol{A}|w\rangle$。

令V是一个n维的向量空间并令$|e_1\rangle$到$|e_n\rangle$是以右矢形式写出的标准基底$\boldsymbol{e}_1,\cdots,\boldsymbol{e}_n$。如果$\boldsymbol{A}$是一个$n\times n$的方阵，则$\boldsymbol{A}$的位置为$(i,j)$的元素为$A_{i,j}=\langle e_i|\boldsymbol{A}|e_j\rangle$。

$|e_i\rangle\langle e_j|$是一个$n\times n$的方阵且其位置为(i,j)的元素为1，其他位置的元素均为0。

$\langle e_i|A_{i,j}|e_j\rangle$形式的$n^2$个矩阵之和为$\boldsymbol{A}$。

定义矩阵$\boldsymbol{P}$：

$$\boldsymbol{P}(i)=|e_i\rangle\langle e_i|$$
$$\boldsymbol{P}(i,j)=\boldsymbol{P}(i)+\boldsymbol{P}(j)$$
$$\boldsymbol{P}(i,j,k)=\boldsymbol{P}(i)+\boldsymbol{P}(j)+\boldsymbol{P}(k)\text{，其中}i\neq j\neq k$$

我们可以认为$\boldsymbol{P}$有n个参数，其中任一参数都与其他参数不相等。每一个$\boldsymbol{P}$都既是对角矩阵，也是平凡的厄米矩阵。（尽管这里使用了字母$\boldsymbol{P}$，但它并非第6章介绍的概率。）

问题 7.2.2

请证明：

$$\boldsymbol{P}(i)\boldsymbol{P}(j)=\begin{cases}1, & i=j\\0, & i\neq j\end{cases}$$

如果厄米矩阵$\boldsymbol{A}$满足$\boldsymbol{A}^2=\boldsymbol{A}$，则$\boldsymbol{A}$是一个*投影算子*（*projector*）或*投影矩阵*（*projection matrix*）。该投影算子的秩为其像向量空间（image vector space）的维度。$\boldsymbol{P}(i)$的秩为1，$\boldsymbol{P}(i,j)$的秩为2，以此类推。$\boldsymbol{P}(1,\cdots,n)=\boldsymbol{I}_n$。

为什么我不厌其烦地引入了这种新的表示法呢？首先，这就是量子力学和量子计算领域的科学家和实践者使用的表示法，因此为了读懂他们的语言，你必须知道这种表示法。其次，尽管现在看起来这种表示法与第5章介绍的向量和线性变换表示法相比没多大改进，但当涉及多个量子比特时，它能极大地简化表达式。我也希望它能帮助你更清晰、更快速地理解。

7.3　单个量子比特的复杂数学和物理学

现在我们回到 7.1 节中量子比特的定义。这一次我们将其分成“数学部分”和“物理学与量子力学部分”。

数学

量子比特是量子信息的基本单位。在任意给定时间，量子比特都处于某个叠加态且该叠加态可表示成 $\mathbb{C}^2$ 中向量 $|0\rangle$ 和 $|1\rangle$ 的一种线性组合：$a|0\rangle + b|1\rangle$，其中 $|a|^2 + |b|^2 = 1$。

物理学与量子力学

*观测*会迫使量子比特不可逆地坍缩为 $|0\rangle$ 或 $|1\rangle$ 中的一个，且坍缩为 $|0\rangle$ 和 $|1\rangle$ 的概率分别为 $|a|^2$ 和 $|b|^2$。其中 a 和 b 被称为*概率幅*。

可以看到，数学部分涉及二维复向量空间的线性代数。作为向量时，量子比特状态的长度为 1。线性变换必须保持这个长度，因此是等距变换，对应的矩阵是幺正矩阵。因为是幺正矩阵，所以量子比特从一个状态到另一个状态的变换是可逆的。

我们在 2.4 节构建操作经典比特的电路时，核心的门电路中仅有非门是可逆的。而当我们在第 9 章使用量子比特构建量子线路时，除了被观测的门之外，所有的门都可逆。从数学角度来看，我们可将量子线路看作幺正矩阵在表示量子比特状态的向量上的应用。

数学本身是“美丽且优雅”的，但在其他领域看来，数学往往只是一种工具。我们通常会使用数学来构建模型，进而帮助我们推断事物在所谓的“真实世界”中的工作机制。这些模型本身并不是真实世界的事物，而是我们用数学形式描述的事物之间可能的关系和行为模式，构建模型的过程称为形式化（formalization）。

我们在观测量子比特时，线性代数本身并不能解释概率幅会影响观测结果。只是说线性代数、复数和概率能用于表示量子计算的许多方面。我们还必须使用我们对物理系统的理解来解释各个数学元素的含义。数学的形式化方法只能帮助我们发展理论结构，我们还必须借助物理学来填补更多关系，进而帮助我们走得更远。

特别要指出：观测是一个物理动作。观测会导致量子比特脱离涉及$|0\rangle$和$|1\rangle$的叠加态，坍缩成$|0\rangle$或$|1\rangle$中的一个。数学可以描述量子比特坍缩成其中某一个的概率，但数学本身无法迫使这些值发生变化。

7.3.1 量子态的表示方式

如果$|\psi\rangle = a|0\rangle + b|1\rangle$是一个量子态，则$|\psi|^2 = |a|^2 + |b|^2 = 1$，相当于$\langle\psi|\psi\rangle = 1$。

$|a|^2$和$|b|^2$是非负实数且分别表示量子比特被观测时$|\psi\rangle$坍缩成$|0\rangle$或$|1\rangle$的概率。

为了说明，考虑以下例子（我进行了一些简化并且标注比较随意）。假设a和b只能是实数，令$a = \frac{1}{2}$且$b = \frac{\sqrt{3}}{2}$（如图 7-3 所示），则$|a|^2 = \left|\frac{1}{2}\right|^2 = 0.25$，$|b|^2 = \left|\frac{\sqrt{3}}{2}\right|^2 = 0.75$。这说明在观测时，该量子比特的状态有 25%的概率会坍缩成$|0\rangle$，有 75%的概率会坍缩成$|1\rangle$。

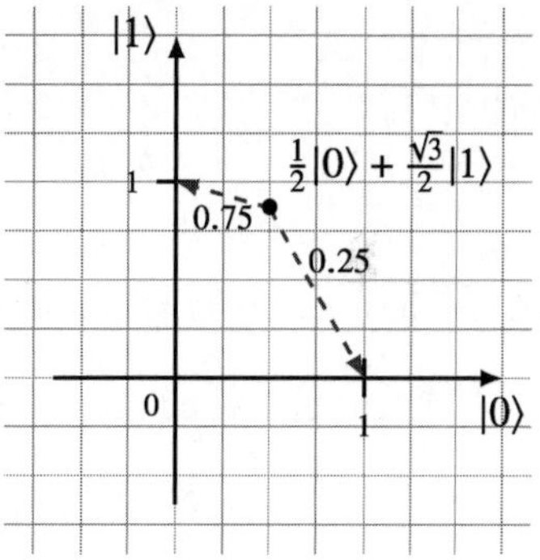

图 7-3

如果c在$\mathbb{C}$中且$|c| = 1$，则

$$c|\psi\rangle = |c\psi\rangle = ca|0\rangle + cb|1\rangle$$

则

$$|ca|^2 = |c|^2|a|^2 = |a|^2 \text{ 且 } |cb|^2 = |c|^2|b|^2 = |b|^2$$

这意味着乘一个用绝对值为 1 的复数表示的量子态并不会改变观测时得到$|0\rangle$或$|1\rangle$的概率。我们说执行这种乘法运算时不存在*可观测的差异*。正如 4.5 节介绍过的，所有绝对值为 1 的复数都可写成这种形式：$e^{\varphi i} = \cos(\varphi) + \sin(\varphi)i$。

> 如果两个量子态的差别仅为一个复数单位的倍数，则我们认为这两个量子态相等。请记住一个复数单位的绝对值为 1。这样的数可写成$e^{i\varphi}$，其中$0 \leqslant \varphi < 2\pi$。
>
> 由此，当我们说“$|\psi\rangle$未改变”时，我们实际的意思是执行了一些操作之后，“如果其变成了$e^{i\varphi}|\psi\rangle$，就相当于未改变”。你可能容易忽略这层意思，从而认为$|\psi\rangle$保持绝对不变。

现在我们再用极坐标的形式表示 a 和 b：

$$|\psi\rangle = a|0\rangle + b|1\rangle = r_1 e^{\varphi_1 i}|0\rangle + r_2 e^{\varphi_2 i}|1\rangle$$

如果 a 或 b 中任意一个为 0，另一个必然为 1，则我们会得到基底右矢（basis ket）。假设 $a \neq 0$，则 $r_1 \neq 0$，那么

$$r_1 e^{\varphi_1 i}|0\rangle + r_2 e^{\varphi_2 i}|1\rangle = \left(e^{\varphi_1 i}\right)\left(r_1|0\rangle + r_2 e^{(\varphi_2 - \varphi_1)i}|1\rangle\right)$$

其中 $e^{\varphi_1 i}$ 在 $\mathbb{C}$ 中且绝对值等于 1。

这个等式中的上下标实在太多了！其表示的意思是：从观测和可测量的结果角度来看，

$$a|0\rangle + b|1\rangle = r_1 e^{\varphi_1 i}|0\rangle + r_2 e^{\varphi_2 i}|1\rangle$$

而这又与

$$r_1|0\rangle + r_2 e^{(\varphi_2 - \varphi_1)i}|1\rangle$$

是等效的，且 $|0\rangle$ 的*系数* a 是实数。

对于量子比特的状态，我们还剩下两个自由度：

（1）一个与幅度相关的值，因为由 $|r_1|^2 + |r_2|^2 = 1$ 可知 r_1 和 r_2 是相关的；

（2）*相对相位* $\varphi_2 - \varphi_1$。

相对相位（*relative phase*）非常重要，我们在 9.6 节学习*干涉*（*interference*）时会看到这种重要性。干涉是量子算法使用的一种技术。

单个量子比特的状态 $|\psi\rangle$ 可以表示为：

$$|\psi\rangle = r_1|0\rangle + r_2 e^{\varphi i}|1\rangle$$

其中 r_1 和 r_2 在 $\mathbb{R}$ 中且 $r_1^2 + r_2^2 = 1$，并且 $0 \leqslant \varphi < 2\pi$。此外，我们还能找到某个 $0 \leqslant \theta \leqslant \pi$ 使得

$$r_1 = \cos\left(\frac{\theta}{2}\right) \text{ 且 } r_2 = \sin\left(\frac{\theta}{2}\right)$$

基于此可得

$$|\psi\rangle = \cos\left(\frac{\theta}{2}\right)|0\rangle + \sin\left(\frac{\theta}{2}\right)e^{\varphi i}|1\rangle$$

当两个量子态$|\psi\rangle_1$和$|\psi\rangle_2$仅相差一个复数单位的倍数u，即

$$|\psi\rangle_2 = u|\psi\rangle_1$$

时，我们在观测时无法区分它们。也就是说，u是不可观测的。我们称u为一个*全局相位*（*global phase*）。

7.3.2 映射标准形式的幺正矩阵

如果$|\psi\rangle = \cos\left(\frac{\theta}{2}\right)|0\rangle + \sin\left(\frac{\theta}{2}\right)e^{\varphi i}|1\rangle$为任意量子态，其中第一个概率幅已经转化为实数，则可将$|0\rangle$映射为$|\psi\rangle$的2×2的幺正矩阵$\boldsymbol{U}$是怎样的？

$$\boldsymbol{U}|0\rangle = \boldsymbol{U}\begin{bmatrix}1\\0\end{bmatrix} = |\psi\rangle = \cos\left(\frac{\theta}{2}\right)|0\rangle + \sin\left(\frac{\theta}{2}\right)e^{\varphi i}|1\rangle$$

观察可得：

$$\boldsymbol{U} = \begin{bmatrix}\cos\left(\frac{\theta}{2}\right) & a\\ \sin\left(\frac{\theta}{2}\right)e^{\varphi i} & b\end{bmatrix}$$

其中a和b分别表示某个复数。因为$\boldsymbol{U}$是幺正矩阵，所以$\boldsymbol{I}_2 = \boldsymbol{U}\boldsymbol{U}^{-1} = \boldsymbol{U}\boldsymbol{U}^\dagger$，其中

$$\boldsymbol{U}^\dagger = \begin{bmatrix}\overline{\cos\left(\frac{\theta}{2}\right)} & \overline{\sin\left(\frac{\theta}{2}\right)e^{\varphi i}}\\ \overline{a} & \overline{b}\end{bmatrix} = \begin{bmatrix}\cos\left(\frac{\theta}{2}\right) & \sin\left(\frac{\theta}{2}\right)e^{-\varphi i}\\ \overline{a} & \overline{b}\end{bmatrix}$$

而2×2的幺正矩阵的逆矩阵的显式形式为：

$$\boldsymbol{U}^{-1} = \frac{1}{\det(\boldsymbol{U})}\begin{bmatrix}b & -a\\ -\sin\left(\frac{\theta}{2}\right)e^{\varphi i} & \cos\left(\frac{\theta}{2}\right)\end{bmatrix}$$

因为$\boldsymbol{U}$是幺正矩阵，所以$|\det(\boldsymbol{U})| = 1$。选择$\mathbb{R}$中的某个$\delta$使得$\det(\boldsymbol{U}) = e^{\delta i}$，那么$\boldsymbol{U}^{-1} = \boldsymbol{U}^\dagger$意味着

$$e^{-i\delta}\begin{bmatrix}b & -a\\ -\sin\left(\frac{\theta}{2}\right)e^{\varphi i} & \cos\left(\frac{\theta}{2}\right)\end{bmatrix} = \begin{bmatrix}\cos\left(\frac{\theta}{2}\right) & \sin\left(\frac{\theta}{2}\right)e^{-\varphi i}\\ \overline{a} & \overline{b}\end{bmatrix}$$

因为

$$\mathrm{e}^{-\mathrm{i}\delta}b=\cos\left(\frac{\theta}{2}\right)\text{且}-\mathrm{e}^{-\mathrm{i}\delta}a=\sin\left(\frac{\theta}{2}\right)\mathrm{e}^{-\varphi\mathrm{i}}$$

所以

$$b=\cos\left(\frac{\theta}{2}\right)\mathrm{e}^{\delta\mathrm{i}}\text{且}a=-\sin\left(\frac{\theta}{2}\right)\mathrm{e}^{-\varphi\mathrm{i}}\mathrm{e}^{\delta\mathrm{i}}$$

也就是说

$$\boldsymbol{U}=\begin{bmatrix}\cos\left(\frac{\theta}{2}\right) & -\sin\left(\frac{\theta}{2}\right)\mathrm{e}^{\delta\mathrm{i}-\varphi\mathrm{i}}\\ \sin\left(\frac{\theta}{2}\right)\mathrm{e}^{\varphi\mathrm{i}} & \cos\left(\frac{\theta}{2}\right)\mathrm{e}^{\delta\mathrm{i}}\end{bmatrix}$$

我们还可通过定义 $\lambda=\delta-\varphi$ 以另一种形式写出 $\boldsymbol{U}$，则有 3 个参数 θ、φ 和 λ 的矩阵 $\boldsymbol{U}$ 为：

$$\boldsymbol{U}(\theta,\varphi,\lambda)=\begin{bmatrix}\cos\left(\frac{\theta}{2}\right) & -\sin\left(\frac{\theta}{2}\right)\mathrm{e}^{\mathrm{i}\lambda}\\ \sin\left(\frac{\theta}{2}\right)\mathrm{e}^{\varphi\mathrm{i}} & \cos\left(\frac{\theta}{2}\right)\mathrm{e}^{\mathrm{i}\lambda+\mathrm{i}\varphi}\end{bmatrix}$$

7.3.3　密度矩阵

对于 $|\psi\rangle=a|0\rangle+b|1\rangle$，我们将 $|\psi\rangle$ 的*密度矩阵*（*density matrix*）定义为：

$$\boldsymbol{\rho}=|\psi\rangle\langle\psi|=\begin{bmatrix}a\\ b\end{bmatrix}\otimes\begin{bmatrix}\bar{a} & \bar{b}\end{bmatrix}=\begin{bmatrix}a\bar{a} & a\bar{b}\\ b\bar{a} & b\bar{b}\end{bmatrix}=\begin{bmatrix}|a|^2 & a\bar{b}\\ b\bar{a} & |b|^2\end{bmatrix}$$

我们通常使用希腊字母 ρ（读作“rho”）来表示密度矩阵。要注意 $\mathrm{tr}(\boldsymbol{\rho})=\mathrm{tr}(|\psi\rangle\langle\psi|)=1$，所以 $\boldsymbol{\rho}$ 是厄米矩阵。

> **问题 7.3.1**
>
> $\det(|\psi\rangle\langle\psi|)$ 是多少？

当将 $|\psi\rangle$ 表示为 $r_1|0\rangle+r_2\mathrm{e}^{\varphi\mathrm{i}}|1\rangle$ 时，其中 r_1 和 r_2 为非负实数，则其密度矩阵为：

$$\boldsymbol{\rho}=|\psi\rangle\langle\psi|=\begin{bmatrix}r_1\\r_2\mathrm{e}^{\varphi\mathrm{i}}\end{bmatrix}\otimes\begin{bmatrix}\overline{r_1} & \overline{r_2\mathrm{e}^{\varphi\mathrm{i}}}\end{bmatrix}$$

$$=\begin{bmatrix}r_1\\r_2\mathrm{e}^{\varphi\mathrm{i}}\end{bmatrix}\otimes\begin{bmatrix}r_1 & r_2\mathrm{e}^{-\varphi\mathrm{i}}\end{bmatrix}$$

$$=\begin{bmatrix}r_1^2 & r_1r_2\mathrm{e}^{-\varphi\mathrm{i}}\\r_1r_2\mathrm{e}^{\varphi\mathrm{i}} & r_2^2\end{bmatrix}$$

基于此，可以计算出 $r_1=\sqrt{\rho_{1,1}}$ ，$r_2=\sqrt{\rho_{2,2}}$ ，且 $\mathrm{e}^{\varphi\mathrm{i}}=\dfrac{\rho_{2,1}}{r_1r_2}$ 。至于全局相位，我们从右矢到密度矩阵的过程中并没有丢失任何信息。

> **问题 7.3.2**
>
> 给定密度矩阵 $\boldsymbol{\rho}$，你能了解到有关原始右矢的什么信息？
>
> $$\boldsymbol{\rho}=\begin{bmatrix}d_{1,1} & d_{1,2}\\d_{2,1} & d_{2,2}\end{bmatrix}$$

而如果将 $|\psi\rangle$ 表示为更一般的 $r_1\mathrm{e}^{\varphi_1\mathrm{i}}|0\rangle+r_2\mathrm{e}^{\varphi_2\mathrm{i}}|1\rangle$ 形式，其中 r_1 和 r_2 为非负实数，则其密度矩阵为：

$$\boldsymbol{\rho}=|\psi\rangle\langle\psi|=\begin{bmatrix}r_1\mathrm{e}^{\varphi_1\mathrm{i}}\\r_2\mathrm{e}^{\varphi_2\mathrm{i}}\end{bmatrix}\otimes\begin{bmatrix}\overline{r_1\mathrm{e}^{\varphi_1\mathrm{i}}} & \overline{r_2\mathrm{e}^{\varphi_2\mathrm{i}}}\end{bmatrix}$$

$$=\begin{bmatrix}r_1\mathrm{e}^{\varphi_1\mathrm{i}}\\r_2\mathrm{e}^{\varphi_2\mathrm{i}}\end{bmatrix}\otimes\begin{bmatrix}r_1\mathrm{e}^{-\varphi_1\mathrm{i}} & r_2\mathrm{e}^{-\varphi_2\mathrm{i}}\end{bmatrix}$$

$$=\begin{bmatrix}r_1^2 & r_1r_2\mathrm{e}^{\mathrm{i}(\varphi_1-\varphi_2)}\\r_1r_2\mathrm{e}^{-\mathrm{i}(\varphi_1-\varphi_2)} & r_2^2\end{bmatrix}$$

如果我们令 $\varphi=\varphi_1-\varphi_2$ ，就可以像前面将 $|0\rangle$ 的概率幅转换为实数那样，将 $\boldsymbol{\rho}$ 进一步化简。

> $|\psi\rangle$ 的密度矩阵与任意全局相位都无关。

7.3.4　可观测量和期望

矩阵 $\boldsymbol{M}_0=|0\rangle\langle0|$ 和 $\boldsymbol{M}_1=|1\rangle\langle1|$ 是投影算子，因此是厄米矩阵。如果 $|\psi\rangle=a|0\rangle+b|1\rangle$，则

$$
\begin{aligned}
\langle\psi|M_0|\psi\rangle &= \langle\psi|\left(|0\rangle\langle 0||\psi\rangle\right) \\
&= \langle\psi|0\rangle\langle 0|\psi\rangle \\
&= \begin{bmatrix}\bar{a} & \bar{b}\end{bmatrix}\begin{bmatrix}1\\0\end{bmatrix}\begin{bmatrix}1 & 0\end{bmatrix}\begin{bmatrix}a\\b\end{bmatrix} \\
&= \begin{bmatrix}\bar{a} & \bar{b}\end{bmatrix}\begin{bmatrix}1 & 0\\0 & 0\end{bmatrix}\begin{bmatrix}a\\b\end{bmatrix} \\
&= \begin{bmatrix}\bar{a} & \bar{b}\end{bmatrix}\begin{bmatrix}a\\0\end{bmatrix} = |a|^2
\end{aligned}
$$

类似地，$\langle\psi|M_1|\psi\rangle = |b|^2$。

很明显，$\langle\psi|M_0|\psi\rangle = |a|^2$ 就是观测到 $|0\rangle$ 的概率，而 $\langle\psi|M_1|\psi\rangle = |b|^2$ 是观测到 $|1\rangle$ 的概率。

M_0 的特征值为 0 和 1，分别对应于特征向量 $|1\rangle$ 和 $|0\rangle$。M_1 具有类似的特征值，只不过对应的特征向量刚好相反。M_0 和 M_1 都是*可观测量*（*observable*），即特征向量能构成量子态空间的基底的厄米矩阵。

问题 7.3.3

由上述矩阵的特征向量构成的基底元素的系数之间有何关系？观测时看到这些基底元素的概率是多少？

现在我们再反过来看看：假设 A 是一个可观测量。A 是一个厄米矩阵，其特征值为 e_1 和 e_2，对应的特征向量为 $|e_1\rangle$ 和 $|e_2\rangle$。注意，$|e_1\rangle$ 与 e_1 是不同的对象！我们使用 $|e_1\rangle$ 表示 e_1 对应的特征向量。另外也请记住 $\langle e_1|\psi\rangle$ 即 $\langle e_1||\psi\rangle$，而不是与 e_1 相关的任何形式的乘法。

根据定义，

$$A|e_1\rangle = e_1|e_1\rangle \quad \text{且} \quad A|e_2\rangle = e_2|e_2\rangle$$

正如 5.9 节介绍过的，我们可能假设特征向量 $|e_1\rangle$ 和 $|e_2\rangle$ 可构成 $\mathbb{C}^2$ 的一个标准正交基底。

如果 $|\psi\rangle = a|e_1\rangle + b|e_2\rangle$ 且 $\langle\psi|\psi\rangle = 1$，则根据内积的性质可得：

$$a = \langle e_1|\psi\rangle \text{ 且 } b = \langle e_2|\psi\rangle$$

基于此可知：

$$|\psi\rangle = \langle e_1|\psi\rangle|e_1\rangle + \langle e_2|\psi\rangle|e_1\rangle$$

这是相对于 A 的基底。所以当我们观测可观测量 A 时，得到 e_1 的概率为 $|\langle e_1|\psi\rangle|^2$，得到 e_2

的概率为$|\langle e_2|\psi\rangle|^2$。

现在我们有了一组值以及得到它们的概率，那就来算一算期望吧。我们最早已在 6.6 节介绍了期望的计算方法。

给定状态$|\psi\rangle$，$\boldsymbol{A}$ 的期望$\langle A\rangle$为：

$$\langle A\rangle = |\langle e_1|\psi\rangle|^2 e_1 + |\langle e_2|\psi\rangle|^2 e_2$$

问题 7.3.4

为什么$|\langle e_1|\psi\rangle|^2 = \langle\psi|e_1\rangle\langle e_1|\psi\rangle$？

我们可以将它简化一下：

$$\begin{aligned}\langle A\rangle &= |\langle e_1|\psi\rangle|^2 e_1 + |\langle e_2|\psi\rangle|^2 e_2 \\ &= \langle\psi|e_1\rangle\langle e_1|\psi\rangle e_1 + \langle\psi|e_2\rangle\langle e_2|\psi\rangle e_2 \quad（因为|\langle e_1|\psi\rangle|^2 = \langle\psi|e_1\rangle\langle e_1|\psi\rangle） \\ &= \langle\psi|\boldsymbol{A}|e_1\rangle\langle e_1|\psi\rangle + \langle\psi|\boldsymbol{A}|e_2\rangle\langle e_2|\psi\rangle \quad（因为 \boldsymbol{A}|e_1\rangle = e_1|e_1\rangle） \\ &= \langle\psi|\boldsymbol{A}(|e_1\rangle\langle e_1| + |e_2\rangle\langle e_2|)|\psi\rangle \\ &= \langle\psi|\boldsymbol{A}|\psi\rangle\end{aligned}$$

我认为这个计算过程能证明狄拉克符号很简洁、优雅。

问题 7.3.5

对于$|\psi\rangle = a|e_1\rangle + b|e_2\rangle$，$\langle\psi|\boldsymbol{M}_0|\psi\rangle$和$\langle\psi|\boldsymbol{M}_1|\psi\rangle$是多少？

7.4 一种非线性投影

我们已在第 5 章见识过了线性投影，比如将实平面中的任意点映射到直线 $y = x$ 上，现在我们来看一类特殊的非线性投影。我们将单位圆上的每个点映射到一条直线上。

图 7-4 中有一个单位圆，其正下方有一条直线 $y = -1$。

除北极点$(0,1)$之外，我们可将该圆上的每个点映射成直线 $y = -1$ 上的一个点。我们只需简单地从$(0,1)$开始画一条经过圆上另一点的直线即可。该直线与 $y = -1$ 的交点就是映射的结果。

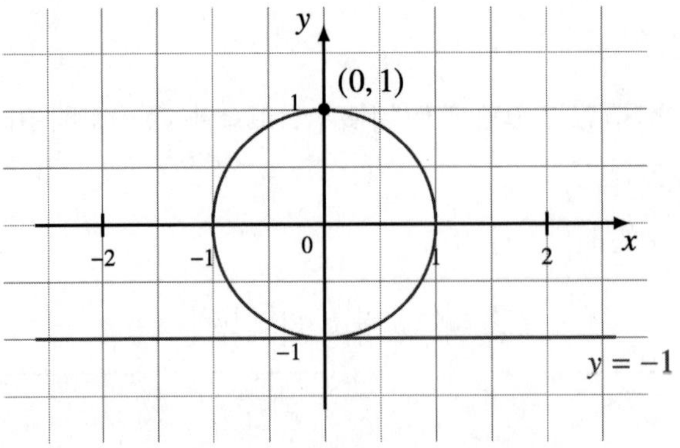

图 7-4

在图 7-5 中，交点为$\left(-\dfrac{2}{\sqrt{2}-1},-1\right)$。我们可使用斜率截距式计算这个交点。

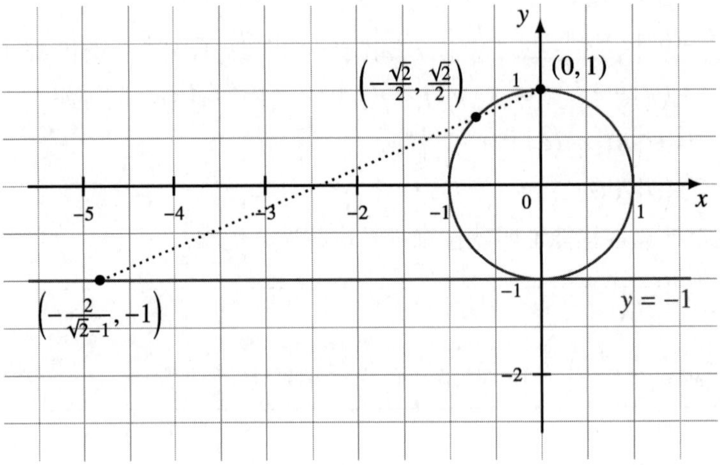

图 7-5

- 已知直线上的两个点：北极点$(0,1)$和圆上另一点$\left(-\dfrac{\sqrt{2}}{2},\dfrac{\sqrt{2}}{2}\right)$。
- 斜率 m 可用两点 y 值的差除以 x 值的差得出：

$$m=\frac{1-\frac{\sqrt{2}}{2}}{0-\left(-\frac{\sqrt{2}}{2}\right)}=\frac{1-\frac{\sqrt{2}}{2}}{\frac{\sqrt{2}}{2}}=\frac{2-\sqrt{2}}{\sqrt{2}}=\frac{2\sqrt{2}-2}{2}=\sqrt{2}-1$$

- 当 $x=0$ 时，$y=1$。该直线的方程为：

$$y=\left(\sqrt{2}-1\right)x+1$$

- 要计算该直线与直线 $y=-1$ 的交点，只需令 $y=-1$ 并求解：

$$-1=\left(\sqrt{2}-1\right)x+1$$

则

$$-2=\left(\sqrt{2}-1\right)x$$

则

$$-\frac{2}{\sqrt{2}-1}=x$$

而 y 坐标在这一设定下总为 -1。

再来看一般情况，对于该圆上的一点 $\left(x_0,y_0\right)$，

- 斜率为

$$m=\frac{y_0-1}{x_0-0}=\frac{y_0-1}{x_0}$$

- 该直线必然与 y 轴交于 $(0,1)$ 点，因此该直线的方程为：

$$y=\frac{y_0-1}{x_0}x+1$$

- 令 $y=-1$，然后求解 x 可得

$$-\frac{2}{\frac{y_0-1}{x_0}}=-\frac{2x_0}{y_0-1}=x$$

- 投影得到的点为 $\left(-\frac{2x_0}{y_0-1},-1\right)$。

问题 7.4.1

对于我们之前计算的 $\left(x_0,y_0\right)=\left(-\frac{\sqrt{2}}{2},\frac{\sqrt{2}}{2}\right)$，这种一般化方法能得到同样的答案吗？

除了 $y_0=1$ 的北极点之外，这种一般化方法适用于该圆上的每个点。

问题 7.4.2

该圆上的哪个点可映射到 $(0,-1)$？

这个投影变换 f 是否可逆？

$$f:\text{单位圆}\setminus\{(0,1)\}\to\mathbb{R}$$

其中投影是直线 $y=-1$ 上点的 x 坐标。

满足“ $f^{-1}\circ f=$ 恒等函数 ”的 f^{-1} 是怎样的？这意味着我们可将实数线映射成不含 $(0,1)$ 点的单位圆。

为了构建 f^{-1}，我们先从 $\mathbb{R}$ 中的数 a 开始。我们希望 $f^{-1}(a)$ 是单位圆上的一个点 (x_0,y_0)。对于这个单位圆上的点，最确定的是什么？是关系

$$x_0^2+y_0^2=1$$

- 给定 a，可知 $(a,-1)$ 在直线 $y=-1$ 上。
- 从该点画一条到单位圆北极点 $(0,1)$ 的直线并求解：这条直线与单位圆的交点在何处？
- 该直线的斜率 m 为 $-\dfrac{2}{a}$（请自行验证这一点并参考后面对 a 的说明），因此该直线的完整方程为：

$$y=-\frac{2}{a}x+1$$

- 两边同时求平方：

$$y^2=\frac{4}{a^2}x^2-\frac{4}{a}x+1$$

- 代入 x_0 和 y_0：

$$y_0^2=\frac{4}{a^2}x_0^2-\frac{4}{a}x_0+1$$

- 但 $x_0^2+y_0^2=1$，所以

$$1-x_0^2=\frac{4}{a^2}x_0^2-\frac{4}{a}x_0+1$$

- 将该等式左侧部分换算到右侧然后化简：

$$0=\left(\frac{4}{a^2}+1\right)x_0^2-\frac{4}{a}x_0$$
$$=x_0\left(\left(\frac{4}{a^2}+1\right)x_0-\frac{4}{a}\right)$$

- 我们可以先排除 $x_0=0$ 的情况，因为此时求取的是北极点。因此

$$0=\left(\frac{4}{a^2}+1\right)x_0-\frac{4}{a}=\frac{4+a^2}{a^2}x_0-\frac{4}{a}$$

即

$$0=\left(4+a^2\right)x_0-4a$$

即

$$\frac{4a}{4+a^2}=x_0$$

如果 $a=2$，则 $x_0=1$。然后可以轻松算出 $y_0=0$。因此 $f^{-1}(2)=(1,0)$。

如果 $a=-4$ 又如何呢？则 $x_0=-\frac{16}{4+16}=-\frac{4}{5}$。根据 4.2.3 小节给出的单位圆方程，有

$$\left(-\frac{4}{5}\right)^2+y_0^2=1$$

因此

$$y_0^2=1-\frac{16}{25}=\frac{9}{25}$$

然后我们可以得到不明确的结果 $y_0=\pm\frac{3}{5}$。该是哪一个呢？

通过观察其图形（如图 7-6 所示）可以看出，当 $|a|\geqslant 1$ 时，$y_0\geqslant 0$。类似地，当 $|a|<1$ 时，$y_0<0$。基于此我们就可以得到明确的结果了：$y_0=\frac{3}{5}$。

上面的分析存在两个问题。第一个问题，采用“看图求解”的方法实在让人难以接受。所以，请你自己推导其代数计算过程。

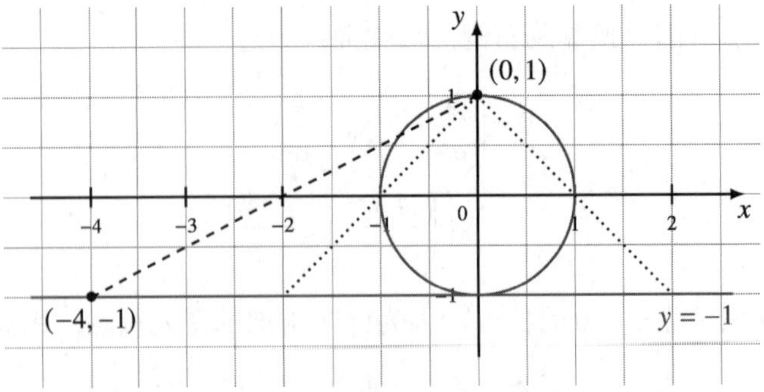

图 7-6

问题 7.4.3

请通过代数方式证明当 $|a| \geqslant 1$ 时，$y_0 \geqslant 0$，而当 $|a| < 1$ 时，$y_0 < 0$。

第二个问题则要严肃得多。虽然我说过“该直线的斜率 m 为 $-\frac{2}{a}$”，但我**从未说过** a 是非零值。

$a = 0$ 是一种特殊情况，因为其对应的直线直接穿过单位圆的北极点及其在直线 $y = -1$ 上的南极点。这条穿过单位圆两极的直线垂直于 x 轴，因此 m 为 ∞。在此处，$f^{-1}(0) = (0, -1)$。

现在，我们可以给出 f 和 f^{-1} 的完整描述了。

如果 f 是单位圆上某点 (x_0, y_0) 在直线 $y = -1$ 上的投影变换且 $y_0 \neq 1$，则该点的投影点为 $(a, -1)$，其中

$$a = -\frac{2x_0}{y_0 - 1}$$

其反函数 $f^{-1}(a)$ 的定义为（其中 a 在 $\mathbb{R}$ 中）:

$$f^{-1}(a) = \begin{cases} (0, -1),\ a = 0 \\ \left(\frac{4a}{4+a^2}, \sqrt{1 - \left(\frac{4a}{4+a^2}\right)^2}\right),\ |a| \geqslant 1 \\ \left(\frac{4a}{4+a^2}, -\sqrt{1 - \left(\frac{4a}{4+a^2}\right)^2}\right),\ \text{其他情况} \end{cases}$$

我们的中间计算过程不允许出现 $a=0$ 的情况，但上式中第三种情况的结果却能包含 $a=0$ 的结果。

尽管我们在上面的分析中用到了三角函数，但我们却并未用到角度。本节最后，让我们再次快速回顾一下以上分析过程，但这一次对于单位圆上的点，我们不再使用笛卡儿坐标，而使用 $0 \leqslant \theta < 2\pi$ 范围内的角度来表示。

我们需要排除 $\theta = \frac{\pi}{4}$ 的情况，因为此时指的是北极点。为了直观区分，这一次我们将投影变换的函数记为 g：

$$g:\left(0 \leqslant \theta < \frac{\pi}{4}\right) \text{或} \left(\frac{\pi}{4} < \theta < 2\pi\right) \to \mathbb{R}$$

其中投影是直线 $y=-1$ 上点的 x 坐标。

g 的定义非常简单：

$$g(\theta) = f\left(\cos(\theta), \sin(\theta)\right)$$

对于单位圆上通过范围为 $0 \leqslant \theta < 2\pi$ 的角 θ 给出的某点，如果 g 是该点在直线 $y=-1$ 上的投影变换，则该点的投影点为 $(a,-1)$，其中

$$a = -\frac{2\cos(\theta)}{\sin(\theta)-1}$$

g^{-1} 又是怎样的呢？在图 7-7 所示的例子中，我们希望从 -4 算出 θ 的值。

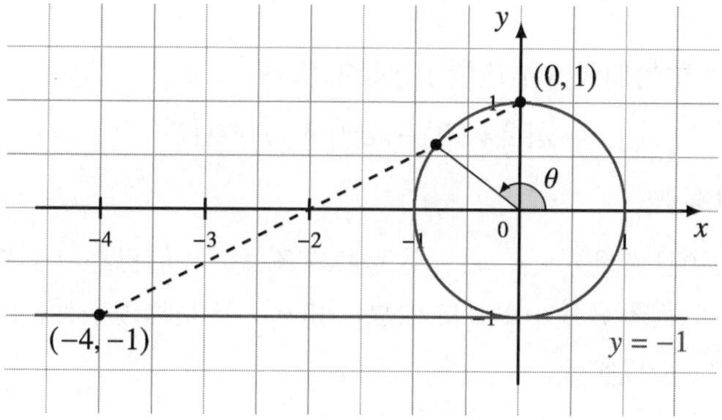

图 7-7

令 $\theta = \arccos(x_0) = \arccos\left(\frac{4a}{4+a^2}\right)$。根据反余弦的定义，$\theta$ 在 0～π（含 0 和π）中

有一个取值。光靠这一点不能说明该点位于单位圆的上半圆还是下半圆。

> *令 a 在 $\mathbb{R}$ 中且 $\theta = \arccos\left(\frac{4a}{4+a^2}\right)$，$g$ 的反函数 $g^{-1}(a)$ 的定义为：*
>
> $$g^{-1}(a) = \begin{cases} \theta, & |a| \geqslant 1 \\ 2\pi - \theta, & \text{其他情况} \end{cases}$$

在这个投影变换中，我们的目标是将一个由单个变量 θ 确定的二维对象映射到一维直线 $\mathbb{R}^1$ 上。在这里，维度这个概念被映射成了自由度（degrees of freedom），因为它们可以利用基底的线性无关性来表示。尽管单位圆存在于 $\mathbb{R}^2$ 中，但函数关系

$$x_0^2 + y_0^2 = 1$$

意味着

$$x_0 = \pm\sqrt{1 - y_0^2}$$

因此，x_0 与 y_0 并不是无关的。

在怎样的条件下我们可以将更高维空间的对象映射成更低维空间的对象呢？

在实三维空间中，将球面映射成平面的等效过程名为*球极平面投影*（*stereographic projection*）。

7.5　布洛赫球面

我们可通过 $\mathbb{C}^2$ 中的向量来描述量子比特的状态：

$$a|0\rangle + b|1\rangle = r_1 e^{\varphi_1 i}|0\rangle + r_2 e^{\varphi_2 i}|1\rangle$$

其中 r_1 和 r_2 是非负实数。

r_1 和 r_2 是相关的且满足 $r_1^2 + r_2^2 = 1$，这是数学条件。我们已在 7.3 节介绍过，重要的是相对相位 $\varphi_2 - \varphi_1$，而不是各个单独的相位 φ_1 和 φ_2，这是物理条件，而且这也意味着我们可以通过换算将 a 变成实数。

我们也介绍过，量子态可表示为：

$$|\psi\rangle = \cos\left(\frac{\theta}{2}\right)|0\rangle + \sin\left(\frac{\theta}{2}\right)e^{\varphi i}|1\rangle$$

这是通过非线性投影并改变坐标得到的，结果是*布洛赫球面*上的一个点。

其中两个角的范围分别是$0 \leqslant \theta \leqslant \pi$和$0 \leqslant \varphi < 2\pi$。$\theta$是该向量与$z$轴正方向的夹角，而$\varphi$是其在$xOy$平面中的投影与$x$轴正方向的夹角，如图 7-8 所示。

这个非线性投影将$\mathbb{C}^2$（可视为$\mathbb{R}^4$）中超球面的三维表面映射成$\mathbb{R}^2$中布洛赫球面的二维表面。为了做到这一点，我们利用了一个关键性质：可以无视全局相位。

首先我们问：为了得到这个超球面，$\mathbb{C}^2$中所有长度为 1 的向量是怎样的？然后我们声明：如果该超球面上任意两点仅相差幅度为 1 的复数倍，则我们认为这两个点为同一个点。基于这些性质和等价性，再加上一些代数和几何的性质，我们可用布洛赫球面上的点表示一个量子比特可能的量子态。

布洛赫球面得名于科学家费利克斯·布洛赫（Felix Bloch，如图 7-9 所示），他因为在核磁共振（Nuclear Magnetic Resonance，NMR）方面的研究成果而获得了 1962 年的诺贝尔物理学奖[2]。

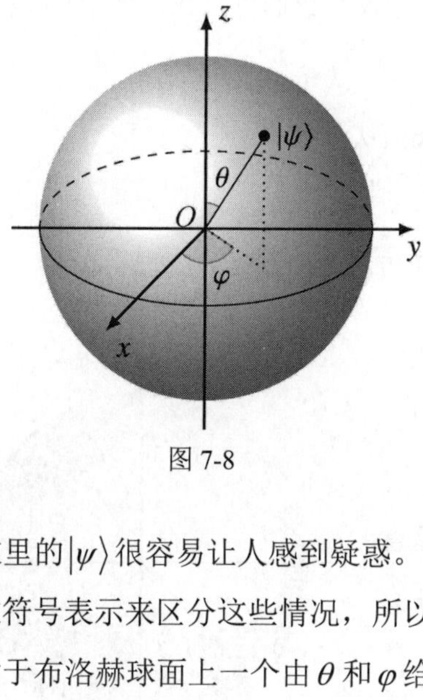

图 7-8

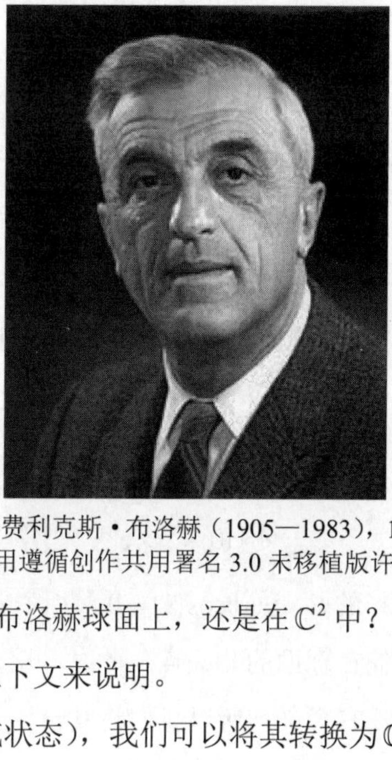

图 7-9：费利克斯·布洛赫（1905—1983），1961 年。照片使用遵循创作共用署名 3.0 未移植版许可证[3]

这里的$|\psi\rangle$很容易让人感到疑惑。它到底是在布洛赫球面上，还是在$\mathbb{C}^2$中？我们不会通过符号表示来区分这些情况，所以我会通过上下文来说明。

对于布洛赫球面上一个由θ和φ给出的点（或状态），我们可以将其转换为$\mathbb{C}^2$中的$|\psi\rangle = a|0\rangle + b|1\rangle$形式，具体方法是令

$$a = \cos\left(\frac{\theta}{2}\right) \text{ 且 } b = \mathrm{e}^{\varphi \mathrm{i}} \sin\left(\frac{\theta}{2}\right)$$

注意 a 为实数。

另一方面，如果

$$a|0\rangle + b|1\rangle = r_1 e^{\varphi_1 i}|0\rangle + r_2 e^{\varphi_2 i}|1\rangle$$

则 θ 和 φ 是多少？

如果 $a=0$，则 $b=1$，那么可得到 $|1\rangle$。我们可将其映射为 $\theta=\pi$ 和 $\varphi=0$。如果 $a=1$，则 $b=0$，可得 $|0\rangle$，然后得到 $\theta=0$ 且 $\varphi=0$。

假设 a 和 b 均不为 0，幅度 r_1 和 r_2 是正实数，则我们可以这样改写：

$$r_1 e^{\varphi_1 i}|0\rangle + r_2 e^{\varphi_2 i}|1\rangle = \left(e^{\varphi_1 i}\right)\left(r_1|0\rangle + r_2 e^{i(\varphi_2-\varphi_1)}|1\rangle\right)$$

然后我们可以丢弃 $e^{\varphi_1 i}$，因为我们无法通过物理方式观测到它。结果剩下

$$r_1|0\rangle + r_2 e^{i(\varphi_2-\varphi_1)}|1\rangle$$

我们令 $\varphi=\varphi_2-\varphi_1$，并将其等效地调整到 0～2π（如果为负就加上 2π）。

因为 $r_1^2+r_2^2=1$，所以点 (r_1,r_2) 在单位圆的*第一象限*。我们可以找到一个 $0<\theta_0<\frac{\pi}{2}$ 范围内的角 θ_0 使得

$$r_1=\cos(\theta_0) \text{ 且 } r_2=\sin(\theta_0)$$

并令 $\theta=2\theta_0$。

现在我们再回到 $|0\rangle$ 和 $|1\rangle$ 并看看我们选择的 θ 和 φ（如图 7-10 所示）。

$$|0\rangle = r_1 e^{\varphi_1 i}|0\rangle + r_2 e^{\varphi_2 i}|1\rangle = 1\times e^{\varphi_1 i}|0\rangle + 0\times e^{\varphi_2 i}|1\rangle$$

然后执行前面已进行过多次的抽取并丢弃 $e^{\varphi_1 i}$，可得

$$1\times|0\rangle + 0\times e^{(\varphi_2-\varphi_1)i}|1\rangle$$

我们选择的 θ_0 是 $\arccos(1)=0$，所以 θ 也为 0，这意味着我们在球面的北极点。此时，用于描述绕 z 轴旋转的 φ 没有意义，所以我们将其设为 0。

因为 $e^{\varphi_2 i}$ 前面的倍数为 0，所以我们无法选出某个特定的 φ_2。我们可以选择 $\varphi_2=\varphi_1$，则 $\varphi=0$。

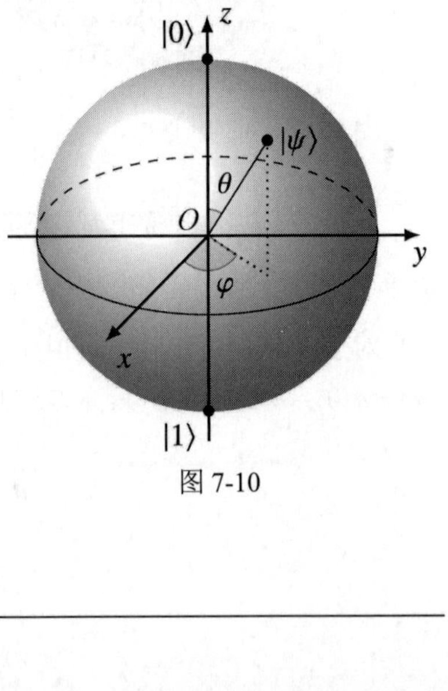

图 7-10

问题 7.5.1

为 $|1\rangle$ 选择 $\theta=\pi$ 和 $\varphi=0$ 是否也是合理的？

基于以上分析，我们已经了解了布洛赫球面与 $\mathbb{C}^2$ 中量子态之间的映射。其中，$|0\rangle$ 映射到北极点，$|1\rangle$ 映射到南极点。

$|+\rangle$ 和 $|-\rangle$（如图 7-11 所示）又如何呢？

问题 7.5.2

请证明 $|+\rangle$ 映射到布洛赫球面上 $\theta=\frac{\pi}{2}$ 和 $\varphi=0$ 的位置，然后请证明 $|-\rangle$ 映射到 $\theta=\frac{\pi}{2}$ 和 $\varphi=\pi$ 的位置。如果使用笛卡儿坐标，这些点在 $\mathbb{R}^3$ 中的坐标是多少？

右矢 $|0\rangle$ 和 $|1\rangle$ 位于 z 轴上，$|+\rangle$ 和 $|-\rangle$ 则位于 x 轴上。

位于 y 轴上的标准正交基底（如图 7-12 所示）又是怎样的呢？我们暂时将它们记为 $|A\rangle$ 和 $|B\rangle$。

我们关注的这两个点的笛卡儿坐标为 $(0,1,0)$ 和 $(0,-1,0)$。

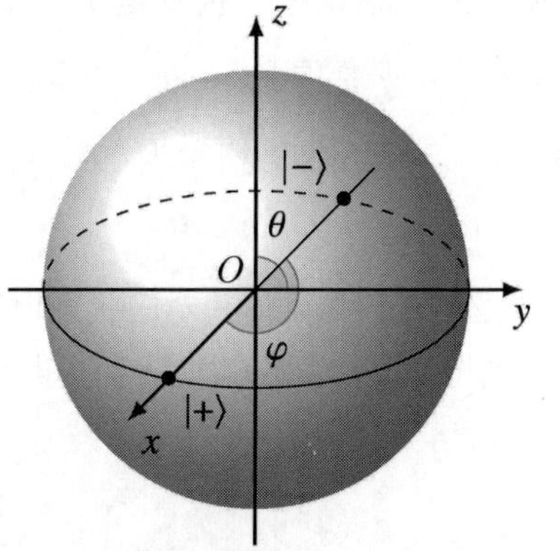

图 7-11

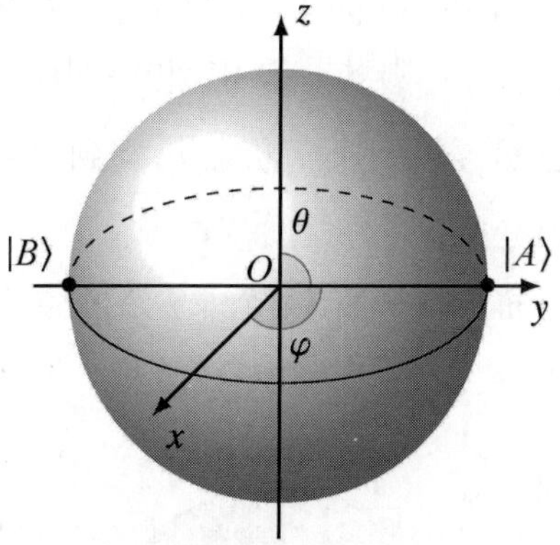

图 7-12

对于这两个点，我们都可取 $\theta=\frac{\pi}{2}$。对于 $|A\rangle$，我们取 $\varphi=\frac{\pi}{2}$；而对于 $|B\rangle$，我们取 $\varphi=\frac{3\pi}{2}$ 得到 $(0,-1,0)$。

现在我们将它们代入 $\mathbb{C}^2$ 中的 $|\psi\rangle=a|0\rangle+b|1\rangle$ 中。设

$$a=\cos\left(\frac{\theta}{2}\right) \text{ 且 } b=\mathrm{e}^{\varphi \mathrm{i}}\sin\left(\frac{\theta}{2}\right)$$

可得到

$$a = \frac{\sqrt{2}}{2} \text{ 且 } b = e^{\frac{\pi}{2}i}\frac{\sqrt{2}}{2} = \frac{\sqrt{2}}{2}i$$

因此

$$|A\rangle = \frac{\sqrt{2}}{2}(|0\rangle + i|1\rangle) \text{ 且 } |B\rangle = \frac{\sqrt{2}}{2}(|0\rangle - i|1\rangle)$$

基于此，我们可以将这两个右矢正式命名为：

$$|i\rangle = \frac{\sqrt{2}}{2}(|0\rangle + i|1\rangle) \text{ 且 } |-i\rangle = \frac{\sqrt{2}}{2}(|0\rangle - i|1\rangle)$$

问题 7.5.3

请验证 $|i\rangle$ 和 $|-i\rangle$ 是标准正交的。

现在我们可以完整地标记布洛赫球面（如图 7-13 所示）了。

基于我们已在 3 种情况下看到的证据，$\mathbb{C}^2$ 中的标准正交基底会映射成布洛赫球面上的两个相反的点。现在我们来讨论下为什么会是这样。

在被观测时，赤道上的每个量子态得到 $|0\rangle$ 和 $|1\rangle$ 的概率相等。也就是说，如果某个状态在赤道上，则对于 $\mathbb{C}^2$ 中 $a|0\rangle + b|1\rangle$ 中的坐标 a 和 b，必然有 $|a|^2 = |b|^2 = 0.5$。

很自然，被观测时，状态 $|0\rangle$ 得到自身的概率为 1.0，得到 $|1\rangle$ 的概率为 0.0。对状态 $|1\rangle$ 而言，这些概率正好相反。

对于布洛赫球面上某个非赤道的纬线上的点（如图 7-14 所示），其对应状态坍缩为 $|0\rangle$ 或 $|1\rangle$ 的概率不同，但和仍然为 1.0。在该纬度，得到 $|0\rangle$ 的概率都一样。对 $|1\rangle$ 也是同理。

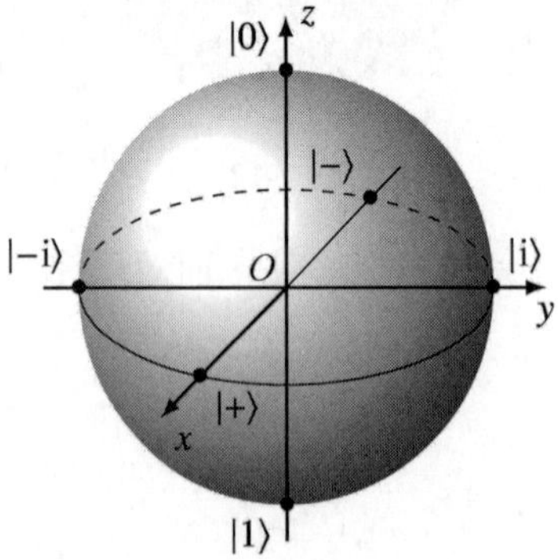

图 7-13

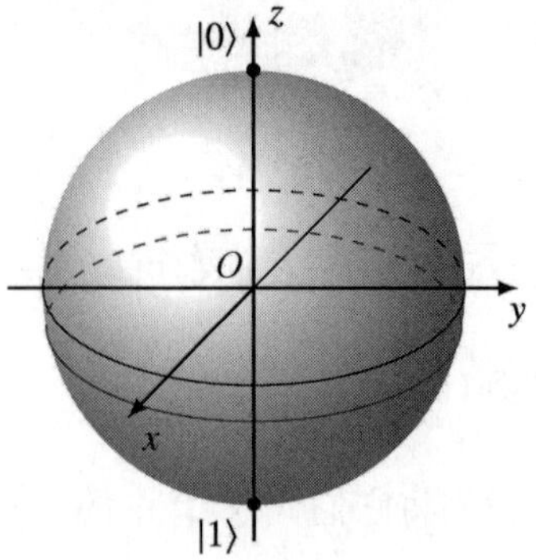

图 7-14

现在我们已经见过了 3 对基底元素，它们的名称各有不同，如表 7-1 所示。

表 7-1

基底	通用名称	布洛赫球面轴名称
$\{\|0\rangle, \|1\rangle\}$	计算基底	z
$\{\|+\rangle, \|-\rangle\}$	阿达马基底	x
$\{\|\mathrm{i}\rangle, \|-\mathrm{i}\rangle\}$	圆基底	y

Y 基底就是圆基底。在这种情况下我们还有另一组可替代使用的符号：$|\mathrm{i}\rangle = |\circlearrowright\rangle$和$|-\mathrm{i}\rangle = |\circlearrowleft\rangle$。

7.6　阿达马教授遇到泡利教授

除了将量子比特的状态映射到布洛赫球面上，从而让我们能从不同的角度思考它，我们还能用量子比特做什么？在本节中，我将介绍可用于单个量子比特的运算，即门。至于将多个量子比特作为输入和输出的门，我将在第 8 章介绍。在第 9 章中，我们将使用这些门来构建实现算法的线路。

举个例子，图 7-15 是一个量子线路的示意图：一个初始化为$|0\rangle$的量子比特在执行运算 $\boldsymbol{X}$ 后再被观测。

门总是可逆的，但某些运算或操作并不可逆。这些不可逆性源自量子力学以及对应于幺正变换的门。观测不可逆，将在 7.6.13 小节介绍的$|0\rangle$ RESET 操作也不可逆。

在本章以及后文中，如果线路中包含观测操作，将使用如图 7-16 所示的组件表示。

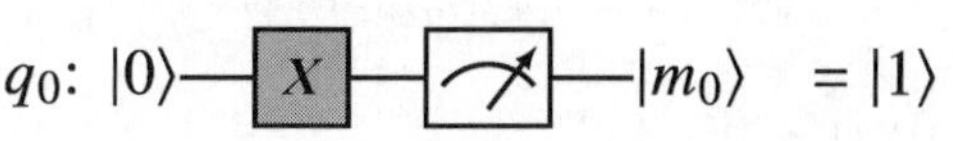

图 7-15

图 7-16

观测会返回$|0\rangle$和$|1\rangle$。从数学角度来讲，我们不关心观测过程中究竟发生了什么，我们只在乎概率。我将在第 11 章介绍如何使用各种物理量子比特技术来执行观测。

因为单量子比特的状态是一个二维复右矢（向量），所以所有量子门都可对应一个 2×2 的矩阵，其中的元素是基于某个基底的复数。因此，这些矩阵都很小，很容易操控。

它们全都是幺正矩阵。

> 令 $\boldsymbol{A}$ 是一个复方阵，如果其伴随矩阵 $\boldsymbol{A}^{\dagger}$ 也是其逆矩阵 $\boldsymbol{A}^{-1}$，则 $\boldsymbol{A}$ 是*幺正矩阵*。因此，$\boldsymbol{A}\boldsymbol{A}^{\dagger}=\boldsymbol{A}^{\dagger}\boldsymbol{A}=\boldsymbol{I}$。
>
> 这意味着 $\boldsymbol{A}$ 的列是标准正交的，其行也是。
>
> $|\det(\boldsymbol{A})|=1$。

注意，最后一个称述是说 $\boldsymbol{A}$ 的**行列式的绝对值**为 1，而不是其行列式的值为 1。因为其在 $\mathbb{C}$ 中，所以该行列式可写成 $e^{\varphi i}$ 的形式，其中 $0\leqslant\varphi<2\pi$。

本节会罗列一些很有用且很常用的包含单量子比特的量子门。你将看到，往往有多种方式能实现同一种量子比特的状态变化。至于我们为什么需要这么做，原因将在第 9 章介绍。

在 2.4 节中介绍经典电路时，我们看到其中仅有“非”运算是可逆的，而这也是唯一一个延续到量子线路的运算，我们将从它开始介绍。

7.6.1 量子 X 门

$\boldsymbol{X}$ 门的矩阵为：

$$\boldsymbol{\sigma}_x=\begin{bmatrix}0 & 1\\ 1 & 0\end{bmatrix}$$

这是泡利 $\boldsymbol{X}$ 矩阵，得名于沃尔夫冈·泡利（Wolfgang Pauli，如图 7-17 所示）。我通常为门及其幺正矩阵的标准基底右矢形式使用同样的符号（而这里使用了 $\boldsymbol{X}$），不过这稍微有点“滥用符号”。

图 7-17 物理学家沃尔夫冈·泡利（1900—1958）。泡利获得了 1945 年的诺贝尔物理学奖。照片属于公共领域

$\boldsymbol{X}$ 门有如下性质：

$$\boldsymbol{\sigma}_x|0\rangle=|1\rangle \text{ 且 } \boldsymbol{\sigma}_x|1\rangle=|0\rangle$$

它能“翻转” $|0\rangle$ 和 $|1\rangle$。经典的非门如图 7-18 所示。

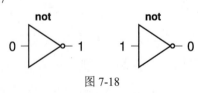

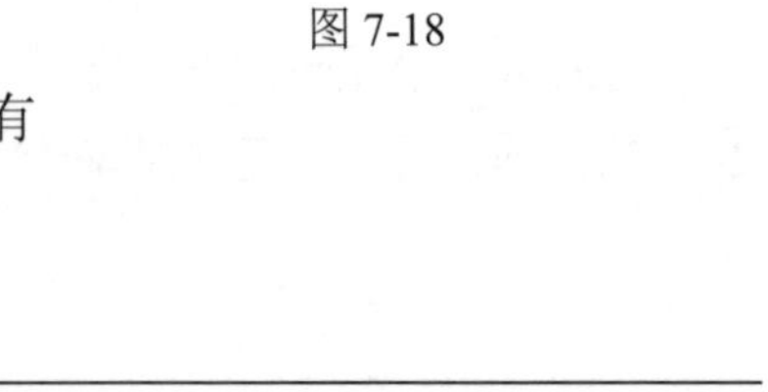

图 7-18

图 7-18 所示的非门实现了比特翻转（bit flip）。类似地，我们说 $\boldsymbol{X}$ 门也实现了“比特翻转”。

对于 $\mathbb{C}^2$ 中的 $|\psi\rangle=a|0\rangle+b|1\rangle$，如果使用 $\boldsymbol{X}$ 门，则有

$$\boldsymbol{X}|\psi\rangle = b|0\rangle + a|1\rangle$$

也就是说，$\boldsymbol{X}$ 能转换观测到 $|0\rangle$ 和 $|1\rangle$ 的概率。在 $\mathbb{C}^2$ 中，$\boldsymbol{\sigma}_x$ 的特征值为+1 和 −1 且对应的特征向量分别为 $|+\rangle$ 和 $|-\rangle$。

从布洛赫球面上看，$\boldsymbol{X}$ 门会让点绕 x 轴旋转 π 弧度。所以不仅极点会翻转，下半球面上的点也会移动到上半球面，上半球面上的点则会移动到下半球面。

> 因为 $\boldsymbol{X}\boldsymbol{X} = \boldsymbol{I}_2$，所以 $\boldsymbol{X}$ 门的逆运算就是其自身。这当然很合理，因为在经典情况下也是如此——"非 ∘ 非"运算就相当于恒等运算。

从旋转角度来看，我们知道在 $\mathbb{R}^3$ 中执行绕 x 轴旋转 θ 弧度的矩阵的运算方式如下：

$$\begin{bmatrix} 1 & 0 & 0 \\ 0 & \cos(\theta) & -\sin(\theta) \\ 0 & \sin(\theta) & \cos(\theta) \end{bmatrix} \begin{bmatrix} x \\ y \\ z \end{bmatrix} = \begin{bmatrix} x \\ y\cos(\theta) - z\sin(\theta) \\ y\sin(\theta) + z\cos(\theta) \end{bmatrix}$$

代入 $\theta = \pi$，该旋转矩阵为：

$$\begin{bmatrix} 1 & 0 & 0 \\ 0 & -1 & 0 \\ 0 & 0 & -1 \end{bmatrix}$$

如果使用 $\mathbb{R}^3$ 的标准坐标，则 $|0\rangle = (0,0,1)$ 且 $|1\rangle = (0,0,-1)$。再使用以上矩阵，可得：

$$\begin{bmatrix} 1 & 0 & 0 \\ 0 & -1 & 0 \\ 0 & 0 & -1 \end{bmatrix} \begin{bmatrix} 0 \\ 0 \\ 1 \end{bmatrix} = \begin{bmatrix} 0 \\ 0 \\ -1 \end{bmatrix} \quad \text{和} \quad \begin{bmatrix} 1 & 0 & 0 \\ 0 & -1 & 0 \\ 0 & 0 & -1 \end{bmatrix} \begin{bmatrix} 0 \\ 0 \\ -1 \end{bmatrix} = \begin{bmatrix} 0 \\ 0 \\ 1 \end{bmatrix}$$

可以看到，这里 $|0\rangle$ 和 $|1\rangle$ 发生了翻转。$|+\rangle$ 和 $|-\rangle$ 又如何呢？

$$\begin{bmatrix} 1 & 0 & 0 \\ 0 & -1 & 0 \\ 0 & 0 & -1 \end{bmatrix} \begin{bmatrix} 1 \\ 0 \\ 0 \end{bmatrix} = \begin{bmatrix} 1 \\ 0 \\ 0 \end{bmatrix} \quad \text{和} \quad \begin{bmatrix} 1 & 0 & 0 \\ 0 & -1 & 0 \\ 0 & 0 & -1 \end{bmatrix} \begin{bmatrix} -1 \\ 0 \\ 0 \end{bmatrix} = \begin{bmatrix} -1 \\ 0 \\ 0 \end{bmatrix}$$

其实从布洛赫球面的几何性质就能预见这一结果：$\boldsymbol{X}$ 门不会对 $|+\rangle$ 和 $|-\rangle$ 产生任何影响。

问题 7.6.1

$\boldsymbol{X}$ 门会怎样影响 $|\mathrm{i}\rangle$ 和 $|-\mathrm{i}\rangle$？

问题 7.6.2

$\boldsymbol{\sigma}_x$ 的特征向量和特征值是怎样的？

在量子线路中，$\boldsymbol{X}$ 门可以用如图 7-19 所示的符号表示。其中两侧的水平线称为*导线*（*wire*），表示量子比特及其状态。

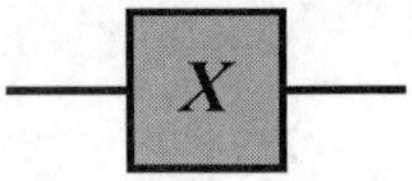

图 7-19

输入的状态从左侧进入，然后应用 $\boldsymbol{X}$ 门进行幺正变换，所得到的新量子态从右侧输出。

7.6.2　量子 $\boldsymbol{Z}$ 门

$\boldsymbol{Z}$ 门的矩阵为：

$$\boldsymbol{\sigma}_z = \begin{bmatrix} 1 & 0 \\ 0 & -1 \end{bmatrix}$$

这是泡利 $\boldsymbol{Z}$ 矩阵。它会将布洛赫球面上的量子比特状态绕 z 轴旋转 π 弧度。

$\boldsymbol{Z}$ 门会翻转 $|+\rangle$ 和 $|-\rangle$、$|\mathrm{i}\rangle$ 和 $|-\mathrm{i}\rangle$，但不会影响布洛赫球面上 $|0\rangle$ 和 $|1\rangle$ 的位置。

问题 7.6.3

请通过计算证明 $\boldsymbol{XZ} = -\boldsymbol{ZX}$。

因为 $\boldsymbol{ZZ} = \boldsymbol{I}_2$，所以 $\boldsymbol{Z}$ 门的逆运算就是其自身。如果你在旋转 π 弧度之后再旋转 π 弧度，则会回到起始位置。

对于 $\mathbb{C}^2$ 中的 $|\psi\rangle = a|0\rangle + b|1\rangle$，如果使用 $\boldsymbol{Z}$ 门，则有

$$\boldsymbol{Z}|\psi\rangle = a|0\rangle - b|1\rangle$$

使用 $\boldsymbol{Z}$ 后，观测到状态为 $|0\rangle$ 和 $|1\rangle$ 的概率不变。

在 $\mathbb{C}^2$ 中，$\boldsymbol{\sigma}_z$ 的特征值为+1 和 −1 且对应的特征向量分别为 $|0\rangle$ 和 $|1\rangle$。根据 7.3.4 小节，$\boldsymbol{Z}$ 或 $\boldsymbol{\sigma}_z$ 是标准计算基底 $|0\rangle$ 和 $|1\rangle$ 的可观测量。

请记住，在$\mathbb{C}^2$中，$|1\rangle$和$-|1\rangle = \mathrm{e}^{\pi \mathrm{i}}|1\rangle$会映射到布洛赫球面上的同一点，而且我们可以将该点命名为$|1\rangle$。如果我们采用这种表示方式：

$$|\psi\rangle = r_1 \mathrm{e}^{\theta_1 \mathrm{i}}|0\rangle + r_2 \mathrm{e}^{\theta_2 \mathrm{i}}|1\rangle$$

则

$$\begin{aligned}
\boldsymbol{\sigma}_z|\psi\rangle &= r_1 \mathrm{e}^{\theta_1 \mathrm{i}}|0\rangle - r_2 \mathrm{e}^{\theta_2 \mathrm{i}}|1\rangle \\
&= r_1 \mathrm{e}^{\theta_1 \mathrm{i}}|0\rangle + \mathrm{e}^{\pi \mathrm{i}} r_2 \mathrm{e}^{\theta_2 \mathrm{i}}|1\rangle \\
&= r_1 \mathrm{e}^{\theta_1 \mathrm{i}}|0\rangle + r_2 \mathrm{e}^{(\pi+\theta_2)\mathrm{i}}|1\rangle \\
&= \mathrm{e}^{\theta_1 \mathrm{i}}\left(r_1|0\rangle + r_2 \mathrm{e}^{(\pi+\theta_2-\theta_1)\mathrm{i}}|1\rangle\right)
\end{aligned}$$

$|\psi\rangle$的相对相位变成了将π与相对相位的和调整到0～2π后的值。***Z***门实现了*相位翻转*（*phase flip*），所以***Z***门也称为*相位翻转门*（*phase flip gate*）。因为它会对第二个幅度的符号取反，所以又被称为*符号翻转门*（*sign flip gate*）。

在量子线路中，***Z***门可以用如图7-20所示的符号表示。

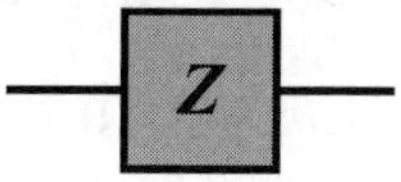

图 7-20

7.6.3 量子*Y*门

Y门的矩阵为：

$$\boldsymbol{\sigma}_y = \begin{bmatrix} 0 & -\mathrm{i} \\ \mathrm{i} & 0 \end{bmatrix} = \mathrm{i}\begin{bmatrix} 0 & -1 \\ 1 & 0 \end{bmatrix}$$

这是泡利***Y***矩阵。它会将布洛赫球面上的量子比特状态绕y轴旋转π弧度。

Y门能让$|0\rangle$和$|1\rangle$对换，因此它实现了比特翻转。它还能翻转$|+\rangle$和$|-\rangle$，但不会影响$|\mathrm{i}\rangle$和$|-\mathrm{i}\rangle$。

> **问题 7.6.4**
>
> 请通过计算证明$\boldsymbol{XY} = -\boldsymbol{YX}$以及$\boldsymbol{ZY} = -\boldsymbol{YZ}$。

> 因为$\boldsymbol{YY} = \boldsymbol{I}_2$，所以***Y***门的逆运算就是其自身。

对于$\mathbb{C}^2$中的$|\psi\rangle = a|0\rangle + b|1\rangle$，如果使用***Y***门，则有

$$\boldsymbol{Y}|\psi\rangle = -b\mathrm{i}|0\rangle + a\mathrm{i}|1\rangle = \mathrm{e}^{\frac{3\pi}{2}\mathrm{i}}\left(b|0\rangle - a|1\rangle\right)$$

基于此，我们可以很直观地看出 $\boldsymbol{Y}$ 会同时执行比特翻转和相位翻转。在 $\mathbb{C}^2$ 中，$\boldsymbol{\sigma}_y$ 的特征值为+1 和 −1 且对应的特征向量分别为 $|\mathrm{i}\rangle$ 和 $|-\mathrm{i}\rangle$。

如果 $|\psi\rangle = a|0\rangle + b|1\rangle$，则比特翻转会交换 $|0\rangle$ 和 $|1\rangle$ 的系数，相位翻转会改变 $|1\rangle$ 的系数的符号。同时执行比特翻转和相位翻转就会同时执行这两个操作：

$$a|0\rangle + b|1\rangle \mapsto b|0\rangle - a|1\rangle$$

问题 7.6.5

$\boldsymbol{Y}$ 门的 3×3 旋转矩阵是怎样的？

在量子线路中，$\boldsymbol{Y}$ 门可以用如图 7-21 所示的符号表示。

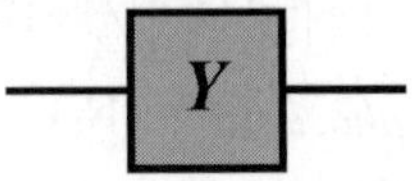

图 7-21

7.6.4　量子 ID 门

这里的 **ID** 意为“恒等”。顾名思义，**ID** 门不会对量子比特的状态进行任何操作，其主要使用场景是构建或绘制线路，从而让我们知道每个步骤中每个量子比特的情况。其实现形式为乘 2×2 的单位矩阵 $\boldsymbol{I}_2$。

在量子线路中，**ID** 门可以用如图 7-22 所示的符号表示。

图 7-22

量子线路也会使用 **ID** 门来指示暂停或延迟的位置。这让研究者可以完成一些其他任务，比如计算量子比特的退相干（decoherence）的度量值。

7.6.5　量子 *H* 门

$\boldsymbol{H}$ 门又名 $\boldsymbol{H}^{\otimes 1}$ 或阿达马门（Hadamard gate），以雅克 • 阿达马（Jacques Hadamard，如图 7-23 所示）的名字命名，其矩阵为：

$$\boldsymbol{H} = \begin{bmatrix} \frac{\sqrt{2}}{2} & \frac{\sqrt{2}}{2} \\ \frac{\sqrt{2}}{2} & -\frac{\sqrt{2}}{2} \end{bmatrix} = \frac{\sqrt{2}}{2}\begin{bmatrix} 1 & 1 \\ 1 & -1 \end{bmatrix}$$

该矩阵在 $\mathbb{C}^2$ 上执行运算。

根据矩阵乘法，可得：

$$\boldsymbol{H}|0\rangle = \frac{\sqrt{2}}{2}\big(|0\rangle - |1\rangle\big) = |+\rangle \text{ 且 } \boldsymbol{H}|1\rangle = \frac{\sqrt{2}}{2}\big(|0\rangle - |1\rangle\big) = |-\rangle$$

而根据线性性质，可得：

$$
\begin{aligned}
\boldsymbol{H}|+\rangle &= \boldsymbol{H}\left(\frac{\sqrt{2}}{2}(|0\rangle+|1\rangle)\right)=\frac{\sqrt{2}}{2}(\boldsymbol{H}|0\rangle+\boldsymbol{H}|1\rangle) \\
&= \frac{\sqrt{2}}{2}\left(\frac{\sqrt{2}}{2}(|0\rangle+|1\rangle)+\frac{\sqrt{2}}{2}(|0\rangle-|1\rangle)\right)=\frac{1}{2}(|0\rangle+|1\rangle+|0\rangle-|1\rangle)=|0\rangle
\end{aligned}
$$

以及 $\boldsymbol{H}|-\rangle=|1\rangle$。

$\boldsymbol{H}$ 门是量子计算中最常用的量子门之一，通常是量子线路的第一个门。当你读到“让量子比特处于叠加状态”时，其通常意味着“将量子比特初始化到 $|0\rangle$ 状态后再使用 $\boldsymbol{H}$”。

阿达马矩阵能让基底矩阵从 $\{|0\rangle,|1\rangle\}$ 变为 $\{|+\rangle,|-\rangle\}$。

因为 $\boldsymbol{HH}=\boldsymbol{I}_2$，所以 $\boldsymbol{H}$ 门的逆运算就是其自身。

图 7-23　数学家雅克 · 阿达马（1865—1963）。照片属于公共领域

问题 7.6.6

在布洛赫球面上，$\boldsymbol{H}$ 门的 3×3 矩阵是怎样的？它是两个 3×3 旋转矩阵的积。这两个旋转矩阵分别是怎样的？

在量子线路中，$\boldsymbol{H}$ 门可以用如图 7-24 所示的符号表示。

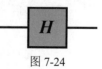

图 7-24

量子计算过程常会涉及大量 1 和 0。我们使用它们的方式也很有意思。举个例子，假设我们有 $|x\rangle$，其中 x 要么为 0，要么为 1。我们可以认为 x 在 $\mathbb{Z}$ 中，因为 x 为 0 或 1，则 $(-1)^x$ 这个表达式的值就分别对应为 1 或 -1。

对于 $\boldsymbol{H}$ 门，通过观察

$$\boldsymbol{H}|0\rangle=\frac{\sqrt{2}}{2}(|0\rangle+|1\rangle) \text{ 和 } \boldsymbol{H}|1\rangle=\frac{\sqrt{2}}{2}(|0\rangle-|1\rangle)$$

我们可总结得到：

$$\boldsymbol{H}|u\rangle=\frac{\sqrt{2}}{2}\left(|0\rangle+(-1)^{u}|1\rangle\right)$$

其中 u 是 $\{0,1\}$ 中的一个值。当 $u=0$ 时，$\boldsymbol{H}$ 能让 $|0\rangle$ 变成 $\frac{\sqrt{2}}{2}(|0\rangle+|1\rangle)$ 。这当然在我们的意料之中。而当 $u=1$ 时，我们最终会得到 $\frac{\sqrt{2}}{2}(|0\rangle-|1\rangle)$ 。

> **问题 7.6.7**
>
> 请通过矩阵计算证明 $\boldsymbol{X}=\boldsymbol{HZH}$ 。

> 如果将基底从计算基底 $\{|0\rangle,|1\rangle\}$ 替换成阿达马基底 $\{|+\rangle,|-\rangle\}$，则比特翻转会变成相位翻转。

> **问题 7.6.8**
>
> 计算 $\boldsymbol{HXH}$ 会得到怎样的结果？

7.6.6　量子 $\boldsymbol{R}_{\varphi}^{z}$ 门

通过观察 $\boldsymbol{Z}$ 门：

$$\boldsymbol{\sigma}_z=\begin{bmatrix}1 & 0\\ 0 & -1\end{bmatrix}=\begin{bmatrix}1 & 0\\ 0 & \mathrm{e}^{\pi \mathrm{i}}\end{bmatrix}=\begin{bmatrix}1 & 0\\ 0 & \mathrm{e}^{\varphi \mathrm{i}}\end{bmatrix} \quad (\text{其中 } \varphi=\pi)$$

我们可对其相位变化行为进行一番延展。

上面的最后一种形式为一类量子门的模板，即 $\boldsymbol{R}_{\varphi}^{z}$ 。

$$\boldsymbol{R}_{\varphi}^{z}=\begin{bmatrix}1 & 0\\ 0 & \mathrm{e}^{\varphi \mathrm{i}}\end{bmatrix}$$

这类量子门的集合是无限大的，因为 φ 可取大于或等于 0 且小于 2π 的任意弧度值。

这些门可将量子比特状态的相位改变φ。

> **问题 7.6.9**
>
> $\boldsymbol{R}_{\varphi}^{z}$门的3×3的旋转矩阵是怎样的？$\boldsymbol{Z}$门的呢？

> $\boldsymbol{R}_{\varphi}^{z}$的逆运算是$\boldsymbol{R}_{2\pi-\varphi}^{z}$。
>
> $\boldsymbol{R}_{0}^{z}=\mathbf{ID}$。
>
> $\boldsymbol{R}_{\pi}^{z}=\boldsymbol{Z}$。

在量子线路中，对于给定的φ值，$\boldsymbol{R}_{\varphi}^{z}$门可以用如图 7-25 所示的符号表示。

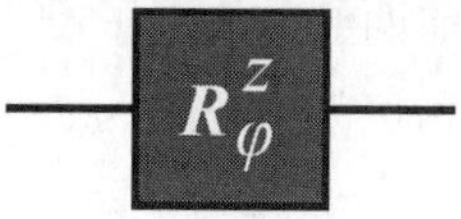

图 7-25

$\boldsymbol{R}_{\varphi}^{z}$的矩阵还有另一种形式：

$$\boldsymbol{R}_{\varphi}^{z}=\begin{bmatrix}\mathrm{e}^{-\frac{\varphi \mathrm{i}}{2}} & 0\\ 0 & \mathrm{e}^{\frac{\varphi \mathrm{i}}{2}}\end{bmatrix}=\cos\left(\frac{\varphi}{2}\right)\boldsymbol{I}_{2}-\sin\left(\frac{\varphi}{2}\right)\mathrm{i}\boldsymbol{\sigma}_{z}$$

其中$\boldsymbol{I}_{2}$是2×2的单位矩阵，$\boldsymbol{\sigma}_{z}$是泡利$\boldsymbol{Z}$矩阵。

这就是第一种形式乘$\mathrm{e}^{-\frac{\varphi \mathrm{i}}{2}}$的结果。这两种形式之所以等价，是因为$\mathrm{e}^{-\frac{\varphi \mathrm{i}}{2}}$是一个复数单位，该倍数的差别在执行观测时是无法观测到的。

7.6.7 量子$\boldsymbol{S}$门

$\boldsymbol{S}$门是$\boldsymbol{R}_{\frac{\pi}{2}}^{z}$门的简写。使用这个量子门后，相位会被调整至大于等于0且小于2π的范围内。

$$\boldsymbol{S}=\boldsymbol{R}_{\frac{\pi}{2}}^{z}=\begin{bmatrix}1 & 0\\ 0 & \mathrm{e}^{\frac{\pi \mathrm{i}}{2}}\end{bmatrix}=\begin{bmatrix}1 & 0\\ 0 & \mathrm{i}\end{bmatrix}$$

> **问题 7.6.10**
>
> $\boldsymbol{S}$门的3×3旋转矩阵是怎样的？

在量子线路中，$\boldsymbol{S}$ 门可以用如图 7-26 所示的符号表示。

图 7-26

在传统文献中，$\boldsymbol{S}$ 门也被称为 $\frac{\pi}{4}$ 门，不过这种说法容易使读者混淆。称为 $\frac{\pi}{4}$ 门的原因是该矩阵可以写成这种形式：

$$\begin{bmatrix} 1 & 0 \\ 0 & e^{\frac{\pi i}{2}} \end{bmatrix} = e^{\frac{\pi i}{4}} \begin{bmatrix} e^{-\frac{\pi i}{4}} & 0 \\ 0 & e^{\frac{\pi i}{4}} \end{bmatrix}$$

前面的单位因子 $e^{\frac{\pi i}{4}}$ 不会对使用 $\boldsymbol{S}$ 后所得的量子态产生可观测的影响。有人也将 $\boldsymbol{S}$ 门称为相位门（phase gate），但我不会这么做。

7.6.8　量子 $\boldsymbol{S}^\dagger$ 门

$\boldsymbol{S}^\dagger$ 门是 $\boldsymbol{R}^z_{\frac{3\pi}{2}} = \boldsymbol{R}^z_{-\frac{\pi}{2}}$ 门的简写。使用这个量子门后，相位会被调整至大于等于 0 且小于 2π 的范围内。

$$\boldsymbol{S}^\dagger = \boldsymbol{R}^z_{\frac{3\pi}{2}} = \begin{bmatrix} 1 & 0 \\ 0 & e^{\frac{3\pi i}{2}} \end{bmatrix} = \begin{bmatrix} 1 & 0 \\ 0 & -i \end{bmatrix}$$

这个门的名称的来源很简单：$\boldsymbol{S}^\dagger$ 的矩阵就是 $\boldsymbol{S}$ 矩阵的伴随矩阵：

$$\begin{bmatrix} 1 & 0 \\ 0 & i \end{bmatrix}^\dagger = \begin{bmatrix} 1 & 0 \\ 0 & -i \end{bmatrix}$$

> **问题 7.6.11**
>
> $\boldsymbol{S}^\dagger$ 门的 3×3 旋转矩阵是怎样的？

在量子线路中，$\boldsymbol{S}^\dagger$ 门可以用如图 7-27 所示的符号表示。

图 7-27

7.6.9　量子 $\boldsymbol{T}$ 门

$\boldsymbol{T}$ 门是 $\boldsymbol{R}^z_{\frac{\pi}{4}}$ 门的简写。使用这个量子门后，相位会被调整至大于等于 0 且小于 2π 的范围内。

$$\boldsymbol{T}=\boldsymbol{R}^{z}_{\frac{\pi}{4}}=\begin{bmatrix}1 & 0\\ 0 & \mathrm{e}^{\frac{\pi \mathrm{i}}{4}}\end{bmatrix}=\begin{bmatrix}1 & 0\\ 0 & \cos\left(\frac{\pi}{4}\right)+\sin\left(\frac{\pi}{4}\right)\mathrm{i}\end{bmatrix}=\begin{bmatrix}1 & 0\\ 0 & \frac{\sqrt{2}}{2}+\frac{\sqrt{2}}{2}\mathrm{i}\end{bmatrix}$$

问题 7.6.12

$\boldsymbol{T}$ 门的 3×3 旋转矩阵是怎样的？

连用两次 $\boldsymbol{T}$ 门的效果与使用一次 $\boldsymbol{S}$ 门等价：$\boldsymbol{S}=\boldsymbol{T}\circ\boldsymbol{T}$。

在量子线路中，$\boldsymbol{T}$ 门可用如图 7-28 所示的符号表示。

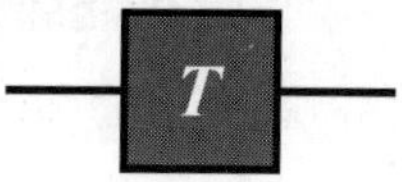

图 7-28

$\boldsymbol{T}$ 门又名 $\frac{\pi}{8}$ 门，因为我们可以将其矩阵改写为：

$$\begin{bmatrix}1 & 0\\ 0 & \mathrm{e}^{\frac{\pi \mathrm{i}}{4}}\end{bmatrix}=\mathrm{e}^{\frac{\pi \mathrm{i}}{8}}\begin{bmatrix}\mathrm{e}^{-\frac{\pi \mathrm{i}}{8}} & 0\\ 0 & \mathrm{e}^{\frac{\pi \mathrm{i}}{8}}\end{bmatrix}$$

前面的单位因子 $\mathrm{e}^{\frac{\pi \mathrm{i}}{8}}$ 不会对使用 $\boldsymbol{T}$ 后所得的量子态产生可观测的影响。

7.6.10 量子 $\boldsymbol{T}^{\dagger}$ 门

$\boldsymbol{T}^{\dagger}$ 门是 $\boldsymbol{R}^{z}_{\frac{7\pi}{4}}=\boldsymbol{R}^{z}_{-\frac{\pi}{4}}$ 门的简写。使用这个量子门后，相位会被调整至大于等于 0 且小于 2π 的范围内。

$$\boldsymbol{T}^{\dagger}=\boldsymbol{R}^{z}_{\frac{7\pi}{4}}=\begin{bmatrix}1 & 0\\ 0 & \mathrm{e}^{\frac{7\pi \mathrm{i}}{4}}\end{bmatrix}=\begin{bmatrix}1 & 0\\ 0 & \cos\left(\frac{7\pi}{4}\right)+\sin\left(\frac{7\pi}{4}\right)\mathrm{i}\end{bmatrix}=\begin{bmatrix}1 & 0\\ 0 & \frac{\sqrt{2}}{2}-\frac{\sqrt{2}}{2}\mathrm{i}\end{bmatrix}$$

这个门的名称来源为：$\boldsymbol{T}^{\dagger}$ 的矩阵是 $\boldsymbol{T}$ 矩阵的伴随矩阵。

$$\begin{bmatrix}1 & 0\\ 0 & \frac{\sqrt{2}}{2}+\frac{\sqrt{2}}{2}\mathrm{i}\end{bmatrix}^{\dagger}=\begin{bmatrix}1 & 0\\ 0 & \frac{\sqrt{2}}{2}-\frac{\sqrt{2}}{2}\mathrm{i}\end{bmatrix}$$

问题 7.6.13

$\boldsymbol{T}^{\dagger}$ 门的 3×3 旋转矩阵是怎样的？

连用两次 $\boldsymbol{T}^{\dagger}$ 门的效果与使用一次 $\boldsymbol{S}^{\dagger}$ 门等价：$\boldsymbol{S}^{\dagger}=\boldsymbol{T}^{\dagger}\circ\boldsymbol{T}^{\dagger}$。

在量子回路中，$\boldsymbol{T}^{\dagger}$ 可用如图 7-29 所示的符号表示。

图 7-29

7.6.11　量子 $\boldsymbol{R}_{\varphi}^{x}$ 和 $\boldsymbol{R}_{\varphi}^{y}$ 门

正如 $\boldsymbol{R}_{\varphi}^{z}$ 是绕 z 轴任意旋转的量子门一样，我们也可以定义出绕 x 和 y 轴旋转的量子门（分别用如图 7-30 和图 7-31 所示的符号表示）。

$$\boldsymbol{R}_{\varphi}^{x}=\begin{bmatrix}\cos\left(\dfrac{\varphi}{2}\right) & -\sin\left(\dfrac{\varphi}{2}\right)\mathrm{i}\\ -\sin\left(\dfrac{\varphi}{2}\right)\mathrm{i} & \cos\left(\dfrac{\varphi}{2}\right)\end{bmatrix}=\cos\left(\frac{\varphi}{2}\right)\boldsymbol{I}_2-\sin\left(\frac{\varphi}{2}\right)\mathrm{i}\boldsymbol{\sigma}_x$$

和

$$\boldsymbol{R}_{\varphi}^{y}=\begin{bmatrix}\cos\left(\dfrac{\varphi}{2}\right) & -\sin\left(\dfrac{\varphi}{2}\right)\\ \sin\left(\dfrac{\varphi}{2}\right) & \cos\left(\dfrac{\varphi}{2}\right)\end{bmatrix}=\cos\left(\frac{\varphi}{2}\right)\boldsymbol{I}_2-\sin\left(\frac{\varphi}{2}\right)\mathrm{i}\boldsymbol{\sigma}_y$$

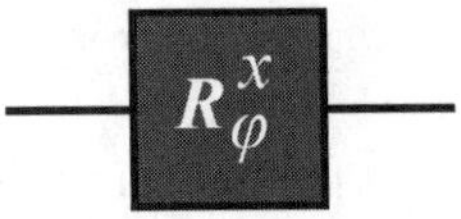

图 7-30

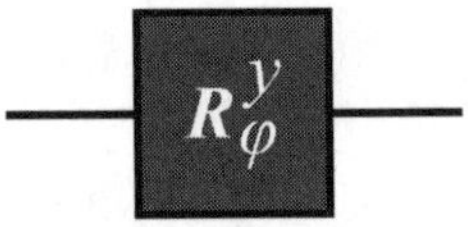

图 7-31

其中 $\boldsymbol{I}_2$ 是 2×2 的单位矩阵，$\boldsymbol{\sigma}_x$ 是泡利 $\boldsymbol{X}$ 矩阵，$\boldsymbol{\sigma}_y$ 是泡利 $\boldsymbol{Y}$ 矩阵。

7.6.12　量子 $\sqrt{\mathbf{NOT}}$ 门

某些与量子计算有关的文献还会用到另一个门：非的平方根（square root of **NOT**）门。其矩阵为：

$$\frac{1}{2}\begin{bmatrix}1+\mathrm{i} & 1-\mathrm{i}\\ 1-\mathrm{i} & 1+\mathrm{i}\end{bmatrix}=\begin{bmatrix}\dfrac{1}{2}+\dfrac{1}{2}\mathrm{i} & \dfrac{1}{2}-\dfrac{1}{2}\mathrm{i}\\ \dfrac{1}{2}-\dfrac{1}{2}\mathrm{i} & \dfrac{1}{2}+\dfrac{1}{2}\mathrm{i}\end{bmatrix}$$

求其平方，可得：

$$\frac{1}{2}\begin{bmatrix}1+\mathrm{i} & 1-\mathrm{i}\\ 1-\mathrm{i} & 1+\mathrm{i}\end{bmatrix}\times\frac{1}{2}\begin{bmatrix}1+\mathrm{i} & 1-\mathrm{i}\\ 1-\mathrm{i} & 1+\mathrm{i}\end{bmatrix}=\begin{bmatrix}0 & 1\\ 1 & 0\end{bmatrix}=\boldsymbol{X}$$

$\boldsymbol{X}$ 门是量子版本的非门，$\sqrt{\mathbf{NOT}}$ 门（用如图 7-32 所示的符号表示）也由此得名。

> **问题 7.6.14**
>
> 请证明 $\sqrt{\mathbf{NOT}}$ 门的矩阵是幺正矩阵。其行列式是多少？其会对 $|0\rangle$ 和 $|1\rangle$ 产生怎样的影响？

该门的伴随矩阵为：

$$\frac{1}{2}\begin{bmatrix}1-\mathrm{i} & 1+\mathrm{i}\\ 1+\mathrm{i} & 1-\mathrm{i}\end{bmatrix}=\begin{bmatrix}\frac{1}{2}-\frac{1}{2}\mathrm{i} & \frac{1}{2}+\frac{1}{2}\mathrm{i}\\ \frac{1}{2}+\frac{1}{2}\mathrm{i} & \frac{1}{2}-\frac{1}{2}\mathrm{i}\end{bmatrix}$$

对应的门可用如图 7-33 所示的符号表示。

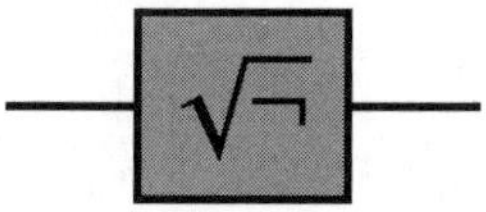

图 7-32

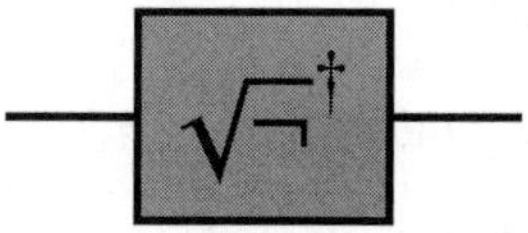

图 7-33

其平方是怎样的？你可以自行思考。

7.6.13 量子 $|0\rangle$ RESET 操作

$|0\rangle$ RESET 操作即 $|0\rangle$ 重置，是指在线路之中将量子比特的状态重置为 $|0\rangle$。一些量子计算软件环境提供了这一功能。需要说明，这个操作（用如图 7-34 所示的符号表示）是不可逆的，也不是幺正运算，所以它并不是一个门。使用该操作可能会让你的代码不可移植。

图 7-34

7.7 门和幺正矩阵

> 元素在 $\mathbb{C}$ 中的全体 2×2 幺正矩阵（参阅 5.7.5 小节）的集合在乘法运算下能构成一个群，即阶数为 2 的*幺正群*，记为 $U(2,\mathbb{C})$。它是基于 $\mathbb{C}$ 的 2 阶一般线性群 $\mathrm{GL}(2,\mathbb{C})$ 的子群。

每个单量子比特门都可对应一个幺正矩阵。我们可基于单位矩阵和泡利矩阵创建出所有 2×2 的幺正矩阵。

$U(2,\mathbb{C})$ 中任意幺正矩阵 $\boldsymbol{U}$ 都可写成一个复数单位量与幺正矩阵的一种线性组合的积的形式：

$$\boldsymbol{U}=\mathrm{e}^{\theta\mathrm{i}}\left(c_{\boldsymbol{I}_2}\boldsymbol{I}_2+c_{\boldsymbol{\sigma}_x}\boldsymbol{\sigma}_x+c_{\boldsymbol{\sigma}_y}\boldsymbol{\sigma}_y+c_{\boldsymbol{\sigma}_z}\boldsymbol{\sigma}_z\right)$$

其中包含或涉及以下定义和性质。

- $\boldsymbol{I}_2$ 是 2×2 的单位矩阵。
- $\boldsymbol{\sigma}_x$ 、 $\boldsymbol{\sigma}_y$ 和 $\boldsymbol{\sigma}_z$ 是泡利矩阵。
- $0\leqslant\theta<2\pi$ 。
- $c_{\boldsymbol{I}_2}$ 在 $\mathbb{R}$ 中。
- $c_{\boldsymbol{\sigma}_x}$ 、 $c_{\boldsymbol{\sigma}_y}$ 和 $c_{\boldsymbol{\sigma}_z}$ 在 $\mathbb{C}$ 中。
- $\left|c_{\boldsymbol{I}_2}\right|^2+\left|c_{\boldsymbol{\sigma}_x}\right|^2+\left|c_{\boldsymbol{\sigma}_y}\right|^2+\left|c_{\boldsymbol{\sigma}_z}\right|^2=1$ 。
- $\mathrm{Re}\left(c_{\boldsymbol{I}_2}\overline{c_{\boldsymbol{\sigma}_x}}\right)+\mathrm{Im}\left(c_{\boldsymbol{\sigma}_y}\overline{c_{\boldsymbol{\sigma}_z}}\right)=0$ 。
- $\mathrm{Re}\left(c_{\boldsymbol{I}_2}\overline{c_{\boldsymbol{\sigma}_y}}\right)+\mathrm{Im}\left(c_{\boldsymbol{\sigma}_x}\overline{c_{\boldsymbol{\sigma}_z}}\right)=0$ 。
- $\mathrm{Re}\left(c_{\boldsymbol{I}_2}\overline{c_{\boldsymbol{\sigma}_z}}\right)+\mathrm{Im}\left(c_{\boldsymbol{\sigma}_x}\overline{c_{\boldsymbol{\sigma}_y}}\right)=0$ 。

复数单位量只会影响量子比特状态的全局相位，因此是不可观测的。这意味着我们在观测时看不到其影响，因为它不会影响我们看到一个结果或另一个结果的概率[4]。

问题 7.7.1

从 **ID** 、 $\boldsymbol{X}$ 、 $\boldsymbol{Y}$ 和 $\boldsymbol{Z}$ 门的角度来看，这意味着什么？

7.8　小结

单个量子比特的量子态是 $\mathbb{C}^2$ 中的单位向量。当两个量子态仅相差复数单位倍时，我们认为这两个量子态是等价的。为了更好地可视化量子比特的行为，我们引入了 $\mathbb{R}^3$ 中的布洛赫球面并展示了特殊的标准正交基底映射到该球面上的位置。

新概念值得拥有自己的符号，量子比特也没有让我们失望：在本章中，我介绍了向量的狄拉克符号表示方法。这能极大地简化多量子比特的相关计算过程。

给定量子态的右矢形式，我介绍了标准的单量子比特门运算。在 2.4 节的经典情况中，我们只能对单个比特执行一种运算：非。而在量子计算中，单量子比特运算有无限多种。

我们接下来将了解如何使用两个或多个量子比特，以及操作它们的量子门。我们还将了解纠缠，这是量子力学中的一大核心概念。

参考资料

[1] Karen Barad. *Meeting the Universe Halfway. Quantum Physics and the Entanglement of Matter and Meaning*. 2nd ed. Duke University Press Books, 2007.

[2] F. Bloch. “Nuclear Induction”. In: *Physical Review* 70 (7-8 Oct. 1946), pp. 460–474.

[3] Creative Commons. *Attribution 3.0 Unported (CC BY 3.0)*.

[4] Simon J. Devitt, William J. Munro, and Kae Nemoto. “Quantum error correction for beginners”. In: *Reports on Progress in Physics* 76.7, 076001 (July 2013), p. 076001. eprint: 0905.2794.

[5] P. A. M. Dirac. *The Principles of Quantum Mechanics*. Clarendon Press, 1930.

[6] A. Yu. Kitaev, A. H. Shen, and M. N. Vyalyi. *Classical and Quantum Computation*. American Mathematical Society, 2002.

第 8 章 两三个量子比特

宇宙不仅比我们认为的更怪异，而且其怪异程度超出了我们的想象。

维尔纳·海森伯（Werner Heisenberg）[2]

我们在第 7 章中定义了量子比特，并见识了使用单个量子比特所能做到的事情。现在，每增加一个量子比特，所涉及的工作量都会呈指数增长，因为每增加一个量子比特，纠缠都会让工作状态空间的大小增大一倍。

本章将介绍多个量子比特在一起时的行为以及构建一套操作这些量子比特的工具的方法，其中涵盖纠缠的概念，这是执行量子计算的必要条件。我们还将了解 **CNOT** 和 **SWAP** 等重要的双量子比特门。这些知识将把我们引导至第 9 章和第 10 章，我们将在那里学习量子算法以及使用这些机制来构建线路。

本章探讨的所有向量空间都基于 3.9 节介绍的复数域 $\mathbb{C}$。除非另有说明，否则所有基底都由标准正交向量构成。

8.1 张量积

本节将通过线性代数介绍*张量积*（*tensor product*）及其构建方式。如果直和是直接将两个向量空间连接起来，那么张量积就是让它们交织到一起。如果我们一开始有维度分别为 n 和 m 的两个向量空间，则通过直和运算能得到一个维度为 $n+m$ 的新向量空间，而通过张量积运算得到的新向量空间的维度为 nm。

通过这种倍增效果，我们可以很快得到高维向量空间。也就是说，学习张量积时，我们更需要代数直觉和代数工具，而不是几何工具。

基本的张量积是很简单的线性代数概念，但我们将在 8.2 节具体地在量子计算领域从操作多量子比特方面来讨论它。

令V和W为基于$\mathbb{F}$的两个有限维度的向量空间，将V中的对象记为$\boldsymbol{v}$，将W中的对象记为$\boldsymbol{w}$。定义$V \otimes W$为一个新的向量空间，读作“V张量W”或“V和W的张量积”。这个新的向量空间是通过全体$\boldsymbol{v} \otimes \boldsymbol{w}$对象的加法和标量乘法生成的。

> 注意，这里我说的是“生成的”（generated）。在$V \otimes W$中，对于V中的某个$\boldsymbol{v}$和W中的某个$\boldsymbol{w}$，并非所有向量都符合$\boldsymbol{v} \otimes \boldsymbol{w}$这种形式。举个例子，某个向量可能是$2\boldsymbol{v}_1 \otimes \boldsymbol{w}_3 + 9\boldsymbol{v}_4 \otimes \boldsymbol{w}_7$这种形式。

张量积有以下性质。

- 如果a是$\mathbb{F}$中的一个标量，则

$$a(\boldsymbol{v} \otimes \boldsymbol{w}) = (a\boldsymbol{v}) \otimes \boldsymbol{w} = \boldsymbol{v} \otimes (a\boldsymbol{w})$$

- 对于V中的$\boldsymbol{v}_1$以及W中的$\boldsymbol{w}_1$和$\boldsymbol{w}_2$，有

$$\boldsymbol{v}_1 \otimes (\boldsymbol{w}_1 + \boldsymbol{w}_2) = \boldsymbol{v}_1 \otimes \boldsymbol{w}_1 + \boldsymbol{v}_1 \otimes \boldsymbol{w}_2$$

- 对于V中的$\boldsymbol{v}_1$和$\boldsymbol{v}_2$以及W中的$\boldsymbol{w}_1$，有

$$(\boldsymbol{v}_1 + \boldsymbol{v}_2) \otimes \boldsymbol{w}_1 = \boldsymbol{v}_1 \otimes \boldsymbol{w}_1 + \boldsymbol{v}_2 \otimes \boldsymbol{w}_1$$

- 如果$f: V \times W \to U$是一个双线性映射，则映射

$$f^{\otimes}: V \otimes W \to U, \quad f^{\otimes}(\boldsymbol{v} \otimes \boldsymbol{w}) = f(\boldsymbol{v}, \boldsymbol{w})$$

  是一个线性映射。

- 如果$\{\boldsymbol{v}_1, \boldsymbol{v}_2, \cdots, \boldsymbol{v}_n\}$和$\{\boldsymbol{w}_1, \boldsymbol{w}_2, \cdots, \boldsymbol{w}_m\}$分别为$V$和$W$的基底，则

$$\begin{gathered} \boldsymbol{v}_1 \otimes \boldsymbol{w}_1, \boldsymbol{v}_1 \otimes \boldsymbol{w}_2, \cdots, \boldsymbol{v}_1 \otimes \boldsymbol{w}_m, \\ \cdots \\ \boldsymbol{v}_n \otimes \boldsymbol{w}_1, \boldsymbol{v}_n \otimes \boldsymbol{w}_2, \cdots, \boldsymbol{v}_n \otimes \boldsymbol{w}_m \end{gathered}$$

  是$V \otimes W$的基向量。这些基向量共有nm个且$V \otimes W$的维度也为nm。

对于$\mathbb{F}$上另外两个向量空间X和Y，如果

$$f: V \to X \text{ 和 } g: W \to Y$$

都是线性映射，则

$$f \otimes g : V \otimes W \to X \otimes Y$$

也是线性映射，其中我们定义

$$(f \otimes g)(\boldsymbol{v} \otimes \boldsymbol{w}) = f(\boldsymbol{v}) \otimes g(\boldsymbol{w})$$

问题 8.1.1

请确认 $f \otimes g$ 是一个线性映射。

如果 f 和 g 都是单同态，则 $f \otimes g$ 也是。如果 f 和 g 都是满同态，则 $f \otimes g$ 也是。

如果有

$$\boldsymbol{A} = \begin{bmatrix} a_{1,1} & a_{1,2} \\ a_{2,1} & a_{2,2} \end{bmatrix} \text{和} \boldsymbol{B} = \begin{bmatrix} b_{1,1} & b_{1,2} \\ b_{2,1} & b_{2,2} \end{bmatrix}$$

则它们的常规矩阵积为：

$$\boldsymbol{AB} = \begin{bmatrix} a_{1,1}b_{1,1} + a_{1,2}b_{2,1} & a_{1,1}b_{1,2} + a_{1,2}b_{2,2} \\ a_{2,1}b_{1,1} + a_{2,2}b_{2,1} & a_{2,1}b_{1,2} + a_{2,2}b_{2,2} \end{bmatrix}$$

2×2 的矩阵的张量积则为：

$$\begin{aligned} \boldsymbol{A} \otimes \boldsymbol{B} &= \begin{bmatrix} a_{1,1}\boldsymbol{B} & a_{1,2}\boldsymbol{B} \\ a_{2,1}\boldsymbol{B} & a_{2,2}\boldsymbol{B} \end{bmatrix} \\ &= \begin{bmatrix} a_{1,1}\begin{bmatrix} b_{1,1} & b_{1,2} \\ b_{2,1} & b_{2,2} \end{bmatrix} & a_{1,2}\begin{bmatrix} b_{1,1} & b_{1,2} \\ b_{2,1} & b_{2,2} \end{bmatrix} \\ a_{2,1}\begin{bmatrix} b_{1,1} & b_{1,2} \\ b_{2,1} & b_{2,2} \end{bmatrix} & a_{2,2}\begin{bmatrix} b_{1,1} & b_{1,2} \\ b_{2,1} & b_{2,2} \end{bmatrix} \end{bmatrix} \\ &= \begin{bmatrix} a_{1,1}b_{1,1} & a_{1,1}b_{1,2} & a_{1,2}b_{1,1} & a_{1,2}b_{1,2} \\ a_{1,1}b_{2,1} & a_{1,1}b_{2,2} & a_{1,2}b_{2,1} & a_{1,2}b_{2,2} \\ a_{2,1}b_{1,1} & a_{2,1}b_{1,2} & a_{2,2}b_{1,1} & a_{2,2}b_{1,2} \\ a_{2,1}b_{2,1} & a_{2,1}b_{2,2} & a_{2,2}b_{2,1} & a_{2,2}b_{2,2} \end{bmatrix} \end{aligned}$$

而其依据的基底为 $\boldsymbol{e}_1 \otimes \boldsymbol{e}_1$、$\boldsymbol{e}_1 \otimes \boldsymbol{e}_2$、$\boldsymbol{e}_2 \otimes \boldsymbol{e}_1$ 和 $\boldsymbol{e}_2 \otimes \boldsymbol{e}_2$。其中第二行嵌套使用矩阵的写法稍微有点不规范，但这是为了展示新矩阵中的元素是通过第一个矩阵中每个元素与第二个矩阵中每个元素相乘而得到的。这一矩阵构建规则也同样适用于更大的矩阵。

我们也可对向量执行类似的操作。如果 $\boldsymbol{v} = (v_1, v_2, v_3)$ 在 V 中，$\boldsymbol{w} = (w_1, w_2)$ 在 W 中，则

$$\boldsymbol{v} \otimes \boldsymbol{w} = (v_1\boldsymbol{w}, v_2\boldsymbol{w}, v_3\boldsymbol{w}) = (v_1w_1, v_1w_2, v_2w_1, v_2w_2, v_3w_1, v_3w_2)$$

这里第二项在向量中嵌套另一个向量的写法同样有点不规范，其展示了使用第一个向量中的每一个元素乘第二个向量的操作。如果V 和W 有欧几里得范数，则

$$\begin{aligned}
\| \boldsymbol{v} \otimes \boldsymbol{w} \|^2 &= \| (v_1w_1, v_1w_2, v_2w_1, v_2w_2, v_3w_1, v_3w_2) \|^2 \\
&= |v_1w_1|^2 + |v_1w_2|^2 + |v_2w_1|^2 + |v_2w_2|^2 + |v_3w_1|^2 + |v_3w_2|^2 \\
&= |v_1|^2|w_1|^2 + |v_1|^2|w_2|^2 + |v_2|^2|w_1|^2 + |v_2|^2|w_2|^2 + |v_3|^2|w_1|^2 + |v_3|^2|w_2|^2 \\
&= |v_1|^2(|w_1|^2 + |w_2|^2) + |v_2|^2(|w_1|^2 + |w_2|^2) + |v_3|^2(|w_1|^2 + |w_2|^2) \\
&= (|v_1|^2 + |v_2|^2 + |v_3|^2)(|w_1|^2 + |w_2|^2) \\
&= \| \boldsymbol{v} \|^2 \| \boldsymbol{w} \|^2
\end{aligned}$$

对于有限维度且具有欧几里得范数的向量空间V 和W，这在一般情况下都成立。

对于$\mathbb{R}^2 \otimes \mathbb{R}^2$或$\mathbb{C}^2 \otimes \mathbb{C}^2$，有

$$\boldsymbol{e}_1 \otimes \boldsymbol{e}_1 = (1,0,0,0)$$
$$\boldsymbol{e}_1 \otimes \boldsymbol{e}_2 = (0,1,0,0)$$
$$\boldsymbol{e}_2 \otimes \boldsymbol{e}_1 = (0,0,1,0)$$
$$\boldsymbol{e}_2 \otimes \boldsymbol{e}_2 = (0,0,0,1)$$

张量积能与传统乘积很好地组合。再增加两个矩阵$\boldsymbol{C}$ 和$\boldsymbol{D}$，

$$(\boldsymbol{A} \otimes \boldsymbol{B})(\boldsymbol{C} \otimes \boldsymbol{D}) = \boldsymbol{AC} \otimes \boldsymbol{BD}$$

现在，我们再次以甜食为载体，简单比较一番直和与张量积。令V 是一个向量空间，其基底为**巧克力冰淇淋**、**香草冰淇淋**和**薄荷巧克力碎冰淇淋**；W 则是另一个向量空间，其基底为**巧克力软糖酱**、**焦糖酱**、**芒果酱**和**树莓酱**。

$V \oplus W$ 中的向量是这 7（即 $3+4$）种食物的线性组合。

巧克力冰淇淋

香草冰淇淋

薄荷巧克力碎冰淇淋

巧克力软糖酱

焦糖酱

芒果酱

树莓酱

$V \otimes W$ 中的向量是以下 12（即 3×4）种食物组合的线性组合。

巧克力冰淇淋 ⊗ 巧克力软糖酱

巧克力冰淇淋 ⊗ 焦糖酱

巧克力冰淇淋 ⊗ 芒果酱

巧克力冰淇淋 ⊗ 树莓酱

香草冰淇淋 ⊗ 巧克力软糖酱

香草冰淇淋 ⊗ 焦糖酱

香草冰淇淋 ⊗ 芒果酱

香草冰淇淋 ⊗ 树莓酱

薄荷巧克力碎冰淇淋 ⊗ 巧克力软糖酱

薄荷巧克力碎冰淇淋 ⊗ 焦糖酱

薄荷巧克力碎冰淇淋 ⊗ 芒果酱

薄荷巧克力碎冰淇淋 ⊗ 树莓酱

通过张量积，我们能获得每一种可能的搭配——我个人高度怀疑最后 3 种混搭口味的美味程度。

现在回到数学概念。

> 如果 $\boldsymbol{A}$ 和 $\boldsymbol{B}$ 都是幺正矩阵，则 $\boldsymbol{A} \otimes \boldsymbol{B}$ 也是幺正矩阵。

> **问题 8.1.2**
>
> 对于幺正矩阵
>
> $$\boldsymbol{H} = \begin{bmatrix} \frac{\sqrt{2}}{2} & \frac{\sqrt{2}}{2} \\ \frac{\sqrt{2}}{2} & -\frac{\sqrt{2}}{2} \end{bmatrix} \text{和} \boldsymbol{\sigma}_y = \begin{bmatrix} 0 & -\mathrm{i} \\ \mathrm{i} & 0 \end{bmatrix}$$

它们分别是阿达马矩阵和泡利矩阵，请证明

$$H \otimes \sigma_y = \begin{bmatrix} 0 & -\frac{\sqrt{2}}{2}\mathrm{i} & 0 & -\frac{\sqrt{2}}{2}\mathrm{i} \\ \frac{\sqrt{2}}{2}\mathrm{i} & 0 & \frac{\sqrt{2}}{2}\mathrm{i} & 0 \\ 0 & -\frac{\sqrt{2}}{2}\mathrm{i} & 0 & \frac{\sqrt{2}}{2}\mathrm{i} \\ \frac{\sqrt{2}}{2}\mathrm{i} & 0 & -\frac{\sqrt{2}}{2}\mathrm{i} & 0 \end{bmatrix}$$

且该矩阵为幺正矩阵。

来看看 $\mathbb{C}^2$ 。$\mathbb{C}^2 \oplus \mathbb{C}^2$ 和 $\mathbb{C}^2 \otimes \mathbb{C}^2$ 都有 4 个维度。它们是同构的：前一个向量空间中的所有向量与后一个向量空间中的所有向量之间存在一个可逆的线性映射。这个线性映射是怎样的？

令 $\boldsymbol{e}_1 = (1,0)$ 和 $\boldsymbol{e}_2 = (0,1)$ 是基于 $\mathbb{C}^2$ 的标准基底。由于 $\mathbb{C}^2 \oplus \mathbb{C}^2 = \mathbb{C}^4$ ，因此其标准基底为 $\boldsymbol{f}_1 = (1,0,0,0)$、 $\boldsymbol{f}_2 = (0,1,0,0)$ 、 $\boldsymbol{f}_3 = (0,0,1,0)$ 和 $\boldsymbol{f}_4 = (0,0,0,1)$ 。（为了避免混淆，后者使用了符号 $\boldsymbol{f}$ 而非 $\boldsymbol{e}$ 。）

定义 $S: \mathbb{C}^2 \oplus \mathbb{C}^2 = \mathbb{C}^4 \to \mathbb{C}^2 \otimes \mathbb{C}^2$ 的映射方式

$$\boldsymbol{f}_1 \mapsto \boldsymbol{e}_1 \otimes \boldsymbol{e}_1 \qquad \boldsymbol{f}_3 \mapsto \boldsymbol{e}_2 \otimes \boldsymbol{e}_1$$

$$\boldsymbol{f}_2 \mapsto \boldsymbol{e}_1 \otimes \boldsymbol{e}_2 \qquad \boldsymbol{f}_4 \mapsto \boldsymbol{e}_2 \otimes \boldsymbol{e}_2$$

为基于向量的坐标运算（比如上面的 $\boldsymbol{e}_1 \otimes \boldsymbol{e}_2$ ），这不是唯一一种同构，但这种同构很自然。

$\mathbb{C}^2 \otimes \mathbb{C}^2$ 还有另一组很有趣的基底：

$$\frac{\sqrt{2}}{2}(\boldsymbol{e}_1 \otimes \boldsymbol{e}_1 + \boldsymbol{e}_2 \otimes \boldsymbol{e}_2) \qquad \frac{\sqrt{2}}{2}(\boldsymbol{e}_1 \otimes \boldsymbol{e}_1 - \boldsymbol{e}_2 \otimes \boldsymbol{e}_2)$$

$$\frac{\sqrt{2}}{2}(\boldsymbol{e}_1 \otimes \boldsymbol{e}_2 + \boldsymbol{e}_2 \otimes \boldsymbol{e}_1) \qquad \frac{\sqrt{2}}{2}(\boldsymbol{e}_1 \otimes \boldsymbol{e}_2 - \boldsymbol{e}_2 \otimes \boldsymbol{e}_1)$$

更进一步， $\mathbb{C}^2 \oplus \mathbb{C}^2 \oplus \mathbb{C}^2 = \mathbb{C}^6$ 但 $\mathbb{C}^2 \otimes \mathbb{C}^2 \otimes \mathbb{C}^2$ 的维度为 8。如果我们通过张量积将 10 个 $\mathbb{C}^2$ 组合到一起，则所得向量空间有 $2^{10} = 1024$ 维。

通过张量积运算得到的向量空间的维度随所用 $\mathbb{C}^2$ 的数量的增长而呈指数增长。

了解更多

有些线性代数入门教材不会介绍张量积，所以就算你之前学过线性代数，也可能并未学过张量积。更完整的数学材料会涵盖向量和矩阵的张量积（就像本书这样），但也可能使用范畴论对其进行概括[1] [3] [4]。

在 8.2 节中，我们将张量积作为基础来展示量子比特的纠缠及其在狄拉克符号表示下的行为模式。

8.2　纠缠

我们已经了解了许多可用于改变单个量子比特的状态的门运算。在 2.5 节中，我们了解了如何使用经典逻辑门来构建加法电路。

尽管也有适用于一个比特的逻辑门，比如非门，但一般的运算都需要至少输入两个比特。同样地，为了用量子比特得到有趣又有用的结果，我们也需要操作多个量子比特。

8.2.1　从单量子比特到双量子比特

如上所述，单量子比特的状态可由 $\mathbb{C}^2$ 中长度为 1 的向量表示。另外，我们认为相差一个复数单位倍数的所有状态都是等价的。每个量子比特一开始都有与自己关联的 $\mathbb{C}^2$ 副本。

当我们有一个由双量子比特构成的量子系统时，我们不会在单个 $\mathbb{C}^2$ 实例中考虑它们的整体状态，而会使用两个 $\mathbb{C}^2$ 副本的张量积以及它们的量子态向量的张量积。这会得到一个四维的复向量空间。这里的维度是通过计算 2×2 得到的。

张量积这种机制能让我们基于两个或更多系统来构建量子系统。最早的时候，表示张量积的符号相当烦琐，后来有了狄拉克符号，相关表示得到了极大简化，这也体现了该符号体系的优势。

令 q_1 和 q_2 是两个量子比特，并令 $\{|0\rangle_1, |1\rangle_1\}$ 和 $\{|0\rangle_2, |1\rangle_2\}$ 分别为两个量子比特各自 $\mathbb{C}^2$ 状态空间的标准正交基底的右矢形式。

$$|\psi\rangle_1 = a_1|0\rangle_1 + b_1|1\rangle_1 \text{，其中} |a_1|^2 + |b_1|^2 = 1$$

$$|\psi\rangle_2 = a_2|0\rangle_2 + b_2|1\rangle_2，\text{其中}|a_2|^2 + |b_2|^2 = 1$$

$|0\rangle_1 \otimes |0\rangle_2$、$|0\rangle_1 \otimes |1\rangle_2$、$|1\rangle_1 \otimes |0\rangle_2$和$|1\rangle_1 \otimes |1\rangle_2$这 4 个右矢是对$q_1$和$q_2$进行组合得到的状态空间$\mathbb{C}^2 \otimes \mathbb{C}^2$的基底。

根据标准的张量积的性质，可知

$$|\psi\rangle_1 \otimes |\psi\rangle_2 = a_1a_2|0\rangle_1 \otimes |0\rangle_2 + a_1b_2|0\rangle_1 \otimes |1\rangle_2 + b_1a_2|1\rangle_1 \otimes |0\rangle_2 + b_1b_2|1\rangle_1 \otimes |1\rangle_2$$

第一次简化：我们可以约定来自最初的不同量子比特状态空间的基底右矢之间存在张量积，从而省略上式右侧部分的“$\otimes$”，得到

$$|\psi\rangle_1 \otimes |\psi\rangle_2 = a_1a_2|0\rangle_1|0\rangle_2 + a_1b_2|0\rangle_1|1\rangle_2 + b_1a_2|1\rangle_1|0\rangle_2 + b_1b_2|1\rangle_1|1\rangle_2$$

第二次简化：我们不对同一状态空间中的右矢执行乘法运算，因此我们可以舍弃基底右矢的下标，但保留能标示它们原本来源的顺序。

$$|\psi\rangle_1 \otimes |\psi\rangle_2 = a_1a_2|0\rangle|0\rangle + a_1b_2|0\rangle|1\rangle + b_1a_2|1\rangle|0\rangle + b_1b_2|1\rangle|1\rangle$$

第三次简化：我们可以将相邻的基底右矢合并，写成一个右矢。对我们来说，这是一种新的表示方式，但能够体现狄拉克符号的简洁性。

$$|\psi\rangle_1 \otimes |\psi\rangle_2 = a_1a_2|00\rangle + a_1b_2|01\rangle + b_1a_2|10\rangle + b_1b_2|11\rangle$$

使用通用形式的坐标，还可以将其写成

$$a_{00}|00\rangle + a_{01}|01\rangle + a_{10}|10\rangle + a_{11}|11\rangle$$

我们后面会利用矩阵，所以有必要说明$\mathbb{C}^2 \otimes \mathbb{C}^2$中的双量子比特基底右矢的列向量形式：

$$|00\rangle = \begin{bmatrix}1\\0\\0\\0\end{bmatrix} \quad |01\rangle = \begin{bmatrix}0\\1\\0\\0\end{bmatrix} \quad |10\rangle = \begin{bmatrix}0\\0\\1\\0\end{bmatrix} \quad |11\rangle = \begin{bmatrix}0\\0\\0\\1\end{bmatrix}$$

这些列向量形式可基于

$$|0\rangle = \begin{bmatrix}1\\0\end{bmatrix} \text{和} |1\rangle = \begin{bmatrix}0\\1\end{bmatrix}$$

计算和观察得到。举个例子：

$$|01\rangle = |0\rangle \otimes |1\rangle = \begin{bmatrix}1\\0\end{bmatrix} \otimes \begin{bmatrix}0\\1\end{bmatrix} = \begin{bmatrix}1\begin{bmatrix}0\\1\end{bmatrix}\\0\begin{bmatrix}0\\1\end{bmatrix}\end{bmatrix} = \begin{bmatrix}1\times0\\1\times1\\0\times0\\0\times1\end{bmatrix} = \begin{bmatrix}0\\1\\0\\0\end{bmatrix}$$

问题 8.2.1

请以类似的方式验证 $|00\rangle$、$|10\rangle$ 和 $|11\rangle$ 的列向量形式是否正确。

请注意 $\langle 01|01\rangle = 1$ 但 $\langle 01|11\rangle = 0$。一般而言，对于这 4 个向量，当 $\langle\ \rangle$ 中 $|$ 的两侧相等时，其值为 1，而当两边不相等时，其值为 0。这算是另一种表示标准正交基底的方式。

我还将在介绍一般情况时说明第四种形式。

观察一下 $a_1a_2|00\rangle + a_1b_2|01\rangle + b_1a_2|10\rangle + b_1b_2|11\rangle$ 中的系数。这些系数的绝对值的平方之和是否为 1？我们为什么预期这种情况是成立的？

当我们观测双量子比特系统时，其中每个量子比特的状态都会变成 $|0\rangle$ 或 $|1\rangle$。因此可能的结果有 4 种：$|00\rangle$、$|01\rangle$、$|10\rangle$ 和 $|11\rangle$，发生每种情况的概率之和必然为 1.0。基于单量子比特情况进行延伸，可以预期在

$$|\psi\rangle_1 \otimes |\psi\rangle_2 = a_1a_2|00\rangle + a_1b_2|01\rangle + b_1a_2|10\rangle + b_1b_2|11\rangle$$

中，系数即概率幅。基于此就能得到发生每种情况的概率了，比如得到 $|01\rangle$ 的概率为 $|a_1b_2|^2$。发生各种情况的概率之和就为：

$$|a_1a_2|^2 + |a_1b_2|^2 + |b_1a_2|^2 + |b_1b_2|^2 = 1$$

这有数学支持吗？你瞧，还真有：

$$\begin{aligned}|a_1a_2|^2 + |a_1b_2|^2 + |b_1a_2|^2 + |b_1b_2|^2 &= |a_1|^2|a_2|^2 + |a_1|^2|b_2|^2 + |b_1|^2|a_2|^2 + |b_1|^2|b_2|^2 \\ &= |a_1|^2\left(|a_2|^2 + |b_2|^2\right) + |b_1|^2\left(|a_2|^2 + |b_2|^2\right) \\ &= |a_1|^2(1) + |b_1|^2(1) \\ &= |a_1|^2 + |b_1|^2 \\ &= 1\end{aligned}$$

在我看来，这着实相当了不起。到现在为止，我们构建出来的数学模型与物理解释是一致的。由于我一开始就讨论了这一点，因此这并不在意料之外——这里的数学模型和物理解释确实能很好地融合到一起。

观测会导致每个量子比特的状态变成或坍缩为$|0\rangle$或$|1\rangle$。当有两个量子比特时，这个坍缩过程是互相独立的吗？还是说存在更复杂的量子比特状态组合，能表示比直观显现的更复杂的关联？

> 在任意给定时间，两个量子比特都处于某个叠加态，且该叠加态可表示成$\mathbb{C}^2 \otimes \mathbb{C}^2$中向量$|00\rangle$、$|01\rangle$、$|10\rangle$和$|11\rangle$的一种线性组合：
>
> $$a_{00}|00\rangle + a_{01}|01\rangle + a_{10}|10\rangle + a_{11}|11\rangle$$
>
> 其中
>
> $$|a_{00}|^2 + |a_{01}|^2 + |a_{10}|^2 + |a_{11}|^2 = 1$$
>
> *观测*会迫使量子比特发生不可逆的坍缩，即会通过投影变换变成$|00\rangle$、$|01\rangle$、$|10\rangle$或$|11\rangle$。得到各个对应结果的概率分别为$|a_{00}|^2$、$|a_{01}|^2$、$|a_{10}|^2$或$|a_{11}|^2$。a_{00}、a_{01}、a_{10}和a_{11}称为*概率幅*。
>
> 如有必要，我们可以将$|00\rangle$、$|01\rangle$、$|10\rangle$和$|11\rangle$分别转换成一串经典比特值：00、01、10和11，就像直接读出其中的数字那样。

如果我们的量子比特q_1和q_2处于组合状态：

$$0|00\rangle + \frac{\sqrt{2}}{2}|01\rangle + \frac{\sqrt{2}}{2}|10\rangle + 0|11\rangle = \frac{\sqrt{2}}{2}|01\rangle + \frac{\sqrt{2}}{2}|10\rangle$$

则当我们执行观测时，如果观测的次数足够多，那么可预期有一半情况会得到$|10\rangle$，另一半情况会得到$|01\rangle$。我们永远不可能得到$|00\rangle$或$|11\rangle$。

现在我把q_1给你，自己则留下q_2。我有了量子比特，心情很激动，所以我立马观测了它。我得到了$|1\rangle$，那你可能得到什么呢？

要让q_2为$|1\rangle$，可能的组合状态有两种：$|01\rangle$和$|11\rangle$。但得到后者的概率为 0！因此你在观测q_1时必然会得到$|0\rangle$。

在观测之前，这两个量子比特处于*纠缠*态。它们的关联极其紧密，以至于只要知道其中一个量子比特的观测值，就能唯一确定另一个的观测值。经典比特不具备这种特性。

与叠加一样，纠缠也是量子计算与经典计算的关键区别之一。

我们刚才使用的纠缠态名为*贝尔态*（*Bell state*）。贝尔态有 4 种：

$$\left|\Phi^{+}\right\rangle=\frac{\sqrt{2}}{2}|00\rangle+\frac{\sqrt{2}}{2}|11\rangle \qquad \left|\Psi^{+}\right\rangle=\frac{\sqrt{2}}{2}|01\rangle+\frac{\sqrt{2}}{2}|10\rangle$$

$$\left|\Phi^{-}\right\rangle=\frac{\sqrt{2}}{2}|00\rangle-\frac{\sqrt{2}}{2}|11\rangle \qquad \left|\Psi^{-}\right\rangle=\frac{\sqrt{2}}{2}|01\rangle-\frac{\sqrt{2}}{2}|10\rangle$$

上面的例子中使用了$\left|\Psi^{+}\right\rangle$。

Φ 是希腊字母φ的大写形式，读作“phi”；Ψ 是希腊字母ψ的大写形式，读作“psi”。

问题 8.2.2

请证明：

$$|00\rangle=\frac{\sqrt{2}}{2}\left(\left|\Phi^{+}\right\rangle+\left|\Phi^{-}\right\rangle\right) \qquad |11\rangle=\frac{\sqrt{2}}{2}\left(\left|\Phi^{+}\right\rangle-\left|\Phi^{-}\right\rangle\right)$$

$$|01\rangle=\frac{\sqrt{2}}{2}\left(\left|\Psi^{+}\right\rangle+\left|\Psi^{-}\right\rangle\right) \qquad |10\rangle=\frac{\sqrt{2}}{2}\left(\left|\Psi^{+}\right\rangle-\left|\Psi^{-}\right\rangle\right)$$

$\left|\Phi^{+}\right\rangle$、$\left|\Phi^{-}\right\rangle$、$\left|\Psi^{+}\right\rangle$和$\left|\Psi^{-}\right\rangle$4 个贝尔态一起可组成$\mathbb{C}^2\otimes\mathbb{C}^2$的一组标准正交基底。贝尔态得名于物理学家约翰·斯图尔特·贝尔（John Stewart Bell）。

令$|\psi\rangle$为$\mathbb{C}^2\otimes\mathbb{C}^2$中一个双量子比特的量子态。$|\psi\rangle$处于纠缠态的条件是：当且仅当它无法写成两个单量子比特右矢的张量积形式

$$|\psi\rangle_1\otimes|\psi\rangle_2=\left(a_1|0\rangle_1+b_1|1\rangle_1\right)\otimes\left(a_2|0\rangle_2+b_2|1\rangle_2\right)$$

其中

$$|\psi\rangle_1=a_1|0\rangle_1+b_1|1\rangle_1 \text{ 且 } |\psi\rangle_2=a_2|0\rangle_2+b_2|1\rangle_2$$

我们用反证法来证明。假设$\left|\Psi^{+}\right\rangle$未处于纠缠态，则根据上面的例子，$\mathbb{C}$中存在一组$a_1$、$b_1$、$a_2$和$b_2$，使得

$$\begin{aligned}\left|\Psi^{+}\right\rangle&=0|00\rangle+\frac{\sqrt{2}}{2}|01\rangle+\frac{\sqrt{2}}{2}|10\rangle+0|11\rangle\\&=a_1a_2|00\rangle+a_1b_2|01\rangle+b_1a_2|10\rangle+b_1b_2|11\rangle\end{aligned}$$

这能推导出 4 个关系：

$$a_1a_2 = 0 \quad a_1b_2 = \frac{\sqrt{2}}{2} \quad b_1a_2 = \frac{\sqrt{2}}{2} \quad b_1b_2 = 0$$

基于第一个关系，可知 a_1 和 a_2 中至少有一个为 0。假设 a_1 为 0，则有 $0 = a_1b_2 = \frac{\sqrt{2}}{2}$，与假设矛盾。因此，$a_2$ 必然为 0——但这又会得到 $0 = b_1a_2 = \frac{\sqrt{2}}{2}$，同样也是不可能的。这就意味着我们不能将纠缠态 $|\Psi^+\rangle$ 写成两个单量子比特右矢的张量积。

不处于纠缠态的双量子比特量子态可以分离成两个单量子比特状态的张量积。因此，一个量子态如果不是纠缠态，则为*可分离态*（*separable state*）。

> **问题 8.2.3**
>
> $\frac{\sqrt{2}}{2}|00\rangle + \frac{\sqrt{2}}{2}|01\rangle$ 是一种纠缠态吗？

下面我要着重说明一个一开始可能很让人疑惑的知识点。如果我们一开始有两个单量子比特状态，比如 $a_1|0\rangle_1 + b_1|1\rangle_1$ 和 $a_2|0\rangle_2 + b_2|1\rangle_2$，则我们可使用所有可能的复数系数，通过张量积运算 $(a_1|0\rangle_1 + b_1|1\rangle_1) \otimes (a_2|0\rangle_2 + b_2|1\rangle_2)$ 生成状态向量空间 $\mathbb{C}^2 \otimes \mathbb{C}^2$。

这意味着，我们还可以构建出这种张量积形式的所有可能的和。只凭借张量积形式本身无法完整构成 $\mathbb{C}^2 \otimes \mathbb{C}^2$，但再加上它们的和就可以。

> **问题 8.2.4**
>
> 在 $\mathbb{C}^2 \otimes \mathbb{C}^2$ 中，纠缠态的数量有无限多个，可分离态的数量也有无限多个。基于此，从哪种意义上看，纠缠态的数量多于可分离态？

8.2.2 一般情况

每当我们向一个量子系统添加一个量子比特并创造出新的量子系统时，状态空间的维度都会翻倍。这是因为当执行张量积运算时，会在原有系统的状态空间维度的基础上乘 2。有 3 个量子比特的量子系统的状态空间的维度为 8。有 n 个量子比特的量子系统的状态空间的维度为 2^n。

令 n 为大于 1 的自然数，并令 Q 为一个有 n 个量子比特的量子系统，则与 Q 相关的状态空间的维度为 2^n。我们将其写为 $(\mathbb{C}^2)^{\otimes n}$，表示 $\mathbb{C}^2$ 与自身执行 n 次张量积运算。

这是通过 n 量子比特中每一个量子比特的单量子比特状态的基础张量积得到的。

$$(a_1|0\rangle_1 + b_1|1\rangle_1) \otimes \cdots \otimes (a_n|0\rangle_n + b_n|1\rangle_n)$$

在 $(\mathbb{C}^2)^{\otimes n}$ 中，如果一个量子态可以写成这种基础状态，则该量子态为*可分离态*，否则就为*纠缠态*。

相比于使用

$$|1\rangle \otimes |1\rangle \otimes |0\rangle \otimes |1\rangle \otimes |0\rangle \otimes |1\rangle \otimes |1\rangle \otimes |1\rangle$$

使用 $|11010111\rangle$ 这种右矢形式要简单得多。

由于已知我们有 8 个量子比特，我们也可以将其写成 $|215\rangle_8$，其中右矢中的数字是一个以 10 为底的非负整数，下标则表明了所涉及的量子比特数量。

当有 2 个量子比特时，

$$|00\rangle = |0\rangle_2 \quad |01\rangle = |1\rangle_2 \quad |10\rangle = |2\rangle_2 \quad |11\rangle = |3\rangle_2$$

对于 $(\mathbb{C}^2)^{\otimes n}$ 而言，将仅由 0 和 1 构成的 n 个量子比特右矢的集合称为*计算基底*。举个例子，$\mathbb{C}^2 \otimes \mathbb{C}^2 \otimes \mathbb{C}^2$ 的计算基底为：

$$|000\rangle \quad |001\rangle \quad |010\rangle \quad |011\rangle$$
$$|100\rangle \quad |101\rangle \quad |110\rangle \quad |111\rangle$$

而这又等价于：

$$|0\rangle_3 \quad |1\rangle_3 \quad |2\rangle_3 \quad |3\rangle_3$$
$$|4\rangle_3 \quad |5\rangle_3 \quad |6\rangle_3 \quad |7\rangle_3$$

当我们使用数字形式的右矢时，我们可使用右矢符号内部的数字来表示对应的概率幅（或系数）。那么具有 n 个量子比特的一般量子态就可写为：

$$|\psi\rangle = a_0|0\rangle_n + a_1|1\rangle_n + a_2|2\rangle_n + \cdots + a_{2^n-1}|2^n - 1\rangle_n$$

并且有

$$|a_0|^2 + |a_1|^2 + |a_2|^2 + \cdots + |a_{2^n-1}|^2 = 1$$

不管我们以怎样的方式书写量子态，概率幅的绝对值的平方之和总是为 1。

如果想写一个这样的右矢：

$$|\underbrace{00000000000\cdots00000000000}_{n\text{个}0}\rangle$$

可以将其简写为$|0\rangle^{\otimes n}$。

给定一个n，令$|\varphi\rangle$和$|\psi\rangle$为两个计算基底右矢。则

$$\langle\varphi|\psi\rangle=\begin{cases}1, & |\varphi\rangle=|\psi\rangle\\ 0, & \text{其他情况}\end{cases}$$

如果$|\varphi\rangle$的完全向量展开形式中第j个位置为 1 且其他位置均为 0，而$|\psi\rangle$的展开形式中第k个位置为 1 且其他位置均为 0，则$|\varphi\rangle\langle\psi|$是一个$n\times n$的方阵，其中仅有$(j,k)$位置的元素为 1，其他位置的元素均为 0。例如，有

$$|0\rangle\langle 0|=\begin{bmatrix}1 & 0\\ 0 & 0\end{bmatrix}\text{和}|1\rangle\langle 0|=\begin{bmatrix}0 & 0\\ 1 & 0\end{bmatrix}$$

注意$|0\rangle\langle 0|+|1\rangle\langle 1|=\boldsymbol{I}_2$，即$2\times 2$的单位矩阵。

8.2.3 再访密度矩阵

如果$|\psi\rangle$是一个多量子比特量子态，则其密度矩阵的定义方式与单量子比特的是一样的：

$$\boldsymbol{\rho}=|\psi\rangle\langle\psi|$$

也就是说，如果

$$|\psi\rangle=a_0|0\rangle_n+a_1|1\rangle_n+a_2|2\rangle_n+\cdots+a_{2^n-1}|2^n-1\rangle_n$$

则

$$\boldsymbol{\rho}=|\psi\rangle\langle\psi|=\begin{bmatrix}a_0 & a_1 & a_2 & \cdots & a_{2^n-1}\end{bmatrix}\otimes\begin{bmatrix}\overline{a_0}\\ \overline{a_1}\\ \overline{a_2}\\ \vdots\\ \overline{a_{2^n-1}}\end{bmatrix}$$

$$
=\begin{bmatrix}
a_0\overline{a_0} & a_1\overline{a_0} & a_2\overline{a_0} & \cdots & a_{2^n-1}\overline{a_0} \\
a_0\overline{a_1} & a_1\overline{a_1} & a_2\overline{a_1} & \cdots & a_{2^n-1}\overline{a_1} \\
a_0\overline{a_2} & a_1\overline{a_2} & a_2\overline{a_2} & \cdots & a_{2^n-1}\overline{a_2} \\
\vdots & \vdots & \vdots & & \vdots \\
a_0\overline{a_{2^n-1}} & a_1\overline{a_{2^n-1}} & a_2\overline{a_{2^n-1}} & \cdots & a_{2^n-1}\overline{a_{2^n-1}}
\end{bmatrix}
$$

$$
=\begin{bmatrix}
|a_0|^2 & a_1\overline{a_0} & a_2\overline{a_0} & \cdots & a_{2^n-1}\overline{a_0} \\
a_0\overline{a_1} & |a_1|^2 & a_2\overline{a_1} & \cdots & a_{2^n-1}\overline{a_1} \\
a_0\overline{a_2} & a_1\overline{a_2} & |a_2|^2 & \cdots & a_{2^n-1}\overline{a_2} \\
\vdots & \vdots & \vdots & & \vdots \\
a_0\overline{a_{2^n-1}} & a_1\overline{a_{2^n-1}} & a_2\overline{a_{2^n-1}} & \cdots & |a_{2^n-1}|^2
\end{bmatrix}
$$

其中对角线上都是实数，$\mathrm{tr}(\boldsymbol{\rho})=1$，而且 $\boldsymbol{\rho}$ 是厄米矩阵，也是半正定矩阵。也就是说，$\boldsymbol{\rho}$ 有一个唯一的半正定平方根矩阵 $\boldsymbol{\rho}^{\frac{1}{2}}$ 。

8.3　多量子比特门

操作单个量子比特的量子门运算可对应于给定基底下 2×2 的幺正方阵。如果有两个量子比特，则该矩阵的维度为 4×4，而如果有 10 个量子比特，则该矩阵的维度为 $2^{10}\times2^{10}$，即 1024×1024。我会通过例子说明如何操作常见的低维量子门，然后，你可以自己向更高维延展。

8.3.1　量子 $\boldsymbol{H}^{\otimes n}$ 门

首先我们看看，如果将阿达马矩阵 $\boldsymbol{H}$ 应用于双量子比特系统中的每个量子比特，会有什么效果？$\boldsymbol{H}$ 门的矩阵为：

$$
\boldsymbol{H}=\begin{bmatrix}\frac{\sqrt{2}}{2} & \frac{\sqrt{2}}{2} \\ \frac{\sqrt{2}}{2} & -\frac{\sqrt{2}}{2}\end{bmatrix}=\frac{\sqrt{2}}{2}\begin{bmatrix}1 & 1 \\ 1 & -1\end{bmatrix}
$$

对该矩阵在 $\mathbb{C}^2$ 上执行运算。对于两个量子比特状态：

$$
|\psi\rangle_1=a_1|0\rangle_1+b_1|1\rangle_1 \quad 和 \quad |\psi\rangle_2=a_2|0\rangle_2+b_2|1\rangle_2
$$

将 $\boldsymbol{H}$ 应用于每个量子比特就意味着计算

$$\left(\boldsymbol{H}|\psi\rangle_1\right)\otimes\left(\boldsymbol{H}|\psi\rangle_2\right)$$

这就等同于

$$(\boldsymbol{H}\otimes\boldsymbol{H})\left(|\psi\rangle_1\otimes|\psi\rangle_2\right)=\boldsymbol{H}^{\otimes 2}\left(a_1a_2|00\rangle+a_1b_2|01\rangle+b_1a_2|10\rangle+b_1b_2|11\rangle\right)$$

其中 $\boldsymbol{H}^{\otimes 2}$ 是一个 4×4 的幺正矩阵。基于 $\boldsymbol{H}$ 的定义和 8.1 节中创建矩阵张量积的方法，可以计算得到：

$$\boldsymbol{H}^{\otimes 2}=\begin{bmatrix}\frac{1}{2}&\frac{1}{2}&\frac{1}{2}&\frac{1}{2}\\\frac{1}{2}&-\frac{1}{2}&\frac{1}{2}&-\frac{1}{2}\\\frac{1}{2}&\frac{1}{2}&-\frac{1}{2}&-\frac{1}{2}\\\frac{1}{2}&-\frac{1}{2}&-\frac{1}{2}&\frac{1}{2}\end{bmatrix}=\frac{1}{2}\begin{bmatrix}1&1&1&1\\1&-1&1&-1\\1&1&-1&-1\\1&-1&-1&1\end{bmatrix}=\frac{\sqrt{2}}{2}\begin{bmatrix}\boldsymbol{H}&\boldsymbol{H}\\\boldsymbol{H}&-\boldsymbol{H}\end{bmatrix}$$

对于双量子比特系统中的两个均初始化为 $|0\rangle$ 的量子比特，利用该矩阵可将它们调整至叠加态。

请注意，$\boldsymbol{H}^{\otimes 2}$ 可基于 $\boldsymbol{H}$ 矩阵模块递归得到。

尽管我们可以将 $\boldsymbol{H}^{\otimes 2}$ 门画成有两个输入和两个输出的形式，但我们的实际做法是为线路中每个量子比特分别使用一个 $\boldsymbol{H}$ 门，如图 8-1 所示。

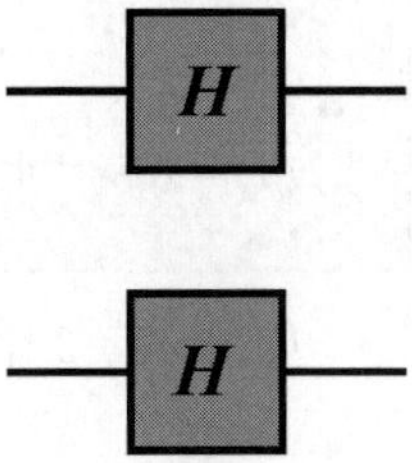

图 8-1

对于三量子比特系统，对应的 $\boldsymbol{H}^{\otimes 3}$ 矩阵为：

$$\frac{\sqrt{2}}{4}\begin{bmatrix}1&1&1&1&1&1&1&1\\1&-1&1&-1&1&-1&1&-1\\1&1&-1&-1&1&1&-1&-1\\1&-1&-1&1&1&-1&-1&1\\1&1&1&1&-1&-1&-1&-1\\1&-1&1&-1&-1&1&-1&1\\1&1&-1&-1&-1&-1&1&1\\1&-1&-1&1&-1&1&1&-1\end{bmatrix}=\frac{\sqrt{2}}{2}\begin{bmatrix}\boldsymbol{H}^{\otimes 2}&\boldsymbol{H}^{\otimes 2}\\\boldsymbol{H}^{\otimes 2}&-\boldsymbol{H}^{\otimes 2}\end{bmatrix}$$

之前我曾请你证明 $\boldsymbol{H}|0\rangle=|+\rangle$，即：

$$\boldsymbol{H}=\frac{\sqrt{2}}{2}\left(|0\rangle+|1\rangle\right)$$

基于此可以推知：

$$\begin{aligned} \boldsymbol{H}^{\otimes 2}|00\rangle &= (\boldsymbol{H} \otimes \boldsymbol{H})(|0\rangle \otimes |0\rangle) \\ &= \left(\frac{\sqrt{2}}{2}(|0\rangle + |1\rangle)\right) \otimes \left(\frac{\sqrt{2}}{2}(|0\rangle + |1\rangle)\right) \\ &= \frac{1}{2}(|00\rangle + |01\rangle + |10\rangle + |11\rangle) \end{aligned}$$

此外，

$$\boldsymbol{H}^{\otimes 3}|000\rangle = \frac{\sqrt{2}}{4}(|000\rangle + |001\rangle + |010\rangle + |011\rangle + |100\rangle + |101\rangle + |110\rangle + |111\rangle)$$

这个模式可以继续延伸。这表明，对于每个已初始化为 $|0\rangle$ 的量子比特，使用 $\boldsymbol{H}$ 门会创建出一个平衡的叠加态，其中涉及所有右矢基向量。最后一个例子中前面的数字 $\frac{\sqrt{2}}{4}$ 是为了确保这些右矢绝对值的平方之和为 1，这个数名为*归一化常数*（*normalization constant*）。

> **问题 8.3.1**
>
> 请证明归一化常数为 $\frac{1}{\sqrt{2^n}}$，其中 n 为量子比特的数量。

如果你有 3 个经典比特，你可以表示以下 8 种情况，但*每次只能表示其中一个*：

000　001　010　011　100　101　110　111

相对而言，三量子比特状态 $\boldsymbol{H}^{\otimes 3}|0\rangle_3$ *同时*包含每种对应的基底右矢形式。

对于这种情况，十进制的基底右矢形式更简洁。我们可将上面的等式改写为：

$$\boldsymbol{H}^{\otimes 3}|0\rangle_3 = \frac{\sqrt{2}}{4}(|0\rangle_3 + |1\rangle_3 + |2\rangle_3 + |3\rangle_3 + |4\rangle_3 + |5\rangle_3 + |6\rangle_3 + |7\rangle_3)$$

> 基于下式，我们能以递归的方式定义阿达马矩阵 $\boldsymbol{H}^{\otimes n}$：
>
> $$\boldsymbol{H}^{\otimes n} = \frac{\sqrt{2}}{2}\begin{bmatrix} \boldsymbol{H}^{\otimes n-1} & \boldsymbol{H}^{\otimes n-1} \\ \boldsymbol{H}^{\otimes n-1} & -\boldsymbol{H}^{\otimes n-1} \end{bmatrix}$$
>
> 其中 $\boldsymbol{H}^{\otimes 1} = \boldsymbol{H}$。

现在是时候介绍求和符号了。我们通常使用大写希腊字母Σ（读作“sigma”）来表示基于某个公式的总和，例如：

$$\sum_{j=1}^{4} j = 1+2+3+4 = 10$$

这个求和式的意思是让 j 从 1 开始并依次使 $j=2$ 、 $j=3$ 和 $j=4$ 。我们令和的初始值为 0，然后加上Σ右侧公式在给定 j 值下的每个取值。 j 的下界为 1，上界为 4。

再举个例子：

$$\sum_{j=0}^{2} \cos(j\pi) = \cos(0\pi) + \cos(1\pi) + \cos(2\pi) = 1$$

求和的上界并非必须为一个常数值，我们也并非必须要使用变量 j 。

$$\sum_{m=1}^{n} 2^m = 2^1 + 2^2 + \cdots + 2^{n-1} + 2^n$$

下界也并非必须为常数。

使用十进制右矢符号，n 量子比特寄存器状态的一般形式可写为：

$$|\psi\rangle = \sum_{j=0}^{n-1} a_j \, |j\rangle_n$$

其中

$$1 = \sum_{j=0}^{n-1} |a_j|^2$$

使用这种方式，我们可将 n 量子比特的平衡叠加态公式写为：

$$\boldsymbol{H}^{\otimes n} |0\rangle_n = \frac{1}{\sqrt{2^n}} \sum_{j=0}^{n-1} |j\rangle_n$$

如果我们知道所涉量子比特的数量，也可以省略下标 n ：

$$\boldsymbol{H}^{\otimes n} |0\rangle = \frac{1}{\sqrt{2^n}} \sum_{j=0}^{n-1} |j\rangle$$

问题 8.3.2

请写出以下有关 $H^{\otimes 4}|0\rangle$ 的式子的完整形式：

$$H^{\otimes 4}|0\rangle = \frac{1}{\sqrt{2^4}}\sum_{j=0}^{3}|j\rangle$$

并使用二进制符号展开其中的右矢。

顺便提一句，我们也有表示乘积的类似符号：

$$\prod_{j=1}^{4} j = 1\times 2\times 3\times 4$$

举个例子，如果我们将 $\mathbb{Z}$ 中的某个正数 N 分解为一组质数 $\{p_1, p_2, \cdots, p_n\}$ 的乘积，且每个质数 p_j 出现的次数为 e_j，则

$$N = \prod_{j=1}^{n} p_j^{e_j}$$

接下来我们将介绍不由单量子比特门的张量积构建的双量子比特门。在我们了解这些小型量子门的同时，我们还会看到一些常用的双量子比特操作。

8.3.2　量子SWAP门

在 7.6.1 小节中，我们表明 X 门能执行比特翻转：给定 $|\psi\rangle = a|0\rangle + b|1\rangle$，$X|\psi\rangle = b|0\rangle + a|1\rangle$。现在我们来看两个量子比特的情况：有可以交换这两个量子比特的状态的门吗？而且这究竟是什么意思？

正如之前已经见过的，给定两个量子比特：

$$|\psi\rangle_1 = a_1|0\rangle_1 + b_1|1\rangle_1 \text{ 和 } |\psi\rangle_2 = a_2|0\rangle_2 + b_2|1\rangle_2$$

它们的张量积为：

$$|\psi\rangle_1 \otimes |\psi\rangle_2 = a_1a_2|00\rangle + a_1b_2|01\rangle + b_1a_2|10\rangle + b_1b_2|11\rangle$$

如果调转一下求张量积的顺序，则会得到：

$$|\psi\rangle_2 \otimes |\psi\rangle_1 = a_2a_1|00\rangle + a_2b_1|01\rangle + b_2a_1|10\rangle + b_2b_1|11\rangle$$

第一个、第四个系数和之前一样，但第二个、第三个系数与之前相反。

矩阵

$$
\boldsymbol{M}=\begin{bmatrix}1&0&0&0\\0&0&1&0\\0&1&0&0\\0&0&0&1\end{bmatrix}
$$

是一个 4×4 的*置换矩阵*。为了创建一个能交换右矢（或列向量中的元素）的第二个和第三个系数的矩阵，我们只需交换 $\boldsymbol{I}_4$ 的第二列和第三列即可。这样就得到了 $\boldsymbol{M}$ 。

对于某个一般向量，

$$
\boldsymbol{M}\begin{bmatrix}v_1\\v_2\\v_3\\v_4\end{bmatrix}=\begin{bmatrix}v_1\\v_3\\v_2\\v_4\end{bmatrix}
$$

因此 $\boldsymbol{M}\left(|\psi\rangle_1\otimes|\psi\rangle_2\right)=|\psi\rangle_2\otimes|\psi\rangle_1$ 。

当以这种方式使用时，我们称该标准右矢基底下该矩阵的量子门为**SWAP**门。

如果在线路中表示**SWAP**门，则它会横跨两条导线（如图 8-2 所示）。请记住“×”符号！

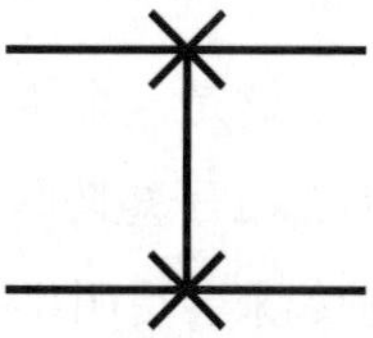

图 8-2

8.3.3 量子 CNOT 门（CX 门）

CNOT 门是量子计算中最重要的门之一，它的作用是创建纠缠的量子比特。它并非唯一一个能实现这一任务的量子门，但它很简单而且非常常用。

CNOT 中的 C 代表“controlled”，意为“受控的”。不同于能无条件地将 $|0\rangle$ 翻转为 $|1\rangle$ 或将 $|1\rangle$ 翻转为 $|0\rangle$ 的单量子比特 $\boldsymbol{X}$ 门，**CNOT** 门有两个量子比特的输入和输出。请记住量子门必须是可逆的。也因此，输入和输出的数量必须一样。现在将我们的量子比特分别记为 q_1 和 q_2，它们对应的量子态分别为 $|\psi\rangle_1$ 和 $|\psi\rangle_2$ 。

CNOT 的工作方式为：对于两个输入 $|\psi\rangle_1$ 和 $|\psi\rangle_2$，如果 $|\psi\rangle_1$ 为 $|1\rangle$，则 q_1 的状态保持为 $|1\rangle$，但 $|\psi\rangle_2$ 会变成 $\boldsymbol{X}|\psi\rangle_2$，否则，$q_1$ 和 q_2 的状态都不变。

换句话说，对 q_1 而言，**CNOT** 的作用和 $\mathbf{ID}|\psi\rangle_1$ 一样。当 $|\psi\rangle_1=|1\rangle$ 时，**CNOT** 对 q_2 而

言相当于执行 $\boldsymbol{X}|\psi\rangle_2$，否则，就相当于 $\mathbf{ID}|\psi\rangle_2$。**CNOT** 是一种条件式比特翻转。

在经典计算中，使用如图 8-3 所示的电路，我们可通过异或门达到类似的效果。

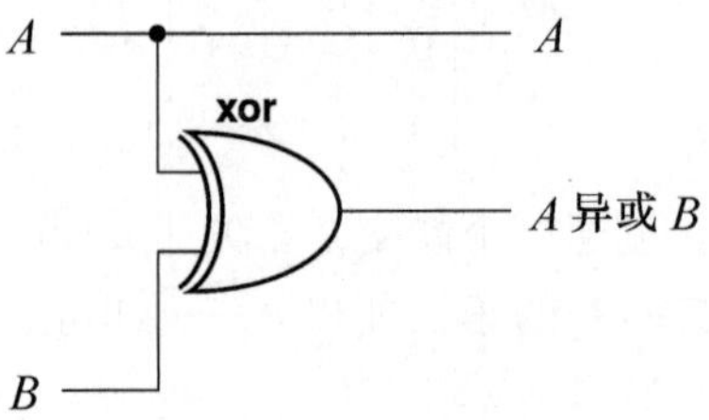

图 8-3

CNOT 的矩阵为：

$$\begin{bmatrix} 1 & 0 & 0 & 0 \\ 0 & 1 & 0 & 0 \\ 0 & 0 & 0 & 1 \\ 0 & 0 & 1 & 0 \end{bmatrix}$$

这是一个置换矩阵，其可交换 $|\psi\rangle_1 \otimes |\psi\rangle_2$ 的第三个和第四个系数。请注意，左上角的 2×2 子矩阵是 $\boldsymbol{I}_2$，而右下角的 2×2 子矩阵是 $\boldsymbol{X}$ 矩阵。如果将该矩阵写成分块形式，看起来会更明显：

$$\left[\begin{array}{cc|cc} 1 & 0 & 0 & 0 \\ 0 & 1 & 0 & 0 \\ \hline 0 & 0 & 0 & 1 \\ 0 & 0 & 1 & 0 \end{array}\right]$$

如果在线路中表示 **CNOT** 门，则它会横跨两条导线，如图 8-4 所示。上面的线传输用于控制的量子比特。

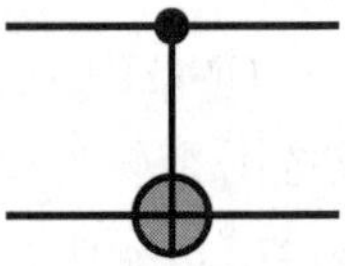

图 8-4

CNOT 对标准 $\mathbb{C}^2 \otimes \mathbb{C}^2$ 基底的执行效果如下：

$$\begin{aligned} \mathbf{CNOT}|00\rangle &= |00\rangle \\ \mathbf{CNOT}|01\rangle &= |01\rangle \\ \mathbf{CNOT}|10\rangle &= |11\rangle \\ \mathbf{CNOT}|11\rangle &= |10\rangle \end{aligned}$$

根据线性性质，可得：

$$\begin{aligned}\mathbf{CNOT}\left(a_{00}|00\rangle + a_{01}|01\rangle + a_{10}|10\rangle + a_{11}|11\rangle\right) &= a_{00}\mathbf{CNOT}|00\rangle + a_{01}\mathbf{CNOT}|01\rangle + a_{10}\mathbf{CNOT}|10\rangle + a_{11}\mathbf{CNOT}|11\rangle \\ &= a_{00}|00\rangle + a_{01}|01\rangle + a_{10}|11\rangle + a_{11}|10\rangle \\ &= a_{00}|00\rangle + a_{01}|01\rangle + a_{11}|10\rangle + a_{10}|11\rangle\end{aligned}$$

在 **CNOT** 之前与之后使用改变基底的 $\boldsymbol{H}$ 门能够展现 **CNOT** 门的一个有趣性质。$\boldsymbol{H}^{\otimes 2}\circ\mathbf{CNOT}\circ\boldsymbol{H}^{\otimes 2}$ 的矩阵形式为：

$$\boldsymbol{M} = \begin{bmatrix}\frac{1}{2} & \frac{1}{2} & \frac{1}{2} & \frac{1}{2} \\ \frac{1}{2} & -\frac{1}{2} & \frac{1}{2} & -\frac{1}{2} \\ \frac{1}{2} & \frac{1}{2} & -\frac{1}{2} & -\frac{1}{2} \\ \frac{1}{2} & -\frac{1}{2} & -\frac{1}{2} & \frac{1}{2}\end{bmatrix}\begin{bmatrix}1 & 0 & 0 & 0 \\ 0 & 1 & 0 & 0 \\ 0 & 0 & 0 & 1 \\ 0 & 0 & 1 & 0\end{bmatrix}\begin{bmatrix}\frac{1}{2} & \frac{1}{2} & \frac{1}{2} & \frac{1}{2} \\ \frac{1}{2} & -\frac{1}{2} & \frac{1}{2} & -\frac{1}{2} \\ \frac{1}{2} & \frac{1}{2} & -\frac{1}{2} & -\frac{1}{2} \\ \frac{1}{2} & -\frac{1}{2} & -\frac{1}{2} & \frac{1}{2}\end{bmatrix}$$

这可以化简为：

$$\boldsymbol{M} = \begin{bmatrix}1 & 0 & 0 & 0 \\ 0 & 0 & 0 & 1 \\ 0 & 0 & 1 & 0 \\ 0 & 1 & 0 & 0\end{bmatrix}$$

我们能从中看出什么？通过观察可以看到：这是一个能交换 $\mathbb{C}^2\otimes\mathbb{C}^2$ 中标准右矢表达式的第二个和第四个系数的置换操作。

$\boldsymbol{M}$ 对标准基底右矢的执行效果为：

$$\boldsymbol{M}|00\rangle = |00\rangle \quad \boldsymbol{M}|01\rangle = |11\rangle \quad \boldsymbol{M}|10\rangle = |10\rangle \quad \boldsymbol{M}|11\rangle = |01\rangle$$

请观察每组中第二个量子比特，看看发生了什么。如果它为 $|1\rangle$，则第一个量子比特发生翻转。如果它为 $|0\rangle$，则第一个量子比特保持不变。

这与 **CNOT** 的行为刚好相反，然而它是通过在 **CNOT** 前后使用阿达马变换构建出来的。使用 **CNOT** 时，第二个量子比特的状态似乎会受到第一个量子比特的控制。而在这种构建中，情况刚好相反。通过将基底变为 $|+\rangle$ 和 $|-\rangle$ 再变回来，我们发现 **CNOT** 做的事情可能比我们预想的更多。

如果我们想将第二个量子比特作为控制量子比特，则“•”要画在下面的线上，如

图 8-5 所示。这有时也被称为**逆 CNOT**（**reverse CNOT**）。

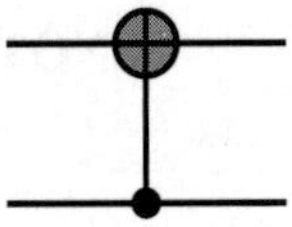

图 8-5

CNOT 可用于创建纠缠的贝尔态向量。具体的构建方式我们将在 9.3.2 小节介绍，到时我们会有更多线路设备可用。

8.3.4　量子 CY 和 CZ 门

CNOT 门与 **CX** 门是一样的。我们也可以为其他单量子比特门创建受控的双量子比特门。在标准基底下以分块矩阵形式写出的

$$\left[\begin{array}{cc|cc}1&0&0&0\\0&1&0&0\\\hline 0&0&0&-\mathrm{i}\\0&0&\mathrm{i}&0\end{array}\right] 和 \left[\begin{array}{cc|cc}1&0&0&0\\0&1&0&0\\\hline 0&0&1&0\\0&0&0&-1\end{array}\right]$$

分别为 **CY** 和 **CZ** 门的矩阵。**CZ** 门实现了条件式符号翻转。

> **问题 8.3.3**
>
> **CS** 和 **CH** 门的矩阵是怎样的？

这些量子门在线路中的符号如图 8-6 所示。

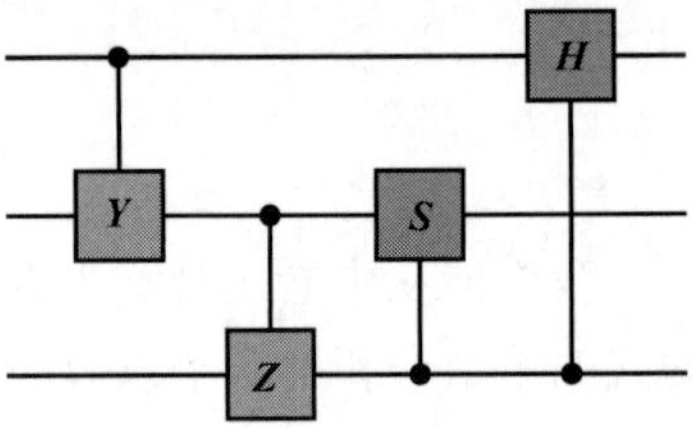

图 8-6

图 8-6 中，右边的两个门绘制为上下颠倒的形式，这是为了说明它们可以工作在任意导线之间。

总体而言，如果

$$\boldsymbol{U} = \begin{bmatrix} a & b \\ c & d \end{bmatrix}$$

是一个幺正矩阵，则受控的 $\boldsymbol{U}$ 的矩阵就为：

$$\left[\begin{array}{cc|cc}1&0&0&0\\0&1&0&0\\\hline 0&0&a&b\\0&0&c&d\end{array}\right]$$

> **问题 8.3.4**
>
> 受控 $\sqrt{\mathbf{NOT}}$ 门的矩阵是怎样的？$\sqrt{\mathbf{NOT}}$ 已在 7.6.12 小节中定义，还记得吗？

8.3.5 量子 $\mathbf{CR}_{\varphi}^{z}$ 门

执行 $\boldsymbol{R}_{\varphi}^{z}$ 动作的受控门也很有用。其中第一个量子比特用于控制是否应该发生相位变化，即是否在布洛赫球面上绕 z 轴旋转。

$\mathbf{CR}_{\varphi}^{z}$ 矩阵的一般形式为：

$$\begin{bmatrix} 1 & 0 & 0 & 0 \\ 0 & 1 & 0 & 0 \\ 0 & 0 & 1 & 0 \\ 0 & 0 & 0 & \mathrm{e}^{\varphi \mathrm{i}} \end{bmatrix} = \begin{bmatrix} 1 & 0 & 0 & 0 \\ 0 & 1 & 0 & 0 \\ 0 & 0 & 1 & 0 \\ 0 & 0 & 0 & \cos(\varphi) + \sin(\varphi)\mathrm{i} \end{bmatrix}$$

将 $\mathbf{CR}_{\varphi}^{z}$ 门放入线路中的形式如图 8-7 所示，现在你应该已经熟悉这种模式了。我们可以为 φ 指定一个弧度值，比如 $\mathbf{CR}_{\frac{\pi}{8}}^{z}$。

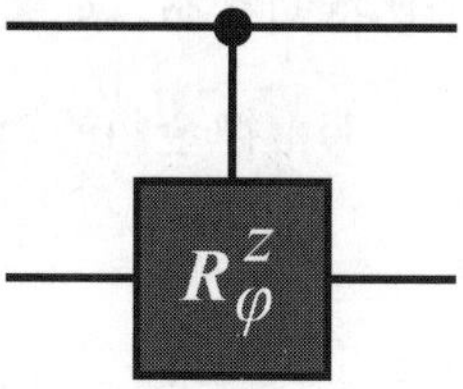

图 8-7

8.3.6 量子托佛利门（CCNOT 门）

托佛利门（Toffoli gate）是用于操作 3 个量子比特的双控制式量子门。如果前两个量子比特的状态为 $|1\rangle$，则对第三个量子比特使用 $\boldsymbol{X}$ 门，否则就对第三个量子比特使用 **ID** 门。而对前两个量子比特而言，该门总是相当于 **ID** 门。

托佛利门的矩阵为一个 8×8 置换矩阵，其和 **CNOT** 一样会交换最后两个系数：

$$\left[\begin{array}{cccc|cc|cc} 1 & 0 & 0 & 0 & 0 & 0 & 0 & 0 \\ 0 & 1 & 0 & 0 & 0 & 0 & 0 & 0 \\ 0 & 0 & 1 & 0 & 0 & 0 & 0 & 0 \\ 0 & 0 & 0 & 1 & 0 & 0 & 0 & 0 \\ \hline 0 & 0 & 0 & 0 & 1 & 0 & 0 & 0 \\ 0 & 0 & 0 & 0 & 0 & 1 & 0 & 0 \\ \hline 0 & 0 & 0 & 0 & 0 & 0 & 0 & 1 \\ 0 & 0 & 0 & 0 & 0 & 0 & 1 & 0 \end{array}\right]$$

在线路中，这个 **CCNOT** 门会横跨 3 条导线，上面两条线用于控制量子比特，如图 8-8 所示。

托佛利门也称为 **CCNOT** 门、**CCX** 门。

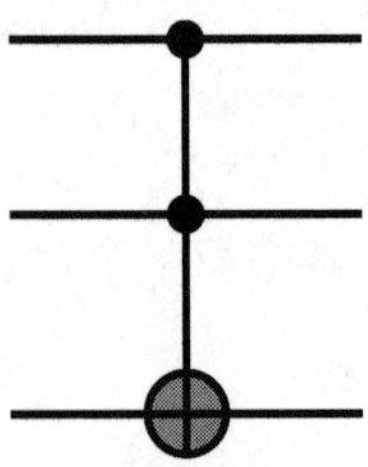

图 8-8

8.3.7　量子弗雷德金门（CSWAP 门）

弗雷德金门（Fredkin gate，也称为 **CSWAP** 门）是用于操作 3 个量子比特的单控制式量子门。如果第一个量子比特的状态为$|1\rangle$，则像 **SWAP** 门一样交换第二个和第三个量子比特的状态。如果第一个量子比特的状态为$|0\rangle$，则一切保持原样。

弗雷德金门的矩阵为一个 8×8 置换矩阵：

$$\left[\begin{array}{cccc|cccc} 1 & 0 & 0 & 0 & 0 & 0 & 0 & 0 \\ 0 & 1 & 0 & 0 & 0 & 0 & 0 & 0 \\ 0 & 0 & 1 & 0 & 0 & 0 & 0 & 0 \\ 0 & 0 & 0 & 1 & 0 & 0 & 0 & 0 \\ \hline 0 & 0 & 0 & 0 & 1 & 0 & 0 & 0 \\ 0 & 0 & 0 & 0 & 0 & 0 & 1 & 0 \\ 0 & 0 & 0 & 0 & 0 & 1 & 0 & 0 \\ 0 & 0 & 0 & 0 & 0 & 0 & 0 & 1 \end{array}\right]$$

与 **CCNOT** 门类似，弗雷德金门在线路中也会横跨 3 条导线，如图 8-9 所示。最上面的线用于控制量子比特。

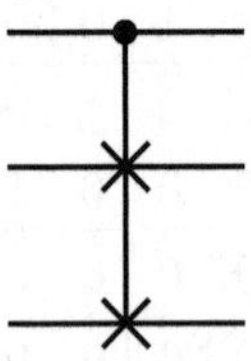

图 8-9

8.4　小结

本章介绍了标准的双量子比特和三量子比特门运算，这是对 2.4 节介绍的经典门运算的扩充。**CNOT** 门能实现量子比特的纠缠。与叠加和干涉一样，纠缠也是量子计算与经典计算的一大差别。

现在我们已经有了一套量子门，是时候将它们放入线路中并以此实现算法了。这是第 9 章要介绍的内容。

参考资料

[1] Paul R. Halmos. *Finite-Dimensional Vector Spaces*. 1st ed. Undergraduate Texts in Mathematics. Springer Publishing Company, Incorporated, 1993.

[2] W. Heisenberg. *Across the frontiers*. Ox Bow Press, 1990.

[3] S. Lang. *Algebra*. 3rd ed. Graduate Texts in Mathematics 211. Springer-Verlag, 2002.

[4] Saunders Mac Lane. *Categories for the Working Mathematician*. 2nd ed. Graduate Texts in Mathematics 5. Springer New York, 1998.

第 9 章 连接成线路

世界上到处有门径，到处有机遇，到处是绷紧的琴弦，等待着有人去拨响。

拉尔夫 • 沃尔多 • 爱默生（Ralph Waldo Emerson）

现在我们已经了解了量子比特，并学习了可应用于一个或多个量子比特的运算/操作，是时候将它们连接到一起来完成一些有用的任务了。本章将介绍如何构建量子线路以及它们的性质。在此基础上，我们还将学习一些基础算法，比如一些涉及预言机（oracle）和搜索的算法。通过这个过程，你能更好地理解量子计算编程的核心习惯用法。

非平凡的量子算法会用到量子比特纠缠，这是多量子比特之间进行协同和交互的一种优雅的方式，能帮助我们得到答案。我将量子比特之间这种脚本化的交互看作一种优雅的舞蹈，这也是本书书名的由来。

9.1 如此之多的量子比特

在实践中，硬件量子计算机会实现一套原始的、初级的核心门集合，其他的运算和操作则是用它们构建成线路来实现的。这些核心的运算和操作可能是我们在第 7 章和第 8 章见过的那些，也可能具有更古怪的模样：任何 2×2 幺正矩阵都可被视为一种单量子比特门。

实体量子计算机中实际使用的初级门取决于建造该量子计算机所用的技术。我们可以使用这些初级门构建更高级的门。举个例子，*Qiskit 开源量子计算框架*提供了大量可以选择的门，其中很多都是基于核心的量子门构建的[16]。

在硬件层面上，实验物理学家和工程师们致力于优化核心的量子门。在此之上，其他物理学家和计算机科学家则在努力创造性能最优的更高层的量子门。

在经典计算机中，机器码位于极底层并可直接指示处理器工作。机器码之上是汇编代码，其在机器码的基础上进行了一些抽象，让某些特定的常用运算变得更易执行。C 编程语言又在汇编代码之上，但仍能让你非常精细地控制内存。在 C 编程语言之上还有非常高级的语言，比如 Python、Go、Swift 等。在此层面上，对于你运行软件的硬件，你只需要了解非常少的知识，甚至可以完全不了解。

在本章中，我们在构建线路时会坚持使用常用的量子门。但要记住，这些都只是书本上的线路：当你真正写量子代码时，你需要适应实际提供给你的线路。

9.2 从门到线路

> *量子寄存器*（*quantum register*）是一组用于计算的量子比特集合。按照惯例，我们将寄存器中的量子比特编号为 $q_0, q_1, \cdots, q_n$。寄存器中所有的量子比特都会初始化到状态 $|0\rangle$。
>
> *量子线路*（*quantum circuit*）是量子寄存器中应用于一个或多个量子比特的量子门序列。

在某些算法中，我们可将量子比特按组分到一个或多个带标签的寄存器，以便更好地描述它们的作用。举个例子，分为上寄存器（upper register）和下寄存器（lower register）是很常见的做法[20, 第 2 章]。

下面来看看某些简单的示例线路，以便理解它们是如何组合到一起的以及如何称呼其中包含的组件。

9.2.1 构建线路

最简单的线路如图 9-1 所示。

图 9-1

在上述线路中，q_0 首先被初始化为 $|0\rangle$，然后我们立即执行观测。$|m_0\rangle$ 可保持观测状态，而在这里这个观测状态为 $|0\rangle$。对量子比特而言，水平方向上每次对门的使用都被称为一条*导线*（*wire*）或一条*线*（*line*）。

另一种“什么也不做”的线路是调用 **ID** 门然后执行观测，如图 9-2 所示。

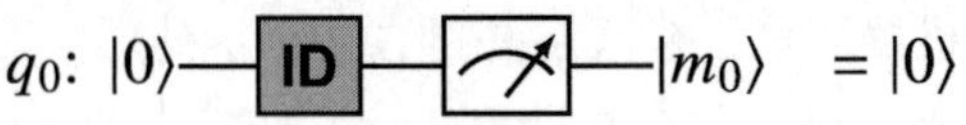

图 9-2

结果还是一样。这条导线的深度（depth）为 1：深度是门的数量，不过并不包含最后的观测部分。一个线路的深度是其所有导线的深度的最大值。当线路有多条导线时，我们通常会省略其中的 **ID** 门。因此，如果一条导线仅有 **ID** 门，你可能会看到一条光秃秃的导线。

再来看一个会改变量子比特状态的线路：使用 $\boldsymbol{X}$ 将 $|0\rangle$ 翻转为 $|1\rangle$，如图 9-3 所示。

图 9-3

该线路的宽度（width）为 1，因为其能以一种非平凡的方式处理一个量子比特。图 9-4 所示的线路操作的是一个三量子比特的量子寄存器，但其宽度还是 1。

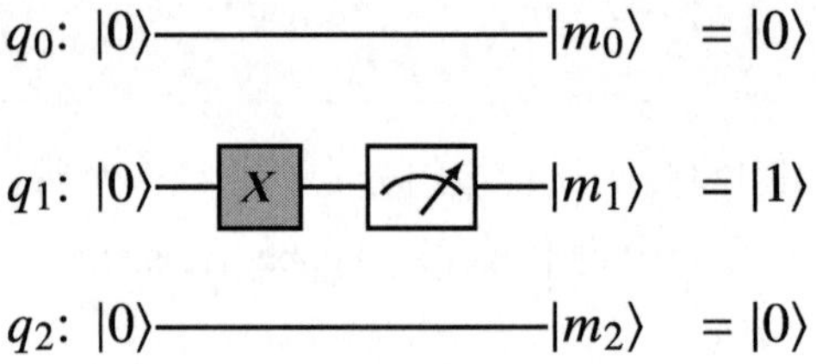

图 9-4

就算导线的末端没有给出观测符号，我们仍然假设其包含观测步骤。我个人更喜欢将其明显地标记出来。

连续两个 $\boldsymbol{X}$ 会让结果回到开始的 $|0\rangle$，如图 9-5 所示。

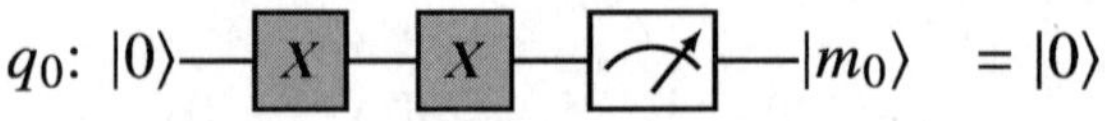

图 9-5

该线路的深度为 2。

用于经典计算的软件开发框架至少在 20 世纪 90 年代就已开始得到应用。这些框架提供了用于创建应用程序的工具和软件库。软件开发行业的从业人员已经深刻理解了软件开发的最佳实践，即为了高效地创造软件，程序开发者究竟需要什么。

Qiskit 等量子软件开发框架可能会对你的线路进行优化[16]。其中一项操作是移除不需要的门。对于图 9-5 所示的例子，由于连续两个 ***X*** 门的实际效果就和没有门的一样，因此可以将它们一并去除，如图 9-6 所示。

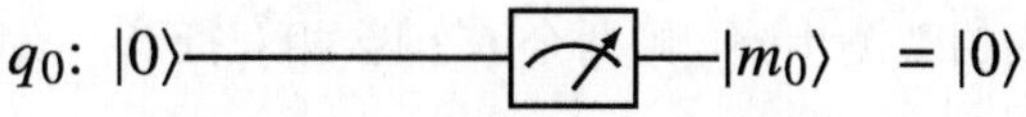

图 9-6

H 门可将量子比特设置到一个非平凡的叠加态。执行观测时，量子比特的状态会以同等概率坍缩为$|0\rangle$或$|1\rangle$，如图 9-7 所示。

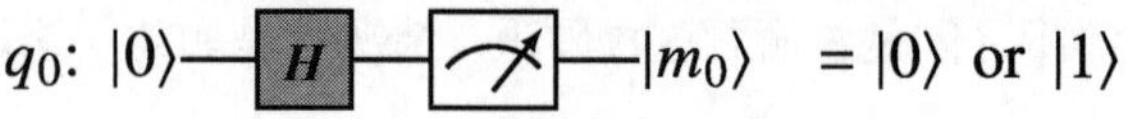

图 9-7

两个 ***H*** 门连续组合且其间不进行观测时，效果与使用一个 **ID** 门一样。因此，如果线路中有两个连续的 ***H*** 门（如图 9-8 所示），可以移除它们来实现优化。（还记得 ***H*** 的矩阵是其自身的逆矩阵吗？）

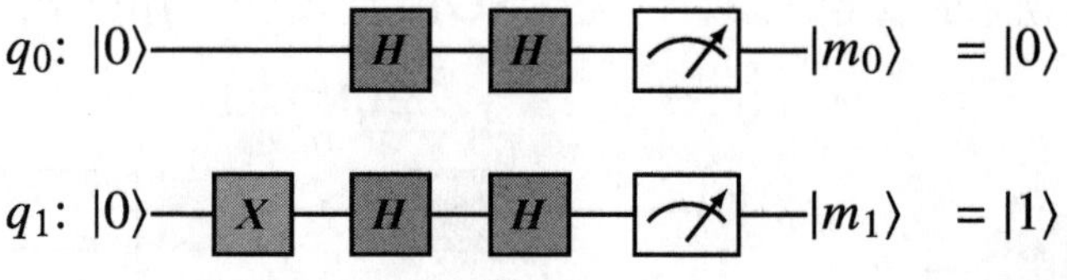

图 9-8

图 9-8 所示的线路中，第一条导线的深度为 2，第二条导线的深度为 3。该线路的深度为 3，即导线深度的最大值。接下来看图 9-9 所示的线路。

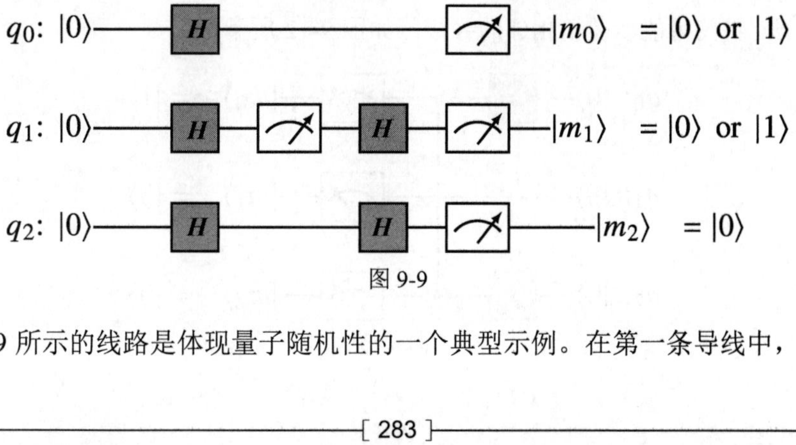

图 9-9

图 9-9 所示的线路是体现量子随机性的一个典型示例。在第一条导线中，q_0 先被调

整至叠加态，之后执行观测时，其状态会以同等概率坍缩为$|0\rangle$或$|1\rangle$。

在第二条导线中，我们首先放一个 ***H*** 门，然后进行观测，则该量子比特的状态会随机坍缩为$|0\rangle$或$|1\rangle$，且可能性各占一半。之后我们再放一个 ***H*** 门并进行观测，同样，其状态坍缩为$|0\rangle$或$|1\rangle$的可能性各为 50%。

如果我们略去中间的观测步骤，则两个 ***H*** 门会相互抵消，该量子比特会回到初始的叠加态，即结果总是为$|0\rangle$。

使用现实世界的例子来阐明上述结果时，我通常会使用掷硬币的例子——其结果只能为正面朝上或正面朝下。如果该硬币一开始正面朝上，然后你抛掷它，结果是随机地正面朝上或朝下。如果你再抛一次，只要这枚硬币是均匀的，那么它还是会以同等概率正面朝上或朝下。不管你在两次抛掷之间是否偷看这枚硬币，情况总是如此。这是经典模式。

而量子理论则声称：*如果你不偷看*，第二次抛掷之后，这枚硬币就会回到一开始的状态。这很怪异，但事实也确实如此。

CNOT 等双量子比特门会作用于一个以上的量子比特。图 9-10 所示的线路可逆转标准 **CNOT** 门的行为，使得第二个量子比特为控制量子比特。

利用图 9-10 所示的线路能实现一个**逆 CNOT** 门，如图 9-11 所示。

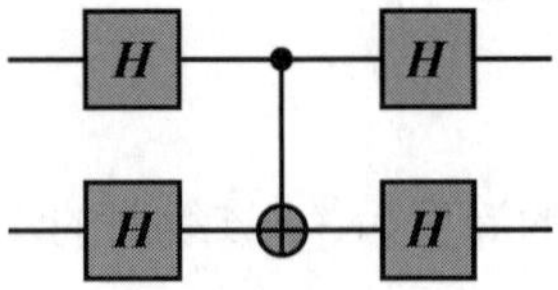

图 9-10

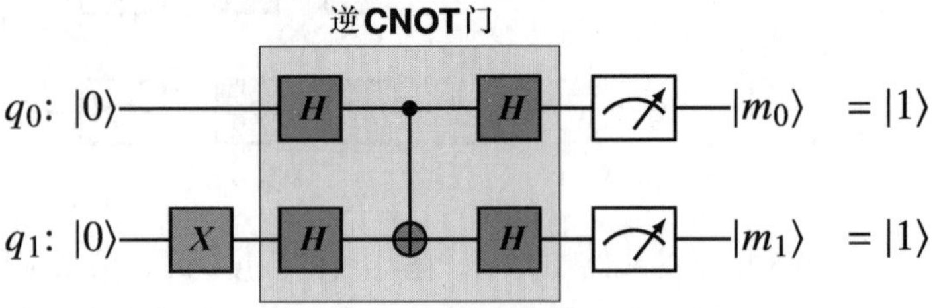

图 9-11

多量子比特门可能涉及不相邻的导线，如图 9-12 所示。

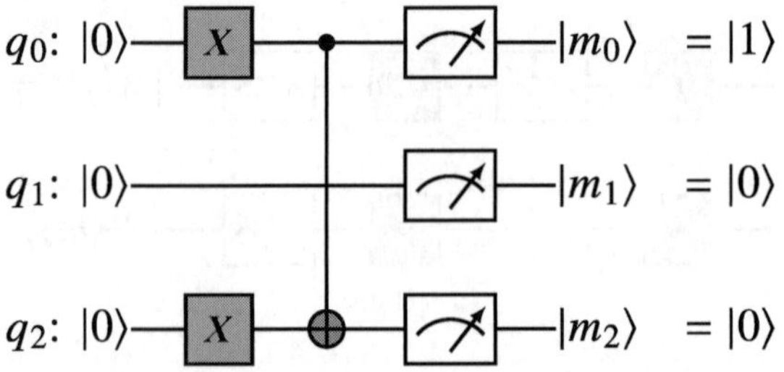

图 9-12

9.2.2 对受控门的一点说明

我在 7.3.1 小节里提到过，当我们说量子态“未改变”时，实际意思可以是“乘一个绝对值为 1 的复数值”。

CNOT 门实际上就是受控 $\boldsymbol{X}$（controlled-**X**，**CX**）门，如图 9-13 所示。

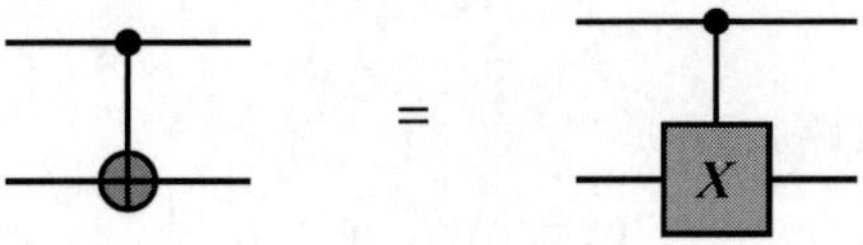

图 9-13

其矩阵为：

$$\left[\begin{array}{cc|cc} 1 & 0 & 0 & 0 \\ 0 & 1 & 0 & 0 \\ \hline 0 & 0 & 0 & 1 \\ 0 & 0 & 1 & 0 \end{array}\right]$$

左上角是单位矩阵，右下角是 $\boldsymbol{X}$ 矩阵。在计算基底下使用基底右矢模式时，可得：

$$\mathbf{CNOT}|00\rangle = \begin{bmatrix} 1 & 0 & 0 & 0 \\ 0 & 1 & 0 & 0 \\ 0 & 0 & 0 & 1 \\ 0 & 0 & 1 & 0 \end{bmatrix}\begin{bmatrix} 1 \\ 0 \\ 0 \\ 0 \end{bmatrix} = \begin{bmatrix} 1 \\ 0 \\ 0 \\ 0 \end{bmatrix} = |00\rangle$$

和

$$\mathbf{CNOT}|11\rangle = \begin{bmatrix} 1 & 0 & 0 & 0 \\ 0 & 1 & 0 & 0 \\ 0 & 0 & 0 & 1 \\ 0 & 0 & 1 & 0 \end{bmatrix}\begin{bmatrix} 0 \\ 0 \\ 0 \\ 1 \end{bmatrix} = \begin{bmatrix} 0 \\ 0 \\ 1 \\ 0 \end{bmatrix} = |10\rangle$$

这些结果符合我们的预期。在这两个例子中，只有当第一个量子比特的状态为 1 时，第二个量子比特的状态才会在 0 和 1 之间翻转。如果你用 $|01\rangle$ 和 $|10\rangle$ 来计算，结果也是如此。

但如果我告诉你，对于 **CZ** 门，这种规律似乎会有些差别，你会怎么想？我们原以为控制量子比特的状态不会发生任何变化！对于图 9-14 左侧的线路，上面的量子比特状态应该“保持不变”；而对于图 9-14 右侧的线路，不变的是下面的量子比特状态。但如果这两个线路是等价的，则其中将发生一些奇怪的事情。

图 9-14

对于图 9-14 左侧的线路，有：

$$|0\rangle \otimes |0\rangle \mapsto |0\rangle \otimes |0\rangle$$

$$|0\rangle \otimes |1\rangle \mapsto |0\rangle \otimes |1\rangle$$

$$|1\rangle \otimes |0\rangle \mapsto |1\rangle \otimes |0\rangle$$

$$|1\rangle \otimes |1\rangle \mapsto |1\rangle \otimes \left(-|1\rangle\right)$$

对于图 9-14 右侧的线路，则有：

$$|0\rangle \otimes |0\rangle \mapsto |0\rangle \otimes |0\rangle$$

$$|0\rangle \otimes |1\rangle \mapsto |0\rangle \otimes |1\rangle$$

$$|1\rangle \otimes |0\rangle \mapsto |1\rangle \otimes |1\rangle$$

$$|1\rangle \otimes |1\rangle \mapsto \left(-|1\rangle\right) \otimes |1\rangle$$

请看两个版本的最后一行。如果它们是等价的，就意味着：

$$|1\rangle \otimes \left(-|1\rangle\right) = \left(-|1\rangle\right) \otimes |1\rangle$$

根据张量积的双线性性质，这是正确的：倍数 –1 可以从一边移至另一边。

9.3 构建通用模块

我们在 2.4 节讨论了经典门并且说明了如何使用**与非**门创建**或**门。**与非**门是一种通用门，即我们可以用它搭建出其他所有经典逻辑门。举个例子，仅用**与非**门搭建的**或**门如图 9-15 所示。

这意味着为经典计算机开发的任何软件最终都可使用数以百万计的与非门构建出来，但这是极其低效的。速度极快的现代处理器中还有更高级的门和电路。

基础 **CNOT** 门（如图 9-16 所示）对标准右矢的作用类似于**异或**门。

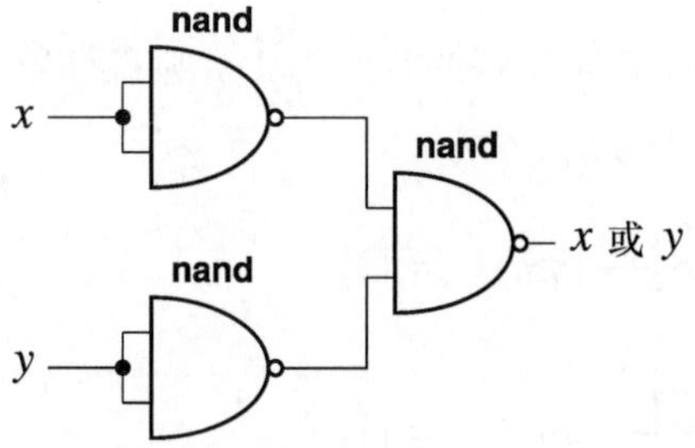

图 9-15

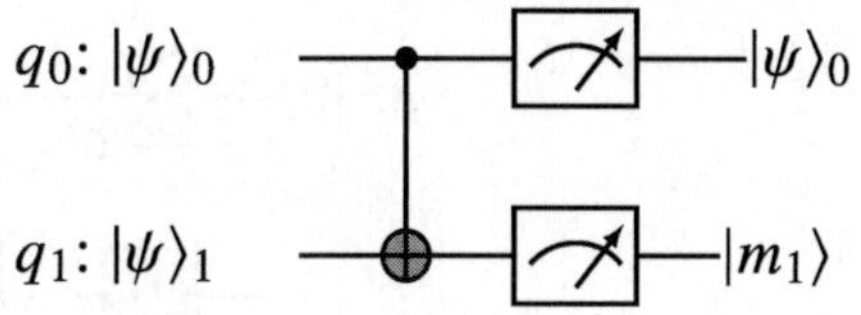

图 9-16

其会对基底右矢按如下方式映射：

$$|00\rangle \mapsto |00\rangle \quad |10\rangle \mapsto |11\rangle$$

$$|01\rangle \mapsto |01\rangle \quad |11\rangle \mapsto |10\rangle$$

异或的结果是第二个量子比特状态 $|m_1\rangle$。这不只是一个简单的逻辑运算，还实现了相加模 2。也就是说，这个标准门能执行基本算术运算“$\oplus$”。例如，有 $|1\rangle \oplus |1\rangle = |0\rangle$ 和

$$\left(a|0\rangle + b|1\rangle\right) \oplus |1\rangle = a|0\rangle \oplus |1\rangle + b|1\rangle \oplus |1\rangle = a|1\rangle + b|0\rangle$$

如果不想改变某个输入量子比特，可以将该**异或**的值放到第三个输出量子比特，即*辅助量子比特*（*ancilla qubit*），如图 9-17 所示。

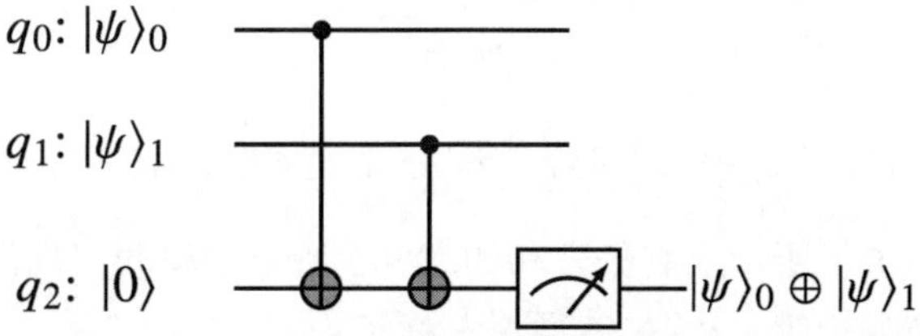

图 9-17

问题 9.3.1

假设我们有 3 个输入量子比特 q_0、q_1 和 q_2 且它们分别处于状态 $|\psi\rangle_0$、$|\psi\rangle_1$ 和 $|\psi\rangle_2$。我们希望将 $|\psi\rangle_0 \oplus |\psi\rangle_1$ 放入辅助量子比特 q_3，将 $|\psi\rangle_0 \oplus |\psi\rangle_2$ 放入辅助量子比特 q_4。请画出符合条件的线路。

9.3.1　托佛利门

托佛利门的输入有 3 个量子比特。如果前两个量子比特的状态为$|1\rangle$，则翻转第三个量子比特，否则不执行任何操作。举个例子，如图 9-18 所示。

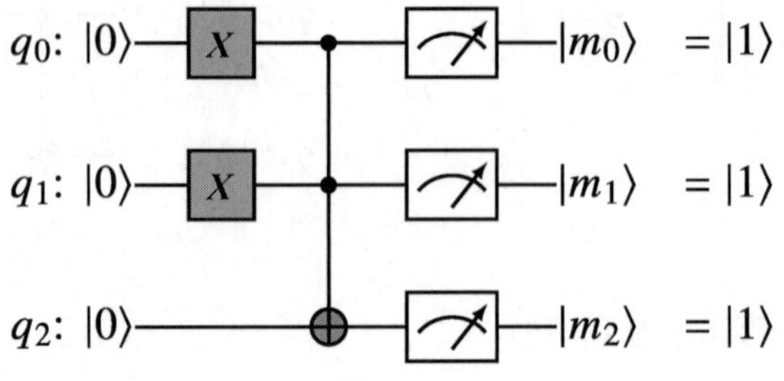

图 9-18

图 9-18 中q_0和q_1都变为状态$|1\rangle$，因此该门将第三个量子比特的状态从$|0\rangle$翻转为$|1\rangle$。来看看该门的某种特定的使用方式，如图 9-19 所示。

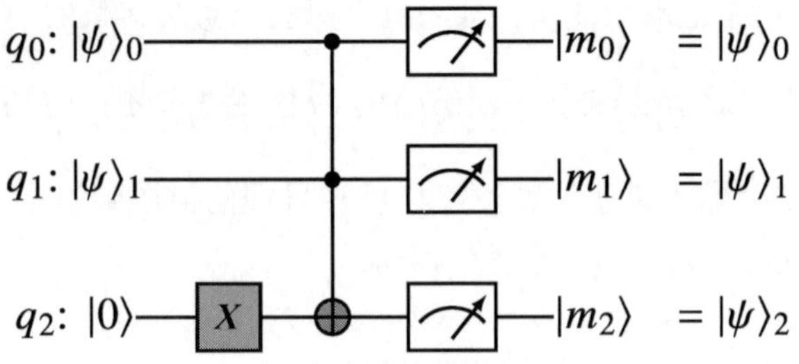

图 9-19

当$|\psi\rangle_0$和$|\psi\rangle_1$在$|0\rangle$和$|1\rangle$中取值时，$|\psi\rangle_2$的值是多少？答案如表 9-1 所示。

请对比一下如表 9-1 所示的右矢表和如表 9-2 所示的**与非**门真值表。如果将$|1\rangle$替换为“真”，将$|0\rangle$替换为“假”，它们就完全一样了。

表 9-1

$\vert\psi\rangle_0$	$\vert\psi\rangle_1$	$\vert\psi\rangle_2$
$\vert 1\rangle$	$\vert 1\rangle$	$\vert 0\rangle$
$\vert 1\rangle$	$\vert 0\rangle$	$\vert 1\rangle$
$\vert 0\rangle$	$\vert 1\rangle$	$\vert 1\rangle$
$\vert 0\rangle$	$\vert 0\rangle$	$\vert 1\rangle$

表 9-2

p	q	p 与非 q
真	真	假
真	假	真
假	真	真
假	假	真

> 托佛利门可用于创建量子版的**与非**门。由于所有经典逻辑电路都可使用**与非**门构建，因此理论上所有经典软件应用程序都能在量子计算机上运行[13] [17, 第 6 章]。

事实确实如此，但现在这样做还没什么意义，因为量子门比现代处理器中的经典运算要慢得多。另外，正如我们将在 11.1 节讨论的那样，目前使用量子比特执行计算时，持续时间很有限，这意味着只能运行少量经典代码。

正如我们将在 9.5 节看到的，利用了量子特性的某些特定算法的运算速度可以显著超越对应的经典版本。为了充分利用经典计算和量子计算的长处和各自最强大的特性，我们最终将以互补的混合方式部署经典计算机和量子计算机。

如果将第一个量子比特的状态设为$|1\rangle$，则托佛利门可化简为 **CNOT** 门，如图 9-20 所示。

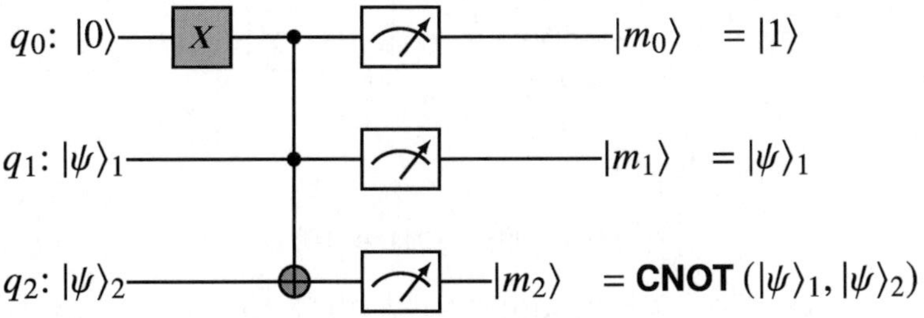

图 9-20

如果将前两个状态设为$|1\rangle$，则会得到 X 门，如图 9-21 所示。

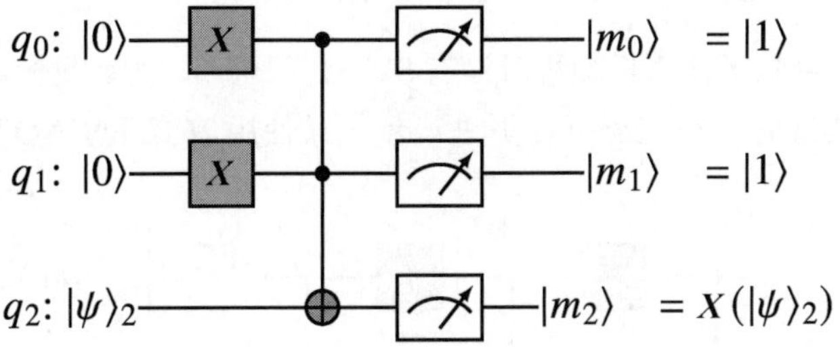

图 9-21

基础托佛利门对基底右矢$|0\rangle$和$|1\rangle$的效果类似于**与**门，如图 9-22 所示，其中的初始值为 q_0 和 q_1 的状态。

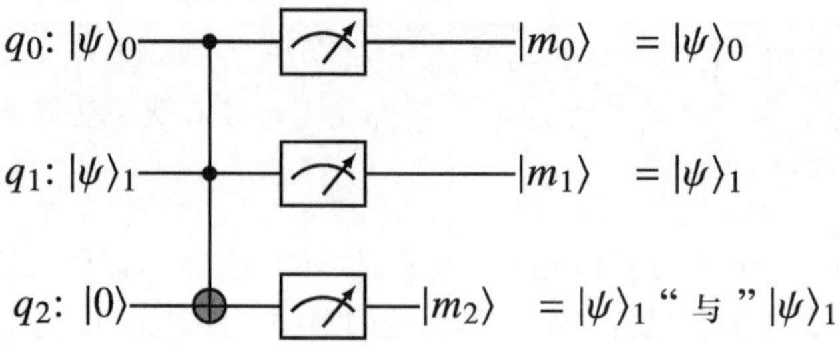

图 9-22

9.3.2　构建更复杂的线路

图 9-23 所示的线路中的 $|m_0\rangle$ 和 $|m_1\rangle$ 的值是多少？该线路有 3 个双量子比特门，依次为一个 **CNOT** 门、一个逆 **CNOT** 门和另一个 **CNOT** 门。

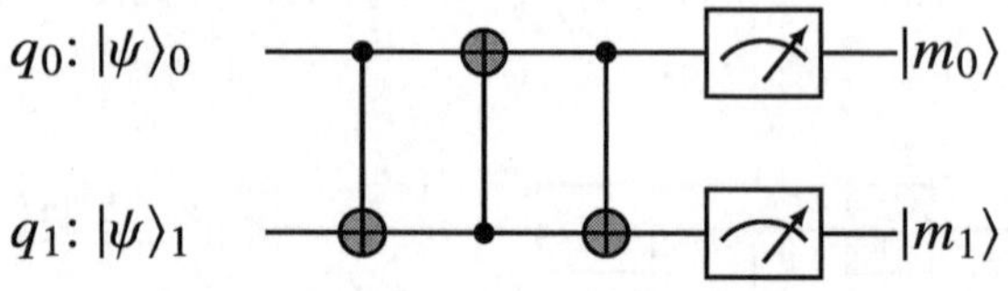

图 9-23

其对标准基底右矢的效果如下：

$$|00\rangle \mapsto |00\rangle \quad |01\rangle \mapsto |10\rangle$$
$$|10\rangle \mapsto |01\rangle \quad |11\rangle \mapsto |11\rangle$$

让我们从状态 $|01\rangle$ 开始，看看该状态经过每个门后的变化情况。经过第一个 **CNOT** 门后，该状态仍旧为 $|01\rangle$。经过逆 **CNOT** 门状态变成 $|11\rangle$。经过第二个 **CNOT** 门状态又会变为 $|10\rangle$。这个线路似乎会交换两个量子比特的状态。

如果我们为某台量子计算机编程时没有 **SWAP** 门可用，那么我们可以通过这种可复用线路的方式来实现它。我们还可以更进一步，只使用 ***H*** 门和 **CNOT** 门来实现它，如图 9-24 所示。

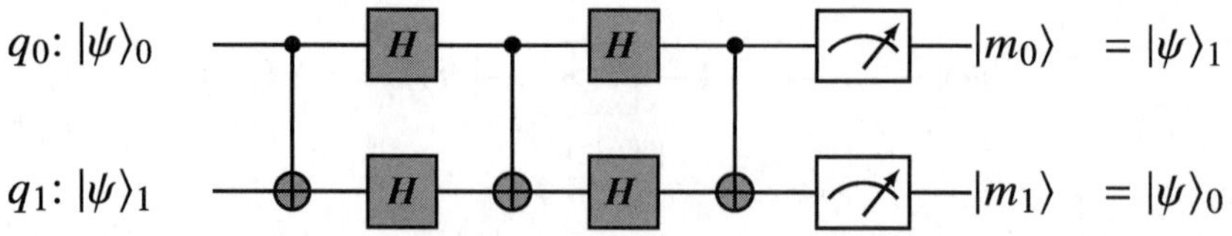

图 9-24

我希望你现在已经明白：某些门尤其适合作为其他门的构建模块。看起来，凭借我们的聪明才智，我们几乎可以做到任何事情。

问题 9.3.2

请证明图 9-25 所示的线路能基于标准基底右矢$|00\rangle$、$|01\rangle$、$|10\rangle$和$|11\rangle$创造出 4 个贝尔态：

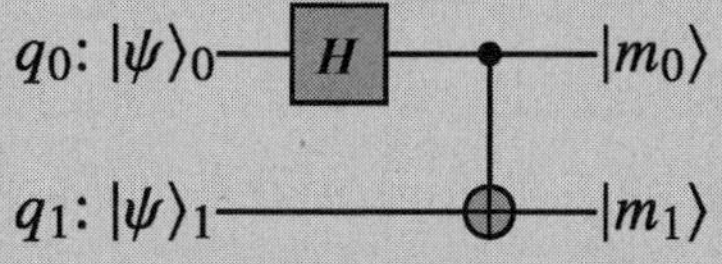

图 9-25

$$\left|\Phi^{+}\right\rangle = \frac{\sqrt{2}}{2}|00\rangle + \frac{\sqrt{2}}{2}|11\rangle \qquad \left|\Psi^{+}\right\rangle = \frac{\sqrt{2}}{2}|01\rangle + \frac{\sqrt{2}}{2}|10\rangle$$

$$\left|\Phi^{-}\right\rangle = \frac{\sqrt{2}}{2}|00\rangle - \frac{\sqrt{2}}{2}|11\rangle \qquad \left|\Psi^{-}\right\rangle = \frac{\sqrt{2}}{2}|01\rangle - \frac{\sqrt{2}}{2}|10\rangle$$

问题 9.3.3

如果你将该线路再次应用于每个贝尔态，又会得到怎样的结果？请使用线性性质来分析。这个观测示例的基底不是$|00\rangle$、$|01\rangle$、$|10\rangle$和$|11\rangle$。

在我们讨论过的所有门中，某些门比其他门更基础，尤其是 ***H*** 门和 **CNOT** 门。正如与非门是通用的经典逻辑门一样，是否存在一组可用于创建所有量子门的数量有限的量子门？

没有。我们不能通过数量有限的量子门创建出所有量子门，因为 $\boldsymbol{R}_{\varphi}^{z}$ 门的数量是无限的，这是由于φ的取值范围为 0～2π。

如果为由所有2×2复幺正矩阵构成的单量子比特门添加 **CNOT** 门，则可以得到一个通用量子门集合，但这个集合是无限的。我们甚至可以用这些量子门模块构建出所有 n 量子比特门。

这超出了本书的范围，但通过组合性地使用 **CNOT** 门、***H*** 门和 ***T*** 门，有可能在数值上达到非常近似任意量子门的效果[14, 4.5 节]。

9.3.3 复制量子比特

我们来尝试构建一个能得到某个量子比特状态的副本的线路。我们希望得到的线路如图 9-26 所示。

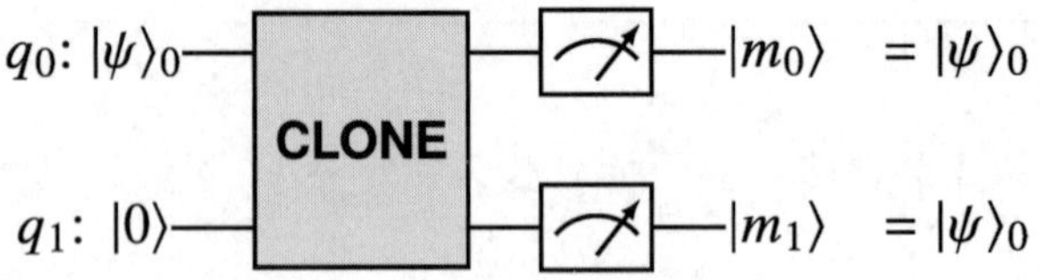

图 9-26

q_1 的初始状态无关紧要，因为它只是一个占位符，我们的目标是将其替换为 q_0 的状态。我们要寻找的量子门不能仅得到某个特定的量子比特状态的副本，而要能得到任意状态的副本。

假设这样的 **CLONE** 门确实存在，则令其在 $\mathbb{C}^2 \otimes \mathbb{C}^2$ 的标准基底右矢下所对应的幺正矩阵为 $\boldsymbol{C}$ 。按常规操作，取

$$|\psi\rangle_0 = a|0\rangle + b|1\rangle$$

复制后的结果是 $|\psi\rangle_0 \otimes |\psi\rangle_0$ ，即

$$\boldsymbol{C}\left(|\psi\rangle_0 \otimes |0\rangle\right) = |\psi\rangle_0 \otimes |\psi\rangle_0$$

它们真能相等吗？对于上式左侧，有

$$\begin{aligned}
\boldsymbol{C}\left(|\psi\rangle_0 \otimes |0\rangle\right) &= \boldsymbol{C}\left(\left(a|0\rangle + b|1\rangle\right) \otimes |0\rangle\right) \\
&= \boldsymbol{C}\left(a|0\rangle \otimes |0\rangle + b|1\rangle \otimes |0\rangle\right) \\
&= a\boldsymbol{C}\left(|0\rangle \otimes |0\rangle\right) + b\boldsymbol{C}\left(|1\rangle \otimes |0\rangle\right) \text{（根据线性性质）} \\
&= a|00\rangle + b|11\rangle \text{（根据 \textbf{CLONE} 门和 } \boldsymbol{C} \text{ 的定义）}
\end{aligned}$$

对于右侧，则有

$$\begin{aligned}
|\psi\rangle_0 \otimes |\psi\rangle_0 &= \left(a|0\rangle + b|1\rangle\right) \otimes \left(a|0\rangle + b|1\rangle\right) \\
&= a^2|00\rangle + ab|01\rangle + ab|10\rangle + b^2|11\rangle
\end{aligned}$$

对于 $\mathbb{C}$ 中任意满足 $|a|^2 + |b|^2 = 1$ 的 a 和 b ，有

$$a|00\rangle + b|11\rangle \neq a^2|00\rangle + ab|01\rangle + ab|10\rangle + b^2|11\rangle$$

因此，不存在能复制量子比特的量子态的 **CLONE** 门。这被称为*不可克隆定理*（*no-cloning theorem*），这对执行量子纠错的算法的设计以及最终创造的量子内存有非常重大的影响。

这个结果是否在你意料之外？我们可以复制经典比特的比特值，但却不可能复制量子比特的状态。根据理论可以自然地得到这个结论，但这确实是一个很大的局限性。

9.3.4 量子隐形传态

如果我不能复制量子比特的状态并将其交给你，那么是否有能让你获得该状态的技术呢（即便我的量子比特状态可能被摧毁）？答案是肯定的，这种技术名为量子隐形传态（quantum teleportation）。IBM 院士 Charles Bennett 等人在 1993 年最早提出了这项技术[2]。

“teleportation”又可译为“瞬间移动”或“瞬移”，尽管这个名称听起来像是一个科幻概念，但在量子计算中，这并不涉及去物质化和重新物质化或超光速旅行。事实上，它需要通过传统方式传输两个经典比特的信息。

该技术涉及 3 个量子比特：我的量子比特 M 、你的量子比特 Y 、我想要将其状态传输给你的量子比特 Q 。我们使用的连接和传输机制是纠缠。

我的量子比特 Q 处于某个任意量子态 $|\psi\rangle_Q = a|0\rangle + b|1\rangle$ 。传输完成后，你能获知其状态，但我再也不能访问它。

首先，我们将 M 和 Y 纠缠起来。能做到这一点的方式有无限多种，但常用的方式是使用 4 个贝尔态中的一种。我将使用 $|\Phi^+\rangle = \frac{\sqrt{2}}{2}|00\rangle + \frac{\sqrt{2}}{2}|11\rangle$ ，但你可以使用其中任意一种，只需对下面的算法和数学过程进行适当调整即可。

为了跟踪量子比特的所属者，我将稍微修改标记方式：

$$|\Phi^+\rangle_{MY} = \frac{\sqrt{2}}{2}|00\rangle_{MY} + \frac{\sqrt{2}}{2}|11\rangle_{MY}$$

下标中的第一个量子比特属于我，第二个量子比特属于你。

我们在距离很近时实现了纠缠，但现在你要坐上飞机去你想去的地方，你甚至可能想去某个环绕地球的空间站上旅行。在我们设定的场景中，这两个量子比特是互相纠缠的，而且会一直保持纠缠。

接下来，我把 Q 也混合进来：

$$|\psi\rangle_Q \otimes |\Phi^+\rangle_{MY} = \left(a|0\rangle_Q + b|1\rangle_Q\right) \otimes \left(\frac{\sqrt{2}}{2}|00\rangle_{MY} + \frac{\sqrt{2}}{2}|11\rangle_{MY}\right)$$

现在思考一下我在问题 8.2.2 中介绍的恒等式：

$$|00\rangle = \frac{\sqrt{2}}{2}\left(\left|\Phi^{+}\right\rangle + \left|\Phi^{-}\right\rangle\right) \qquad |11\rangle = \frac{\sqrt{2}}{2}\left(\left|\Phi^{+}\right\rangle - \left|\Phi^{-}\right\rangle\right)$$

$$|01\rangle = \frac{\sqrt{2}}{2}\left(\left|\Psi^{+}\right\rangle + \left|\Psi^{-}\right\rangle\right) \qquad |10\rangle = \frac{\sqrt{2}}{2}\left(\left|\Psi^{+}\right\rangle - \left|\Psi^{-}\right\rangle\right)$$

根据线性性质，我们可将上面的式子写成如下形式：

$$\begin{aligned}
&\left(a|0\rangle_{Q} + b|1\rangle_{Q}\right) \otimes \left(\frac{\sqrt{2}}{2}|00\rangle_{MY} + \frac{\sqrt{2}}{2}|11\rangle_{MY}\right) \\
&= \frac{\sqrt{2}}{2}\left(a|000\rangle_{QMY} + a|011\rangle_{QMY} + b|100\rangle_{QMY} + b|111\rangle_{QMY}\right) \\
&= \frac{\sqrt{2}}{2}\left(a|00\rangle_{QM} \otimes |0\rangle_{Y} + a|01\rangle_{QM} \otimes |1\rangle_{Y} + b|10\rangle_{QM} \otimes |0\rangle_{Y} + b|11\rangle_{QM} \otimes |1\rangle_{Y}\right) \\
&= \frac{\sqrt{2}}{2}\Bigg(a\frac{\sqrt{2}}{2}\left(\left|\Phi^{+}\right\rangle_{QM} + \left|\Phi^{-}\right\rangle_{QM}\right) \otimes |0\rangle_{Y} + a\frac{\sqrt{2}}{2}\left(\left|\Psi^{+}\right\rangle_{QM} + \left|\Psi^{-}\right\rangle_{QM}\right) \otimes |1\rangle_{Y} + \\
&\quad b\frac{\sqrt{2}}{2}\left(\left|\Psi^{+}\right\rangle_{QM} - \left|\Psi^{-}\right\rangle_{QM}\right) \otimes |0\rangle_{Y} + b\frac{\sqrt{2}}{2}\left(\left|\Phi^{+}\right\rangle_{QM} - \left|\Phi^{-}\right\rangle_{QM}\right) \otimes |1\rangle_{Y}\Bigg) \\
&= \frac{1}{2}\Big(a\left(\left|\Phi^{+}\right\rangle_{QM} + \left|\Phi^{-}\right\rangle_{QM}\right) \otimes |0\rangle_{Y} + a\left(\left|\Psi^{+}\right\rangle_{QM} + \left|\Psi^{-}\right\rangle_{QM}\right) \otimes |1\rangle_{Y} + \\
&\quad b\left(\left|\Psi^{+}\right\rangle_{QM} - \left|\Psi^{-}\right\rangle_{QM}\right) \otimes |0\rangle_{Y} + b\left(\left|\Phi^{+}\right\rangle_{QM} - \left|\Phi^{-}\right\rangle_{QM}\right) \otimes |1\rangle_{Y}\Big) \\
&= \frac{1}{2}\Big(\left(\left|\Phi^{+}\right\rangle_{QM} + \left|\Phi^{-}\right\rangle_{QM}\right) \otimes a|0\rangle_{Y} + \left(\left|\Psi^{+}\right\rangle_{QM} + \left|\Psi^{-}\right\rangle_{QM}\right) \otimes a|1\rangle_{Y} + \\
&\quad \left(\left|\Psi^{+}\right\rangle_{QM} - \left|\Psi^{-}\right\rangle_{QM}\right) \otimes b|0\rangle_{Y} + \left(\left|\Phi^{+}\right\rangle_{QM} - \left|\Phi^{-}\right\rangle_{QM}\right) \otimes b|1\rangle_{Y}\Big) \\
&= \frac{1}{2}\Big(\left|\Phi^{+}\right\rangle_{QM} \otimes a|0\rangle_{Y} + \left|\Phi^{-}\right\rangle_{QM} \otimes a|0\rangle_{Y} + \left|\Psi^{+}\right\rangle_{QM} \otimes a|1\rangle_{Y} + \left|\Psi^{-}\right\rangle_{QM} \otimes a|1\rangle_{Y} + \\
&\quad \left|\Psi^{+}\right\rangle_{QM} \otimes b|0\rangle_{Y} - \left|\Psi^{-}\right\rangle_{QM} \otimes b|0\rangle_{Y} + \left|\Phi^{+}\right\rangle_{QM} \otimes b|1\rangle_{Y} - \left|\Phi^{-}\right\rangle_{QM} \otimes b|1\rangle_{Y}\Big) \\
&= \frac{1}{2}\Big(\left|\Phi^{+}\right\rangle_{QM} \otimes \left(a|0\rangle_{Y} + b|1\rangle_{Y}\right) + \left|\Phi^{-}\right\rangle_{QM} \otimes \left(a|0\rangle_{Y} - b|1\rangle_{Y}\right) + \left|\Psi^{+}\right\rangle_{QM} \otimes \big(b|0\rangle_{Y} + \\
&\quad a|1\rangle_{Y}\big) + \left|\Psi^{-}\right\rangle_{QM} \otimes \left(-b|0\rangle_{Y} + a|1\rangle_{Y}\right)\Big)
\end{aligned}$$

请注意最后一个表达式的系数与符号。

上式中操作了太多右矢！请注意看发生了什么：一开始在我拥有的 Q 的状态中的 a 和 b 现在转移到了你拥有的 Y 的状态上。除了让这些量子比特纠缠之外，我们没有进行任何形式的观测，只是重写了其右矢和张量公式。

现在我来进行观测。我执行观测的基底不是 $|00\rangle$、$|01\rangle$、$|10\rangle$ 和 $|11\rangle$，而是 $|\Phi^+\rangle$、$|\Phi^-\rangle$、$|\Psi^+\rangle$ 和 $|\Psi^-\rangle$。观测之后，我将得到以下表达式中的一个：

$$\left|\Phi^+\right\rangle_{QM} \otimes \left(a|0\rangle_Y + b|1\rangle_Y\right) \qquad \left|\Phi^-\right\rangle_{QM} \otimes \left(a|0\rangle_Y - b|1\rangle_Y\right)$$

$$\left|\Psi^+\right\rangle_{QM} \otimes \left(b|0\rangle_Y + a|1\rangle_Y\right) \qquad \left|\Psi^-\right\rangle_{QM} \otimes \left(-b|0\rangle_Y + a|1\rangle_Y\right)$$

得到其中任何一个表达式的概率都为 0.25，而通过观察 Q 和 M，**我能知道我的结果是其中哪一个**！除非纠缠被打破，否则我的观测不会影响 Y。Q 原本的量子态被摧毁了。

现在我给你打电话（或发短信、发电子邮件、写信），告诉你我观察到了哪个基向量。这个信息可用两个比特表示，而且是通过经典通信信道发送的。

问题 9.3.4

你可以通过调转问题 9.3.2 中线路的方向来得到这些比特：对 QM 使用一个 **CNOT** 门后再对 Q 使用一个 $\boldsymbol{H}$ 门。$\left|\Phi^+\right\rangle_{QM}$、$\left|\Phi^-\right\rangle_{QM}$、$\left|\Psi^+\right\rangle_{QM}$ 和 $\left|\Psi^-\right\rangle_{QM}$ 各自对应的双比特串是什么？

如果我看见的是 $\left|\Phi^+\right\rangle_{QM}$，则 Q 的量子态已成功传输到 Y，你无须做任何事。

如果我看见的是 $\left|\Phi^-\right\rangle_{QM}$，则 Y 的量子态中 b 的符号是错的。你可以使用一个 $\boldsymbol{Z}$ 门来执行相位翻转，使得 Y 的状态与 Q 的原状态一样。

如果我看见的是 $\left|\Psi^+\right\rangle_{QM}$，则 Y 的量子态中 a 与 b 相反。你可以使用一个 $\boldsymbol{X}$ 门来执行比特翻转，使得 Y 的状态与 Q 的原状态一样。

如果我看见的是 $\left|\Psi^-\right\rangle_{QM}$，则 Y 的量子态中 a 与 b 相反且符号错误。你可以先使用一个 $\boldsymbol{X}$ 门再使用一个 $\boldsymbol{Z}$ 门。

问题 9.3.5

请使用 $|\Psi^-\rangle$ 而非 $|\Phi^+\rangle$ 来进行数学推导并分析观测后的情况。

> **问题 9.3.6**
>
> 请根据上面描述的内容创建用于量子隐形传态的线路。

> 在量子计算的相关文献中，常用的案例说明不会使用“我”和“你”、M 和 Y，而会使用“爱丽丝”（Alice）和“鲍勃”（Bob）、A 和 B。我这样使用是为了显得更像是亲身经历，以便你更好地领会其中的思想。

9.4　算术

我们在 2.5 节了解了使用逻辑门来执行二进制加法的基本思想。现在我们再次利用这一思想，学习如何用量子门来执行算术运算。和大多数这样的算法一样，有许多论文研究了如何使用量子傅里叶变换（将在 10.1 节介绍）等方法来优化线路。

我将通过一种简单、直接的方式将经典方法与量子方法联系起来。我们使用的门会很简单，而且我们会用量子比特替代经典比特。也就是说，我们不会使用 0 和 1，而会使用 $|0\rangle$ 和 $|1\rangle$。我们将输入量子比特的数据称为 $|x\rangle$ 和 $|y\rangle$ 且它们在任意时间都各自处于 $|0\rangle$ 或 $|1\rangle$ 状态。实际上，我们可以模仿在经典情况下的做法。

如果我们不考虑进位输入和进位输出量子比特，则线路将如图 9-27 所示。

其中 ⊕ 实现了相加模 2。这被实现为一个行为与**异或**门类似的 **CNOT** 门。我们使用 q_1 来存储其输出以及 $|y\rangle$ 输入。

为了纳入进位输出状态 $|c_{\text{out}}\rangle$，我们可使用一个托佛利门，并使用第三个量子比特 q_2 来存储其值，如图 9-28 所示。

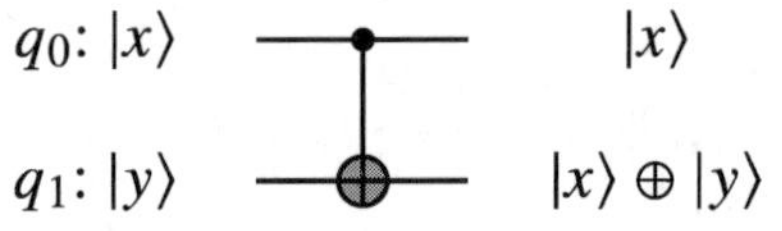

图 9-27

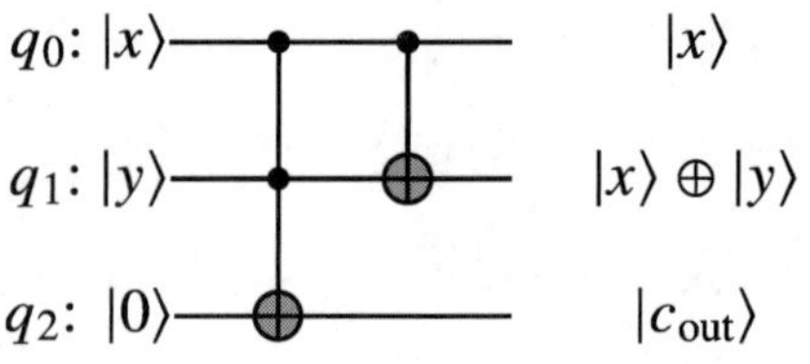

图 9-28

> **问题 9.4.1**
>
> 我们为何将托佛利门放在 **CNOT** 门之前？它们可以交换顺序吗？

最后还剩下进位输入状态$|c_{\text{in}}\rangle$没有考虑。我们将其放入另一个量子比特并稍微调整一下该线路，如图 9-29 所示。

请注意最后一个托佛利门操作的量子比特中的前两个并不相邻。

我们的输入保存在量子比特q_0、q_1、q_2中，输出则保存在量子比特q_2和q_3中，这被称为**CARRY**门（进位门）。我们无须表示出其中每个单独的运算，只需将其写成一个子例程（subroutine）门，如图 9-30 所示。

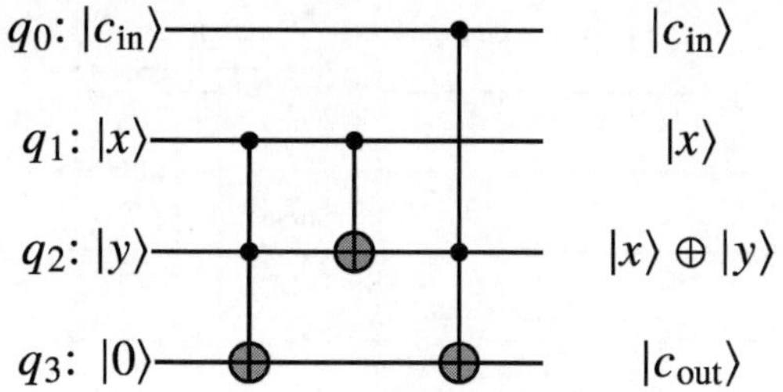

图 9-29

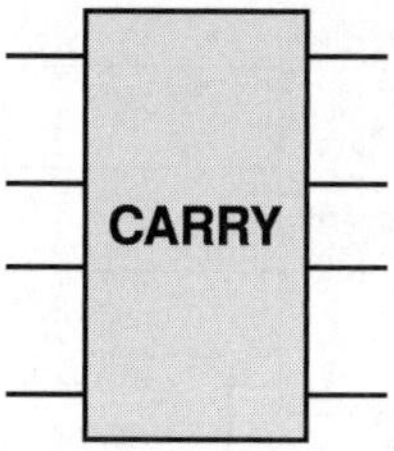

图 9-30

因为**CARRY**门是一个量子门，所以它是可逆的。我们将反向运行**CARRY**门所得的线路子例程称为**CARRY**$^{-1}$门，如图 9-31 所示。

对于通用的量子门，我们并不总会指定任意特定的量子比特为$|0\rangle$或$|1\rangle$。

对于我们所需的最后一个量子门子例程**SUM**，情况也是如此。其将前两个量子比特的状态作为输入，然后将结果加到第三个量子比特原有的状态上，如图 9-32 所示。其中不涉及任何进位量子比特。

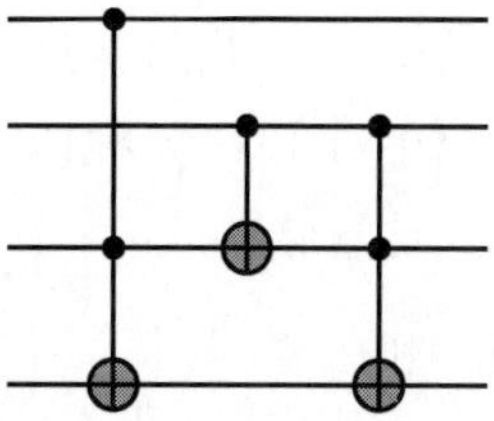
图 9-31

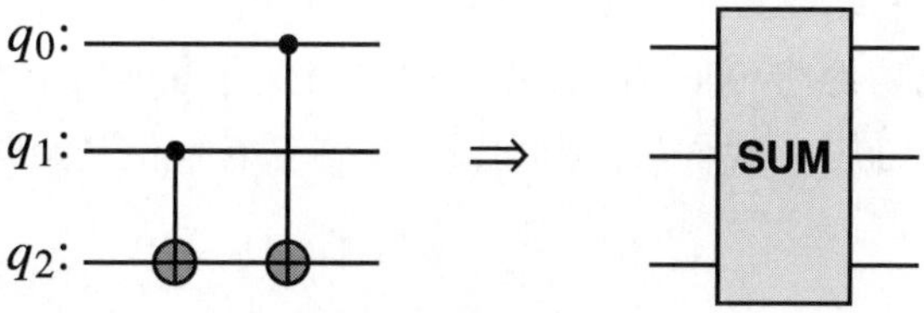

图 9-32

在这一背景下，将不同部件组合起来，我们可以创造出一个能对两个各由 3 个比特构成的二进制数执行加法运算的线路。我们将第一个数表示为$x=\overline{x_2x_1x_0}$，将第二个数表示为$y=\overline{y_2y_1y_0}$[①]。加上进位，结果会有 4 个比特。举个例子，x和y可能分别为$x=011_2$

① 在诸如此类的表达式中，上线的形式表示连写的变量间不是相乘关系，不表示共轭。——编者注

和 $y=101_2$。我们需要重点注意算法中比特或量子比特的顺序，因为我们很容易误用相反的方向。

x_0 和 y_0 是*最低有效位*（*the least significant bit*），而 x_2 和 y_2 则是*最高有效位*（*the most significant bit*）。可以类比一下，对于十进制实数 247，2 是最高有效位，7 是最低有效位。

在图 9-33 所示的线路中，我用带数字的虚线标记了各个步骤。从最低有效量子比特到最高有效量子比特，求和结果分别保存在 q_2、q_5、q_8 和 q_9 中。

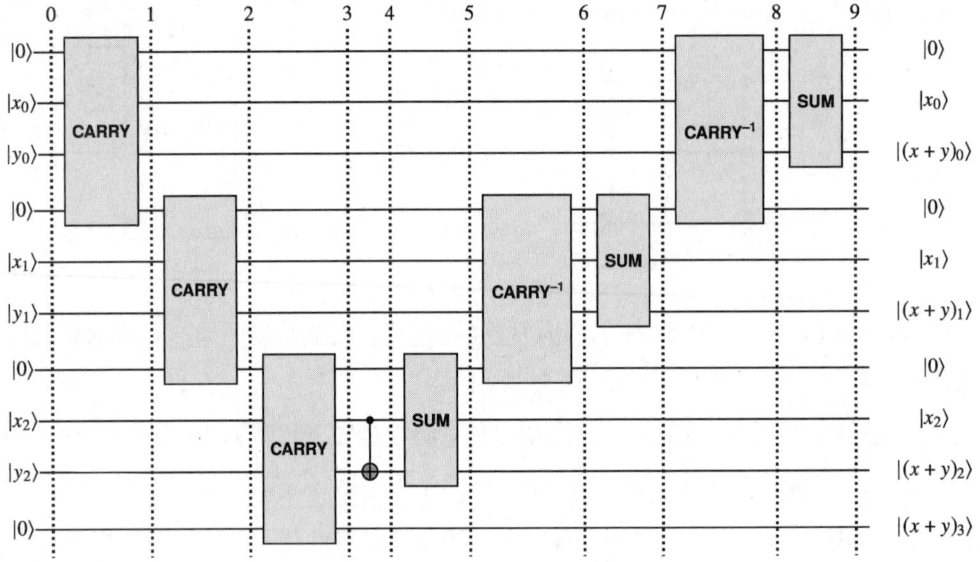

图 9-33　三量子比特加法器线路

如果 **CARRY**、**CARRY**$^{-1}$ 和 **SUM** 的输入为 $|0\rangle$，则会输出 $|0\rangle$。因此图 9-33 所示的线路成功地将 $|000\rangle$ 和 $|000\rangle$ 相加并得到了 $|000\rangle$。现在来试试 $1+1$。在这种情况下，$x=y=|001\rangle$。我们从最上面输入的最低有效位开始向下计算。这意味着：

$$q_0=|0\rangle \quad q_1=|1\rangle \quad q_2=|1\rangle \quad q_3=|0\rangle \quad q_4=|0\rangle$$

$$q_5=|0\rangle \quad q_6=|0\rangle \quad q_7=|0\rangle \quad q_8=|0\rangle \quad q_9=|0\rangle$$

现在进入线路中，从左向右跟踪各个量子比特状态的演变。表 9-3 中最上面一行标示为步骤，第一列则标示了各个量子比特。该表中大部分元素都是给定数值的步骤前对应量子比特的量子态的值。

可以预期，在结果中，q_1 和 q_5 为 $|1\rangle$，其他都为 $|0\rangle$。

表 9-3

量子比特	步骤									
	0	1	2	3	4	5	6	7	8	9
q_0	$\|0\rangle$	$\|0\rangle$	$\|0\rangle$	$\|0\rangle$	$\|0\rangle$	$\|0\rangle$	$\|0\rangle$	$\|0\rangle$	$\|0\rangle$	$\|0\rangle$
q_1	$\|1\rangle$	$\|1\rangle$	$\|1\rangle$	$\|1\rangle$	$\|1\rangle$	$\|1\rangle$	$\|1\rangle$	$\|1\rangle$	$\|1\rangle$	$\|1\rangle$
q_2	$\|1\rangle$	$\|0\rangle$	$\|0\rangle$	$\|0\rangle$	$\|0\rangle$	$\|0\rangle$	$\|0\rangle$	$\|0\rangle$	$\|1\rangle$	$\|0\rangle$
q_3	$\|0\rangle$	$\|1\rangle$	$\|1\rangle$	$\|1\rangle$	$\|1\rangle$	$\|1\rangle$	$\|1\rangle$	$\|1\rangle$	$\|0\rangle$	$\|0\rangle$
q_4	$\|0\rangle$	$\|0\rangle$	$\|0\rangle$	$\|0\rangle$	$\|0\rangle$	$\|0\rangle$	$\|0\rangle$	$\|0\rangle$	$\|0\rangle$	$\|0\rangle$
q_5	$\|0\rangle$	$\|0\rangle$	$\|0\rangle$	$\|0\rangle$	$\|0\rangle$	$\|0\rangle$	$\|0\rangle$	$\|1\rangle$	$\|1\rangle$	$\|1\rangle$
q_6	$\|0\rangle$	$\|0\rangle$	$\|0\rangle$	$\|0\rangle$	$\|0\rangle$	$\|0\rangle$	$\|0\rangle$	$\|0\rangle$	$\|0\rangle$	$\|0\rangle$
q_7	$\|0\rangle$	$\|0\rangle$	$\|0\rangle$	$\|0\rangle$	$\|0\rangle$	$\|0\rangle$	$\|0\rangle$	$\|0\rangle$	$\|0\rangle$	$\|0\rangle$
q_8	$\|0\rangle$	$\|0\rangle$	$\|0\rangle$	$\|0\rangle$	$\|0\rangle$	$\|0\rangle$	$\|0\rangle$	$\|0\rangle$	$\|0\rangle$	$\|0\rangle$
q_9	$\|0\rangle$	$\|0\rangle$	$\|0\rangle$	$\|0\rangle$	$\|0\rangle$	$\|0\rangle$	$\|0\rangle$	$\|0\rangle$	$\|0\rangle$	$\|0\rangle$

求和成功！现在我们再来求 $x=111_2$ 与 $y=101_2$ 的和。答案应为 1100_2。量子比特输入为：

$$q_0=|0\rangle \quad q_1=|1\rangle \quad q_2=|1\rangle \quad q_3=|0\rangle \quad q_4=|1\rangle$$
$$q_5=|0\rangle \quad q_6=|0\rangle \quad q_7=|1\rangle \quad q_8=|1\rangle \quad q_9=|0\rangle$$

经过加法器线路的处理后，我们预期的输出是：

$$q_0=|0\rangle \quad q_1=|1\rangle \quad q_2=|0\rangle \quad q_3=|0\rangle \quad q_4=|1\rangle$$
$$q_5=|0\rangle \quad q_6=|0\rangle \quad q_7=|1\rangle \quad q_8=|1\rangle \quad q_9=|1\rangle$$

其演变过程如表 9-4 所示。

表 9-4

量子比特	步骤									
	0	1	2	3	4	5	6	7	8	9
q_0	$\|0\rangle$	$\|0\rangle$	$\|0\rangle$	$\|0\rangle$	$\|0\rangle$	$\|0\rangle$	$\|0\rangle$	$\|0\rangle$	$\|0\rangle$	$\|0\rangle$
q_1	$\|1\rangle$	$\|1\rangle$	$\|1\rangle$	$\|1\rangle$	$\|1\rangle$	$\|1\rangle$	$\|1\rangle$	$\|1\rangle$	$\|1\rangle$	$\|1\rangle$
q_2	$\|1\rangle$	$\|0\rangle$	$\|0\rangle$	$\|0\rangle$	$\|0\rangle$	$\|0\rangle$	$\|0\rangle$	$\|0\rangle$	$\|1\rangle$	$\|0\rangle$
q_3	$\|0\rangle$	$\|1\rangle$	$\|1\rangle$	$\|1\rangle$	$\|1\rangle$	$\|1\rangle$	$\|1\rangle$	$\|1\rangle$	$\|0\rangle$	$\|0\rangle$

续表

量子比特	步骤									
	0	1	2	3	4	5	6	7	8	9
q_4	$\|1\rangle$	$\|1\rangle$	$\|1\rangle$	$\|1\rangle$	$\|1\rangle$	$\|1\rangle$	$\|1\rangle$	$\|1\rangle$	$\|1\rangle$	$\|1\rangle$
q_5	$\|0\rangle$	$\|0\rangle$	$\|1\rangle$	$\|1\rangle$	$\|1\rangle$	$\|1\rangle$	$\|0\rangle$	$\|0\rangle$	$\|0\rangle$	$\|0\rangle$
q_6	$\|0\rangle$	$\|0\rangle$	$\|1\rangle$	$\|1\rangle$	$\|1\rangle$	$\|1\rangle$	$\|0\rangle$	$\|0\rangle$	$\|0\rangle$	$\|0\rangle$
q_7	$\|1\rangle$	$\|1\rangle$	$\|1\rangle$	$\|1\rangle$	$\|1\rangle$	$\|1\rangle$	$\|1\rangle$	$\|1\rangle$	$\|1\rangle$	$\|1\rangle$
q_8	$\|1\rangle$	$\|1\rangle$	$\|1\rangle$	$\|1\rangle$	$\|1\rangle$	$\|1\rangle$	$\|1\rangle$	$\|1\rangle$	$\|1\rangle$	$\|1\rangle$
q_9	$\|0\rangle$	$\|0\rangle$	$\|0\rangle$	$\|1\rangle$	$\|1\rangle$	$\|1\rangle$	$\|1\rangle$	$\|1\rangle$	$\|1\rangle$	$\|1\rangle$

答案依然正确。

在图 9-33 所示的线路中实现该运算时，相比于看似所需的算法，实际情况可能会稍微复杂一点儿，因为我们需要在完成计算后将进位量子比特 q_0、q_3 和 q_6 重置为各自的初始值。世上并不存在能将量子比特的状态设置为绝对的 $|0\rangle$ 或 $|1\rangle$ 的可逆门运算。因此，要重置为初始值，我们必须反向执行导致现状的各个步骤。将它们设定为已知的初始值能让我们之后有需要时重新使用这些量子比特。

要使用图 9-33 所示的线路对各由 3 个量子比特表示的两个数求和，我们需要使用 10 个量子比特。一般而言，以这种方式执行加法时，如果要对 n 个数求和，我们需要使用 $\left[3(n+1)+1\right]$ 个量子比特。利用类似的方法也有可能将其他经典算术算法转译成量子版本。当求各由 n 个比特或量子比特表示的两个数之和时，所需量子比特的数量为 $O(n)$。

为了将这两个各由 n 个比特/量子比特表示的数加到一起，我们需要 n 个 **CARRY** 门、n 个 **SUM** 门、$(n-1)$ 个 **CARRY**$^{-1}$ 门和 1 个 **CNOT** 门。因为所包含的门的数量是固定的，所以这说明我们需要 $O(n)$ 个门。

问题 9.4.2

请统计 **CARRY**、**CARRY**$^{-1}$ 和 **SUM** 线路子例程中的步骤总数，三量子比特加法器线路的深度是多少？n 量子比特加法器线路的深度又是多少？

正如本节一开始就提到的那样，研究者已经为算术运算开发出了更加高效的量子算法。但是，相比于如今用于算术运算的量子算法，经典处理器执行这些算术运算的速度要快得多。一般来说，只有当更大型的量子算法的中间过程需要这类算术运算时，才有必要在量子计算系统上执行它们。

问题 9.4.3

如果反向运行一个可逆的加法线路，会得到怎样的效果？会得到一个减法线路！请检查上面的全加器线路，并确定在计算 $x-y$ 时你该将输入 x 和 y 的比特或量子比特放到反向线路的什么位置。这是一个全减器线路吗？其对 x 和 y 是否有限制条件？

如果不是将 $x=111_2$ 与 $y=101_2$ 相加，而是根据基本的整数乘法将它们相乘呢？我们会得到：

$$
\begin{array}{rcccccc}
 & & & & 1 & 1 & 1 \\
 & & & \times & 1 & 0 & 1 \\
\hline
 & & & & 1 & 1 & 1 \\
+ & & & 0 & 0 & 0 & \\
+ & 1 & 1 & 1 & & & \\
\hline
 & 1 & 0 & 0 & 0 & 1 & 1
\end{array}
$$

对于 3 个量子比特中的每一个，可得到 3 个部分和（partial sum），然后将它们加起来。逐个量子比特执行的乘法可用托佛利门完成。

问题 9.4.4

针对各由 3 个量子比特表示的两个数的乘法，请写出一个可逆线路，使之可得到用于该运算的 3 个部分和。

更一般而言，为了得到 n 个部分和，需要 $O(n)$ 个门。然后再执行 $(n-1)$ 次加法。

计算各由 n 个比特或量子比特表示的两个数的乘法需要 $O(n^2)$ 个门。

接下来是幂运算。给定一个整数 x，假设你想要计算 x^9。你可以为此执行 8 次乘法：

$$xxxxxxxxx$$

你也可以换算得到 $x\left(\left(x^2\right)^2\right)^2$。这种只需要执行 4 次乘法。

（1）令 $a_1 = xx$。

（2）令 $a_2 = a_1a_1$。

（3）令 $a_3 = a_2a_2$。

（4）令 $a_4 = a_3x$。

则 $x^9 = a_4$。这项技术名为*重复平方*（*repeated squaring*）。请注意 $9 = 1001_2$。

对于 $x^{15} = x\left(x^7\right)^2 = x\left(xx^6\right)^2 = x\left(x\left(x^3\right)^2\right)^2 = x\left(x\left(xxx\right)^2\right)^2$，我们需要执行 6 次乘法，而 $15 = 1111_2$。对于 $x^{32} = \left(\left(\left(\left(\left(xx\right)^2\right)^2\right)^2\right)^2\right)^2$，我们需要执行 5 次乘法，而 $32 = 100000_2$。

一般而言，如果我们需要 n 个比特来表示指数 b，则可通过不多于 $2n$ 次乘法来计算出 x^b。也就是说，幂运算在乘法次数上的复杂度为 $O(n)$。

> 如果 b 的二进制形式为 $\overline{b_{n-1}b_{n-2}\cdots b_1 b_0}$ 且 b_0 为最低有效位，则
>
> $$x^b = x^{b_{n-1}2^{n-1}} x^{b_{n-2}2^{n-2}} \cdots x^{b_1 2^1} x^{b_0 2^0}$$

举个例子，如果 $b = 13 = 1101_2$，则

$$x^{13} = x^{1\times 2^3} x^{1\times 2^2} x^{0\times 2^1} x^{1\times 2^0}$$

> 把一个 n 个比特或量子比特构成的数变为一个含有 n 个比特或量子比特数的指数，所需的门数为 $O(n)O(n)O(n) = O\left(n^3\right)$。

模算术可使用商和余数通过减法或除法来完成。举个例子，

$$17 \bmod 11 \equiv (17 - 11) \bmod 11 \equiv 6 \bmod 11$$

另一种方法是计算 $17 \div 11 = 1$ *余* 6。其中的 1 称为“*商*”。

Python 中的 divmod()函数可返回输入的两个数的(商,余数)对。

> **了解更多**
>
> 你学过的执行算术运算的方式对计算机而言并不总是最高效的[6, 第 9 章]。但这些运算方式确实是一个很好的起点，能帮助你思考如何为量子计算系统实现和修改运算[10] [15, 2.4 节]。在此基础上，你可以继续探究如何使用量子门和线路来优化它们[8] [9]。

9.5　欢迎来到德尔斐

在古希腊，德尔斐的先知（the Oracle at Delphi）是阿波罗神庙的大祭司，负责在适

当条件下和天气温暖时下达预言。其他女祭司承担的职责则没那么复杂，她们有时会为呈递给她们的问题给出“是”或“否”的答案。

我们将介绍的量子计算的“先知”（oracle）[①]更接近第二种情况。预言机是一种函数——其会根据所提供的数据给出 1 或 0 的响应结果，其中 1 表示“是”，0 表示“否”。我们使用的预言机无法回答任意问题，它们是为响应特定的查询而构建的。对于使用这些预言机的算法，有两个需要注意的重点。

（1）预言机的实现必须尽可能地快速和高效。

（2）为了尽可能地降低算法的复杂度，我们希望调用预言机的次数尽可能少。

预言机往往是一个*黑箱*，也就是说我们理解其行为，但不知道它是如何得到结果的。其能回答 1、是、真，或 0、否、假的功能也说明它可作为预测器。

由于所有数据最终都可用比特表示，因此我们可以将预言机函数的输入表示成由 0 和 1 构成的比特串。如果我们按传统方式将该函数记为 f，则可将其表示成：

$$f:\{0,1\}^n \to \{0,1\}$$

这相当于非常简要地表示如下称述。

假设我们有 n 个由 0 和 1 构成的比特串。举个例子，当 $n=8$ 时，$s=10110010$。当我们将 f 应用于 s 时，如果满足该预言机的条件，则我们会得到 1，否则会得到 0。

将 1 看作真，将 0 看作假，也许能帮助你更好地理解。

我们在 2.1 节介绍过使用 7 个比特表示的 ASCII 字符集。我们来定义一个示例 f：

$$f(x)=f\left(\overline{x_0x_1x_2x_3x_4x_5x_6}\right)=\begin{cases}1, & \overline{x_0x_1x_2x_3x_4x_5x_6}=1000010=\text{'B'}\\0, & \text{其他情况}\end{cases}$$

其中每个 x_i 要么为 0，要么为 1，则 $f(1101010)=0$，但 $f(1000010)=1$。

问题 9.5.1

你能构想一个有关 f 的哈姆雷特式笑话[②]吗？

① “先知”和后文介绍的“预言机”的英文都是“oracle”。——译者注

② 哈姆雷特式笑话（Hamlet joke）是指化用莎士比亚戏剧《哈姆雷特》中的经典桥段和台词而产生的笑话，比如我们可以通过化用经典台词“生存还是毁灭，这是个问题”而得到一个有关 f 的笑话。——译者注

尽管上面的测试利用的是很简单的相等性，但我并未说明我们该如何实现它。举个例子，假设

$$f(x)=\begin{cases}1, & x=1\\0, & \text{其他情况}\end{cases}$$

然后我将其传递给用 0 和 1 编码的数学表达式 $\sin^2(z)+\cos^2(z)$。预言机要给出正确答案，就必须能理解三角函数。

对于量子计算，我们可通过右矢来调用预言机。

$$f(|\psi\rangle)=\begin{cases}|1\rangle, & |\psi\rangle=|1000010\rangle=|66\rangle_7\\|0\rangle, & \text{其他情况}\end{cases}$$

我们感兴趣的主要是预言机在标准基底右矢上的行为。

再来看另一个预言机：

$$f\left(\left|\overline{x_0x_1x_2x_3x_4x_5x_6x_7}\right\rangle\right)=\begin{cases}|1\rangle, & \left(\overline{x_0x_1x_2x_3}\right)\left(\overline{x_4x_5x_6x_7}\right)=1111_2\\|0\rangle, & \text{其他情况}\end{cases}$$

如果用输入的前后两部分编码的两个二进制数的积为 1111_2（等于十进制的 15），则该预言机会返回 $|1\rangle$。该预言机无须知道如何执行分解，但它需要知道如何执行乘法以及检测相等性。如果有许多量子比特和大量时间，我们可以使用这个预言机来寻找一个比较大的整数的因数。

在实际的量子计算中，我们需要通过某种方式将该预言机的函数封装到一个幺正矩阵的和门 $\boldsymbol{U}_f$［$\boldsymbol{U}_f$ 中的 $\boldsymbol{U}$ 代表“幺正”（unitary）］中。要做到这一点，一种方法是调整满足该预言机条件的右矢的符号。

（1）将我们正在搜索的数据编码为标准基底右矢 $|x\rangle$。举个例子，如果我们有 100 个数据项，则可使用 7 个量子比特（因为 $2^7=128$）并为每个数据元素分配一个基底右矢 $|x\rangle^7$。

（2）令我们的预言机 f 对某个特殊编码的数据 $|y\rangle$ 给出 $f(|y\rangle)=1$ 的结果，而对其他数据给出的结果都为 0。

（3）找到一个幺正（因此可逆）矩阵 $\boldsymbol{U}_f$ 使得

$$\boldsymbol{U}_f|x\rangle=\begin{cases}-|y\rangle, & |x\rangle=|y\rangle\text{（这意味着 }f(|y\rangle)=1\text{）}\\|x\rangle, & \text{其他情况}\end{cases}$$

这意味着 $\boldsymbol{U}_f$ 会翻转满足该预言机条件的右矢输入的符号，其他的右矢输入的符号则

保持不变。

我觉得，大多数描述预言机及相应幺正矩阵工作方式的数学表达式和量子表达式看起来都非常复杂，上面的也不例外。让我们通过一个简单示例来说明一下。

假设有两个量子比特，我们希望预言机在看到$|01\rangle$时返回$|1\rangle$，否则返回$|0\rangle$。令$|\psi\rangle$为标准基底右矢$|00\rangle$、$|01\rangle$、$|10\rangle$或$|11\rangle$中的某一个，则可将该预言机写为：

$$f(|\psi\rangle)=\begin{cases}|1\rangle, |\psi\rangle=|01\rangle \\ |0\rangle, |\psi\rangle=|00\rangle\text{或}|10\rangle\text{或}|11\rangle\end{cases}$$

则$\boldsymbol{U}_f$的行为模式应该为：

$$\boldsymbol{U}_f|\psi\rangle=\begin{cases}-|01\rangle, |\psi\rangle=|01\rangle \\ \quad|\psi\rangle, |\psi\rangle=|00\rangle\text{或}|10\rangle\text{或}|11\rangle\end{cases}$$

请回忆一下标准向量形式：

$$|00\rangle=\begin{bmatrix}1\\0\\0\\0\end{bmatrix}\quad|01\rangle=\begin{bmatrix}0\\1\\0\\0\end{bmatrix}\quad|10\rangle=\begin{bmatrix}0\\0\\1\\0\end{bmatrix}\quad|11\rangle=\begin{bmatrix}0\\0\\0\\1\end{bmatrix}$$

则$\boldsymbol{U}_f$的矩阵为：

$$\begin{bmatrix}1 & 0 & 0 & 0\\0 & -1 & 0 & 0\\0 & 0 & 1 & 0\\0 & 0 & 0 & 1\end{bmatrix}$$

这能满足我们的需求。

问题 9.5.2

该矩阵的行列式是多少？该矩阵是幺正矩阵吗？

根据算法和使用预言机方式的差异，我们也许能创建出不同的$\boldsymbol{U}_f$，但它仍需反映f的情况。尽管我们将$\boldsymbol{U}_f$当作矩阵，但我们会用线路形式来实现它。诀窍在于要将其构造得计算效率非常高。

9.6　概率幅放大

假设我们有 3 个量子比特，它们每一个的标准基底右矢都对应于某个问题的一个可能解。我们想要设计一个能从中选出最优解的算法。我故意没有说明问题是什么以及如何将右矢映射成数据和解，仅假设我们希望找到一个能被算法认作最优的解。

第一个问题是如何确定这个最优右矢优于其他右矢。三量子比特寄存器状态的一般形式为：

$$\sum_{j=0}^{7} a_j |j\rangle_3 = a_0|000\rangle + a_1|001\rangle + a_2|010\rangle + a_3|011\rangle + a_4|100\rangle + a_5|101\rangle + a_6|110\rangle + a_7|111\rangle$$

且有

$$1 = \sum_{j=0}^{7} |a_j|^2$$

如果将每个量子比特初始化为$|0\rangle$，然后使用$\boldsymbol{H}^{\otimes 3}$，则我们可通过改变基底得到平衡的叠加态：

$$|\varphi\rangle = \boldsymbol{H}^{\otimes 3}|000\rangle = \sum_{j=0}^{7} a_j |j\rangle = \sum_{j=0}^{7} \frac{1}{\sqrt{8}}|j\rangle = \frac{1}{\sqrt{8}}\sum_{j=0}^{7}|j\rangle$$

所有的系数都是相等的，每个绝对值的平方为$\frac{1}{8}$。如果我们现在观测这些量子比特，则观测到这 8 个基底右矢中任意一个的概率都相等。

在量子比特层面上，我们通过 $\boldsymbol{H}$ 完成了一次计算基底从$\{|0\rangle,|1\rangle\}$到$\{|+\rangle,|-\rangle\}$的改变。

通过一个名为*幅放大*（*amplitude amplification*）的过程，我们可以操作量子比特的状态，使得代表最优解的基底右矢有最大的概率$|a_j|^2$具有系数a_j。那么当我们执行观测时，就会有最高的概率观测到这个标准基底右矢。我们希望使$|a_j|^2$尽可能地大，理想情况下为 1.0。

这也是每个量子算法的最终目标：让最终的量子比特观测结果有很高的概率与最优解相对应。

在实践中，我们往往会创建一些可重复使用的线路，即*线路子例程*（*circuit subroutine*）。我们可在线路中多次调用它们。每一次调用都会增加观测到理想结果的概率，从而让我们离我们希望得到的理想结果更近一些。这也会降低观测到“坏”结果的概率。

9.6.1 翻转符号

让我来展示一下这可能推导出什么。图 9-34 中的纵轴表示概率幅。也就是说我们将系数 a_j 映射到了该轴上。通常而言，它们都是 $\mathbb{C}$ 中普通的值，但我们在这个示例中假设它们都是实数。

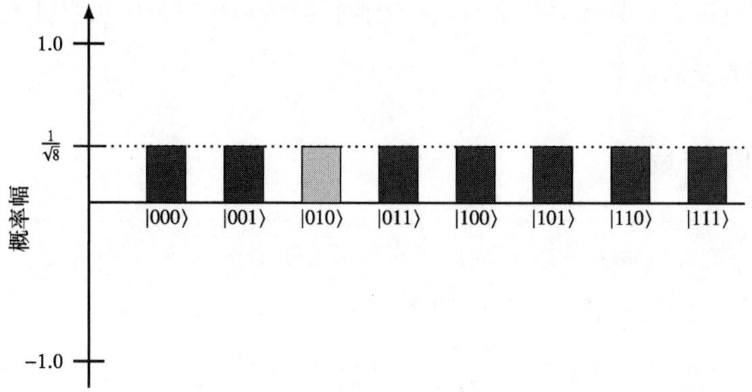

图 9-34

其中我突出展示了 $|010\rangle$ 这个右矢，我希望通过多次迭代来增大它的概率幅。它是我随机选出的，只是为了展示这个过程。虚线标记了这些概率幅的平均值。

在 9.5 节中，我们学习了如何对平衡叠加态中一个给定右矢的符号取反。现在我们对 $|010\rangle$ 执行这一操作。将一个 8×8 单位矩阵的 $(3,3)$ 元素改为 -1，得到新矩阵 $\boldsymbol{U}_{|010\rangle}$。使用该矩阵执行变换后，图 9-34 所示的概率幅情况会变为图 9-35 所示的样子。

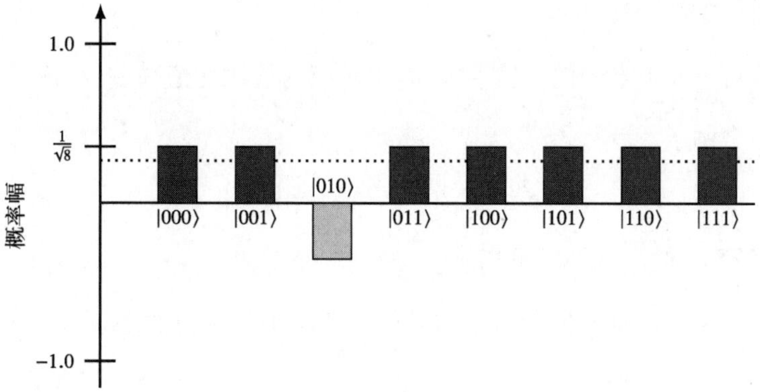

图 9-35

现在平均概率幅降低了。这些概率幅的绝对值的平方和仍然为 1。在被观测时，所有基底右矢被观测到的概率依然都相等。

问题 9.6.1

新的平均概率幅是多少？

在这个涉及 3 个量子比特的示例中，我们希望翻转一个特定计算基底右矢（第三个）的符号。一般情况下，具体对哪个基底右矢执行符号翻转完全由预言机 f 决定。

下面来看真正高明的技巧。

9.6.2　均值倒反

令 $S=\{s_j\}$ 是一个由 $\mathbb{R}$ 中的数构成的有限集合，并令 m 为这些数的平均值。如果我们创建一个包含数 $\{t_j=2m-s_j\}$ 的新集合 T，则 T 具有以下性质。

（1）T 中的数的均值依然为 m。

（2）如果 $s_j=m$，则 $t_j=s_j$。

（3）$t_j-m=m-s_j$，因此 $|t_j-m|=|s_j-m|$。

（4）如果 $s_j<m$，则 $t_j>m$；如果 $s_j>m$，则 $t_j<m$。

这被称为*均值倒反*（*inversion about the mean*）。

我们以 $S=\{1,-2,3,4\}$ 为例看看采用均值倒反后会有什么效果。其均值为 $\frac{3}{2}$，因此可得 $T=\{2,5,0,-1\}$。如图 9-36 所示。

请注意看对于 S 中唯一的负值 -2，T 中对应的值比均值高多少。

下面再举个例子，令

$$S=\{0.25,-0.25,0.25,0.25\}$$

其均值 $m=0.125$，而 $T=\{0,0.5,0,0\}$。

经过这一变换后，唯一的负值就凸显了出来，如图 9-37 所示。

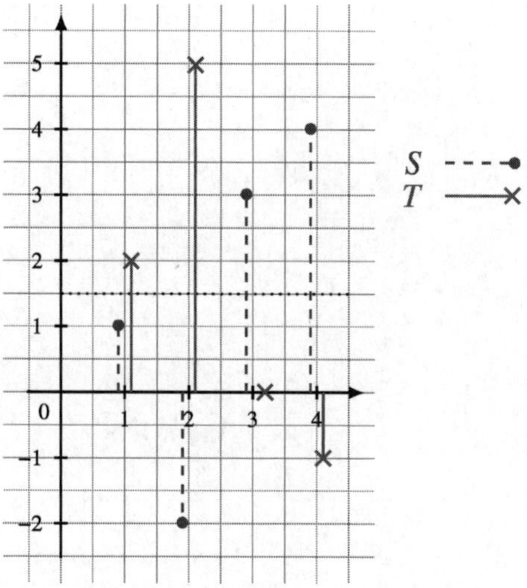

图 9-36

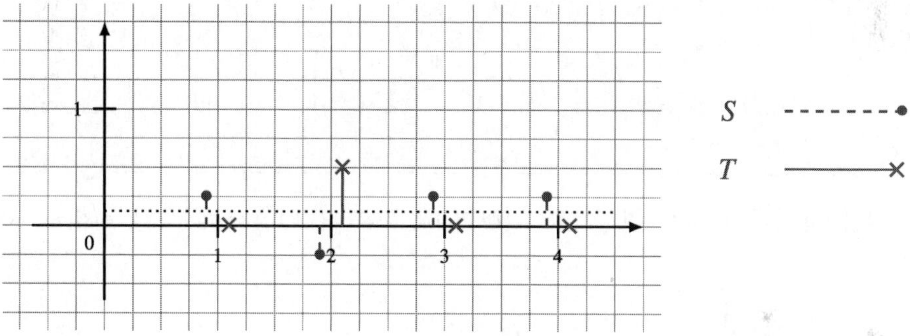

图 9-37

来看

$$U_\varphi = 2|\varphi\rangle\langle\varphi| - I_8$$

其中

$$|\varphi\rangle = \sum_{j=0}^{7} \frac{1}{\sqrt{8}} |j\rangle$$

且 I_8 是 8×8 的单位矩阵。根据我们之前的讨论，你现在应该已经熟悉这种形式了。这是一个能实现“均值倒反”的幺正矩阵，这里所说的“均值”是指平衡叠加态右矢 $|\varphi\rangle = H^{\otimes 2}|000\rangle H^{\otimes 2}$ 。

问题 9.6.2

请证明 U_φ 为:

$$\begin{bmatrix} \frac{2}{8}-1 & \frac{2}{8} & \frac{2}{8} & \frac{2}{8} & \frac{2}{8} & \frac{2}{8} & \frac{2}{8} & \frac{2}{8} \\ \frac{2}{8} & \frac{2}{8}-1 & \frac{2}{8} & \frac{2}{8} & \frac{2}{8} & \frac{2}{8} & \frac{2}{8} & \frac{2}{8} \\ \frac{2}{8} & \frac{2}{8} & \frac{2}{8}-1 & \frac{2}{8} & \frac{2}{8} & \frac{2}{8} & \frac{2}{8} & \frac{2}{8} \\ \frac{2}{8} & \frac{2}{8} & \frac{2}{8} & \frac{2}{8}-1 & \frac{2}{8} & \frac{2}{8} & \frac{2}{8} & \frac{2}{8} \\ \frac{2}{8} & \frac{2}{8} & \frac{2}{8} & \frac{2}{8} & \frac{2}{8}-1 & \frac{2}{8} & \frac{2}{8} & \frac{2}{8} \\ \frac{2}{8} & \frac{2}{8} & \frac{2}{8} & \frac{2}{8} & \frac{2}{8} & \frac{2}{8}-1 & \frac{2}{8} & \frac{2}{8} \\ \frac{2}{8} & \frac{2}{8} & \frac{2}{8} & \frac{2}{8} & \frac{2}{8} & \frac{2}{8} & \frac{2}{8}-1 & \frac{2}{8} \\ \frac{2}{8} & \frac{2}{8} & \frac{2}{8} & \frac{2}{8} & \frac{2}{8} & \frac{2}{8} & \frac{2}{8} & \frac{2}{8}-1 \end{bmatrix}$$

请简化这个矩阵并证明它是一个幺正矩阵。请从计算外积矩阵 $|\varphi\rangle\langle\varphi|$ 的前几个元素开始。

现在我们可以对前文的三量子比特示例中的概率幅执行均值倒反了，结果如图 9-38 所示。

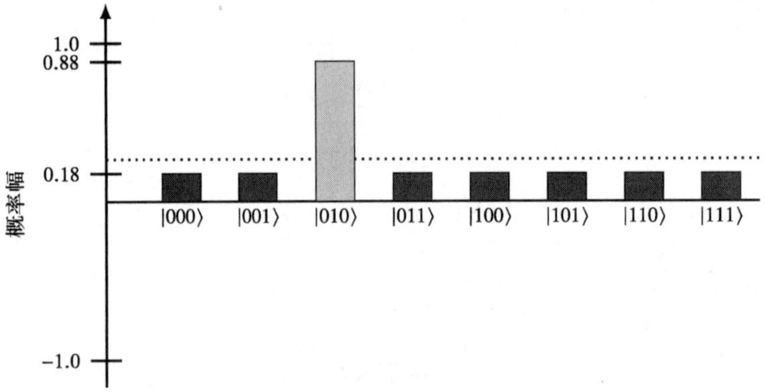

图 9-38

一般而言，对于 n 个量子比特，这种均值倒反可这样实现：

$$\boldsymbol{U}_{\varphi} = 2|\varphi\rangle\langle\varphi| - \boldsymbol{I}_{2^n}$$

其中

$$|\varphi\rangle = \boldsymbol{H}^{\otimes n}|0\rangle^{\otimes n} = \sum_{j=0}^{2^n-1}\frac{1}{\sqrt{2^n}}|j\rangle = \frac{1}{\sqrt{2^n}}\sum_{j=0}^{2^n-1}|j\rangle$$

且 $\boldsymbol{I}_{2^n}$ 是 $2^n \times 2^n$ 的单位矩阵。根据线性性质，我们可使用门符号将其改写为：

$$\boldsymbol{U}_{\varphi} = 2|\varphi\rangle\langle\varphi| - \boldsymbol{I}_{2^n} = \boldsymbol{H}^{\otimes n}\left(2|0\rangle^{\otimes n}\langle 0|^{\otimes n} - \mathbf{ID}^{\otimes n}\right)\boldsymbol{H}^{\otimes n}$$

这称为*格罗弗扩散算子*（*Grover diffusion operator*）[11] [3]。在 3 个量子比特的线路中，该算子如图 9-39 所示。

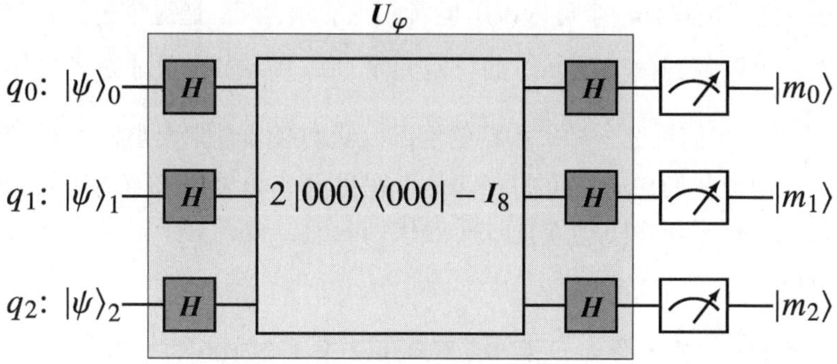

图 9-39

这可部署为可复用的线路子例程。其输入会根据其在完整线路中所处的位置而变化。

问题 9.6.3

请在使用 $\boldsymbol{U}_{|010\rangle}$ 后再使用一次 $\boldsymbol{U}_{\varphi}$ 并画出概率幅的图像。

均值倒反是使用干涉来寻找最优解的一个示例。通过操作概率幅，我们可让“好”结果更可能在观测时看到，又让“坏”结果更不易看到。也就是说，我们可通过*相长干涉*（*constructive interference*）来推升好的结果，可通过*相消干涉*（*destructive interference*）来消减坏的结果。

9.7 搜索

刚才我们看到：针对某个标准基底右矢，我们可以翻转该右矢的概率幅并将其放大。如果我们重复该过程的次数足够多，我们就很有可能以很高的概率刚好观测到这个特定右矢。

在 9.6 节中，我介绍了如何从所有右矢中选出我已经知道的右矢 $|010\rangle$。也就是说，

我发现我知道的右矢就在那里，而且我甚至事先就知道其位置。现在，将这一切都汇集到一起，描述由计算机科学家洛夫・库马尔・格罗弗（Lov Kumar Grover）发现的著名的量子搜索算法。

9.7.1　格罗弗搜索算法

我们不再使用可翻转给定右矢的概率幅符号的神奇门矩阵 $\boldsymbol{U}_{|010\rangle}$，而使用与预言机 f 相关的矩阵 $\boldsymbol{U}_f$。

本质上讲，也就是我有一个可以调用但看不见的预言机。通过创建 $\boldsymbol{U}_f$，然后将 $\boldsymbol{U}_f\boldsymbol{U}_\varphi$ 重复足够多次，可以找到使 f 返回 1 的特定元素。那么，多少次才是"足够多次"？

在 2.8.2 小节，我们见过一种更糟糕的情况：我们必须看完大小为 N 的非结构化集合中的每一项才能知道我们想要定位的东西是否在里面。如果加入随机访问和预排序，则我们可以通过二分搜索在 $O\left(\log(N)\right)$ 时间内找到它的位置。对于非结构化数据，格罗弗搜索算法可以极大缩短所需时间。

举个具体的例子，假设你对我说"我想到了一个 1 到 100 的数"，然后向我提供了一个用于识别这个数的预言机 f，则我可以通过迭代大约 10（即$\sqrt{100}$）次 $\boldsymbol{U}_f\boldsymbol{U}_\varphi$ 来找到你想的那个数。如果使用经典方法，则可能需要调用该预言机 99 次。

问题 9.7.1

为什么是 99 次而不是 100 次？

复杂度从 $O(N)$ 降到了 $O\left(\sqrt{N}\right)$，这里 $N=100$。这是一种二次级的性能提升。当 N 很小时，增益看起来并不多，但如果 N 从 100 变成 10000，增益就很显著了。

图 9-40 所示为执行格罗弗搜索算法的线路。

我们甚至还能计算得更加精确：为了最大化得到你所搜索的目标的概率，需要大约 $\frac{\pi}{4}\sqrt{N}\approx 0.7854\sqrt{N}$ 次迭代。

使用格罗弗搜索算法的步骤如下。

（1）确定你想要搜索的数据。令 N 为数据项的总数。

（2）在 $\mathbb{Z}$ 中找到使得 $N\leqslant 2^n$ 成立的最小正数 n。该搜索算法需要 n 个量子比特。

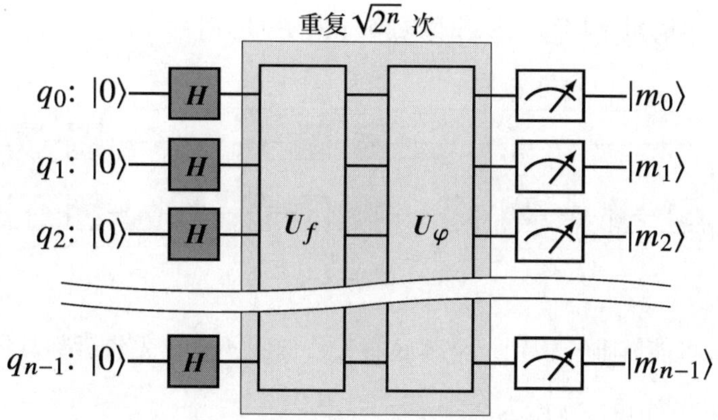

图 9-40 格罗弗搜索算法线路

（3）想办法将要搜索的数据项一对一地映射成 $|j\rangle_n$ 形式的基底右矢，其中 $j<N$。这意味着我们可以轻松地由数据对象得到基底右矢、由基底右矢得到数据对象。

（4）构建一个预言机 f 和能翻转你所搜目标的符号的量子门（或矩阵）$\boldsymbol{U}_f$。你事先并不知道该目标的基底右矢，不然你就可以直接将其从数据库中提取出来了。

（5）运行 $\boldsymbol{U}_f\boldsymbol{U}_\varphi$ 线路 $\sqrt{N}$ 次，然后执行舍入。

（6）观测并读取对应于所寻找的数据项的右矢。将其映射到数据集合中的数据项上。

（7）如果该答案不正确，则重复以上过程。出错的概率为 $O\left(\frac{1}{N}\right)$。

这种预言机的某些实现需要 $(n+1)$ 个量子比特。

前文讨论的预言机只会对一个输入返回 1，但某些预言机会对多个可能的输入返回 1。在这种情况下，格罗弗搜索算法仍然可以使用，而且能以更快的速度找到其中一项：如果有 t 个可能的匹配项，则迭代的次数为 $O\left(\sqrt{\frac{N}{t}}\right)$。更确切地说，该次数接近

$$\frac{\pi}{4}\sqrt{\frac{N}{t}}$$

9.7.2 使用该预言机

正如存在不同的线路能以或高或低的效率做同一件事，我们也可使用不同的方法来编写格罗弗搜索线路的代码。图 9-41 所示的是 IBM Q Experience 团队设计的一个显式搜

索方法，不过这里的量子比特是以相反的顺序展示的[18]。

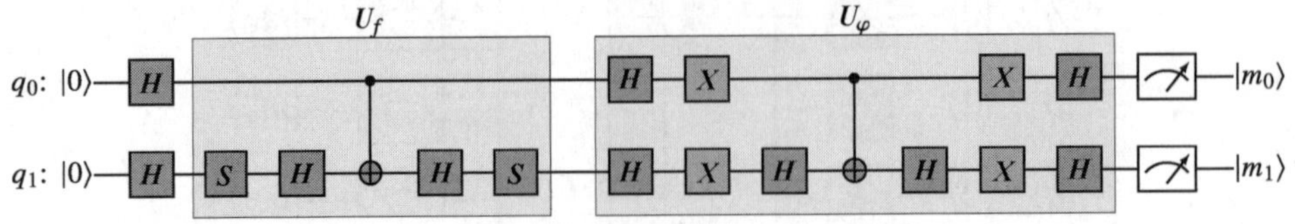

图 9-41

尽管该预言机能够唯一识别一个基底右矢，但我不会事先告诉你具体是哪一个。

该线路的深度为 13，宽度为 2。

在现实生活中，要从 4 个对象中找到目标，你肯定不会用这么麻烦的方法。尽管如此，利用这种方法还是能够展现更大规模案例的许多方面的特质。

1．线路第 1 部分：平衡的叠加态（图 9-42）

在将两个量子比特初始化为$|0\rangle$后，我们将整个量子寄存器置于平衡叠加态。

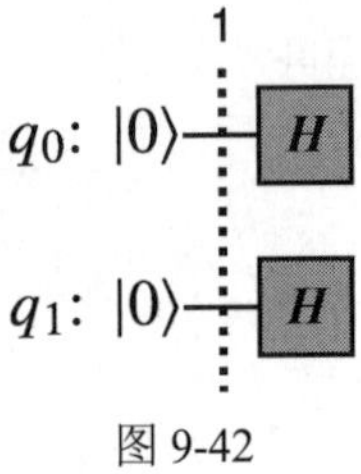

图 9-42

竖直虚线仅用于标记线路中的步骤，不会对计算产生任何影响。各个步骤位于虚线的右侧，从左向右从 1 开始编号，每一步内部还有门步骤。

该量子寄存器在步骤 1 后的状态如表 9-5 所示。

表 9-5

步骤	状态
1	$\frac{1}{2}(\lvert 00\rangle+\lvert 01\rangle+\lvert 10\rangle+\lvert 11\rangle)$

2．线路第 2 部分：U_f（图 9-43）

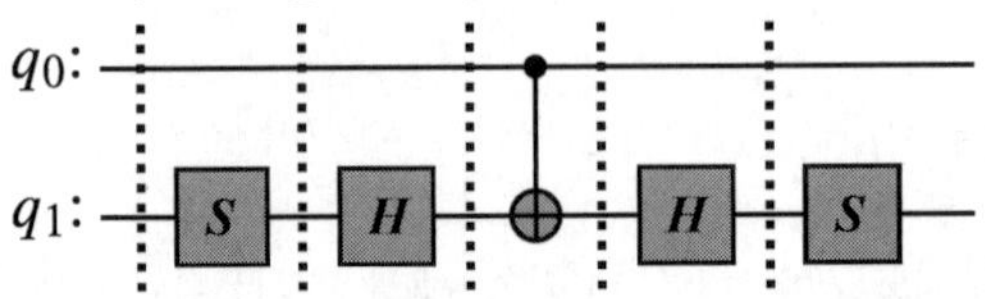

图 9-43

该量子寄存器在每一步后的状态如表 9-6 所示。

表 9-6

步骤	状态
1	$\frac{1}{2}(\|00\rangle+\mathrm{i}\|01\rangle+\|10\rangle+\mathrm{i}\|11\rangle)$
2	$\frac{\sqrt{2}}{4}((1+\mathrm{i})\|00\rangle+(1-\mathrm{i})\|01\rangle+(1+\mathrm{i})\|10\rangle+(1-\mathrm{i})\|11\rangle)$
3	$\frac{\sqrt{2}}{4}((1+\mathrm{i})\|00\rangle+(1-\mathrm{i})\|01\rangle+(1-\mathrm{i})\|10\rangle+(1+\mathrm{i})\|11\rangle)$
4	$\frac{1}{2}(\|00\rangle+\mathrm{i}\|01\rangle+\|10\rangle+\mathrm{i}\|11\rangle)$
5	$\frac{1}{2}(\|00\rangle-\|01\rangle+\|10\rangle+\|11\rangle)$

3．线路第 3 部分：U_{φ}（图 9-44）

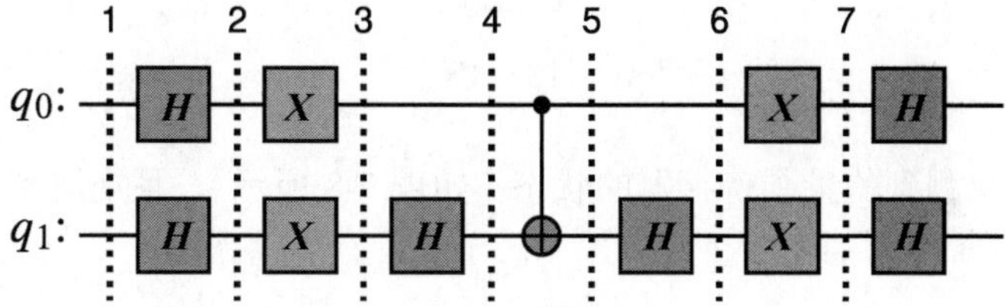

图 9-44

该量子寄存器在每一步后的状态如表 9-7 所示。

表 9-7

步骤	状态
1	$\frac{1}{2}(\|00\rangle+\|01\rangle-\|10\rangle+\|11\rangle)$
2	$\frac{1}{2}(\|00\rangle-\|01\rangle+\|10\rangle+\|11\rangle)$
3	$\frac{\sqrt{2}}{2}(\|01\rangle+\|10\rangle)$

续表

步骤	状态
4	$\frac{\sqrt{2}}{2}(\lvert 01\rangle + \lvert 11\rangle)$
5	$\frac{1}{2}(\lvert 00\rangle - \lvert 01\rangle + \lvert 10\rangle - \lvert 11\rangle)$
6	$\frac{1}{2}(-\lvert 00\rangle + \lvert 01\rangle - \lvert 10\rangle + \lvert 11\rangle)$
7	$-\lvert 01\rangle$

4．线路第 4 部分：观测（图 9-45）

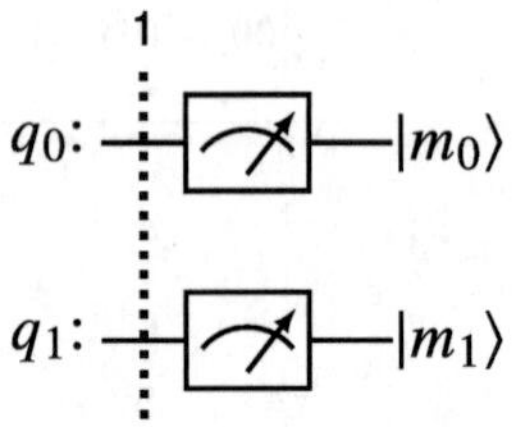

图 9-45

最后一步，观测到的量子寄存器的状态（如表 9-8 所示），且观测到这一状态的概率为 100%，$\lvert 01\rangle$ 就是答案。

表 9-8

步骤	状态
1	$-\lvert 01\rangle$

得到如此高的百分比是很罕见的情况，但对于两个量子比特的情况，该算法在一次迭代后总会出现这样的结果。

9.7.3　理解该预言机

图 9-46 所示的线路实现了该预言机并为平衡叠加态中的$\lvert 01\rangle$ 执行了符号翻转。这是如何做到的？又为什么能做到？

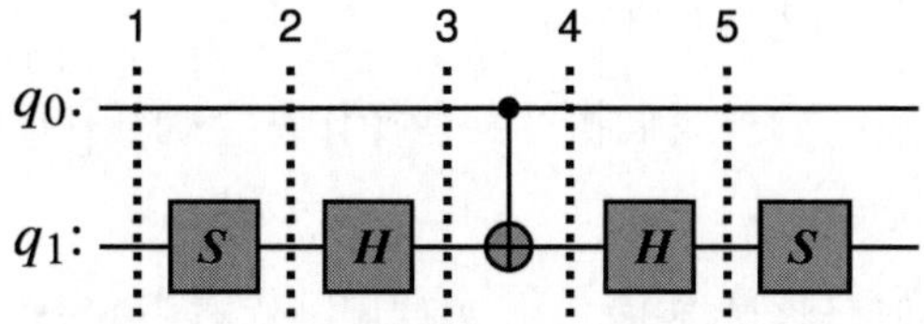

图 9-46

让我们从内部剖析一下，看看图 9-47 所示的线路会对标准基底右矢产生什么效果。

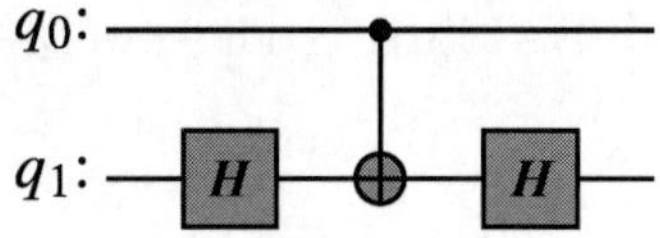

图 9-47

当 q_0 的状态为 $|0\rangle$ 时，**CNOT** 什么也不做，q_1 保持不变，两个 ***H*** 门互相抵消，因此 $|00\rangle$ 和 $|01\rangle$ 都保持不变。

当 q_0 的状态为 $|1\rangle$ 时，**CNOT** 将 q_1 的状态在 $|0\rangle$ 和 $|1\rangle$ 之间翻转。第一个 ***H*** 门会进行以下转换

$$|0\rangle \mapsto \frac{\sqrt{2}}{2}|0\rangle + \frac{\sqrt{2}}{2}|1\rangle = |+\rangle \text{ 和 } |1\rangle \mapsto \frac{\sqrt{2}}{2}|0\rangle + \frac{\sqrt{2}}{2}|1\rangle = |-\rangle$$

CNOT 门会将 $|00\rangle$ 和 $|01\rangle$ 互换，得到

$$\frac{\sqrt{2}}{2}|0\rangle + \frac{\sqrt{2}}{2}|1\rangle = |+\rangle \text{ 和 } -\frac{\sqrt{2}}{2}|0\rangle + \frac{\sqrt{2}}{2}|1\rangle = -|-\rangle$$

第二个 ***H*** 门会撤销叠加，得到

$$|0\rangle \text{ 和 } -|1\rangle$$

综合起来，可得

$$|00\rangle \mapsto |00\rangle \quad |10\rangle \mapsto |10\rangle$$

$$|01\rangle \mapsto |01\rangle \quad |11\rangle \mapsto -|11\rangle$$

> 当只想翻转 $|11\rangle$ 的符号时，这就是一种很好的惯用方法。如果我们希望让预言机识别 $|11\rangle$，那么这就是我们会为 $|11\rangle$ 使用的 $\boldsymbol{U}_f$ 子线路。

我们还没有找到$|01\rangle$，但手里却有了另一个$\boldsymbol{U}_f$！

到目前为止我们知道：如果我们执行某些操作，会翻转$|11\rangle$的符号，再次执行这些操作，则会翻转$|01\rangle$的符号。

$\boldsymbol{S}$门不会影响$|0\rangle$，但会将$|1\rangle$变成$\mathrm{i}|1\rangle$。再使用一次该门则会得到状态$\mathrm{ii}|1\rangle$（即$-|1\rangle$）。使用两次$\boldsymbol{S}$门的效果就等同于使用一次$\boldsymbol{Z}$门。在第二个量子比特上使用$\boldsymbol{S}$门会得到：

$$|00\rangle \mapsto |00\rangle \quad |10\rangle \mapsto |10\rangle$$

$$|01\rangle \mapsto \mathrm{i}|01\rangle \quad |11\rangle \mapsto \mathrm{i}|11\rangle$$

现在对$|11\rangle$进行符号翻转：

$$|00\rangle \mapsto |00\rangle \quad |10\rangle \mapsto |10\rangle$$

$$|01\rangle \mapsto \mathrm{i}|01\rangle \quad |11\rangle \mapsto -\mathrm{i}|11\rangle$$

再使用一次$\boldsymbol{S}$门：

$$|00\rangle \mapsto |00\rangle \quad |10\rangle \mapsto |10\rangle$$

$$|01\rangle \mapsto \mathrm{ii}|01\rangle \quad |11\rangle \mapsto -\mathrm{ii}|11\rangle$$

即：

$$|00\rangle \mapsto |00\rangle \quad |10\rangle \mapsto |10\rangle$$

$$|01\rangle \mapsto -|01\rangle \quad |11\rangle \mapsto |11\rangle$$

这样就能得到我们想要的结果！复数真是好用。

问题 9.7.2

请构建一个用于翻转$|10\rangle$的符号的子线路。

问题 9.7.3

请构建一个用于翻转$|00\rangle$的符号的子线路。

通过学习和设计惯用流程、实现子线路，然后复用它们来完成任务，你可以构建出算法的线路。你应该学会寻找对称性，并问自己为什么会有这种对称性，以及它具有什么作用。

了解更多

格罗弗搜索算法具有多种不同的扩展方式。假设我们有 N 个数据项，而我们的预言机的目标不再是找出其中某一个特定的项，而是要以某种方式找出其中 K 项，但我们事先不知道 K 是多少。给定格罗弗搜索算法，我们预期可通过使预言机执行大约 $O\left(\frac{\sqrt{N}}{K}\right)$ 次查询来找到 K，这基本是正确的，差距最多为 ε。这个 ε 既出现在与 K 的近似程度中，也出现在 $O()$ 表达式中。

对此最早的证明出现在 1998 年，该证明使用了量子傅里叶变换，我们将在 10.1 节学习这个概念[4]。2019 年，一项更近期的证明则没用到量子傅里叶变换[1]。这两项技术都涉及概率幅放大。

9.7.4 数据问题

量子计算机并不适合大数据。当数据量很大时，我们无法在载入操作耗尽物理量子比特的相干时间之前快速输入大量数据。

使用格罗弗搜索算法时，只要预言机能正确识别我们所需的目标，就不必预先载入所有数据。

我们如何构建预言机？如果数据很复杂，那么我们可能就需要一个非常复杂的预言机子例程。这可能涉及很多步骤，同样，量子系统的相干时间可能会限制可计算的量。如果该预言机涉及几十位数的乘法，则我们很容易就会需要数百个量子比特和线路步骤。

对于已经表示在量子比特状态中的信息或隐式可用的信息，将格罗弗搜索算法作为子例程的效果最好。如果需要快速搜索能直接访问的数据或需要一个非常快的预言机，那么格罗弗搜索算法会是理想的选择。

9.8 多依奇-乔萨算法

下面介绍另外一个较早使用预言机的算法。它将向我们展现用量子线路实现预言机的另一种形式。

让我们从一个示例谈起。假设我买了两副各包含 52 张牌的扑克牌。在一个你看不见我的房间中，我组合了一副新牌，这副牌同样有 52 张且以下两项称述中有一项成立。

（1）所有牌都是红色的或所有牌都是黑色的。

（2）一半（26 张）的牌是黑色的，一半的牌是红色的。

我们将第一种情况称为“恒定态”，将第二种情况称为“平衡态”。

现在我去找你，并向你提出一个问题：确定我手里的牌是这两种可能性中的哪一种。你可以通过检查并丢弃牌堆顶部的牌来了解情况。

最好的情况是第一张牌是一种颜色而第二张牌是另一种颜色，那么这副牌就处于平衡态。在最坏的情况下，你必须检查 $27 = 1 + 52/2$ 张牌才能知道结果。比如，前 26 张牌都是黑色的，如果下一张牌还是黑色的，则全部牌都是黑色的；如果下一张牌是红色的，则这副牌处于平衡态。

设想一个预言机，我们要问的是“牌堆顶部的那张牌是否是黑色的？”如果是就返回 1，如果不是则返回 0。如前所述，在最坏的情况下，我必须咨询该预言机 27 次才能得到正确答案。

当我们第一次看到预言机的定义时，其表示为操作由 n 个比特构成的比特串的函数

$$f:\{0,1\}^n \to \{0,1\}$$

当我们将其转化到量子计算领域时，我们考虑的不再是比特串，而是标准基底右矢。

我们的新问题是：对于所有长度为 n 的可能的比特串或由 n 个量子比特构成的标准基底右矢，预言机 f 要么返回 0 或 1，要么就处于平衡态。为了知道预言机处于恒定态还是平衡态，我们需要调用它多少次？

图 9-48　2017 年戴维・多依奇获得狄拉克奖章后。照片使用遵循创作共用署名 3.0 未移植版许可证

长度为 n 的比特串有 2^n 种可能性，经典的暴力破解方法所需的检查（调用预言机）次数可达“一半多一次”，即 $2^{n-1}+1$。

此问题的量子解决方案名为*多依奇-乔萨算法*（*Deutsch-Jozsa algorithm*），其原始方案已经得到了许多改进。我们将在后文介绍它[5]。

该算法由物理学家戴维・多依奇（David Deutsch，如图 9-48 所示）和数学家理查德・乔萨（Richard Jozsa）基于多依奇早期的研究成果发现[7]。

9.8.1 更多有关阿达马门的数学知识

我们最初学习单量子比特阿达马门时，我曾指出 0 和 1 与指数之间存在一种良好的关系。

$$\boldsymbol{H}|u\rangle = \frac{\sqrt{2}}{2}\left(|0\rangle + (-1)^u |1\rangle\right)$$

其中 u 是 $\{0,1\}$ 中的一个值。使用求和符号，我们可以让这个等式更简洁。

$$\boldsymbol{H}|u\rangle = \frac{\sqrt{2}}{2} \sum_{\{0,1\}\text{中的}v} (-1)^{uv} |v\rangle$$

请花点时间验证一下——这是成立的，而且化简方式非常巧妙。顺便注意一下，我们使用了−1 的幂来改变右矢的符号。对普通人而言，这是一种*符号变化*。对物理学家而言，这是一种*相位变化*。

当涉及更多量子比特时，上述等式的巧妙性依然不会丢失[19] [20]。

对于长度为 2 的比特串 u（表示形式为 $\{0,1\}^2$），我们可将其对应到标准基底右矢 $|00\rangle$、$|01\rangle$、$|10\rangle$ 和 $|11\rangle$。在这种情况下，对于 $\{0,1\}^2$ 中的 u，使用 $|u\rangle$ 表示其对应的基底右矢。我会使用下标来区分各个比特，因此

$$|u\rangle = |u_1 u_2\rangle$$

其中 u_1 和 u_2 为 0 或 1。使用此约定，可得

$$\begin{aligned}(\boldsymbol{H}\otimes\boldsymbol{H})|u\rangle &= \boldsymbol{H}|u_1\rangle \otimes \boldsymbol{H}|u_2\rangle \\ &= \left(\frac{\sqrt{2}}{2} \sum_{\{0,1\}\text{中的}v_1} (-1)^{u_1 v_1} |v_1\rangle\right) \otimes \left(\frac{\sqrt{2}}{2} \sum_{\{0,1\}\text{中的}v_2} (-1)^{u_2 v_2} |v_2\rangle\right) \\ &= \frac{1}{2} \sum_{\{0,1\}^2\text{中的}v} (-1)^{u_1 v_1 + u_2 v_2} |v\rangle\end{aligned}$$

问题 9.8.1

请验证

$$(\boldsymbol{H}\otimes\boldsymbol{H})|00\rangle = \frac{1}{2}\left(|00\rangle + |01\rangle + |10\rangle + |11\rangle\right)$$

−1 的指数 $u_1 v_1 + u_2 v_2$ 看起来像点积。我们可改写上述等式的最后一行并得到：

$$(\boldsymbol{H} \otimes \boldsymbol{H})|u\rangle = \frac{1}{2} \sum_{\{0,1\}^2 中的 v} (-1)^{u \bullet v} |v\rangle$$

最后将其推广到 n 个量子比特的情况。对于长度为 n 的比特串 u，经过类似的计算，可得到公式：

$$\boldsymbol{H}^{\otimes n} |u\rangle = \frac{1}{\sqrt{2^n}} \sum_{\{0,1\}^n 中的 v} (-1)^{u \bullet v} |v\rangle$$

这说明阿达马门能以一种特定的优良方式对标准右矢执行变换。通过计算点积模 2，我们还可以将其进一步简化。对于 -1 的幂而言，这没有任何区别。

问题 9.8.2

请使用该公式完全展开 $\boldsymbol{H}^{\otimes 3}|000\rangle$、$\boldsymbol{H}^{\otimes 3}|001\rangle$ 和 $\boldsymbol{H}^{\otimes 3}|110\rangle$ 的右矢表达式。

下面来计算多依奇-乔萨算法中的一个特例。对于 u 这个比特串，我们取 n 个 0，并在末尾添加一个 1，即有 $|u\rangle = |0\rangle^{\otimes n} \otimes |1\rangle$。在这种情况下，因为当 $1 \leqslant j \leqslant n$ 时，$u_j = 0$ 且 $u_{n+1} = 1$，所以 $u \bullet v = v_{n+1}$，有

$$\boldsymbol{H} \otimes^{n+1} |0 \cdots 01\rangle = \frac{1}{\sqrt{2^{n+1}}} \sum_{\{0,1\}^{n+1} 中的 v} (-1)^{v_{n+1}} |v\rangle$$

v 中的最后一个比特控制着符号。我们将其隔离出来，即将 $|v\rangle$ 改写为 $|v\rangle = |x\rangle \otimes |y\rangle$，其中 y 是原来的最后一个比特，则该公式可变为：

$$\begin{aligned}
\boldsymbol{H} \otimes^{n+1} |0 \cdots 01\rangle &= \frac{1}{\sqrt{2^{n+1}}} \sum_{\{0,1\}^n 中的 x} \sum_{\{0,1\} 中的 y} (-1)^y |x\rangle \otimes |y\rangle \\
&= \frac{1}{\sqrt{2^{n+1}}} \sum_{\{0,1\}^n 中的 x} (|x\rangle \otimes |0\rangle - |x\rangle \otimes |1\rangle) \\
&= \frac{1}{\sqrt{2^{n+1}}} \sum_{\{0,1\}^n 中的 x} |x\rangle \otimes (|0\rangle - |1\rangle) \\
&= \frac{1}{\sqrt{2^n}} \sum_{\{0,1\}^n 中的 x} |x\rangle \otimes \left(\frac{\sqrt{2}}{2}|0\rangle - \frac{\sqrt{2}}{2}|1\rangle \right) \\
&= \left(\frac{1}{\sqrt{2^n}} \sum_{\{0,1\}^n 中的 x} |x\rangle \right) \otimes \left(\frac{\sqrt{2}}{2}|0\rangle - \frac{\sqrt{2}}{2}|1\rangle \right)
\end{aligned}$$

$$= \boldsymbol{H}^{\otimes n}|0\rangle^{\otimes n} \otimes \boldsymbol{H}|1\rangle$$

我们已经知道最后的结果，但我还是展示了整个计算过程，以便你了解操作阿达马门常用的算术方法。

9.8.2　另一种使用预言机构建线路的方式

9.7.1 小节中格罗弗搜索的预言机被整合进了线路并且仅修改了其输入状态。这里将介绍另一种使用预言机构建线路的方式。

图 9-49 的线路中有 $(n+1)$ 条导线。其中 n 条导线表示比特串，我们将它们初始化为 $|0\rangle$。位于图 9-49 底部一条额外的导线是一个类似“便签簿”的量子比特。它不是输入数据的一部分，但我们需要使用它来完成计算。它还有个更正式的名字：*辅助量子比特*。

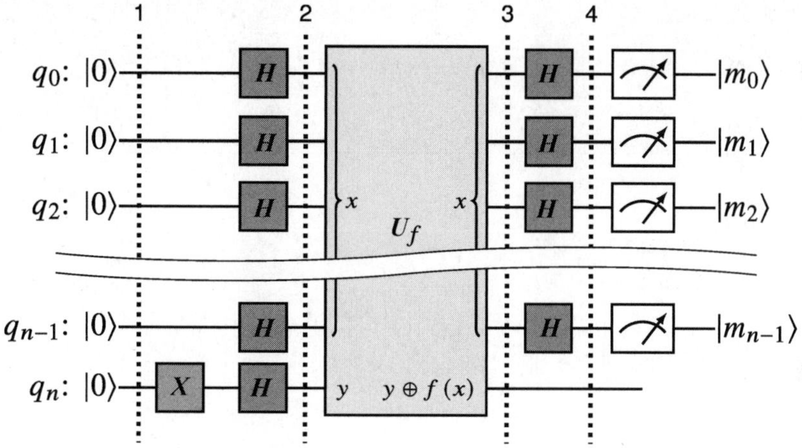

图 9-49　多依奇-乔萨算法线路

辅助量子比特可提供放置信息的额外位置，我们也可将其初始化为已知状态。从算法上看，我们知道辅助量子比特的状态，但我们很可能并不确切地知道其他量子比特的状态。在我们的线路中，q_n 的起始状态为 $|0\rangle$，但我们使用了一个 $\boldsymbol{X}$ 门将其翻转为 $|1\rangle$。

是否存在一个能将任意状态直接转换为 $|0\rangle$ 或 $|1\rangle$ 的门？如果存在，这样的门不可逆，因此它的矩阵不会是幺正矩阵。使用辅助量子比特，我们可将其初始值设置为某个确切的值。

1．线路第 1 部分：叠加

这部分线路能实现 9.8.1 小节的叠加：

$$\boldsymbol{H}^{\otimes(n+1)}|0\cdots01\rangle=\left(\frac{1}{\sqrt{2^n}}\sum_{\{0,1\}^n\text{中的}x}|x\rangle\right)\otimes\left(\frac{\sqrt{2}}{2}|0\rangle-\frac{\sqrt{2}}{2}|1\rangle\right)$$
$$=\boldsymbol{H}^{\otimes n}|0\rangle^{\otimes n}\otimes\boldsymbol{H}|1\rangle$$

2．线路第 2 部分：$\boldsymbol{U}_f$

在 $\boldsymbol{U}_f$ 的输入中，我们将从 q_0 到 q_{n-1} 的 n 个“数据”量子比特的集合状态记为 $|x\rangle$，将辅助量子比特 q_n 的状态记为 $|y\rangle$。总体而言，$\boldsymbol{U}_f$ 的输入就为 $|x\rangle\otimes|y\rangle$，其输出为 $|x\rangle\otimes|y\oplus f(x)\rangle$。请记住，$f(x)$ 总是返回 0 或 1，而“$\oplus$”实现的是相加模 2 的运算。

问题 9.8.3

请证明变换

$$|x\rangle\otimes|y\rangle\mapsto|x\rangle\otimes|y\oplus f(x)\rangle$$

是可逆且幺正的。

将 $\boldsymbol{U}_f$ 应用于

$$\left(\frac{1}{\sqrt{2^n}}\sum_{\{0,1\}^n\text{中的}x}|x\rangle\right)\otimes\left(\frac{\sqrt{2}}{2}|0\rangle-\frac{\sqrt{2}}{2}|1\rangle\right)$$

可得到

$$\left(\frac{1}{\sqrt{2^n}}\sum_{\{0,1\}^n\text{中的}x}|x\rangle\right)\otimes\left(\frac{\sqrt{2}}{2}|0\oplus f(x)\rangle-\frac{\sqrt{2}}{2}|1\oplus f(x)\rangle\right)$$

根据线性性质，这就等价于：

$$\left(\frac{1}{\sqrt{2^n}}\sum_{\{0,1\}^n\text{中的}x}|x\rangle\right)\otimes\left(\frac{\sqrt{2}}{2}|f(x)\rangle-\frac{\sqrt{2}}{2}|1\oplus f(x)\rangle\right)$$

如果 $f(x)=0$，则右侧部分

$$\frac{\sqrt{2}}{2}|f(x)\rangle-\frac{\sqrt{2}}{2}|1\oplus f(x)\rangle=\frac{\sqrt{2}}{2}|0\rangle-\frac{\sqrt{2}}{2}|1\rangle$$

而如果 $f(x)=1$，可得：

$$\frac{\sqrt{2}}{2}|1\rangle-\frac{\sqrt{2}}{2}|0\rangle$$

请注意这里的符号是如何逆转的。我们可将这两个等式组合成：

$$\frac{\sqrt{2}}{2}|f(x)\rangle-\frac{\sqrt{2}}{2}|1\oplus f(x)\rangle=(-1)^{f(x)}\frac{\sqrt{2}}{2}(|0\rangle-|1\rangle)$$

$\boldsymbol{U}_f$ 的完整结果为：

$$\begin{aligned}&\left(\frac{1}{\sqrt{2^n}}\sum_{\{0,1\}^n\text{中的}x}|x\rangle\right)\otimes\left(\frac{\sqrt{2}}{2}|0\otimes f(x)\rangle-\frac{\sqrt{2}}{2}|1\oplus f(x)\rangle\right)\\&=\left(\frac{1}{\sqrt{2^n}}\sum_{\{0,1\}^n\text{中的}x}|x\rangle\right)\otimes\left((-1)^{f(x)}\frac{\sqrt{2}}{2}(|0\rangle-|1\rangle)\right)\\&=\left(\frac{1}{\sqrt{2^n}}\sum_{\{0,1\}^n\text{中的}x}(-1)^{f(x)}|x\rangle\right)\otimes\left(\frac{\sqrt{2}}{2}(|0\rangle-|1\rangle)\right)\end{aligned}$$

“$\otimes$”右边的表达式是常量，而且我们也不再需要它了。请记住，这是辅助量子比特的状态。我已经说过可以丢弃它，具体做法是在线路中不对它执行观测。

对于 q_0 到 q_{n-1} 这 n 个数据量子比特，$\boldsymbol{U}_f$ 门的输出为：

$$\frac{1}{\sqrt{2^n}}\sum_{\{0,1\}^n\text{中的}x}(-1)^{f(x)}|x\rangle$$

我们已经将该预言机的效果编码进了每个 $|x\rangle$ 的相位中。我们的做法是将 $|x\rangle$ 与某个绝对值为 1 的数相乘，即 $(-1)^{f(x)}$。这被称为*相位反冲*（*phase kickback*）。

3．线路第 3 部分：最后的 $\boldsymbol{H}$ 门

我们再对上面的表达式使用 $\boldsymbol{H}^{\otimes n}$ 门，即来自 9.8.1 小节的公式

$$\boldsymbol{H}^{\otimes n}|u\rangle=\frac{1}{\sqrt{2^n}}\sum_{\{0,1\}^n\text{中的}v}(-1)^{u\cdot v}|v\rangle$$

会得到：

$$\frac{1}{2^n}\sum_{\{0,1\}^n\text{中的}x}(-1)^{f(x)}\left(\sum_{\{0,1\}^n\text{中的}v}(-1)^{x\cdot v}|v\rangle\right)$$

调整一下其中各项的位置。我们可将内层的求和移到外层：

$$\frac{1}{2^n}\sum_{\{0,1\}^n\text{中的}v}\left(\sum_{\{0,1\}^n\text{中的}x}(-1)^{f(x)}(-1)^{x\cdot v}\right)|v\rangle$$

在我们转向观测之前，我得说求和运算确实让这部分充斥着算术运算。我们将关于右矢及其概率幅的大量信息压缩到了这些公式之中，然后对它们进行了操作和简化。你应该仔细研习其中每个部分，直到真正理解各个步骤究竟发生了什么。这值得你投入时间。

4．线路第 4 部分：观测

给定

$$\frac{1}{2^n}\sum_{\{0,1\}^n\text{中的}v}\left(\sum_{\{0,1\}^n\text{中的}x}(-1)^{f(x)}(-1)^{x\cdot v}\right)|v\rangle$$

如果 f 处于恒定态，则所有 $f(x)$ 都一样且都等于 $f(0)$。我们可将上式改写为：

$$\frac{1}{2^n}(-1)^{f(0)}\sum_{\{0,1\}^n\text{中的}v}\left(\sum_{\{0,1\}^n\text{中的}x}(-1)^{x\cdot v}\right)|v\rangle$$

上式中，内层的求和

$$\sum_{\{0,1\}^n\text{中的}x}(-1)^{x\cdot v}$$

是一种非常特殊的形式。如果 v 是由 0 组成的比特串，则它等于 2^n，否则它就等于 0。

如果 v 是由 0 组成的比特串，则内层的求和等于 2^n 个 $(-1)^0=1$ 相加，即 2^n。如果 v 中的比特并非全部为 0，则一半的 $(-1)^{x\cdot v}$ 为 1，另一半则为 -1，它们在相加时会相互抵消[17, 7.1 节]。

问题 9.8.4

请以 $n=2$ 的情况验证以上称述。

这意味着：

$$\frac{1}{2^n}(-1)^{f(0)}\sum_{\{0,1\}^n\text{中的}v}\left(\sum_{\{0,1\}^n\text{中的}x}(-1)^{x\cdot v}\right)|v\rangle=\frac{1}{2^n}(-1)^{f(0)}2^n|0\rangle^{\otimes n}$$
$$=(-1)^{f(0)}|0\rangle^{\otimes n}$$

幅度$(-1)^{f(0)}$的绝对值为 1，因此不影响观测结果。

> 如果f处于恒定态，则观测结果有 100%的概率为$|0\rangle^{\otimes n}$。

通过研究以下表达式，我们还能得到更多信息：

$$\frac{1}{2^n}\sum_{\{0,1\}^n\text{中的}v}\left(\sum_{\{0,1\}^n\text{中的}x}(-1)^{f(x)}(-1)^{x\cdot v}\right)|v\rangle$$

当$|v\rangle=|0\rangle^{\otimes n}$时，该表达式可化简为：

$$\frac{1}{2^n}\left(\sum_{\{0,1\}^n\text{中的}x}(-1)^{f(x)}\right)|0\rangle^{\otimes n}$$

这就是$|0\rangle^{\otimes n}$的幅度，当f处于恒定态时为 1，当f处于平衡态时为 0。前一种情况是相长干涉，后一种情况是相消干涉。

> 当我们执行多依奇-乔萨算法时，如果在观测后得到$|0\rangle^{\otimes n}$，则说明该预言机处于恒定态，否则它就处于平衡态。

9.9 西蒙算法

结束本章前，我们再看一个使用预言机的算法，即*西蒙算法*（*Simon's algorithm*）。这种使用预言机的方式可能看起来很奇怪，但这些方式还会在 10.5 节介绍函数周期查找时得到进一步使用，在那之后我们将会了解执行因数分解的舒尔算法。

9.9.1 问题

我们的问题是理解一个基于非负整数的函数的值是如何重复自身的。请回忆一下，

$\{0,1\}^n$ 表示的是由 n 个 0 和 1 构成的比特串或序列。举个例子，如果 $n=2$，则

$$\{0,1\}^2=\{00,01,10,11\}$$

函数

$$f:\{0,1\}^n \to \{0,1\}^n$$

可将长度为 n 的二元比特串映射成其他长度为 n 的二元比特串。对于 $\{0,1\}^n$ 中的任意 x 和 y，$f(x)=f(y)$ 会在何时成立？

总体而言，我们不知道，但我们可以要求：$\{0,1\}^n$ 中存在某个 r，使得当且仅当 $x \oplus y$ 在 $\{0^n, r\}$ 中时，$f(x)=f(y)$ 成立。

这里的“$\oplus$”实现的是相加模 2。（3.7 节已介绍过模算术。）

0^n 是指仅包含 0 的、长度为 n 的比特串：

$$0^n=\underbrace{000\cdots00}_{n个0}$$

如果 $x \oplus y=0^n$，意味着什么？对于单个比特 b_1 和 b_2，当且仅当 b_1 和 b_2 均为 0 或均为 1 时，$b_1 \oplus b_2=0$，即 $b_1=b_2$。因此 $x \oplus y=0^n$ 意味着 x 和 y 的 n 个比特中的每一个都一样，也就是说 $x=y$。最终 $f(x)=f(y)$ 就是很明显的结论了。

对于 $x \oplus y=0^n$ 的情况，对 f 的要求是：仅当 $x=y$ 时，$f(x)=f(y)$。f 实现的是一种一对一的映射，也就是说，其定义域中的每个元素都会映射到其值域中一个独一无二的元素。

问题 9.9.1

如果我们进一步将 f 标记为

$$f:A=\{0,1\}^n \to B=\{0,1\}^n$$

请证明对于 B 中每个长度为 n 的二元比特串 z，A 中都有一个长度为 n 的二元比特串 x 使得 $f(x)=z$。

另一种可能性是：对于使得 $f(x)=f(y)$ 成立的**每对** x 和 y，存在一个长度为 n 的非零比特串 r 使得 $x \oplus y=r$。此外，如果情况如此，也可以反推出 $f(x)=f(y)$。

r 是怎样的？

问题 9.9.2

令 $f:\{0,1\}^3 \to \{0,1\}^3$ 的定义为：

$$000 \mapsto 101 \quad 001 \mapsto 010 \quad 010 \mapsto 000 \quad 011 \mapsto 110$$
$$100 \mapsto 000 \quad 101 \mapsto 110 \quad 110 \mapsto 101 \quad 111 \mapsto 010$$

此时 r 是怎样的？

我在 2.8.1 小节引入了大 O 符号。对于一个由函数 f 表示的关于 n 个对象的问题，如果存在一个正实数 c 和一个整数 m 且 $n \geqslant m$，使得

$$\text{运算的数量} \leqslant cf(n)$$

则用于求解该问题的相关运算的数量为 $O(f(n))$。这意味着该问题的**复杂度最多和 $cf(n)$ 一样**。

对于一个由函数 f 表示的关于 n 个对象的问题，如果存在一个正实数 c 和一个整数 m 且 $n \geqslant m$，使得

$$\text{运算的数量} \geqslant cf(n)$$

则用于求解该问题的相关运算的数量为 $\Omega(f(n))$。这意味着该问题的**复杂度至少和 $cf(n)$ 一样**。

如果我们使用通过“蛮力”计算的经典方法，我们需要调用 f 很多次才能确保我们找到正确的 r。究竟需要调用多少次？好吧，需要考虑的 r 值有 2^n 种可能性。即使有调整和优化，该问题的复杂度也为 $\Omega\left(\sqrt{2^n}\right)$，这是指数级难度。

你可能觉得 $\sqrt{2^n}$ 这个值很奇怪，请注意这是对 n 个已初始化为 $|0\rangle$ 的量子比特使用 $\boldsymbol{H}$ 门后常见的概率幅。

使用西蒙量子算法，我们调用 $O(n)$ 次预言机 f 就能找到 r。

问题 9.9.3

和之前一样，对于

$$f: A=\{0,1\}^n \to B=\{0,1\}^n$$

以及非零的 r，请证明 f 是二对一的映射。也就是说，如果对于 B 中的 z 有 $f(x)=z$，则存在且仅存在一个 $y \neq x$ 也使得 $f(y)=z$。x 和 y 都在 A 中。

9.9.2　线路

从现在开始，我们的任务是找到 r（假设 $r \neq 0^n$）。请注意，由于 r 有 n 个比特，因此我们至少需要 n 个量子比特来表示答案。举个例子，如果我们操作的是由 2048 个比特表示的整数，则我们至少需要 2048 个量子比特。

图 9-50 所示为西蒙算法的线路。

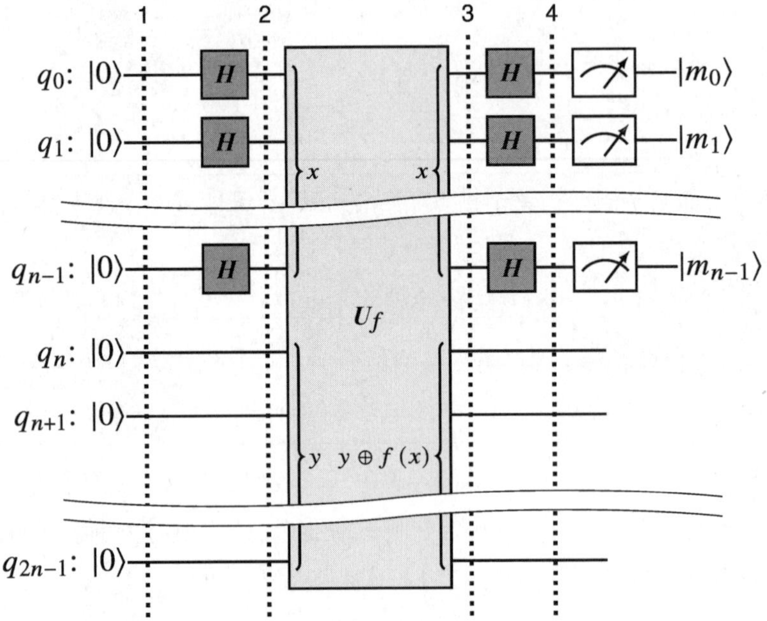

图 9-50　西蒙算法线路

图 9-50 所示的线路看起来似曾相识。我们先对若干个量子比特使用 $\boldsymbol{H}$ 门，再使用 $\boldsymbol{U}_f$ 做一些奇妙的事情，然后使用更多 $\boldsymbol{H}$ 门，最后解读输出。

该线路的上部分需要使用 n 个量子比特的原因是 $f:\{0,1\}^n \to \{0,1\}^n$ 的定义。该线路的下部分需要使用 n 个辅助量子比特。总的来说，我们需要 $2n$ 个量子比特，而且正如下面说明的工作过程所示，我们可能需要多次迭代该算法。

在图 9-49 给出的多依奇-乔萨算法线路中有

$$U_f : |x\rangle \otimes |y\rangle \mapsto |x\rangle \otimes |y \oplus f(x)\rangle$$

其中$|x\rangle$表示上部分n个量子比特的量子态，$|y\rangle$表示单个辅助量子比特的量子态。在这里，同样的表达式也成立，只不过现在$|x\rangle$和$|y\rangle$各自都包含n个量子比特的量子态。

通过执行类似于 9.8.2 小节中多依奇-乔萨算法的计算过程，这些量子比特的状态会在线路中按以下方式变化。

在我们执行线路第 1 部分之前，这些量子比特的状态为：

$$|0\rangle^{\otimes n} \otimes |0\rangle^{\otimes n}$$

这是初始状态。

然后对前n个量子比特使用$\boldsymbol{H}$门，则在这一部分结束时会得到：

$$\frac{1}{\sqrt{2^n}} \sum_{\{0,1\}^n \text{中的} x} |x\rangle \otimes |0\rangle^{\otimes n}$$

也就是说，我们得到了前n个量子比特的平衡叠加态，但后n个量子比特仍处于初始状态。

接下来，在线路第 2 部分使用U_f。由于会使用变换

$$|x\rangle \otimes |y\rangle \mapsto |x\rangle \otimes |y \oplus f(x)\rangle$$

而又由于$|y\rangle = |0\rangle^{\otimes n}$，因此现在我们有：

$$|x\rangle \otimes |f(x)\rangle$$

最后，在该线路的第 3 部分，我们再次对前n个量子比特使用$\boldsymbol{H}$门。

根据 9.8.1 小节中介绍的阿达马变换在多个量子比特上的恒等性，最后可得：

$$\frac{1}{2^n} \sum_{\{0,1\}^n \text{中的} x} \sum_{\{0,1\}^n \text{中的} u} (-1)^{x \cdot u} |u\rangle \otimes |f(x)\rangle$$

这就等同于

$$\sum_{\{0,1\}^n \text{中的} u} |u\rangle \otimes \left(\frac{1}{2^n} \sum_{\{0,1\}^n \text{中的} x} (-1)^{x \cdot u} |f(x)\rangle \right)$$

和之前一样，“• ”表示点积，这里我们执行的是相加模 2。

9.9.3　分析该线路的结果

上面的表达式表示了一个完整的量子态，因此$|u\rangle \otimes |f(x)\rangle$的系数的绝对值平方之和为 1：

$$\sum_{\{0,1\}^n\text{中的}u} \sum_{\{0,1\}^n\text{中的}x} \left|\frac{1}{2^n}(-1)^{x\bullet u}\right|^2 = 1$$

在表达式

$$\sum_{\{0,1\}^n\text{中的}u} |u\rangle \otimes \left(\frac{1}{2^n} \sum_{\{0,1\}^n\text{中的}x} (-1)^{x\bullet u} |f(x)\rangle\right)$$

中，观察到某个特定$|u\rangle$的概率为系数的幅度的平方。也就是说，我们观测到$|u\rangle$的概率为：

$$\left\|\frac{1}{2^n} \sum_{\{0,1\}^n\text{中的}x} (-1)^{x\bullet u} |f(x)\rangle\right\|^2$$

1．$r=0$的情况

在$r=0$的情况中，f实现的是一种一对一的映射。因为值的数量有限，所以当我们在全体x值上迭代时，我们也会在全体$f(x)$上迭代，只不过顺序不一样。如果计算全体$|x\rangle$的系数的平方和以得到其长度的平方，则得到的值等于我们使用$|x\rangle$时的系数的平方和。

换句话说，如果两个向量之间的差异仅为系数排列顺序的不同，则这两个向量的长度是一样的。

对于每个$|f(x)\rangle$，我们计算每个$\frac{(-1)^{x\bullet u}}{2^n}$的平方，得到$\frac{1}{2^{2n}}$，然后将$|f(x)\rangle$的$2^n$项结果加起来。由此可得

$$\left\|\frac{1}{2^n} \sum_{\{0,1\}^n\text{中的}x} (-1)^{x\bullet u} |f(x)\rangle\right\|^2 = 2^n \frac{1}{2^{2n}} = \frac{1}{2^n}$$

基于此，我们可以得出结论：如果$r=0$，则我们在观测时见到2^n个$|u\rangle$值中任意一个的概率为2^{-n}。如果我们运行该线路许多次并且看到$|u\rangle$呈现这种均匀分布，则我们可通过推测得知$r=0$。

尽管这个例子很简单，但请注意，因为 $r=0$，我们观察的这个右矢的均匀分布等于使得 $u \bullet r=0$ 的全体 $|u\rangle$。

2. $r \neq 0$ 的情况

现在我们再显式地假设 $r \neq 0$，此时 f 实现的是一种二对一的映射。尽管 x 可取 $\{0,1\}^n$ 中 2^n 个值中的任意一个，但 $f(x)$ 只能取其中一半的值。我将这个子集称为 $\{0,1\}_f^n$，即 f 的值域。

对于 $\{0,1\}_f^n$ 中某个特定的 z，都刚好存在两个长度为 n 的二元比特串可以映射到它：某个 x_z 与伴随它的 $x_z \oplus r$。

在我们执行观测时，观测到某个特定 $|u\rangle$ 的概率仍然为：

$$\left\| \frac{1}{2^n} \sum_{\{0,1\}^n \text{中的} x} (-1)^{x \bullet u} \, |f(x)\rangle \right\|^2$$

但我们可以将其改写为：

$$\left\| \frac{1}{2^n} \sum_{\{0,1\}_f^n \text{中的} z} \left((-1)^{x_z \bullet u} + (-1)^{(x_z \oplus r) \bullet u} \right) |z\rangle \right\|^2$$

通过一些指数上的算术运算，这又进一步等价于：

$$\left\| \frac{1}{2^n} \sum_{\{0,1\}_f^n \text{中的} z} (-1)^{x_z \bullet u} \left(1 + (-1)^{r \bullet u} \right) |z\rangle \right\|^2 = \begin{cases} 0 & r \bullet u = 1 \\ \dfrac{1}{2^{n-1}} & r \bullet u = 0 \end{cases}$$

问题 9.9.4

请证明 $(x_z \oplus r) \bullet u = (x_z \bullet u) \oplus (r \bullet u)$。

这种情况没有 $r=0$ 时那么简单，我们在这里观察到的右矢的均匀分布是在使得 $u \bullet r=0$ 的全体 $|u\rangle$ 上。

3. 但 r 究竟是什么？

因为这是一个量子算法，所以涉及随机性。当我们多次运行该线路时，我们会在观测 $|u\rangle$ 时看到多个不同的值。假设我们再执行它 $(n-2)$ 次，得到 $(n-1)$ 个二元比特串

$u_1,\cdots,u_{n-1}$。现在假设 $\boldsymbol{u}_k$ 是各不相同且线性无关的向量。这是一个很宽泛的假设，但我们暂且容忍这一点。

这意味着

$$\boldsymbol{u}_1 \bullet \boldsymbol{r} = 0$$
$$\boldsymbol{u}_2 \bullet \boldsymbol{r} = 0$$
$$\cdots$$
$$\boldsymbol{u}_{n-1} \bullet \boldsymbol{r} = 0$$

即

$$\left(u_{1,1}r_1 + u_{1,2}r_2 + \cdots + u_{1,n}r_n\right) \bmod 2 = 0$$
$$\left(u_{2,1}r_1 + u_{2,2}r_2 + \cdots + u_{2,n}r_n\right) \bmod 2 = 0$$
$$\cdots$$
$$\left(u_{n-1,1}r_1 + u_{n-1,2}r_2 + \cdots + u_{n-1,n}r_n\right) \bmod 2 = 0$$

因为 $\boldsymbol{u}_k$ 是线性无关的，所以我们可以通过高斯消元法的二元形式解出唯一的 $\left(r_1,\cdots,r_n\right) = \boldsymbol{r}$。

现在我们可以检验一下，看看 $f\left(0^n\right) = f\left(0^n \oplus r\right) = f\left(r\right)$ 是否成立。如果成立，则我们就可以确信 r 是正确答案。如果不成立，则必然有 $r = 0^n$。

> **问题 9.9.5**
>
> 在上面的最后一种情况中，为什么必然有 $r = 0^n$？

还有一个问题：我们能否找到这 n 个线性无关的 u_k？很显然，它们在那 2^n 个长度为 n 的二元比特串之中，但如果我们必须搜索所有比特串才能找到它们，那么我们的算法的复杂度会达指数级。

通过进一步分析，可以确定在一个由我们的线路得到的、包含 $(n+k)$ 个长度为 n 的非零二元比特串的集合中成功找到一个包含 n 个长度为 n 的二元比特串的线性无关集合的概率[12, 附录 G]。该概率为

$$1 - \frac{1}{2^{k+1}}$$

我们可以发现这样一个集合，并由此确定 r，而且如果取 $k = 30$，则失败的概率会

低于十亿分之一。这意味着我们仅需要运行该线路$(n+30)$次，就能让无法正确确定r的概率降到如此之小。

问题 9.9.6

在整个算法中，哪些部分涉及量子处理，哪些部分属于经典过程？

$f(x)=f(x\oplus r)$这个表达式看起来很像$f(x)=f(x+r)$，这看起来就像是f在r个值之后开始重复自身。这会使f成为一个周期函数，其周期为r。

我们已经通过三角函数熟悉了实数上的周期函数。正弦函数和余弦函数都是周期函数，因为当$r=2\pi$时，$\cos(x)=\cos(x+r)$，$\sin(x)=\sin(x+r)$（如图 9-51 所示）。

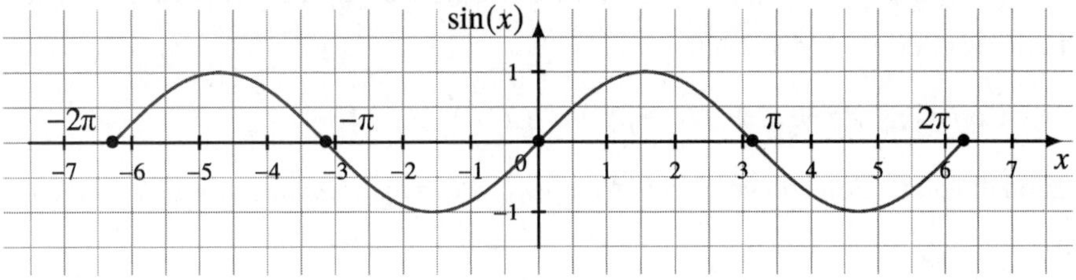

图 9-51

西蒙算法启发了彼得·舒尔，促使他开发出了一种更通用的量子周期查找程序，并将其集成到了他开发的整数分解算法中。我们将在 10.5 节了解前者，在 10.6 节了解后者。

9.10 小结

本章介绍了如何将用于多个量子比特的量子门连接起来创建量子线路。线路能实现算法，而算法是解决方案的构建模块。毕竟我们感兴趣的不只是执行量子计算的理论，我们也想用量子计算来完成实际工作。

我们了解了一些关于量子计算的基础算法，包括西蒙算法、多依奇-乔萨算法、概率幅放大和格罗弗搜索等算法。

量子计算将在如今还无法解决的一些计算任务上展现出自己的优势。要真正体现价值，量子计算需要在经典方法的基础上使计算速度发生二次级或指数级的提升。

参考资料

[1] Scott Aaronson and Patrick Rall. *Quantum Approximate Counting, Simplified*. 2019.

[2] Charles H. Bennett et al. "Teleporting an unknown quantum state via dual classical and EinsteinPodolsky-Rosen channels". In: *Physical Review Letters* 70 (1993), pp. 1895–1899.

[3] Gilles Brassard and Peter F. Høyer. "An Exact Quantum Polynomial-Time Algorithm for Simon's Problem". In: ISTCS '97 (1997).

[4] Gilles Brassard et al. "Quantum Amplitude Amplification and Estimation". In: *Quantum Computation and Information*. Ed. by S. J. Lomonaco and H. E. Brandt. Contemporary Mathematics Series. AMS, 2000.

[5] Creative Commons. *Attribution 3.0 Unported (CC BY 3.0)*.

[6] R. Crandall and C. Pomerance. *Prime Numbers: a Computational Approach*. 2nd ed. Springer, 2005.

[7] D Deutsch and R Jozsa. "Rapid Solution of Problems by Quantum Computation". English. In: *Proceedings of the Royal Society A: Mathematical, Physical and Engineering Sciences* 439 (1992), pp. 553–558.

[8] Craig Gidney. *Asymptotically Efficient Quantum Karatsuba Multiplication*. 2019.

[9] Craig Gidney. "Halving the cost of quantum addition". In: *Quantum* 2 (June 2018), p. 74.

[10] Phil Gossett. *Quantum Carry-Save Arithmetic*. 1998.

[11] Lov K. Grover. "A Fast Quantum Mechanical Algorithm for Database Search". In: *Proceedings of the Twenty-Eighth Annual ACM Symposium on the Theory of Computing, Philadelphia, Pennsylvania, USA, May 22-24, 1996*. 1996, pp. 212–219.

[12] N. David Mermin. *Quantum Computer Science: An Introduction*. Cambridge University Press, 2007.

[13] Ashok Muthukrishnan. *Classical and Quantum Logic Gates: An Introduction to Quantum Computing*.

[14] Michael A. Nielsen and Isaac L. Chuang. *Quantum Computation and Quantum Information*.

10th ed. Cambridge University Press, 2011.

[15] A.O. Pittenger. *An Introduction to Quantum Computing Algorithms*. Progress in Computer Science and Applied Logic. Birkhäuser Boston, 2012.

[16] Qiskit.org. *Qiskit: An Open-source Framework for Quantum Computing.*

[17] Eleanor Rieffel and Wolfgang Polak. *Quantum Computing: A Gentle Introduction*. 1st ed. The MIT Press, 2011.

[18] The IBM Q Experience team. *Grover's Algorithm.*

[19] John Watrous. *CPSC 519/619: Introduction to Quantum Computing.*

[20] John Watrous. *The Theory of Quantum Information*. 1st ed. Cambridge University Press, 2018.

第 10 章 从线路到算法

我属于认为科学具有伟大之美的那类人。

玛丽·居里（Marie Curie）

在第 9 章中，我们了解了如何将门组合到一起来构建简单算法的线路。现在我们已经做好准备，可以了解更加高级的量子算法、考虑如何以及何时使用它们了。

本章的目标是理解彼得·舒尔在 1995 年为大整数的因数分解提出的算法，该算法相对于经典方法能带来近乎指数级的速度提升。要理解它，我们需要更多工具，比如相位估计、量子傅里叶变换和函数周期查找等。这些工具本身就是重要的技术，对于量子因数分解的技术组合而言更是必不可少。

我们还将回到最早在 2.8 节介绍经典算法时谈到的复杂性思想。这能帮助我们理解“近乎指数级”究竟是什么意思。

本章将包含更多的数学知识和等式。我建议你先花时间透彻地理解线性代数和复数计算。这些技术一开始看起来让人望而却步，但量子计算算法会经常用到它们。

10.1 量子傅里叶变换

量子傅里叶变换（Quantum Fourier Transform，QFT）在量子计算中得到了广泛的使用，尤其是将在 10.6 节介绍的舒尔因数分解算法中。如果这还不足以说明其重要性，那么需要指出：$\boldsymbol{H}$ 门就是单量子比特的 QFT，而我们已经见过许多使用 $\boldsymbol{H}$ 门的例子了。

在介绍 QFT 时，大部分文献都会将其与经典的离散傅里叶变换相比较，然后将其与快速傅里叶变换进行比较。但就算你不知道这两个经典的傅里叶变换，也不用担心。我会从量子计算领域详细地呈现其原本的面貌。不过你还是应该了解一下这些经典的傅里叶变换，你应该能明显看出它们与 QFT 的相似性。

10.1.1 单位根

我们都很熟悉平方根。举个例子，$\sqrt{4}$ 等于 2 或 -2。我们可以将 $\sqrt{2}$ 写作 $2^{\frac{1}{2}}$ 并说“2 的二次方根”有两个。类似地，5 是 125 的立方根，即“三次方根”。一般而言，我们讨论“N 次方根”时，N 都是一个自然数。而当我们考虑复数时，1 的 N 次方根会是一个丰富的集合。

> 令 N 在 $\mathbb{N}$ 中，则 *N 次开方的单位根*（*N-th root of unity*）是指可使得 $\omega^N=1$ 成立的复数 ω。ω 是一个小写的希腊字母，读作“omega”。N 次开方的单位根有 N 个且其中一个总是 1。
>
> 如果每个 N 次开方的单位根都可表示为 ω 的一个自然数次幂的形式，则 ω 是一个 *N 次开方的单位原根*（*primitive N-th root of unity*）。如果 N 是一个质数，则除 1 之外的每个 N 次开方的单位根都是单位原根。

当 $N=1$ 时，一次开方的单位根只有一个，也就是 1 本身。

当 $N=2$ 时，二次开方的单位根有两个：1 和 -1。其中 -1 是单位原根。

当 $N=3$ 时，就开始能看到规律了。为此，请回忆一下欧拉公式：

$$e^{\varphi i}=\cos(\varphi)+\sin(\varphi)i$$

且 $\left|e^{\varphi i}\right|=1$。如图 10-1 所示，如果 $\varphi=2\pi$，我们会绕圆一圈回到 1；如果 $\varphi=\frac{2\pi}{3}$，则我们只会走 1/3 圈；如果 $\varphi=\frac{4\pi}{3}$，则我们会走 2/3 圈。三次开方的单位根为：

$$\omega_0=e^{\frac{0\times 2\pi}{3}i}=1$$

$$\omega_1=e^{\frac{1\times 2\pi}{3}i}=\cos\left(\frac{2\pi}{3}\right)+\sin\left(\frac{2\pi}{3}\right)i=-\frac{1}{2}+\frac{\sqrt{3}}{2}i$$

$$\omega_2=e^{\frac{2\times 2\pi}{3}i}=\cos\left(\frac{4\pi}{3}\right)+\sin\left(\frac{4\pi}{3}\right)i=-\frac{1}{2}-\frac{\sqrt{3}}{2}i$$

其中 ω_1 和 ω_2 是单位原根。

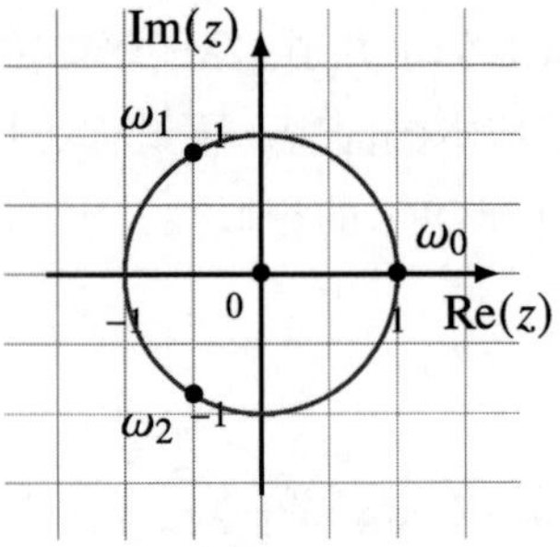

图 10-1

当 $N=4$ 时，我们可以采用类似的方法，但这种情况会简单得多，如图 10-2 所示。

$$\omega_0 = e^{\frac{0\times 2\pi}{4}i} = 1$$

$$\omega_1 = e^{\frac{1\times 2\pi}{4}i} = \cos\left(\frac{\pi}{2}\right) + \sin\left(\frac{\pi}{2}\right)i = i$$

$$\omega_2 = e^{\frac{2\times 2\pi}{4}i} = \cos(\pi) + \sin(\pi)i = -1$$

$$\omega_3 = e^{\frac{3\times 2\pi}{4}i} = \cos\left(\frac{3\pi}{2}\right) + \sin\left(\frac{3\pi}{2}\right)i = -i$$

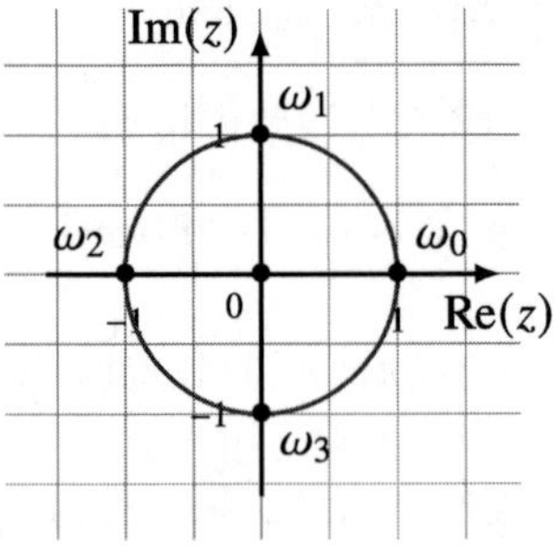

图 10-2

问题 10.1.1

四次开方的单位根中哪些是单位原根？

这里还有一点需要注意：这里我们第一次看到了不同 N 的单位根集合的重叠。当不同 N 的最大公约数大于 1 时就会出现这种情况。

对于 $N=5$ 或其值更大的情况，我们可以继续这样操作。

> $\omega = \mathrm{e}^{\frac{2\pi \mathrm{i}}{N}}$ 是一个 N 次开方的单位原根。

对于指数中有分式的表达式，常见的做法是将 i 放到分子上，如上所示。

对于一个如上定义的 N，令 ω 为一个 N 次开方的单位根，则 ω^{-1} 是怎样的？这个问题很简单，因为

$$1 = \omega\overline{\omega} = \omega\omega^{-1}$$

复共轭再次“大放异彩”!

> 如果 $\omega_k = \mathrm{e}^{\frac{2\pi k \mathrm{i}}{N}}$ 是一个 N 次开方的单位根，则
>
> $$\overline{\omega_k} = \omega_k^{-1} = \mathrm{e}^{-\frac{2\pi k \mathrm{i}}{N}}$$

> **问题 10.1.2**
>
> 请证明：如果 ω_k 是一个 N 次开方的单位原根，则 $\overline{\omega_k}$ 也是一个 N 次开方的单位原根。请先假设 $\overline{\omega_k}$ 不是单位原根，看这是否会产生矛盾。

多项式 $x^N - 1$ 可以因式分解为：

$$x^N - 1 = (x-1)\left(x^{N-1} + x^{N-2} + \cdots + x + 1\right)$$

每个 N 次开方的单位根都满足 $x^N - 1 = 0$。第一个因式 $(x-1)$ 仅在 $\omega = 1$ 时为 0。因此，其他不为 1 的单位根 ω 都满足：

$$0 = \omega^{N-1} + \omega^{N-2} + \cdots + \omega + 1$$

我们可将其改写为：

$$0 = \sum_{k=0}^{N-1} \omega^k，\text{其中 } \omega \neq 1$$

更进一步，令 $\omega = \mathrm{e}^{\frac{2\pi \mathrm{i}}{N}}$，则

$$0 = \sum_{k=0}^{N-1} \mathrm{e}^{\frac{2\pi k \mathrm{i}}{N}} = \sum_{k=0}^{N-1} \mathrm{e}^{-\frac{2\pi k \mathrm{i}}{N}}$$

右侧的符号成立的原因是我们使用了 $\overline{\omega}$ 而非 ω 作为 N 次开方的单位根。换个角度看，我

们是将同一个单位根集合加到一起，只不过相加顺序不同。这称为*求和公式*，上面的两个公式是其等价版本。

> 对于$\mathbb{Z}$中的j和k，克罗内克δ函数（Kronecker delta function）$\delta_{j,k}$的定义为：
>
> $$\delta_{j,k}=\begin{cases}0, & j\neq k\\ 1, & j=k\end{cases}$$

> 当$0\leqslant j<N$时，扩展后的求和公式为：
>
> $$\sum_{k=0}^{N-1}\mathrm{e}^{\frac{2\pi jk\mathrm{i}}{N}}=\sum_{k=0}^{N-1}\mathrm{e}^{-\frac{2\pi jk\mathrm{i}}{N}}=N\delta_{j,0}=\begin{cases}0, & \delta_{j,0}=0\\ N, & \delta_{j,0}=1\end{cases}$$

为了理解这是如何得到的，我们令

$$\omega_1=\mathrm{e}^{\frac{2\pi\mathrm{i}}{N}}$$

这是一个N次开方的单位原根，且对于任意$0<j<N$，

$$\omega_2=\omega_1^j=\mathrm{e}^{\frac{2\pi j\mathrm{i}}{N}}$$

是另一个N次开方的单位根且不为 1。对于求和公式

$$0=\sum_{k=0}^{N-1}\omega_2^k=\sum_{k=0}^{N-1}\mathrm{e}^{\frac{2\pi jk\mathrm{i}}{N}}$$

当$j=0$时，其实就是直接将N个 1 相加。

> **问题 10.1.3**
>
> 对于一个给定的N，令$\{\omega_0,\omega_1,\cdots,\omega_{N-2},\omega_{N-1}\}$为$N$次开方的单位根，则它们的乘积$\omega_0\omega_1\cdots\omega_{N-1}$是多少？
>
> 要思考这一问题，请分析
>
> $$(x-\omega_0)(x-\omega_1)\cdots(x-\omega_{N-1})$$

> **了解更多**
>
> 在数学的许多分支中，单位根都是一个重要的概念，尤其是对于代数和数论来说[8] [12] [16] [19]。

10.1.2 公式

我们已经知道，一般的 n 量子比特量子态 $|\varphi\rangle$ 可写成：

$$|\varphi\rangle=\sum_{j=0}^{2^n-1}a_j\,|j\rangle_n=\sum_{j=0}^{N-1}a_j\,|j\rangle_n$$

令 $N=2^n$。其中包含 N 个标准基底右矢 $|j\rangle$ 及 N 个对应的幅度 a_j。对于一个固定的 $|\varphi\rangle$，我们可得到一个复值函数：

$$a:\{0,1,2,\cdots,N-1\}\to a_j$$

其中 $a(j)=a_j$。我们也知道 $1=\sum_{j=0}^{N-1}|a_j|^2$。

1. 定义

$|\varphi\rangle$ 的量子傅里叶变换为：

$$\mathbf{QFT}_n:|\varphi\rangle=\sum_{j=0}^{N-1}a_j\,|j\rangle_n\mapsto\sum_{j=0}^{N-1}b_j\,|j\rangle_n$$

其中

$$b_j=\frac{1}{\sqrt{N}}\sum_{k=0}^{N-1}a_k\mathrm{e}^{\frac{2\pi jk\mathrm{i}}{N}}$$

这是一个 N 次开方的单位原根，通过令 $\omega=\mathrm{e}^{\frac{2\pi\mathrm{i}}{N}}$，我们可以化简该式：

$$b_j=\frac{1}{\sqrt{N}}\sum_{k=0}^{N-1}a_k\omega^{jk}$$

> 如果令 $N=2^n$ 且
>
> $$|\varphi\rangle=\sum_{j=0}^{N-1}a_j\,|j\rangle_n$$
>
> 则其量子傅里叶变换为：
>
> $$\mathbf{QFT}_n(|\varphi\rangle)=\frac{1}{\sqrt{N}}\sum_{j=0}^{N-1}\sum_{k=0}^{N-1}a_k\omega^{jk}\,|j\rangle_n$$
>
> 其中 $\omega=\mathrm{e}^{\frac{2\pi\mathrm{i}}{N}}$，这是一个 N 次开方的单位原根。

问题 10.1.4

请证明 $\mathbf{QFT}_n$ 是一种线性变换。

问题 10.1.5

请证明 $\mathbf{QFT}_n\left(|0\rangle^{\otimes n}\right)=\frac{1}{\sqrt{N}}\sum_{j=0}^{N-1}|j\rangle_n$。

当我们有 1 个量子比特时，$N=2$ 且 $\omega=-1$。因此

$$b_j=\frac{1}{\sqrt{2}}\left(a_0(-1)^{-0j}+a_1(-1)^{1j}\right)=\frac{\sqrt{2}}{2}\left(a_0+a_1(-1)^j\right)$$

若 $|\psi\rangle=|0\rangle$，则 $a_0=1$ 且 $a_1=0$，因此 $b_0=\frac{\sqrt{2}}{2}$ 且 $b_1=\frac{\sqrt{2}}{2}$。若 $|\psi\rangle=|1\rangle$，则 $a_0=0$ 且 $a_1=1$，因此 $b_0=\frac{\sqrt{2}}{2}$ 且 $b_1=-\frac{\sqrt{2}}{2}$。

综合起来，可得：

$$\mathbf{QFT}_1|0\rangle=\frac{\sqrt{2}}{2}\left(|0\rangle+|1\rangle\right)=|+\rangle$$

$$\mathbf{QFT}_1|1\rangle=\frac{\sqrt{2}}{2}\left(|0\rangle-|1\rangle\right)=|-\rangle$$

这不正是 $\boldsymbol{H}$ 嘛！

既然 $\mathbf{QFT}_1=\boldsymbol{H}$，那么有 $\mathbf{QFT}_n=\boldsymbol{H}^{\otimes n}$ 吗？答案是否定的。

2. 矩阵

根据定义，可知 $\mathbf{QFT}_n$ 的矩阵为：

$$\mathbf{QFT}_n=\frac{1}{\sqrt{N}}\begin{bmatrix}1 & 1 & 1 & 1 & \cdots & 1\\ 1 & \omega & \omega^2 & \omega^3 & \cdots & \omega^{N-1}\\ 1 & \omega^2 & \omega^4 & \omega^6 & \cdots & \omega^{2(N-1)}\\ 1 & \omega^3 & \omega^6 & \omega^9 & \cdots & \omega^{3(N-1)}\\ \vdots & \vdots & \vdots & \vdots & & \vdots\\ 1 & \omega^{N-1} & \omega^{2(N-1)} & \omega^{3(N-1)} & \cdots & \omega^{(N-1)(N-1)}\end{bmatrix}$$

因为 ω 是一个 N 次开方的单位根，所以我们可以简化其中一些指数形式，如下所示。

- $\omega^{(N-1)(N-1)} = \omega^{N^2-2N+1} = \omega$，因为$\omega^{N^2} = \left(\omega^N\right)^N = 1^N = 1$。
- $\omega^{kN} = \omega^N = 1$，其中$k$在$\mathbb{Z}$中。
- $\omega^{2(N-1)} = \omega^{N-2}$。
- $\omega^{-1} = \omega^{N-1}$。

使用这类规则，可以化简得到：

$$\mathbf{QFT}_n = \frac{1}{\sqrt{N}}\begin{bmatrix} 1 & 1 & 1 & 1 & \cdots & 1 \\ 1 & \omega & \omega^2 & \omega^3 & \cdots & \omega^{N-1} \\ 1 & \omega^2 & \omega^4 & \omega^6 & \cdots & \omega^{N-2} \\ 1 & \omega^3 & \omega^6 & \omega^9 & \cdots & \omega^{N-3} \\ \vdots & \vdots & \vdots & \vdots & & \vdots \\ 1 & \omega^{N-1} & \omega^{N-2} & \omega^{N-3} & \cdots & \omega \end{bmatrix}$$

问题 10.1.6

请证明这就是$\mathbf{QFT}_n$的矩阵且$\mathbf{QFT}_n$是一个幺正矩阵。基于后一项，请计算

$$\mathbf{QFT}_n \times \mathbf{QFT}_n^\dagger$$

当$n=1$时，如前所述，有

$$\mathbf{QFT}_1 = \frac{\sqrt{2}}{2}\begin{bmatrix} 1 & 1 \\ 1 & (-1)^1 \end{bmatrix} = \frac{\sqrt{2}}{2}\begin{bmatrix} 1 & 1 \\ 1 & -1 \end{bmatrix} = \boldsymbol{H}$$

但当$n=2$时，$N=4$且$\omega = \mathrm{i}$，有

$$\mathbf{QFT}_2 = \frac{1}{2}\begin{bmatrix} 1 & 1 & 1 & 1 \\ 1 & \mathrm{i} & -1 & -\mathrm{i} \\ 1 & -1 & 1 & -1 \\ 1 & -\mathrm{i} & -1 & \mathrm{i} \end{bmatrix}$$

而

$$\boldsymbol{H}^{\otimes 2} = \frac{1}{2}\begin{bmatrix} 1 & 1 & 1 & 1 \\ 1 & -1 & 1 & -1 \\ 1 & 1 & -1 & -1 \\ 1 & -1 & -1 & 1 \end{bmatrix}$$

因此，一般情况下$\mathbf{QFT}_n \neq \boldsymbol{H}^{\otimes n}$。

3．递归矩阵

更高维的阿达马矩阵 $\boldsymbol{H}^{\otimes n}$ 是根据更低维的矩阵以递归方式定义的：

$$\boldsymbol{H}^{\otimes n+1} = \frac{\sqrt{2}}{2}\begin{bmatrix} \boldsymbol{H}^{\otimes n} & \boldsymbol{H}^{\otimes n} \\ \boldsymbol{H}^{\otimes n} & -\boldsymbol{H}^{\otimes n} \end{bmatrix}$$

$\mathbf{QFT}_n$ 能进行类似的分解吗？可以，但还会有其他矩阵因子。即

$$\mathbf{QFT}_{n+1} = \begin{bmatrix} \boldsymbol{I}_N & \boldsymbol{\Omega}_N \\ \boldsymbol{I}_N & -\boldsymbol{\Omega}_N \end{bmatrix}\begin{bmatrix} \mathbf{QFT}_n & 0 \\ 0 & \mathbf{QFT}_n \end{bmatrix}\boldsymbol{P}_{2^{n+1}}$$

且有如下定义。

- $N = 2^n$ 。
- $\boldsymbol{I}_N$ 是 $N \times N$ 的单位矩阵。
- $\boldsymbol{\Omega}_N$ 是对角矩阵

$$\begin{bmatrix} 1 & 0 & 0 & 0 & \cdots & 0 \\ 0 & \omega & 0 & 0 & \cdots & 0 \\ 0 & 0 & \omega^2 & 0 & \cdots & 0 \\ \vdots & \vdots & \vdots & \vdots & & \vdots \\ 0 & 0 & 0 & 0 & \cdots & \omega^{N-1} \end{bmatrix}$$

  其中 ω 是 N 次开方的单位原根 $\mathrm{e}^{\frac{2\pi\mathrm{i}}{N}}$ 。

- $\boldsymbol{P}_{2^{n+1}}$ 是一个*混洗变换*（*shuffle transform*），其通过以下公式设定其 j、k 元素（请记住该矩阵中第一行第一列的索引为 1）：

$$\left(\boldsymbol{P}_{2^{n+1}}\right)_{j,k} = \begin{cases} 1, & 2(j-1) = k-1 \\ 1, & 2\left(j-1-2^n\right)+1 = k-1 \\ 0, & \text{其他情况} \end{cases}$$

$\boldsymbol{P}_{2^{n+1}}$ 的效果是将奇数索引的向量元素移到前面，偶数索引的元素移到后面，但这里不会对其进行推导。举个例子，

$$\boldsymbol{P}_{2^2}\begin{bmatrix} v_1 \\ v_2 \\ v_3 \\ v_4 \end{bmatrix} = \begin{bmatrix} v_1 \\ v_3 \\ v_2 \\ v_4 \end{bmatrix}$$

其中

$$P_{2^2}=\begin{bmatrix}1&0&0&0\\0&0&1&0\\0&1&0&0\\0&0&0&1\end{bmatrix}$$

问题 10.1.7

请计算 $\boldsymbol{P}_{2^3}$。

根据这种递归式分解，我们可将 QFT 分解为越来越小的门。其线路的结构相对简单，从中就能看出这一点。

10.1.3 线路

QFT$_3$ 线路完全可由 ***H*** 、 ***S*** 、 ***T*** 和 **SWAP** 门构建出来，如图 10-3 所示[20, 5.1 节]。

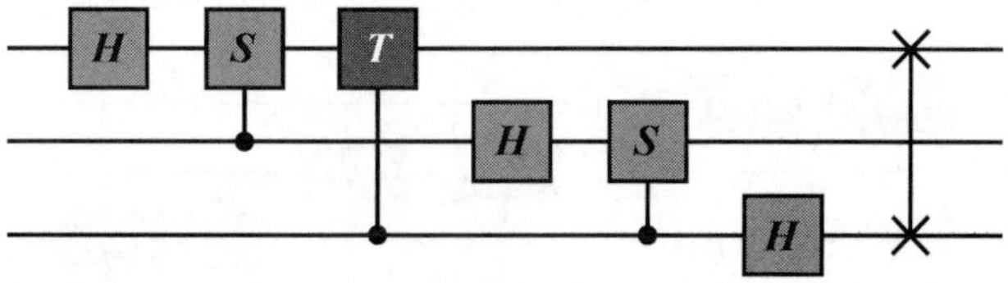

图 10-3

上面最后的 **SWAP** 门是必需的，这是为了调转这些量子比特量子态的顺序。我们可使用显式的 $\boldsymbol{R}^z_{\varphi}$ 门改写这个线路，如图 10-4 所示。

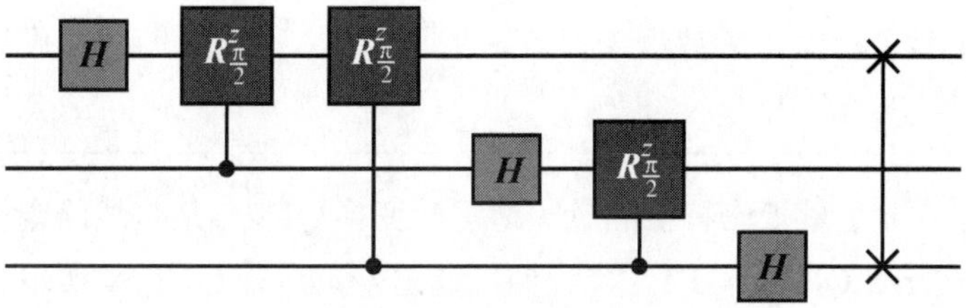

图 10-4

$\boldsymbol{R}^z_{\frac{\pi}{2}}$门（***S*** 门）是一种旋转变换，其矩阵为：

$$\begin{bmatrix}1&0\\0&e^{\frac{\pi i}{2}}\end{bmatrix}=\begin{bmatrix}1&0\\0&e^{\frac{2\pi i}{2^2}}\end{bmatrix}$$

$R^z_{\frac{\pi}{4}}$门（T 门）也是一种旋转变换，其矩阵为：

$$\begin{bmatrix} 1 & 0 \\ 0 & e^{\frac{\pi i}{4}} \end{bmatrix} = \begin{bmatrix} 1 & 0 \\ 0 & e^{\frac{2\pi i}{2^3}} \end{bmatrix}$$

定义 $\mathbf{ROT}_k = R^z_{\frac{2\pi}{2^k}}$，则 $R^z_{\frac{\pi}{2}} = \mathbf{ROT}_2$ 且 $R^z_{\frac{\pi}{4}} = \mathbf{ROT}_3$。

如果使用 $\mathbf{ROT}_k$ 重写以上线路，则会得到如图 10-5 所示的结果。

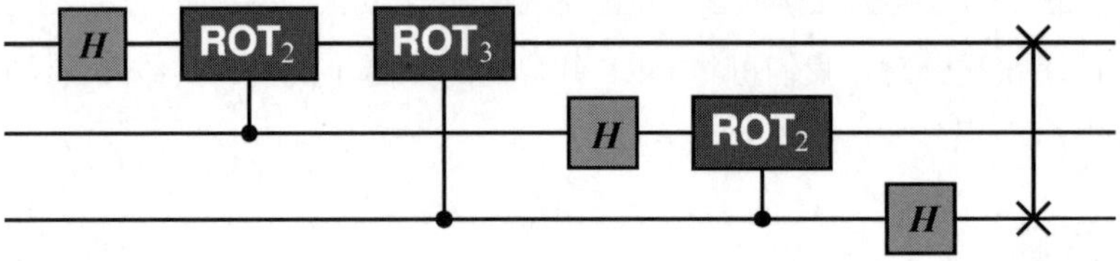

图 10-5

当将其扩展到 4 个量子比特和 $\mathbf{QFT}_4$ 时，规律就会变得很清晰，如图 10-6 所示。

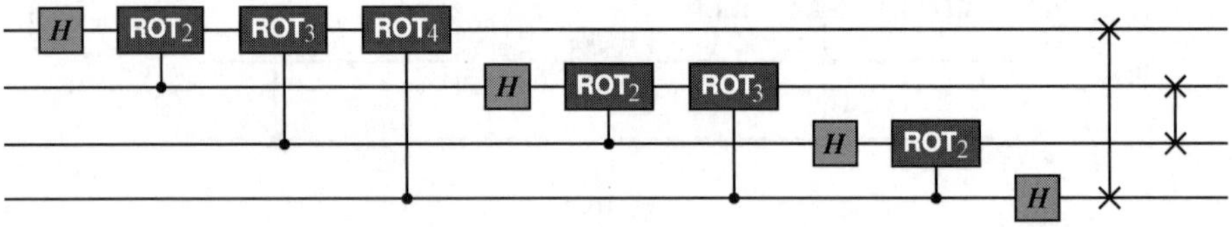

图 10-6

问题 10.1.8

请画出 1 个和 2 个量子比特情况下的线路。通过使用大量“…”，你能画出 $\mathbf{QFT}_n$ 的线路吗？

本节讨论了在 n 个量子比特上的量子傅里叶变换 $\mathbf{QFT}_n$。某些线路则需要进行量子傅里叶逆变换（inverse QFT）$\mathbf{QFT}_n^{-1}$，我们可通过*反向*运行 $\mathbf{QFT}_n$ 来实现它。我们可以这样操作是因为所有门最终都能对应于幺正变换，而幺正变换是可逆的，因此可以反向执行。

问题 10.1.9

$\mathbf{QFT}_n^{-1}$ 的矩阵是怎样的？

如果令 $N=2^n$ 且

$$|\varphi\rangle=\sum_{j=0}^{N-1}a_j\,|\,j\rangle_n$$

则其量子傅里叶逆变换为:

$$\mathbf{QFT}_n^{-1}\left(|\varphi\rangle\right)=\frac{1}{\sqrt{N}}\sum_{j=0}^{N-1}\sum_{k=0}^{N-1}a_k\bar{\omega}^{jk}\,|\,j\rangle_n=\frac{1}{\sqrt{N}}\sum_{j=0}^{N-1}\sum_{k=0}^{N-1}a_k\mathrm{e}^{-\frac{2\pi ijk}{N}}\,|\,j\rangle_n$$

其中 $\omega=\mathrm{e}^{\frac{2\pi i}{N}}$，这是一个 N 次开方的单位原根。

了解更多

介绍经典傅里叶变换的文献有很多，尤其是工程学和信号处理教材[4,第 30 章] [10]。

许多用于算术运算的优化版量子算法都使用了量子傅里叶变换[7] [25]。

10.2 整数分解

在网上搜索一下，你会发现很难找到用于分解整数的、“实用”的应用程序。很多搜索结果会给出“整数分解是一种用于分解多项式的工具”或“整数分解对求解某些微分方程很有用”之类的说明。这些说明都很好，但似乎就只是“用数学做更多数学”而已。

密码学是一个会真正用到整数分解的实用领域。有些加密协议的设计基础就是大数分解“*不容易*”做到，从而保证你的信息在互联网上安全地传输或在数据库中安全地存储。

本节将介绍一些有关整数分解的数学知识，并将重点关注一个著名的算法，也就是舒尔算法（得名于其发现者——数学家彼得•舒尔）。*只要有一台足够强大的量子计算机*，该算法就能在经典算法的基础上为大数分解的执行速度带来近乎指数级的提升。

“足够强大”是什么意思？其实很简单，就是看量子计算能否或何时会对加密产生威胁。

10.2.1 整数分解问题

大多数人高中毕业或成年之后就不再关心整数分解了。本书在讨论整数时就已谈到过分解问题。例如：

$$-60=(-1)\times 2^2\times 3\times 5$$

其中 -1 是单位，2、3、5 是几个不同的质数。质数是不可约分的，它们的因数仅有 1 及其本身。

在写作本书之时，已确认的最大质数已达 24862048 位数[21]。确定一个数是否为质数和整数分解是不同但相关的问题。研究这些主题的数学分支名为“数论”，当然数论还研究其他许多问题。

分解大整数很困难，其困难之处不只是数的大小。整数

$$10^{25000000}=2^{25000000}\times 5^{25000000}$$

就比上面提到的已知最大质数更大，但它却很容易分解。

当分解 $\mathbb{Z}$ 中某个大于 1 的数 N 时，可将其表示成乘积形式：

$$N=p_1p_2\cdots p_{n-1}p_n$$

其中 $n\geqslant 1$ 为某个整数且所有 p_j 都为质数。我们通常会按从小到大的顺序排列这些质数，也就是说如果 $j<k$，则 $p_j\leqslant p_k$。某些质数可能多次出现。举个例子，如果在分解结果中 11 出现了 5 次，我们就说 11 的重复度（multiplicity）为 5。我们使用符号 $p_j\,|\,N$ 来表示 p_j 是 N 的一个因数，读作“p_j 整除 N”。

如果 $n=1$，则 N 本身就是质数。尽管整数分解的目标是找到所有因数 p_j，但一开始执行时，我们只想找到一个 p_j，然后继续分解更小的整数 N/p_j。在探索整数分解时，我们会重点关注第一个质因数，然后重复使用我们的或基础或高级的方法来寻找剩下的质因数。

10.2.2　大整数

一个 64 位经典处理器所能表示的最大自然数为：

$$2^{64}-1=18446744073709551615$$

若要表示正负整数，有一个比特会被用作符号位，则此时可表示的最大整数为：

$$2^{63}-1=9223372036854775807$$

这些数看起来可能很大，但从整数分解的角度看，它们其实很小。我们已发现许多远远

大于这些值的质数。

如果你想分解 18446744073709551617，即 $\left(2^{64}-1\right)+2$，你会怎么做？64 位经典处理器无法直接将这个数保存在其硬件中。

我们可通过在软件中创建“bignum”或“big integer”对象来解决这个问题。只要计算机内存允许，这些对象可以很大。本质上讲，我们会将大整数划分为多个硬件整数（即计算机硬件内部可以处理的整数），然后编写用于取反、加法、减法、乘法、除法（包含求商和取余）相关的软件例程。其中，最难正确编码的运算是除法，但现在人们已经很清楚该如何做了。

科学计算应用软件通常都支持大整数。这类软件包括 Maple、Mathematica、MATLAB 和加密软件等。Python、Erlang、Haskell、Julia、Ruby 等编程语言，以及变体版本的 Lisp 和 Scheme 语言都是内置大整数的编程语言，其他语言则可通过软件库扩展来提供这一功能。

GNU 多重精度运算库（GNU multiple precision arithmetic library）实现了经过高度优化的低层例程，支持任意精度的整数和其他数值类型。其发布基于 GNU LGPL v3 和 GNU GPL v2 双重许可[9]。

下面我们快速回顾一下分解整数的基本方法，再转向舒尔提出的方法。

10.2.3　经典整数分解：基本方法

经典的整数分解技术使用的是算术方法，可以将任务分解为以将数 N 分解质因数为目的的基本尝试，更先进的整数分解技术则需要更加复杂的数学方法。我们先来详细了解前者，再了解后者。

设分解质因数的结果为 $N=p_1p_2\cdots p_n$。如果 $N=1$ 或 $N=-1$，就可以直接结束了。如果 N 是负数，我们只需记下 -1，然后假设 N 为正数。

同时为偶数和质数的数有且仅有一个，那就是 2。如果 N 是偶数，那就意味着它的个位必然为 0、2、4、6、8 中的一个，则 $p_1=2$。用 $N/2$ 作为新的 N 继续计算。如果经过迭代得到的新 N 还是偶数，则 $p_2=2$，然后继续迭代，以新的 $N/2$ 为 N。继续操作直到 N 不是偶数。如果 N 最终在分解过程中变成了 1，则任务就完成了。当 N 变成某个奇数的时候，我们可能已经有一些等于 2 的初始 p_j 因数了。要确认 3 是否为 N 的因数，我们会用到一个你小时候可能学过的技巧。

将 N 的各位数字分别写出来：

$$N = \overline{d_t d_{t-1} \cdots d_2 d_1 d_0}$$

其中 d_j 是 0、1、2、3、4、5、6、7、8、9 中的一个。举个例子，如果 $N = 475$，则 $d_2 = 4$，$d_1 = 7$，$d_0 = 5$。

当且仅当 $\sum_{j=0}^{t} d_j$ 能被 3 整除时，N 可被 3 整除。

也就是说，如果 N 的各位数之和能被 3 整除，则 3 就是 N 的一个因数。由于 N 的各位数之和通常比 N 小得多，因此这样会更容易计算。要证明这一点，首先按照以上方式定义 N，则

$$N = \sum_{j=0}^{t} d_j 10^j$$

请自行验证该等式。

如果 $N \equiv 0 \bmod 3$，则 N 可被 3 整除。根据我们在 3.7 节讨论过的模算术，由于每个 $10^j \equiv 1 \bmod 3$ 都成立，则可得：

$$\begin{aligned} N \bmod 3 &\equiv \left(\sum_{j=0}^{t} d_j 10^j \right) \bmod 3 \\ &\equiv \sum_{j=0}^{t} \left(d_j 10^j \bmod 3 \right) \equiv \sum_{j=0}^{t} \left(d_j \bmod 3 \right) \left(10^j \bmod 3 \right) \\ &\equiv \sum_{j=0}^{t} \left(d_j \bmod 3 \right) \equiv \left(\sum_{j=0}^{t} d_j \right) \bmod 3 \end{aligned}$$

问题 10.2.1

很显然 $10^0 \equiv 1 \bmod 3$。另外，$10^1 \equiv 10 \equiv 3^2 + 1 \equiv 1 \bmod 3$。

由于 $ab \bmod 3 \equiv (a \bmod 3)(b \bmod 3)$，请证明 $10^2 \equiv 1 \bmod 3$。你会如何说明 $10^j \equiv 1 \bmod 3$？

对于 4 这个因数，我们没有什么特别的技巧，因为我们将所有 2 都分解了出去。至于因数 5，如果 N 的个位数为 0 或 5，则 $5 | N$。由于 $6 = 2 \times 3$，因此无须再考虑它。

对于质数 7，我们可以执行基本的除法：用 N 除以 7，如果没有余数，则 7 是一个因数。8、9、10 都无须考虑。对于质数 11，再次执行基本的除法。

这里描述的是一种用“蛮力”求解的模式：先列出已排序的质数列表，然后逐个检查它们能否整除 N。你无须检查所有小于 N（甚至小于等于 $N/2$）的质数，你只需检查那些小于等于 $\sqrt{N}$ 的质数。

> **问题 10.2.2**
>
> 如果对于质数 p 有 $p|N$，其中 $p \neq N$ 且 $p \geqslant \sqrt{N}$，为什么必然存在另一个质数 $q \leqslant \sqrt{N}$ 使得 $q|N$？

当 N 很大时，这种寻找因数的方法就不再实用了，因为除法的计算成本很高，而使用这种方法需要执行大量除法。寻找 N 的*整数平方根*（*integer square root*）——即使得 $s^2 \leqslant N$ 成立的最大整数 s——并不难，可将其记为 $\lfloor \sqrt{N} \rfloor$。如果 $s^2 = N$，则 N 是一个平方数。

为了创建用于基本除法的质数列表，我们应该怎么做？一种经典方法（真的很“经典”——它可以追溯至古希腊）是埃拉托色尼筛法（sieve of Eratosthenes）。我们通过查找小于或等于 30 的所有质数来学习如何使用这种方法。我们要对这些数进行“筛选”并去除其中的合数。

首先，我们创建一个列表，其中包含所有小于或等于 30 的自然数。为所有数的框都加上阴影，然后选择性地移除其中非质数的阴影。我们将移除阴影的操作称为标记（mark）。标记完成后，剩下的阴影框里都是质数。由于 1 不是质数，我们就先标记它，如图 10-7 所示。

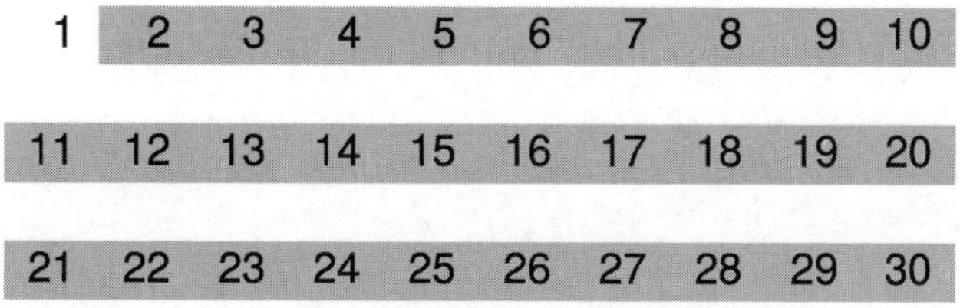

图 10-7

第一个不能标记的数是 2，它肯定是质数。现在标记可以写成诸如 $2+2$、$2+2+2$、$2+2+2+2$ 形式的数。我们标记的这些数都是 2 的倍数，因此不是质数。标记后的结果如图 10-8 所示。

2 之后，下一个不能标记的数是 3，它肯定是质数。然后我们标记可以写成诸如 $3+3$、$3+3+3$ 形式的数。标记后的结果如图 10-9 所示。

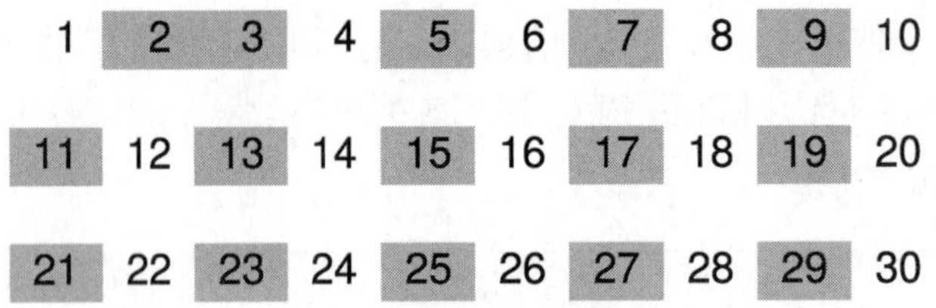

图 10-8

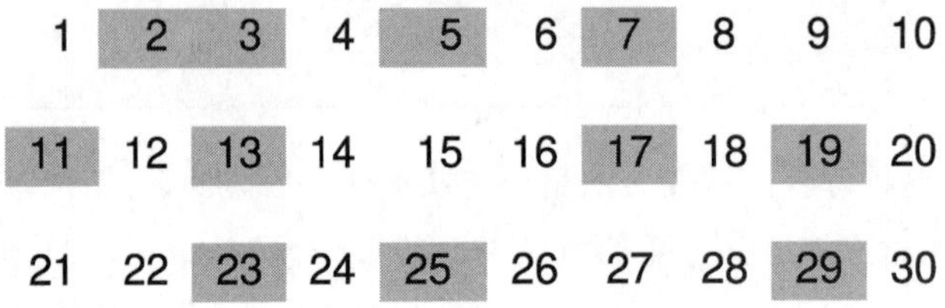

图 10-9

> **问题 10.2.3**
>
> 标记最好从 3^2 开始再到 3^2+3 等数，而不是从 $3+3$ 开始再到 $3+3+3$ 等数。为什么？

直接在我们已标记的最后一个数上加 3 是最高效的方法。我们也可以使用乘法，但所需计算量会超过我们的实际需求。

继续按这种方式执行，我们最后会得到如图 10-10 所示的结果。

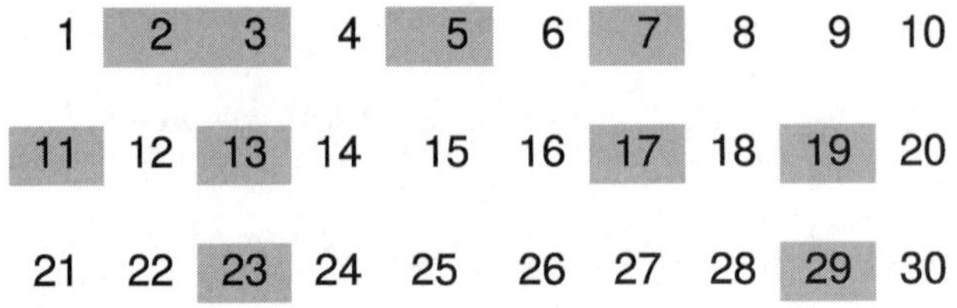

图 10-10

剩下的整数都是质数。使用这种方法创建一个包含数百个或数千个质数的列表还不算太糟，但如果要找一个几百万位的质数，你不会想使用这种方法。

代码清单 10-1 给出了这种筛法的一个简单的 Python 实现，其对以上示例的输出以及另一个更大质数集的输出如下：

```
print( list_of_primes (30))
[2, 3, 5, 7, 11, 13, 17, 19, 23, 29]
```

```
print( list_of_primes (300))
[2, 3, 5, 7, 11, 13, 17, 19, 23, 29, 31, 37, 41, 43, 47, 53, 59, 61, 67, 71, 73, 79,
 83, 89, 97, 101, 103, 107, 109, 113, 127, 131, 137, 139, 149, 151, 157, 163, 167, 173,
179, 181, 191, 193, 197, 199, 211, 223, 227, 229, 233, 239, 241, 251, 257, 263, 269, 271,
277, 281, 283, 293]
```

代码清单 10-1 演示埃拉托色尼筛法的 Python 3 示例代码

```
#!/ usr/bin/env python3

def list_of_primes (n):
    # 使用埃拉托色尼筛法返回小于或等于 n 的质数列表

    # 准备包含 [0,1,…,n] 的列表
    numbers = list(range(n+1))

    # 标记前两个数，具体做法是将它们设定为 0
    numbers [0] = numbers [1] = 0

    # 第一个质数是 2
    p = 2

    # 在这些数中循环执行，标记非质数
    while p < n:
        if p:
            index = p + p
            while index <= n:
                numbers[index] = 0
                index += p
        p += 1

    # 返回列表中剩余的质数
    return [i for i in numbers if i != 0]

print( list_of_primes (30))
print( list_of_primes (300))
```

对于一个给定的数 N，还可以使用基于数论的算法来检验 N 是否为质数或至少有很高的概率为质数，比如米勒-拉宾检验法（Miller-Rabin test）。

我们可以尝试的一种更进一步的方法是检验 N 是否为某个整数的幂。使用一种名为牛顿法（Newton's method）的高效算法，我们可以确定 N 是否为某个整数的 m 次幂。最高效的算法能在 $O(\log(N))$ 的时间内完成这一检验[1]。

我们需要尝试哪个 m？

如果$2^m > N$，那么其他正整数的m次幂也都会大于N。因此，需要使$2^m \leqslant N$，并对两侧求以 2 为底的对数(注意两边都大于 1)。我们需要找到$\mathbb{Z}$中能使得下式成立的所有m：

$$m \leqslant \log_2(N)$$

以$N = 10^{50}$为例，满足条件的最大m为 167。

数学家皮埃尔·德·费马（Pierre de Fermat，如图 10-11 所示）还提出了另一种基本方法。N总是可以表示成两个平方数的差：$N = u^2 - v^2$。这个定理的重要性在于还能得到：

$$N = u^2 - v^2 = (u+v)(u-v)\text{，其中 } u \neq \pm v\text{。}$$

如果我们能找到使得$u+v$和$u-v$都不为 1 的u和v，则我们就得到了一组分解结果。

换种说法，即：

$$u^2 \equiv v^2 \bmod N\text{，其中 } u \neq \pm v$$

令N为奇数，则$N-1$和$N+1$都是偶数且

$$N = \left(\frac{N+1}{2}\right)^2 - \left(\frac{N-1}{2}\right)^2$$

因此$u = \dfrac{N+1}{2}$和$v = \dfrac{N-1}{2}$是一对可能的选择。

图 10-11　皮埃尔·德·费马，1601—1665。图片属于公共领域

假设$N = 87$。然后设

$$u = \frac{87+1}{2} = 44 \text{ 且 } v = \frac{87-1}{2} = 43$$

会得到$u+v=87$和$u-v=1$。这一对u和v没什么用处。在寻找配对的u和v时，这类特定选择都没用，因为

$$u - v = \frac{N+1}{2} - \frac{N-1}{2} = \frac{N+1-N+1}{2} = 1$$

无论如何，由于 87 是质数，因此我们无法找到一对真正可用的u和v。

所以还有更好的技巧或方法吗？

首先计算N的整数平方根s。如果$s^2=N$，则我们就已经找到了一个因数，否则，令$u=s+1$并考虑u^2-N。如果u^2-N是一个平方数，则它就是v^2，否则将u增大1并再次尝试。因为$N=(u+v)(u-v)$，所以当$u+v\geqslant n$时，就可以停止了。（事实上，我们可以更早停止，在这里是为了说明到某一点后我们就无须再继续了。）

我们来试试$N=143$的情况。$s=11$，且因为$s^2\neq144$，所以设$u=s+1=12$。$u^2-N=144-143=1$，因此设$v=1$。v是一个完美的平方数，因此

$$N=(u+v)(u-v)=13\times11$$

当$u+v$和$u-v$都接近$\sqrt{N}$时，采用这种方法的效果很好，否则我们就需要执行大量迭代和计算。

问题 10.2.4

请使用费马提出的方法分解3493157。请再使用该方法分解13205947。

10.2.4　经典整数分解：高级方法

费马提出的方法是尝试找到满足以下条件的u和v：

$$u^2\equiv v^2 \bmod N，其中 u\neq\pm v$$

这被称为平方模N的同余式（congruence of square modulo N）。如果我们已有这样的同余式，则我们可以构建这样的分解：

$$(u+v)(u-v)\equiv0 \bmod N$$

这不是说$(u+v)(u-v)=N$，而是说存在一个非零整数c使得$(u+v)(u-v)=cN$。

在此基础上，令$g=\gcd(u+v,N)$，则g和N/g都可能是N的一个因数。如果这两个数中有一个为1，则我们就失败了，必须寻找新的候选u和v。

关键的问题是：寻找可能有效的u和v的效率能达到多高？

使用费马提出的方法时，我们从N的整数平方根开始向两侧计算，希望找到靠近它的因数。下面简要说明一种更加高级的数论方法。

了解更多

一些数学上的细节超出本书的范围，但其他一些地方有很好的描述[11] [15] [5]。

令 $B \geqslant 2$ 且 B 在 $\mathbb{Z}$ 中。对一个正整数而言，如果其所有质因数都小于等于 B，则称该整数是 *B 平滑*（*B-smooth*）的。B 是其质数大小的上界。

因数基底（*factor base*）是指由质数构成的集合 P。通常而言，给定如上所述的上界 B，P 是所有小于或等于 B 的质数的集合。如果我们只是说一个整数 n 是平滑的，则表示它是 n 平滑的，也就意味着其所有质因数都在 P 内。

下面的方法名为*迪克逊方法*（*Dixon's method*），得名于其发现者数学家约翰・D. 迪克逊（John D. Dixon）。给定一个要分解的数 N，可以选择 B 并由此得到 P。令 n 是 P 中质数的数量。我们希望找到 $(n+1)$ 个不同的正整数 f_j 使得 $f_j^2 \bmod N$ 是 B 平滑的，即：

$$f_j^2 \bmod N = \prod_{k=1}^{n} p_k^{e_{j,k}}$$

其中指数 $e_{j,k}$ 是一个非负整数。

我们可用什么方法找到这些 f_j？我们可在 $1+N$ 的整数平方根与 N 之间随机选取它们。假设 $N=17$，则 N 的整数平方根为 4。使用 Python 时，代码

```
#import random
random.randint (5, 17)
```

会随机返回一个大于或等于 5 且小于或等于 17 的整数。

现在我们已经得到了 f_j 的集合，再来看乘积：

$$\prod_{j=1}^{n+1} f_j^2 \equiv \prod_{k=1}^{n} p_k^{e_{j,1}+\cdots+e_{j,n}} \bmod N$$

根据以下矩阵的线性代数方法

$$\begin{bmatrix} e_{1,1} & e_{1,2} & \cdots & e_{1,n} \\ e_{2,1} & e_{2,2} & \cdots & e_{2,n} \\ \vdots & \vdots & & \vdots \\ e_{n,1} & e_{n,2} & \cdots & e_{n,n} \end{bmatrix}$$

我们可以寻找依然使得该同余式成立的指数替代值，而且 $e_{j,1}+\cdots+e_{j,n}$ 是**偶数**。这意味着等式

$$\prod_{j=1}^{n+1} f_j^2 \equiv \prod_{k=1}^{n} p_k^{e_{j,1}+\cdots+e_{j,n}} \bmod N$$

的右侧部分是一个平方数，因此左侧部分也是。该等式符合形式：

$$u^2 \equiv v^2 \bmod N，其中 u \neq \pm v$$

因此我们可以在此基础上检验是否得到了一个因数。如果我们没得到，我们可以执行以下操作。

- 寻找不同的 f_j。
- 增大 B 并继续尝试。

充分运行该算法可以找到 B 的取值界限。我们能找到更好的平方数同余式吗？速度还能提高吗？我们使用的 f_j 是平滑的数，可以对所有的可能选择进行更好的筛选从而让我们无须考虑那么多糟糕的候选项吗？

了解更多

迪克逊算法之外，还有一些更强大、更复杂的数论算法，它们对筛选技术进行了推广，能以很快的速度查找平滑数，如*二次筛选法*和*普通数域筛选法*。当整数非常大时，普通数域筛选法是最有效的整数分解算法[2] [11, 第 3 章]。

10.3 那又会有多难？

我们最早在 2.8 节见到了大 O 符号，并在排序和搜索中用到了它。冒泡排序的运行时间为 $O(n^2)$，而归并排序的运行时间为 $O(n\log(n))$。蛮力搜索的运行时间为 $O(n)$，但加上排序和随机访问，会使得二分搜索的运行时间为 $O(\log(n))$。所有算法的运行时间都是多项式时间，因为我们可以限定其上界，在这里为 $O(n^2)$。更确切地说，算法的时间复杂度存在一种层次结构。上面的例子可总结为表 10-1。

表 10-1

算法	复杂度	名称
冒泡排序	$O(n^2)$	二次时间
归并排序	$O(n\log(n))$	拟线性时间
蛮力搜索	$O(n)$	线性时间
二分搜索	$O(\log(n))$	对数时间

多项式时间高于以上全部时间，但我们可以说每次运行的时间最多为多项式时间。

我们关心这一点的原因是多项式时间和指数时间之间有一个特殊的区别。后者描述的是指数增长，这会导致问题很快变得无法解决。这些描述适用于 n 很大的情况。即便指数运行时间听起来很糟糕，但如果 n 较小，那么该算法也许仍旧可行。

有些以指数时间运行的算法的执行时间正比于 $2^{f(n)}$。这里 $f(n)$ 是 n 的一个多项式，比如 $n^2 - n + 1$。双指数时间甚至更糟：其时间正比于 $2^{2^{f(n)}}$。

次指数时间比指数时间要好一些。这意味着对于 $\mathbb{R}$ 中的每个 $b(b>1)$，运行时间低于 b^n。请将 b 设为 2 以比较其与指数时间[13]。

举个例子，$O\left(2^{n^{\frac{1}{4}}}\right)$这样的算法运行时间为次指数时间。

在经典复杂度和量子复杂度方面，有许多细微之处需要考虑。如果要进行完整的讨论，会涉及传统图灵机和量子图灵机。由于我们只需要理解量子计算可优于经典计算，因此这里不会完整、深入地介绍复杂性理论及其形式化描述。

费马提出的整数分解方法是一种指数时间的算法。普通数域筛选法的运行时间为次指数时间。在整数分解方面，目前还没有已知的多项式时间的经典算法。

加法和乘法这两种算术运算都是*确定性算法*（*deterministic algorithm*）。对于确定性算法，给定同样的输入数，执行一系列步骤后得到的答案也总是一样的。其中不涉及随机性。当你在本书后文中看到随机数时，它很可能来自一个非确定性算法。

非确定性算法可能涉及概率和选择，它们能让每次运行的最终答案不同。即便答案一样，该算法内部的选择也可能导致该算法运行得非常快或极其慢。从数学形式上讲，糟糕的选择可能导致运行时间为指数时间，而好的选择可能实现多项式时间的算法。

复杂性类（complexity class）P 是指可使用确定性算法在多项式时间内求解的问题的集合。

NP 类则是指可在多项式时间内判定其解是否正确的问题的集合。我们不知道 P = NP 是否成立，但如果你能证明或证否它，会有丰厚的行业奖金。举个*决策问题*的例子：通过提出“$p \times q$ 是否等于 N？”这样的问题来判定一个解。

来看整数分解问题：我们不知道是否存在一种能在多项式时间内分解合数的经典方法，但如果分解已完成，我们就可以轻松地将这些因数相乘，从而检查这个解是否正确。换句话说，我们不知道经典整数分解方法是否在 P 中，但知道它在 NP 中。

如果 $P \neq NP$，那么我们可以将问题的集合表示成图 10-12 所示的形式。并非所有 NP 问题的难度都相等，它们的难度定义为它们在多项式时间内判定解的能力。

图 10-12 中还有两个新术语：NP-Hard 和 NP-Complete。第一个更容易解释：NP-Hard 中问题的难度至少与 NP 中最难的问题一样。

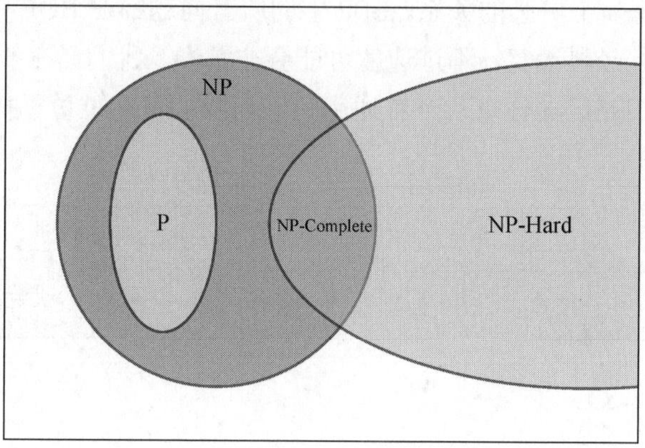

图 10-12　P、NP、NP-Hard 和 NP-Complete 的关系

为了将一个问题简化为另一个问题，有一个很有价值的思路：如果 *A* 和 *B* 是两个问题，那么我们若可通过一系列操作将 *A* 表示成 *B* 的一个实例，就能“在多项式时间内将 *A* 简化为 *B*”。

打个比方，假设问题 *A* 是“前往纽约市的帝国大厦”，而问题 *B* 是“开车到纽约市的任意地点”。*B* 总体而言更困难，因为其需要到达任意位置，而且还有开车的难度。由于 *A* 是以某种方式到达一个地方，因此可以简化为 *B*。

对一个问题而言，如果任意 NP 问题都可以简化为它，则该问题在 NP-Hard 中。正如图 10-12 中的 NP-Hard 问题类别与 NP 有交集，但 NP-Hard 的范围更大。这个交集称为 NP-Complete 类，这是 NP 中最难的问题，其他问题都可以简化到这一类中。不在 NP 中的 NP-Hard 问题无法在多项式时间内求解或验证。

复杂性类不止如此（实际上还有很多很多），你可能会有兴趣了解这里讨论的之外的其他复杂性类。BPP 是一个可在多项式时间内执行的决策问题类，但有一点需要注意，BPP 表示“bounded-error probabilistic polynomial time”，即“有界错误概率多项式时间”。由于涉及概率，因此求解该问题的算法并不总能返回正确答案。其名称中“有界”的含义很明确，即保持至少 2/3 的时间会得到正确答案。

P 类在 BPP 类中，但我们还不清楚是否 NP 中的所有问题都在 BPP 中。

以上分类针对的是在经典计算机上求解的问题。对于量子计算机，我们要考虑 BQP 类，即在量子计算机上可在有界错误多项式时间内求解的问题。BQP 表示“bounded-error quantum polynomial time”，即“有界错误量子多项式时间”。不严谨地说，BQP 对应量子计算机，BPP 对应经典计算机。

但是，它们还有一个更强的关系。BPP 中的所有问题都在 BQP 中。这是因为我们能在量子计算机上执行经典运算，不过速度可能会非常慢。我们已在 9.3 节说明过这一点，那时我们看到与非门是经典计算的一种通用门，而我们可通过量子托佛利门在量子计算机上创建出与非门。

了解更多

要精通量子算法，经典算法和复杂性理论方面的知识基础必不可少[4] [6] [26]。

10.4　相位估计

令 $\boldsymbol{U}$ 为带有复数元素的 $N\times N$ 的方阵。根据 5.9 节，方程

$$\det\left(\boldsymbol{U}-\lambda\boldsymbol{I}_N\right)=0$$

的解 λ 为 $\boldsymbol{U}$ 的*特征值* $\{\lambda_1,\lambda_2,\cdots,\lambda_N\}$。某些 λ_j 可能相等。如果在这 N 个特征值中，某个特定的特征值 λ 出现了 k 次，则我们说 λ 的*重数*（*multiplicity*）为 k。

每个特征值 λ_j 都对应于一个*特征向量* $\boldsymbol{v}_j$，使得

$$\boldsymbol{U}\boldsymbol{v}_j=\lambda_j\boldsymbol{v}_j$$

可将每个 $\boldsymbol{v}_j$ 看作一个单位向量。

当 $\boldsymbol{U}$ 为幺正矩阵时，我们还能得到更多结论，例如每个 λ_j 的绝对值都为 1，因此可以表示成：

$$\lambda_j=\mathrm{e}^{2\pi\varphi_j\mathrm{i}}，\text{其中}0\leqslant\varphi_j<1$$

这种表示方式与我们之前使用的表示方式略有不同，但这很常用。乘积 $2\pi\varphi$ 是对旋转的完整弧度的度量。

现在我们可以“放出”本节要阐述和求解的问题：令一个 n 量子比特的量子变换（量子门）$\boldsymbol{U}$ 对应 $N\times N$ 的方阵，其中 $N=2^n$。如果 $|\psi\rangle$ 是该量子变换 $\boldsymbol{U}$ 的一个特征向量（不

严谨地说，也是对应方阵的一个特征向量)，$e^{2\pi\varphi i}$ 是对应于 $|\psi\rangle$ 的一个特征值，则我们能否非常近似地估计出 φ？

某些作者将特征向量 $|\psi\rangle$ 称为*特征右矢*（*eigenket*）。本书不会使用这个说法。

我们希望得到与 φ 的差距非常小的近似值。通过增加线路中使用的量子比特，我们可以得到更接近 φ 的近似值。

假设我们有以上定义的 $\boldsymbol{U}$、$|\psi\rangle$ 和 $e^{2\pi\varphi i}$。通过多次使用 $\boldsymbol{U}$，可得：

$$\begin{aligned}
\boldsymbol{U}|\psi\rangle &= e^{2\pi\varphi i}|\psi\rangle \\
\boldsymbol{U}^2|\psi\rangle &= \boldsymbol{U}\left(e^{2\pi\varphi i}|\psi\rangle\right) = e^{(2+2)\pi\varphi i} \\
\boldsymbol{U}^3|\psi\rangle &= \boldsymbol{U}\left(e^{(2+2)\pi\varphi i}|\psi\rangle\right) = e^{(2+2+2)\pi\varphi i} \\
&\cdots \\
\boldsymbol{U}^k|\psi\rangle &= e^{2k\pi\varphi i}
\end{aligned}$$

如果 $k = 2^j$，则 $\boldsymbol{U}^{2^j}|\psi\rangle = e^{2^{j+1}\pi\varphi i}$。

我们可在线路中以以下方式将其用于相位估计。

图 10-13 所示的是一个受控 $\boldsymbol{U}^k$ 门。$-\!\!\!/^{\,n}$ 指使用了 n 个量子比特来表示 $|\psi\rangle$，而 $\boldsymbol{U}^k$ 的输入和输出都是 n 个量子态。这个 $\boldsymbol{U}^k$ 仅会在上方导线的输入为 $|1\rangle$ 时运行。

令 $\boldsymbol{U}$ 为如下所示的单量子比特门：

$$e^{2\pi\varphi i}\begin{bmatrix}1 & 0\\ 0 & 1\end{bmatrix} = \begin{bmatrix}e^{2\pi\varphi i} & 0\\ 0 & e^{2\pi\varphi i}\end{bmatrix}$$

那么，除了相差一个全局相位之外，图 10-14 所示的两个线路是一样的。

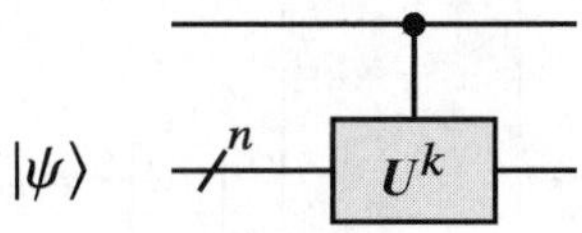

图 10-13

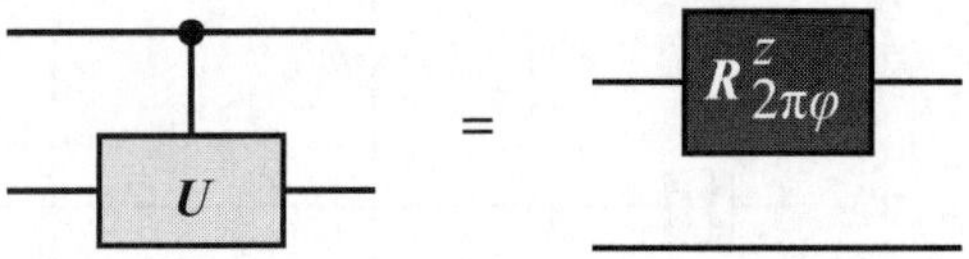

图 10-14

请注意控制量子比特的值是如何改变的。

问题 10.4.1

请通过矩阵和标准基底右矢证明这是成立的。

这可扩展成单位矩阵的单位倍数的更大型矩阵，而且这也正是 $\boldsymbol{U}$ 对其特征向量 $|\psi\rangle$ 所做的操作。

我们希望达到与原相位足够相近的水平，因此至少需要一定数量的比特。令我们所需的比特数为 m [20, 5.2 节]。则我们在线路的上部分（“上部寄存器”）需要使用 m 个量子比特。

当 $m=2$ 时，我们的相位估计线路如图 10-15 所示。

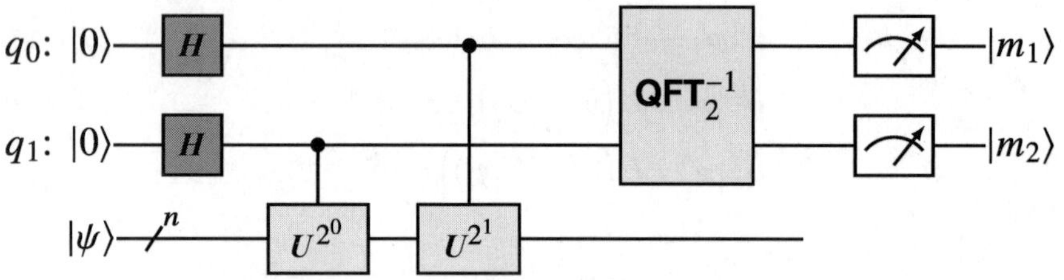

图 10-15

对于一般情况，我们需要在底部不断添加门，直到添加到 $\boldsymbol{U}^{2^{m-1}}$，如图 10-16 所示。根据前文所述的相位偏移的使用性质，这样做会改变上部寄存器的量子态。然后执行量子傅里叶逆变换。

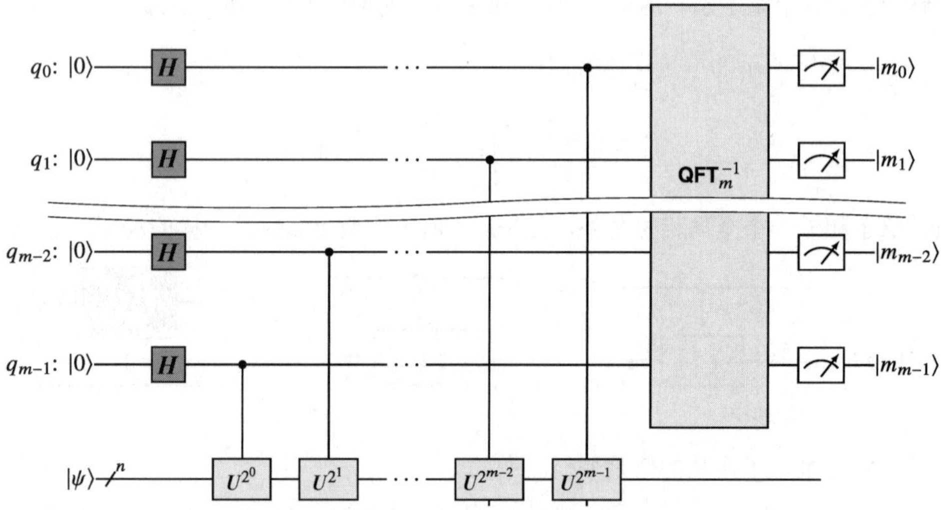

图 10-16　相位估计线路

继续来看双量子比特的情况，在使用 $\mathbf{QFT}_2^{-1}$ 之前，上部寄存器的状态为：

$$\frac{1}{2}\left(|0\rangle + e^{2\pi 2^1 \varphi i}|1\rangle\right)\otimes\left(|0\rangle + e^{2\pi 2^0 \varphi i}|1\rangle\right)$$

$$= \frac{1}{2}\left(|00\rangle + e^{2\pi 2^0 \varphi i}|01\rangle + e^{2\pi 2^1 \varphi i}|10\rangle + e^{2\pi \boxed{3} \varphi i}|11\rangle\right)$$

$$= \frac{1}{2}\left(|00\rangle + e^{2\pi 2^0 \varphi i}|01\rangle + e^{2\pi 2^1 \varphi i}|10\rangle + e^{2\pi \boxed{\left(2^2-1\right)} \varphi i}|11\rangle\right)$$

$$= \frac{1}{2}\sum_{j=0}^{2^2-1} e^{2\pi j \varphi i}|j\rangle_2$$

我着重标出了指数中的两项以展示其中的规律。

在双量子比特的情况中，

$$\mathbf{QFT}_2 = \frac{1}{\sqrt{4}}\begin{bmatrix} 1 & 1 & 1 & 1 \\ 1 & \omega & \omega^2 & \omega^3 \\ 1 & \omega^2 & \omega^4 & \omega^6 \\ 1 & \omega^3 & \omega^6 & \omega^9 \end{bmatrix} = \frac{1}{2}\begin{bmatrix} 1 & 1 & 1 & 1 \\ 1 & i & -1 & -i \\ 1 & -1 & 1 & -1 \\ 1 & -i & -1 & i \end{bmatrix}$$

因为 $\omega = e^{\frac{2\pi i}{2^2}} = i$ 是一个 4 次开方的单位原根。由于该矩阵是幺正矩阵，因此其逆矩阵为其共轭转置矩阵

$$\mathbf{QFT}_2^{-1} = \frac{1}{2}\begin{bmatrix} 1 & 1 & 1 & 1 \\ 1 & -i & -1 & i \\ 1 & -1 & 1 & -1 \\ 1 & i & -1 & -i \end{bmatrix}$$

对于 $N = 2^2$ 和

$$|\chi\rangle = \sum_{j=0}^{2^2-1} a_j |j\rangle_2$$

其量子傅里叶逆变换为：

$$\mathbf{QFT}_2^{-1}\left(|\chi\rangle\right) = \frac{1}{\sqrt{2^2}}\sum_{j=0}^{2^2-1}\sum_{k=0}^{2^2-1} a_k e^{-\frac{2\pi ijk}{2^2}}|j\rangle_2$$

其中 $\omega = e^{\frac{2\pi i}{N}}$，这是一个 N 次开方的单位原根。χ 是希腊字母，读作“chi”。

在我们的线路中，$a_k = \frac{1}{2}\mathrm{e}^{2\pi\varphi k\mathrm{i}}$。将以上信息汇总，可得观测前上部寄存器的最终状态为：

$$\frac{1}{2^2}\sum_{j=0}^{2^2-1}\sum_{k=0}^{2^2-1}\mathrm{e}^{2\pi\varphi k\mathrm{i}}\mathrm{e}^{-\frac{2\pi jk\mathrm{i}}{2^2}}|j\rangle_2 = \frac{1}{2^2}\sum_{j=0}^{2^2-1}\sum_{k=0}^{2^2-1}\mathrm{e}^{2\pi\varphi k\mathrm{i}-\frac{2\pi jk\mathrm{i}}{2^2}}|j\rangle_2$$

$$= \frac{1}{2^2}\sum_{j=0}^{2^2-1}\sum_{k=0}^{2^2-1}\mathrm{e}^{-\frac{2\pi k\mathrm{i}}{2^2}\left(j-2^2\varphi\right)}|j\rangle_2$$

看起来可真“显而易见”！请让我说明一下这些混乱的表达式中包含的一些元素和它们出现的原因。

- φ 是我们想要估计的相位。
- $|j\rangle_2$ 是标准基底右矢。
- 涉及 $|j\rangle_2$ 的求和是因为叠加。
- 包含 e 的指数形式是单位根或其他绝对值为 1 的复数。
- $\mathbf{QFT}_n^{-1}$ 会向其中的指数引入负号，而使用 $\mathbf{QFT}_n$ 时则不会。

尽管这些表达式看起来很复杂，但其中每个部分都源自某个门操作。

如果不是双量子比特，而是 m 个量子比特的一般情况，那么最后的表达式为：

$$\frac{1}{2^m}\sum_{j=0}^{2^m-1}\sum_{k=0}^{2^m-1}\mathrm{e}^{-\frac{2\pi k\mathrm{i}}{2^m}\left(j-2^m\varphi\right)}|j\rangle_m$$

包括上部寄存器和下部寄存器（$|\psi\rangle$），在线路末端执行观测前的完整状态为：

$$\frac{1}{2^m}\sum_{j=0}^{2^m-1}\sum_{k=0}^{2^m-1}\mathrm{e}^{-\frac{2\pi k\mathrm{i}}{2^m}\left(j-2^m\varphi\right)}|j\rangle_m\otimes|\psi\rangle$$

$\otimes|\psi\rangle$ 左侧的表达式的概率幅为：

$$\frac{1}{2^m}\sum_{k=0}^{2^m-1}\mathrm{e}^{-\frac{2\pi k\mathrm{i}}{2^m}\left(j-2^m\varphi\right)}$$

现在我们尝试得到 φ 的一个估计值。我们的做法是在 0 和 1 之间找到一个有理数近似值。

我们从 φ 开始，将其乘 2^m，然后在 $\mathbb{Z}$ 中选择小于 $2^m\varphi+\frac{1}{2}$ 且与之最接近的 c。具体来说是选择

$$c = \left\lfloor 2^m \varphi + \frac{1}{2} \right\rfloor$$

令

$$d = \left| \frac{2^m \varphi - c}{2^m} \right| = \left| \varphi - \frac{c}{2^m} \right|$$

则 $0 \leqslant 2^m d \leqslant \frac{1}{2}$。我们要找的是能很好地近似 φ 的 $\frac{c}{2^m}$。事实上，我们希望观测到的上部寄存器的状态为 $|c\rangle$。通过增大每个寄存器中量子比特的数量 m，我们得到的近似值能更加准确。

这就是该算法工作机制的关键：用上部寄存器中观测到的标准基底右矢 $|c\rangle$ 来很好地估计 $2^m \varphi$。

给定 c 和 d，我们可将上部寄存器的量子态改写为：

$$\frac{1}{2^m} \sum_{j=0}^{2^m-1} \sum_{k=0}^{2^m-1} \mathrm{e}^{-\frac{2\pi k\mathrm{i}}{2^m}\left(j-2^m \varphi\right)} |j\rangle_m = \frac{1}{2^m} \sum_{j=0}^{2^m-1} \sum_{k=0}^{2^m-1} \mathrm{e}^{-\frac{2\pi k\mathrm{i}}{2^m}(j-c)} \mathrm{e}^{2\pi dk\mathrm{i}} |j\rangle_m$$

当 $j = c$ 时，得到 $|c\rangle$ 的概率为概率幅的绝对值的平方，即：

$$P(c) = \left| \frac{1}{2^m} \sum_{k=0}^{2^m-1} \mathrm{e}^{-\frac{2\pi k\mathrm{i}}{2^m}(c-c)} \mathrm{e}^{2\pi dk\mathrm{i}} \right|^2 = \left| \frac{1}{2^m} \sum_{k=0}^{2^m-1} \mathrm{e}^{2\pi dk\mathrm{i}} \right|^2 = \frac{1}{2^{2m}} \left| \sum_{k=0}^{2^m-1} \mathrm{e}^{2\pi dk\mathrm{i}} \right|^2$$

如果 $d = 0$，右侧部分的和刚好为 1，则上部寄存器的观测结果为 $|c\rangle$ 的概率为 1。当 $\varphi = \frac{c}{2^m}$ 为有理数时就会得到这样的结果。

就算 $d \neq 0$，返回正确答案也不是全无希望。在这种情况下，该线路返回正确答案的概率为 $\frac{4}{\pi^2} \approx 0.405$ [18, 3.7 节]。

这意味着我们必须多次运行该线路才能得到正确答案。正如 6.3 节介绍的那样，如果你运行该线路 28 或更多次，则一直得不到正确答案的概率会低于 10^{-6}。

10.5 求阶和周期查找

请考虑函数 a^k，其中 k 是非负整数，而 a 是 $\mathbb{N}$ 中一个大于 1 的固定值。举个例子，如果 $a = 3$，则该函数的前 12 个值为：

$$3^0=1 \quad 3^1=3 \quad 3^2=9 \quad 3^3=27$$
$$3^4=81 \quad 3^5=243 \quad 3^6=729 \quad 3^7=2187$$
$$3^8=6561 \quad 3^9=19683 \quad 3^{10}=59049 \quad 3^{11}=177147$$

可以看到，随着指数 k 的增大，3^k 的值只会越来越大。

但如果我们使用 3.7 节介绍的模算术，则 3^k 并不会随意增大。举个例子，如果模 13，则取余后得到的值为：

$$1, 3, 9, 1, 3, 9, 1, 3, 9, 1, 3, 9, 1$$

而模 16 可得到：

$$1, 3, 9, 11, 1, 3, 9, 11, 1, 3, 9, 11, 1, 3, 9, 11$$

最后，模 22 则会得到：

$$1, 3, 9, 5, 15, 1, 3, 9, 5, 15, 1, 3, 9, 5, 15, 1, 3, 9, 5, 15, 1, 3$$

在每种情况下，序列都会重复。也就是说，这些序列是*周期性的*，因此其对应的函数是周期函数。如果我们定义 $f_a(x)=a^x \bmod M$ 且**其中** a **与** M **互质**，则使得 $f_a(x)=f_a(x+r)$ 对全体 x 都成立的最小正整数 r 是 f_a 的*周期*。

> **问题 10.5.1**
>
> 如果计算模 23、24 和 25，会得到怎样的结果？

对于 $M=13$，周期 $r=3$。对于 $M=16$，周期 $r=4$。对于 $M=22$，周期 $r=5$。

给定如上所述的 a，我们可以为全体 $a^1, a^2, a^3, \cdots$ 模 M 取余，并提问：如果存在使得 $a^r \equiv 1 \bmod M$ 成立的最小自然数 r，则这个 r 是多少？如果存在这样的 r，则我们称之为 $a \bmod M$ 的*阶*（*order*）。那么，如果乘 a^x，则有 $a^{x+r} \equiv a^x \bmod M$。因此 r 也是 f_a 的周期。由于这个原因，“周期查找问题”就等价于“求阶问题”。

本节剩余内容会逐步构建一个用于寻找这种 a 的阶的量子–经典混合算法，不过该算法还有一些条件。

这个算法很重要，因此其一大应用场景就是整数分解。如果我们已经有了一个这样的 r 并假设它是偶数，则可得：

$$a^r \equiv 1 \bmod M \Rightarrow a^r - 1 \equiv 0 \bmod M \Rightarrow \left(a^{r/2}-1\right)\left(a^{r/2}+1\right) \equiv 0 \bmod M$$

给定一个合适的a、一个合适的偶数r和欧几里得算法，我们也许可以找到M的一组分解结果。

令

$$\ell_{\text{bits}} = \lceil \log_2 M \rceil$$

表示M所需的比特的数量。举个例子，如果$M=7$，则$\ell_{\text{bits}}=3$。如果$M=64$，则$\ell_{\text{bits}}=6$。

现在设

$$\ell_{\varepsilon} = 2\ell_{\text{bits}} + 1 + \left\lceil \log_2\left(2 + \frac{1}{2\varepsilon}\right) \right\rceil$$

其中ε是某个非常小的实数。

为了计算$a \bmod M$的阶r，我们要使用带某种后处理的相位估计——这个后处理步骤要用到连分数。当$0 \leqslant j \leqslant r-1$时，我们能以大于等于$\frac{1-\varepsilon}{r}$的概率找到相位$\varphi_j = \frac{j}{r}$在$(2\ell_{\text{bits}}+1)$比特准确度范围内的近似值。$\varepsilon$越小，$\ell_{\varepsilon}$就越大。

我选择使用ℓ的原因是提醒我们：ℓ_{bits}和ℓ_{ε}是量子寄存器的长度。

了解更多

接下来的内容大体上遵照了 Nielsen 和 Chuang 使用的方法，但其他文献中也有诸多变体，比如 Watrous 就使用了不同的思路[20, 5.3.1 小节][29]。

10.5.1　模幂

因为我们寻找的是函数的周期或数模M的阶，所以我们需要以量子方式计算$a^x \bmod M$。

对于一个长度为ℓ_{bits}的二元比特串y，即y在$\{0,1\}^{\ell_{\text{bits}}}$中，我们定义

$$\boldsymbol{U}|y\rangle = \begin{cases} |ay \bmod M\rangle, & 0 \leqslant y < M \\ |y\rangle, & M \leqslant y < 2^{\ell_{\text{bits}}} \end{cases}$$

请记住a与M互质，这意味着它们之间没有共同的平凡因数。这就相当于

$\gcd(a,M)=1$，因此 $\mathbb{Z}$ 中存在使得 $ab+Mc=1$ 成立的 b 和 c。将这个式子模 M 取余：

$$1 = ab + Mc \equiv ab \bmod M$$

因此 a 是模 M 的逆且有 $a^{-1}=b$。

$|j \bmod M\rangle$ 这样的表达式其实是 $|j \bmod M\rangle_{\ell_{\text{bits}}}$ 的缩写形式。

$|y\rangle$ 是基于 $\mathbb{C}$ 的 $2^{\ell_{\text{bits}}}$ 维向量空间的计算基底。$\boldsymbol{U}$ 是一个 $2^{\ell_{\text{bits}}} \times 2^{\ell_{\text{bits}}}$ 的方阵。其右下方的 $\left(2^{\ell_{\text{bits}}}-M\right)\times\left(2^{\ell_{\text{bits}}}-M\right)$ 子矩阵是单位矩阵。其左上方的 $M \times M$ 子矩阵是一个置换矩阵，因为 a 是逆模 M。其他矩阵元素都为 0。$\boldsymbol{U}$ 整体是由 0 和 1 构成的置换矩阵，因此它是幺正矩阵。

如果我们多次使用 $\boldsymbol{U}$，则会通过反复执行以下平方运算来执行乘法乃至指数运算：

$$\boldsymbol{U}^2|y\rangle = \boldsymbol{U}\boldsymbol{U}|y\rangle = \boldsymbol{U}|ay \bmod M\rangle = \left|a^2 y \bmod M\right\rangle$$

举个例子，

$$\begin{aligned}\boldsymbol{U}^{15}|y\rangle &= \boldsymbol{U}\left(\boldsymbol{U}^7\right)^2|y\rangle = \boldsymbol{U}\left(\boldsymbol{U}\boldsymbol{U}^6\right)^2|y\rangle \\ &= \boldsymbol{U}\left(\boldsymbol{U}\left(\boldsymbol{U}^3\right)^2\right)^2|y\rangle = \boldsymbol{U}\left(\boldsymbol{U}\left(\boldsymbol{U}\boldsymbol{U}\boldsymbol{U}\right)^2\right)^2|y\rangle \\ &= \left|a^{15} y \bmod M\right\rangle\end{aligned}$$

正如我们在 9.4 节结束时说明的那样：对于二元表示为 $\overline{z_{k-1}z_{k-2}\cdots z_1 z_0}$（其中 z_0 为最低有效位）的任意整数 z，有

$$a^z = a^{z_{k-1}2^{k-1}} a^{z_{k-2}2^{k-2}} \cdots a^{z_1 2^1} a^{z_0 2^0}$$

我们可以定义

$$\begin{aligned}|z\rangle|y\rangle &\mapsto |z\rangle \boldsymbol{U}^{z_{k-1}2^{k-1}} \boldsymbol{U}^{z_{k-2}2^{k-2}} \cdots \boldsymbol{U}^{z_1 2^1} \boldsymbol{U}^{z_0 2^0} \\ &= |z\rangle\left|a^{z_{k-1}2^{k-1}} a^{z_{k-2}2^{k-2}} \cdots a^{z_1 2^1} a^{z_0 2^0} y \bmod M\right\rangle \\ &= |z\rangle\left|a^z y \bmod M\right\rangle\end{aligned}$$

在实践中，我们将允许 k 与 ℓ_ε 一样大。

通过这些观察和计算，我们就知道如何执行量子模幂运算了。和许多这样的量子子例程一样，为了执行计算，除了描述该运算的主线路之外，我们可能还需要额外的量子

比特。正如 9.4 节介绍的那样，使用类似于简单经典算法的算法版本，我们可用 $O\left(\ell_{\text{bits}}^3\right)$ 个门执行模幂运算。

现在我们来看有关 $\boldsymbol{U}$ 的最后一点性质，之后我们将转向用于求阶的线路及其相关分析。如果已有 $a \bmod M$ 的阶，则右矢

$$\left|w_j\right\rangle = \frac{1}{\sqrt{r}}\sum_{k=0}^{r-1} \mathrm{e}^{-\frac{2\pi kj\mathrm{i}}{r}} \left|a^k \bmod M\right\rangle$$

是 $\boldsymbol{U}$ 的特征向量，其中 $0 \leqslant j < r$。要检验这一点，我们可对其中每个表达式使用 $\boldsymbol{U}$：

$$\begin{aligned}
\boldsymbol{U}\left|w_j\right\rangle &= \boldsymbol{U}\left(\frac{1}{\sqrt{r}}\sum_{k=0}^{r-1} \mathrm{e}^{-\frac{2\pi kj\mathrm{i}}{r}} \left|a^k \bmod M\right\rangle\right) \\
&= \frac{1}{\sqrt{r}}\sum_{k=0}^{r-1} \mathrm{e}^{-\frac{2\pi kj\mathrm{i}}{r}} \left|a^{k+1} \bmod M\right\rangle \\
&= \frac{1}{\sqrt{r}}\sum_{k=0}^{r-1} \mathrm{e}^{-\frac{2\pi(k+1-1)j\mathrm{i}}{r}} \left|a^{k+1} \bmod M\right\rangle \\
&= \frac{1}{\sqrt{r}}\sum_{k=0}^{r-1} \mathrm{e}^{-\frac{2\pi(k+1)j\mathrm{i}}{r}} \mathrm{e}^{-\frac{2\pi(-1)j\mathrm{i}}{r}} \left|a^{k+1} \bmod M\right\rangle \\
&= \mathrm{e}^{\frac{2\pi j\mathrm{i}}{r}} \frac{1}{\sqrt{r}}\sum_{k=0}^{r-1} \mathrm{e}^{-\frac{2\pi(k+1)j\mathrm{i}}{r}} \left|a^{k+1} \bmod M\right\rangle \\
&= \mathrm{e}^{\frac{2\pi j\mathrm{i}}{r}} \left|w_j\right\rangle
\end{aligned}$$

尽管我们在上面的等式中显式地使用了 r，但请记住我们还不知道它是多少！我们只是表明了特征向量 $\left|w_j\right\rangle$ 对应的特征值为：

$$\mathrm{e}^{\frac{2\pi j\mathrm{i}}{r}}$$

其中 j 从 0 一直取值到 $r-1$。我们使用了相位估计来得到这些特征值，并由此可以得到 r。

问题 10.5.2

如果 r 是 $a \bmod M$ 的阶，请基于此定义证明：

$$\sum_{k=0}^{r-1} \mathrm{e}^{-\frac{2\pi kj\mathrm{i}}{r}} \left|a^k \bmod M\right\rangle = \sum_{k=0}^{r-1} \mathrm{e}^{-\frac{2\pi(k+1)j\mathrm{i}}{r}} \left|a^{k+1} \bmod M\right\rangle$$

了解更多

许多用于模算术运算的优化版量子算法都使用了量子傅里叶变换[24]。

10.5.2　线路

10.5.1 小节所述算法的线路需要两个量子寄存器。由于我们要使用相位估计，因此为了达到所需的准确度，第一个寄存器需要的量子比特的数量为 ℓ_ε，第二个寄存器需要的量子比特的数量为 ℓ_{bits}。

图 10-17 给出了前文所述求阶算法的量子部分的线路。我将这部分线路标记为 $\boldsymbol{U}_{\text{PE}}$，其是相位估计（phase estimation）组件的核心。回头看图 10-16 的一般相位估计线路，$\boldsymbol{U}_{\text{PE}}$ 需要在第二个寄存器中准备一个特征向量并处理受控 $\boldsymbol{U}^{2^j}$ 门。

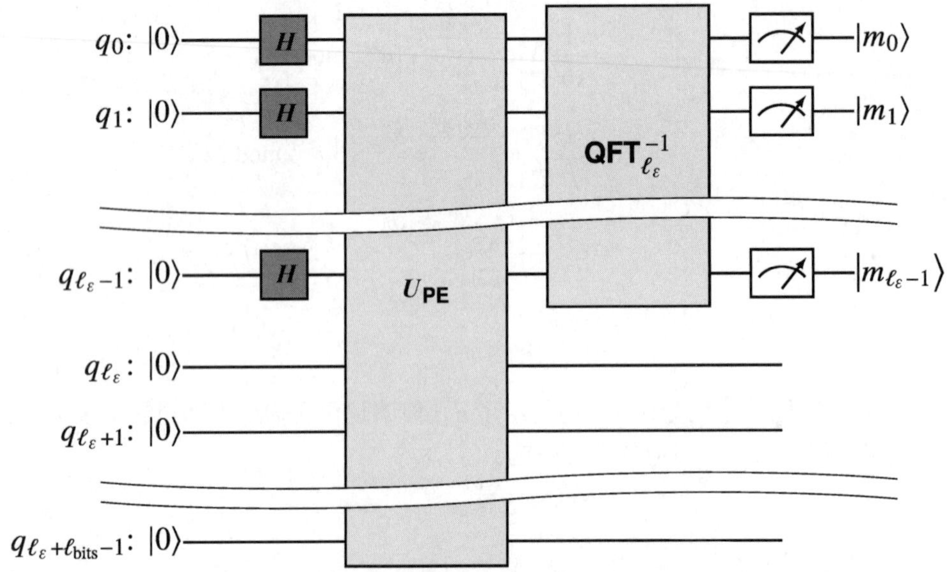

图 10-17　求阶算法的量子部分的线路

不幸的是，其中没有什么能让我们直接创建

$$\left|w_j\right\rangle=\frac{1}{\sqrt{r}}\sum_{k=0}^{r-1}\mathrm{e}^{-\frac{2\pi kj\mathrm{i}}{r}}\left|a^k \bmod M\right\rangle$$

我们希望估计的相位 φ_j 为 $\dfrac{j}{r}$。

当在量子算法中遇到困境时，就创建一个叠加！我们来看看

$$\frac{1}{\sqrt{r}}\sum_{j=0}^{r-1}\left|w_j\right\rangle$$

前面的$\frac{1}{\sqrt{r}}$是所有右矢共有的概率幅。

求其平方并乘r就能得到所需的值 1。扩展该表达式可得：

$$\begin{aligned}\frac{1}{\sqrt{r}}\sum_{j=0}^{r-1}\left|w_j\right\rangle &= \frac{1}{\sqrt{r}}\sum_{j=0}^{r-1}\frac{1}{\sqrt{r}}\sum_{k=0}^{r-1}\mathrm{e}^{-\frac{2\pi kj\mathrm{i}}{r}}\left|a^k \bmod M\right\rangle \\ &= \frac{1}{\sqrt{r}}\sum_{k=0}^{r-1}\frac{1}{\sqrt{r}}\sum_{j=0}^{r-1}\mathrm{e}^{-\frac{2\pi kj\mathrm{i}}{r}}\left|a^k \bmod M\right\rangle \\ &= \frac{1}{\sqrt{r}}\sum_{k=0}^{r-1}\frac{1}{\sqrt{r}}\left[\sum_{j=0}^{r-1}\mathrm{e}^{-\frac{2\pi kj\mathrm{i}}{r}}\right]\left|a^k \bmod M\right\rangle \\ &= \frac{1}{\sqrt{r}}\sum_{k=0}^{r-1}\frac{1}{\sqrt{r}}r\delta_{k,0}\left|a^k \bmod M\right\rangle \\ &= \left|a^0 \bmod M\right\rangle \\ &= \left|1\right\rangle_{\ell_{\text{bits}}}\end{aligned}$$

其中涉及$\delta_{k,0}$的相等性遵循 10.1.1 小节中单位根的扩展求和公式。

值$\left|1\right\rangle_{\ell_{\text{bits}}}$并不是$\left|111\cdots111\right\rangle_{\ell_{\text{bits}}}$，而是右矢$\left|000\cdots001\right\rangle_{\ell_{\text{bits}}}$，这里假设最右侧的比特是最低有效位。

因此，尽管我们无法准备各个特征向量$\left|w_j\right\rangle$，但准备$\left|1\right\rangle_{\ell_{\text{bits}}}$却很简单，其线路如图 10-18 所示。

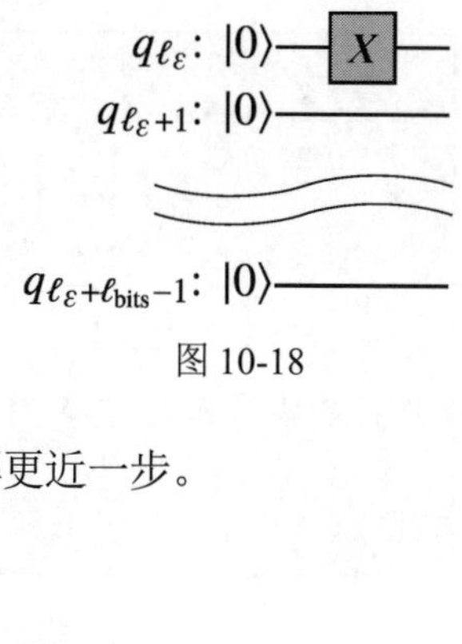

图 10-18

这是下部寄存器的$\boldsymbol{U}_{\mathrm{PE}}$的第一部分。$\boldsymbol{U}_{\mathrm{PE}}$的其余部分是图 10-16 中受控$\boldsymbol{U}^{2^j}$门的序列。

不同于相位估计算法，对于下部寄存器的输入，我们要使用特征向量的叠加，而不是单个特征向量。这还没完，因为使用逆 QFT 后，我们的线路输出的结果还需要更多操作才能得到r。我们将在 10.5.3 小节中使用连分数，这将使我们离整数分解更近一步。

10.5.3　连分数部分

我们选择ℓ_{ε}的条件是：对于$0 \leqslant j \leqslant r-1$，我们可以找到$\boldsymbol{U}$的特征值的相位$\frac{j}{r}$的近似值$\varphi_j$，且有大于或等于$\frac{1-\varepsilon}{r}$的概率达到$(2\ell_{\text{bits}}+1)$比特的准确度。$j$满足$0 \leqslant j < r$，其中每个$j$出现的概率都相等。换句话说，$j$是均匀分布的。

执行观测后，相位估计算法的输出为：

$$\varphi_j = \frac{c_j}{2^{\varepsilon}} \approx \frac{j}{r}$$

我们已经执行了大量量子操作，现在得到了一个近似$\frac{j}{r}$的有理数$\frac{c_j}{2^{\varepsilon}}$。我们希望得到$\frac{j}{r}$，然后算出$r$。

如果$\gcd(c_j, 2^{\varepsilon}) \neq 1$，那么我们就再次尝试，因为这个分数不是最简形式。如果c_j和2^{ε}互质，则我们就检验

$$a^{2^{\varepsilon}} \equiv 1 \bmod M$$

是否成立。如果成立，则我们取$r = 2^{\varepsilon}$，任务完成。当且仅当c_j为奇数时，c_j和2^{ε}互质，而且小于2^{ε}的候选项有很多。

如果$\frac{c_j}{2^{\varepsilon}}$本身不够理想，那么我们可能会得到一个糟糕的结果。在这种情况下，我们可以再次尝试减小ε，并由此增大ℓ_{ε}。

现在我们来使用这个关于近似和连分数的结果。

> 令$\frac{a}{b}$为一个最简形式的有理数。每个满足
>
> $$\left|\frac{a}{b} - \frac{c}{d}\right| < \frac{1}{2d^2}$$
>
> 的最简有理数$\frac{c}{d}$都是$\frac{a}{b}$的一个渐近分数[14, 定理 19]。（我们已在 3.5.4 小节讨论了渐近分数。）

这个称述非常有用：给定两个有理数，如果第二个有理数与第一个有理数足够接近，则第二个就是第一个的一个渐近分数。将这个称述套用到我们的情况中，则会得到以下结果。

> 通过选择 ℓ_{bits} 和 ℓ_{ε}，每个满足
>
> $$\left|\varphi_j - \frac{j}{r}\right| = \left|\frac{c_j}{2^{\varepsilon}} - \frac{j}{r}\right| < \frac{1}{2r^2}$$
>
> 的最简有理数 $\varphi_j = \frac{c_j}{2^{\varepsilon}}$ 都是 $\frac{j}{r}$ 的一个渐近分数。

如果 $\frac{c_j}{2^{\varepsilon}}$ 是 $\frac{j}{r}$ 的一个理想的近似值，则二者达到 $(2\ell_{\text{bits}}+1)$ 比特准确度的概率大于等于 $\frac{1-\varepsilon}{r}$。某个 x 与某个 y 达到 b 比特准确度？这是什么意思？简单来说这意味着：

$$|x-y| \leqslant \frac{1}{2^b} = 2^{-b}$$

因此，基于我们对 ℓ_{bits} 的定义并注意 $r \leqslant M$，可得：

$$\left|\varphi_j - \frac{j}{r}\right| = \left|\frac{c_j}{2^{\varepsilon}} - \frac{j}{r}\right| \leqslant \frac{1}{2^{2\ell_{\text{bits}}+1}} = \frac{1}{2\times\left(2^{\ell_{\text{bits}}}\right)^2} \leqslant \frac{1}{2M^2} < \frac{1}{2r^2}$$

现在我们可以开始计算已知最简分数 $\frac{c_j}{2^{\varepsilon}}$ 的渐近分数了。

在这些渐近分数中，会有一个最简形式的 $\frac{j}{r}$。我们可检验这些渐近分数的分母，并将其作为 r 的候选值。当我们找到一个有效的渐近分数时，任务就完成了。

这个算法总体的复杂性由量子模幂运算主导，因此为 $O\left(\ell_{\text{bits}}^3\right)$。

10.6　舒尔算法

现在我们已经做好准备，可以描绘用于整数分解的舒尔算法——其能在足够大的量子计算机上在多项式时间内完成这一任务。

完整的舒尔算法既有量子组件，也有经典组件。两类机器都要完成一些计算工作才能得到答案。在将整体计算的复杂度降到门数量的多项式复杂度方面，发挥主要作用的是其中的量子计算部分，此时会用到相位估计、求阶、模幂和量子傅里叶变换等。

令 M 为 $\mathbb{Z}$ 中一个大于 3 的奇数，并且你已经使用 10.2.3 小节介绍过的基础技巧检查过 M 是否为 3、5、7 等质数的倍数。你应该使用一个小的质数列表来尝试简单的除法，但这并不是必要的，无须浪费时间。但是，我们有必要确认 M 不是某个质数的幂，你可以使用牛顿法来检验这一点。

因此，M 是 $\mathbb{Z}$ 中的正奇数且不是某个质数的幂，其有相当大的概率为合数。

给定上述的 M，舒尔算法的一般过程如下。

（1）选择 $1 < a < M$ 范围内的一个随机数 a。记住选择的值，因为我们可能需要再次重复这一步骤。

（2）检查 $\gcd(a, M) = 1$ 是否成立。如果不成立，我们就发现了 M 的一个因数，任务完成。这通常不可能，但现在我们知道 a 和 M 互质，即它们没有大于 1 的公约数。

（3）现在找到 $a \bmod M$ 的非零的阶 r。这意味着 $a^r \equiv 1 \bmod M$。如果 r 是奇数，则回到第（1）步，选择另一个 a 并再次尝试。

（4）如果 r 是偶数，则可得

$$a^r \equiv 1 \bmod M \Rightarrow a^r - 1 \equiv 0 \bmod M \Rightarrow \left(a^{r/2} - 1\right)\left(a^{r/2} + 1\right) \equiv 0 \bmod M$$

（5）再来看 $\gcd\left(a^{r/2} - 1, M\right)$。如有必要，也要注意 $\gcd\left(a^{r/2} + 1, M\right)$。如果其中有任何一个不等于 1，那么我们就成功找到了 M 的一个因数。

（6）如果这两个最大公约数都为 1，则回到第（1）步，随机选择另一个 a，然后重复以上整个过程。继续执行直到找到一个因数。

了解更多

一些文献对舒尔算法给出了更深入的介绍，其中会涉及完整的复杂性分析和该算法背后的数论知识。首先可参阅舒尔写的原始论文[27] [17, 第 12 章] [18, 第 3 章] [23, 第 5 章]。

2001 年，IBM 研究院的科学家在一台七量子比特的核磁共振量子计算机上演示了通过舒尔算法分解整数 15 的过程[28]。

10.7 小结

在本章中，我们最终理解了如何将整数分解的速度提升到比经典方法快很多的水平。这个过程涵盖一些复杂的数学运算。在此过程中，我们深入了解了几个其他量子计算应用也会用到的非平凡的量子算法，其中包括量子傅里叶变换、相位估计和求阶等。它们能为你提供一个良好的基础，帮助你理解其他量子算法及其线路。

本书前面介绍的都是略微抽象的概念，接下来我们将注意力转向如今已经“造”出来的量子计算机，并了解它们之间的关联。

了解更多

尽管我们已经介绍了一些很常用的量子算法，但还有许多量子算法。求阶等算法不仅在舒尔算法中得到了应用，同时也是其他许多高级算法的一部分[3][17][22]。

参考资料

[1] Daniel J. Bernstein. “Detecting Perfect Powers in Essentially Linear Time”. In: *Mathematics of Computation* 67.223 (July 1998), pp. 1253–1283.

[2] David M. Bressoud. *Factorization and primality testing*. Undergraduate Texts in Mathematics. Springer-Verlag New York, 1989.

[3] Patrick J. Coles et al. *Quantum Algorithm Implementations for Beginners*. 2018.

[4] Thomas H. Cormen et al. *Introduction to Algorithms*. 3rd ed. The MIT Press, 2009.

[5] R. Crandall and C. Pomerance. *Prime Numbers: a Computational Approach*. 2nd ed. Springer, 2005.

[6] Sanjoy Dasgupta, Christos H. Papadimitriou, and Umesh Vazirani. *Algorithms*. McGraw-Hill, Inc., 2008.

[7] Thomas G. Draper. *Addition on a Quantum Computer*. 2000.

[8] D. S. Dummit and R. M. Foote. *Abstract Algebra*. 3rd ed. Wiley, 2004.

[9] Free Software Foundation. *The GNU Multiple Precision Arithmetic Library*.

[10] R.W. Hamming. *Numerical Methods for Scientists and Engineers*. Dover Books on Engineering. Dover, 1986.

[11] Jeffrey Hoffstein, Jill Pipher, and Joseph H. Silverman. *An Introduction to Mathematical Cryptography*. 2nd ed. Undergraduate Texts in Mathematics 152. Springer Publishing Company, Incorporated, 2014.

[12] Kenneth Ireland and Michael Rosen. *A Classical Introduction to Modern Number Theory*. 2nd ed. Graduate Texts in Mathematics 84. Springer-Verlag New York, 1990.

[13] Burt Kaliski. "Subexponential Time". In: ed. by Henk C. A. van Tilborg and Sushil Jajodia. Springer US, 2011, pp. 1267–1267.

[14] A. Ya. Khinchin. *Continued Fractions*. Revised. Dover Books on Mathematics. Dover Publications, 1997.

[15] Neal Koblitz. *A Course in Number Theory and Cryptography*. 2nd ed. Graduate Texts in Mathematics 114. Springer-Verlag, 1994.

[16] S. Lang. *Algebra*. 3rd ed. Graduate Texts in Mathematics 211. Springer-Verlag, 2002.

[17] Richard J. Lipton and Kenneth W. Regan. *Quantum Algorithms via Linear Algebra: A Primer*. The MIT Press, 2014.

[18] N. David Mermin. *Quantum Computer Science: An Introduction*. Cambridge University Press, 2007.

[19] S.J. Miller et al. *An Invitation to Modern Number Theory*. Princeton University Press, 2006.

[20] Michael A. Nielsen and Isaac L. Chuang. *Quantum Computation and Quantum Information*. 10th ed. Cambridge University Press, 2011.

[21] Joe Palca. *The World Has A New Largest-Known Prime Number*.

[22] A.O. Pittenger. *An Introduction to Quantum Computing Algorithms*. Progress in Computer Science and Applied Logic. Birkhäuser Boston, 2012.

[23] Eleanor Rieffel and Wolfgang Polak. *Quantum Computing: A Gentle Introduction*. 1st ed. The MIT Press, 2011.

[24] Rich Rines and Isaac Chuang. *High Performance Quantum Modular Multipliers*. 2018.

[25] Lidia Ruiz-Perez and Juan Carlos Garcia-Escartin. *Quantum arithmetic with the Quantum Fourier Transform*. May 2017.

[26] Robert Sedgewick and Kevin Wayne. *Algorithms*. 4th ed. Addison-Wesley Professional, 2011.

[27] Peter W. Shor. “Polynomial-Time Algorithms for Prime Factorization and Discrete Logarithms on a Quantum Computer”. In: *SIAM J. Comput.* 26.5 (Oct. 1997), pp. 1484–1509.

[28] Lieven M. K. Vandersypen et al. “Experimental realization of Shor’s quantum factoring algorithm using nuclear magnetic resonance”. In: *Nature* 414.6866 (2001), pp. 883–887.

[29] John Watrous. *CPSC 519/619: Introduction to Quantum Computing*.

第 11 章
走向物理实在

不是物理学家的人往往将普通物理定律视为精确得不可违逆的原型设计，他们很难相信普通物理定律其实应该基于物质转变为无序状态的统计趋势。

埃尔温·薛定谔（Erwin Schrödinger）[26]

前文主要从理论角度介绍了量子计算，现在是时候讨论如何将这些数学和物理学理论转化为应用和实验了。

我们在实验室中为研究开发的量子比特和为商业应用开发的量子比特都是物理硬件设备。因此，它们会受到来自环境、电子组件和制造工艺的噪声的影响。不仅硬件方面的改进可以减少干扰，软件和系统方面的改进也可以。我们的长期目标是开发出具备完全纠错和容错能力的量子计算设备。

因此我们要探讨物理学。在这里我会解释薛定谔的猫（Schrödinger's cat）的可疑命运。

11.1 这不合逻辑

第 9 章和第 10 章介绍的量子比特都是“逻辑量子比特”。我们可以无限期地使用它们，它们在不被使用时也不会丢失状态，而且我们还可以根据需要对它们使用任意数量的量子门。

当你建造量子计算机时，量子比特的基本物理实现并不如逻辑量子比特那样完美——这样的量子比特称为“物理量子比特”，它们在过了所谓的相干时间（coherence time）之后就会逐渐失去保持状态的能力。我们也说该量子比特在*退相干*。

量子计算研究者和工程师的一大目标就是尽可能地延缓物理量子比特的量子态衰

减。因为衰减不可避免，所以容错和纠错的目标之一是处理和修复量子比特退相干对线路执行过程的影响。

我们有可能用物理实在的东西创造出行为与逻辑量子比特一样的东西吗？现在的研究者会给出肯定答案，但要实现一个逻辑量子比特需要成百上千个物理量子比特。当我们能够实现逻辑量子比特时，我们将具有检测和纠正错误的能力。我们会使用将在 11.5 节描述的纠错方案和线路让许多物理量子比特协同工作，从而创造出一个虚拟的逻辑量子比特。

在使用量子门时，会有小错误融合到量子态之中。经过很多的量子门后，量子比特要么已经过了相干时间而变得不可靠，要么会累积太多错误，使得进一步使用和观测的准确度下降到不可接受的程度。

在建造量子计算机时，有两个并驾齐驱且互相关联的目标：延长相干时间和降低误差。

你可能已经见过或听说过短深度线路（short depth circuit）这个术语。这样的线路中有多少个门？我们对此没有固定答案，但可预期这个数字会随时间而增大。对短深度线路的一个合理、有效的定义为：能在退相干和误差让计算无价值之前有效运行并得到有用结果的线路。当你开发量子计算硬件时，你一定要看当前运行中有关相干时间和误差的统计数据。

11.2 什么样的物质才适合作为量子比特？

在 2000 年，IBM 研究院的研究员 David P. DiVincenzo 在其论文《量子计算的物理实现》（The Physical Implementation of Quantum Computation）中列出了“实现量子计算的五大要求”[10]。

用他的话来说，这些要求如下：

- 一个具有特性优良的量子比特的可扩展物理系统；
- 有能力将这些量子比特的状态初始化为简单的基准状态，比如$|000\cdots\rangle$；
- 较长的退相干时间，要比门执行操作的时间长得多；
- 一套“通用的”量子门；
- 适用于量子比特的观测能力。

接下来，我们将在他的带领下讨论其中每一个要求的具体含义。

1. 可扩展物理系统

在我们为量子计算制造的物理系统中，我们需要构建一种具有两种可清晰描述的状态（$|0\rangle$ 和 $|1\rangle$）的量子比特。如果用能量状态（简称“能态”）来表示，那么其他状态也可能存在，但我们必须控制该量子比特保持在 $|0\rangle$ 或 $|1\rangle$ 中的一个状态。

该量子比特必须能转变为 $|0\rangle$ 和 $|1\rangle$ 的真实叠加态，其服从幅度和概率规则。当我们添加更多量子比特时，我们必须让这些量子比特纠缠起来，具体做法要么通过物理方式直接纠缠，要么通过线路中的一系列门实现间接纠缠。

我们没必要通过物理方式将量子比特两两连接。连接的程度由芯片的架构决定，因此可以优化整体的性能和生产制造的能力。例如，2017 年，IBM Q 的第一代包含 20 个量子比特的芯片的连接如图 11-1 所示[16]。

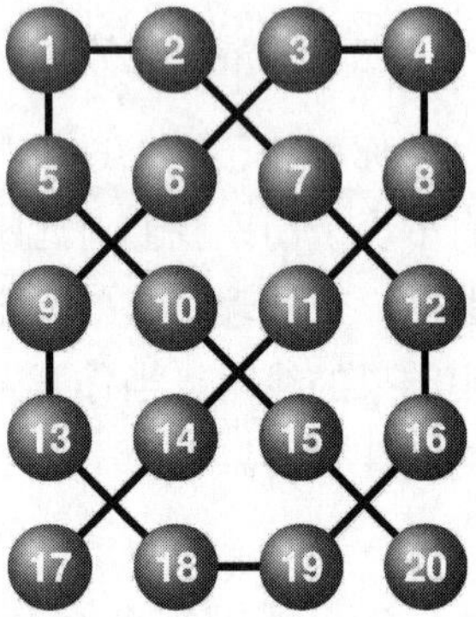

图 11-1

自那以后，IBM 已经改变了这种芯片的布局，以降低来自邻近互连的量子比特的误差，并为最终的量子比特和门纠错做准备。

通过纠缠（从物理连接开始），对于每个新加入系统的量子比特，我们看到和使用的 $\mathbb{C}$ 向量空间（希尔伯特空间）都必须翻倍。

由于一个量子比特必然不够用，因此为了执行有用的量子计算，我们应该能随时间添加足够多的新量子比特。添加量子比特的成本不应高得难以实行。比如，我们不希望随着量子比特数量的增多，经济成本和工程复杂度也随之呈指数级增长。

2. 初始化量子比特

我们必须有能力以非常高的概率将量子比特初始化到已知初始状态。这个过程称为高保真度量子态制备（high fidelity state preparation）。

因为很多算法常常从 $|0\rangle$ 状态的量子比特开始计算，所以 $|0\rangle$ 是个很好的选择。如果某项技术更适合选择 $|1\rangle$ 作为初始状态，那么在初始化之后使用一个 $\boldsymbol{X}$ 门也能达到一样的效果。

3. 较长的退相干时间

正如我们将在 11.4 节讨论的，退相干会导致量子比特从所需量子态变成其他量子态。如果退相干发生次数太多，量子态就会变得随机且无用。

量子比特必须要有足够长的相干时间，这样才能执行足够多的量子门，从而实现能完成有用任务的算法。就算量子比特有较长的相干时间，但如果量子门需要较长的执行时间，整体效果也可能只相当于相干时间较短的量子比特搭配执行速度较快的门。

长相干时间、足够快的门和低误差率是多噪声中规模量子计算机（NISQ）成功的关键。

4．通用门集

如果没有合适的工具，你就无法建造一座房屋。除非你有一套足够完整的量子门，否则你无法构建通用型量子算法。

我们在 9.3 节了解了如何使用更底层的量子门来构建其他量子门。对于一种特定的量子比特技术，原生的量子门可能与本书中出现过的所有量子门都不一样，但只要它们能够组成一个标准集合，就可以开发、实现和部署实用的算法。

5．观测能力

我们必须能可靠地促使量子比特变成两个标准正交基向量状态（它们通常是$|0\rangle$和$|1\rangle$）中的一个。为了实现有用的计算，该操作的错误率必须足够低：如果我们有 50%的时间会得到错误的观测答案，那么之前在线路执行上做的所有努力就全白费了。这被称为高保真度读出（high fidelity readout）。

如果我们将该量子比特移至$|+\rangle$（即$\frac{\sqrt{2}}{2}|0\rangle+\frac{\sqrt{2}}{2}|1\rangle$）状态，那么我们观测到$|0\rangle$或$|1\rangle$的概率都各应为 0.5。对于观测前有一定概率幅的量子态，观测到对应量子态的概率都为其概率幅的平方。

了解更多
2018 年，David DiVincenzo 发表了一篇简短的回顾文章，其中介绍了符合他的标准的量子计算机的创造以及实现过程[9]。

11.3 光和光子

光能照亮我们周围的事物。它无处不在，从阳光到晴朗夜空中的星光，再到焊接设备发出的光。在 19 世纪和 20 世纪初的物理学领域，理解光的本质是一大研究方向。

光的本质是什么？最终的答案比人们的预想复杂得多。它催生了量子力学，并且涵盖远超可见光范围的电磁波谱。

11.3.1　光子

光的行为模式像波吗？是否具有不同的*幅度* A（高度）、*频率* ν 和波长 λ？波长是指两个波峰或其他对应点之间的距离，如图 11-2 所示。（λ 和 ν 都是希腊字母，分别读作“lambda”和“nu”。）

还是说**光的行为模式像形状固定的粒子一样**能向各个方向发射（如图 11-3 所示）？粒子是否可以具有不同的能量？粒子是否可以具有不同的颜色？

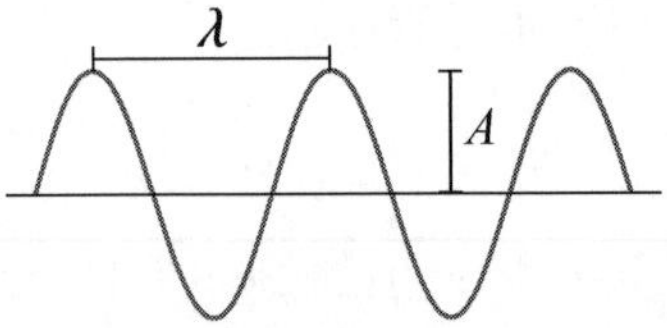

图 11-2

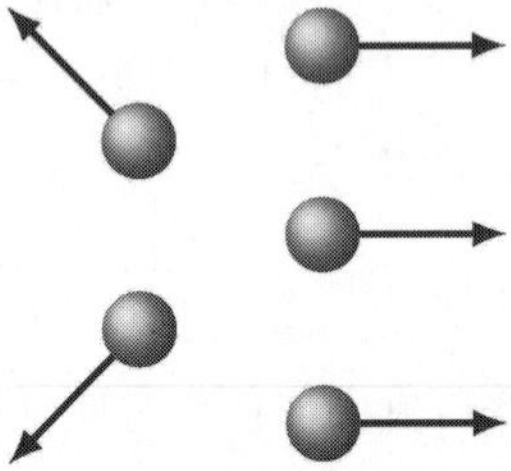

图 11-3

> 光的特性既像波，又像粒子。光的基本单位称为*光子*（*photon*）。根据理论，光子不带电荷，也没有质量。

光子永远不会静止不动。*光速*是指光子在真空中移动的速度。光速用 c 表示，等于每秒 299792458 米。

当两束波在同一时间处于同一空间时，它们会*叠加*到一起，如图 11-4 左侧所示。

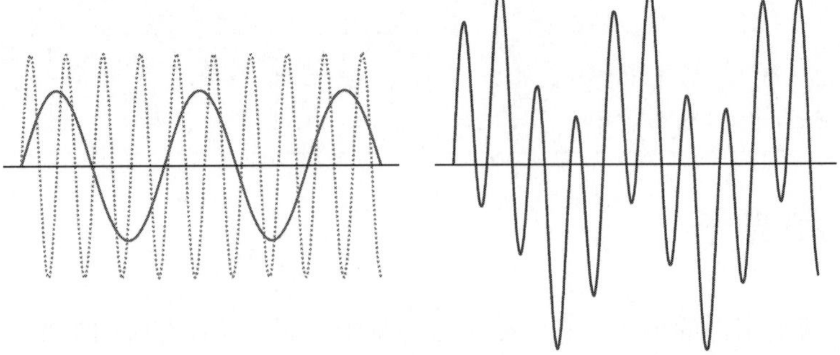

图 11-4

这会导致*干涉*，如图 11-4 右侧所示。在波相互重叠的任何位置，它们或正或负的幅度都会相加，以得到一个新的组合幅度。如果两个幅度的符号相同，则发生的是*相长干涉*（*constructive interference*）；如果两个幅度的符号不同，则发生的是*相消干涉*（*destructive interference*）；如果得到的新幅度为 0，则发生的就是*完全相消干涉*（*complete destructive interference*）。

给定一束具有我们之前介绍过的重复周期的波，我们可以沿水平轴从周期的开始到结束用弧度标记不同的点。我们将这个弧度称为*相位* φ，其取值范围是 0～2π，如图 11-5 所示。

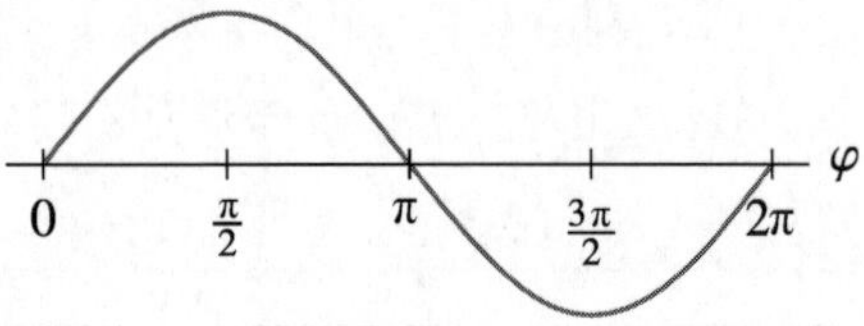

图 11-5

当两束波具有相同的形状、相等的幅度和一样的频率但水平偏置量不同时，我们就说这两束波是*相干的*。这个偏置量 $\Delta\varphi$ 名为*相位差*（*phase difference*）或*相位偏置量*（*phase offset*），如图 11-6 所示。

请注意，某些作者将相位差记为 φ，这容易产生混淆。

频率的单位是“赫兹”，简称“赫”，记为 **Hz**，等于每秒内完整周期的数量。图 11-7 中，若实线的频率为 1 Hz，则虚线的频率为 4 Hz。

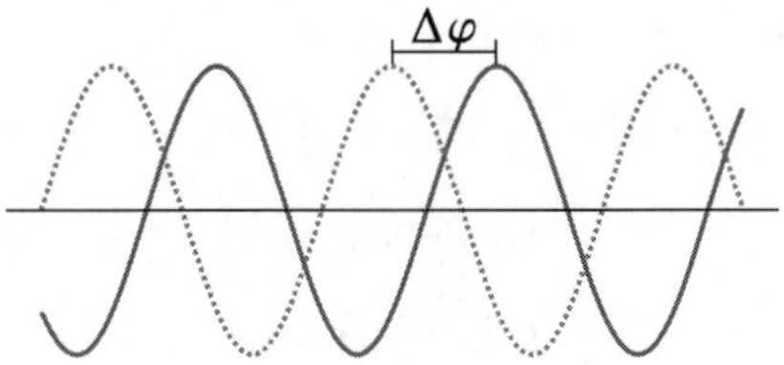

图 11-6

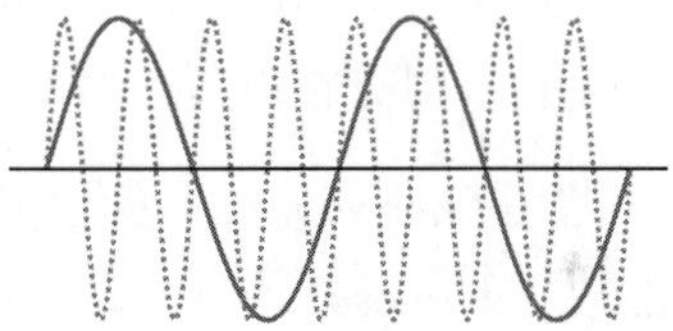
图 11-7

吉赫兹（**GHz**，也常称为“千兆赫”）表示每秒 10 亿（10^9）个周期。太赫兹（**THz**）表示每秒 10^{12} 个周期。

为了了解光子，我们需要知道一个基本常数，其似乎对宇宙的运作机制而言非常重要。也就是说，如果我们改变这个数，很多物理机制都将不同或不再成立。它就是*普朗克常量*（*Planck's constant*），记为 h。这是一个极其小的量，约为 $6.62607\times10^{-34}\ \mathrm{m^2\cdot kg/s}$，即

$$0.000000000000000000000000000000000662607\ \mathrm{m^2\cdot kg/s}$$

其中右侧的单位是“平方米千克每秒”。这个单位与能量的单位焦耳（**J**）有关，而 1 J 就等于 1 平方米千克每平方秒，即 $\mathrm{m^2\cdot kg/s^2}$。由于 m 是“米”、s 是“秒”、kg 是“千克”、J 是“焦耳”，因此普朗克常量：

$$h\approx6.62607\times10^{-34}\ \mathrm{J\cdot s}$$

如果将光子看作一束波并令 ν 为其频率（单位为 Hz），则其能量 E（单位为 J）为：

$$E = h\nu$$

问题 11.3.1

Hz 这个单位可以展开成什么形式？请根据 E 和 ν 的单位来确定它。1 Hz 对应多少焦耳？

光子的频率越高（或者波长越短），其能量就越大。

如果一束波的传播速度是恒定的，那么其波长 λ 等于其速度除以频率 ν 。波长的单位通常是米的某个衍生单位，比如纳米（**nm**）。$1\,\text{nm} = 10^{-9}\,\text{m}$ ，即十亿分之一米。

可见光只是整个电磁光谱的一部分。红外辐射、微波和无线电波的波长都比可见光长，因此能量更少。紫外线、X 射线和 γ 射线（伽马射线）的波长则都更短，因此它们的频率更高且能量更多。

γ 射线的频率超过10^{19} Hz，波长小于10^{-11} m。另一方面，微波的频率范围为 1 GHz～300 GHz，波长范围则为 0.001 m～0.30 m。请注意，在不同的书和文章中，不同类型电磁辐射的确切波长范围会有相当大的差别，这取决于其所采用的信息源。

相干光（*coherent light*）的定义在上文的基础上（同幅度同频率），还需要光波之间彼此同相位（in phase）。频率或相位不同的光称为*非相干光*（*incoherent light*）。

相干光可通过受激辐射光放大（light amplification by stimulated emission of radiation）产生，激光（laser）一词便由此而来。激光可以被聚焦，可用于长距离发射光子波束或切割材料。商店的扫描器也使用了激光来读取条形码。激光还曾被用于在 CD、DVD 和蓝光光盘上读取和写入数据。

问题 11.3.2

CD 技术使用波长为 780 nm 的光，而蓝光技术使用波长为 405 nm 的光。它们分别位于光谱的什么位置？

11.3.2　双缝实验

假设你有一台设备，能让你向一面光滑的空白墙完美地发射小球。这些小球大小相等，一旦离开你的设备后，它们会沿直线路径前进且速度保持不变，如图 11-8 所示。

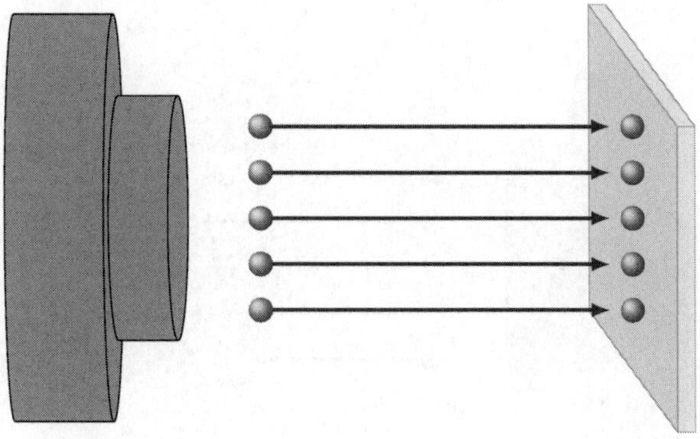

图 11-8

我们可以看到每个小球撞击墙体的位置。

现在，我们在设备与墙之间放入一面小球无法穿透的、平整的屏障，然后切割屏障，留出一条水平狭缝，仅让中间的小球通过。除了与狭缝平齐的小球，这个屏障会阻挡其他所有小球，如图 11-9 所示。

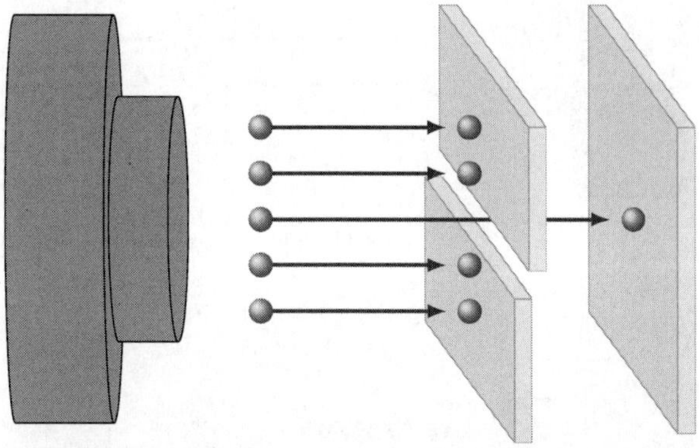

图 11-9

我们可以使用两条狭缝重复这一操作，如图 11-10 所示。

如果我们发射许多小球并允许小球水平散开，则墙上的撞击区域看起来会与狭缝的形状相似，如图 11-11 所示。

现在我们不再使用小球，而使用光子。我们的“光子发射”设备是一台激光设备，因此发出的光是波长恒定的相干光。如果将光看作粒子，那么一个光子只会通过其中一条狭缝，而不是同时通过两条狭缝。但是，光子的行为也能像波一样，产生如图 11-12 所示的结果。

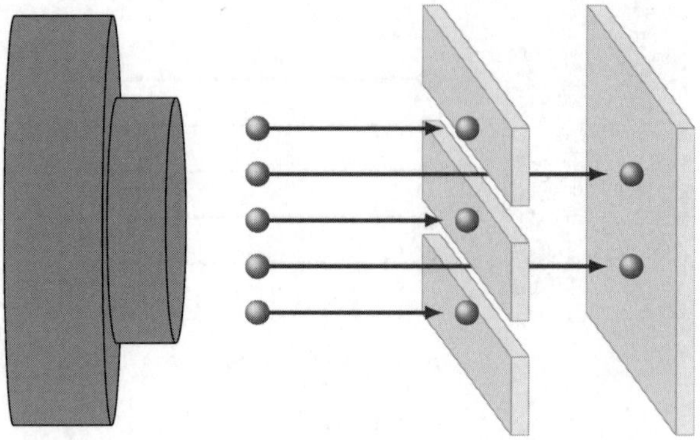

图 11-10

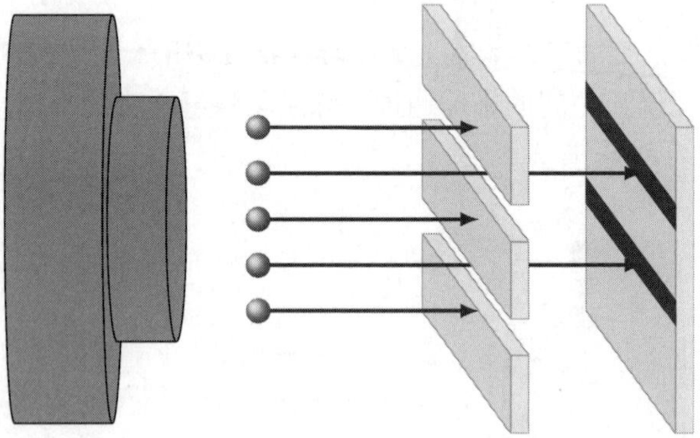

图 11-11

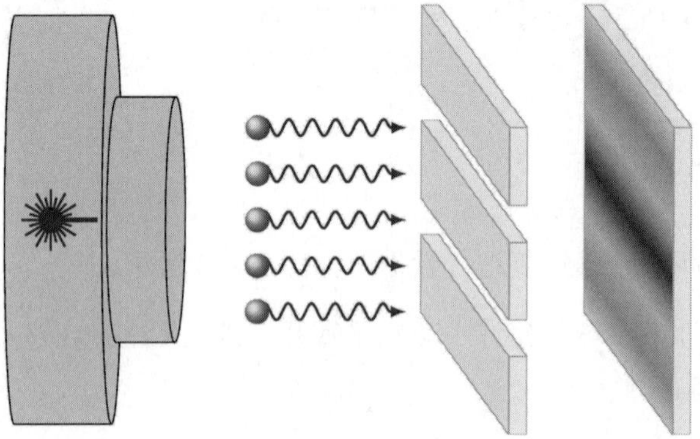

图 11-12

光波在穿过这些狭缝之后会与自身发生干涉。因此，我们不会在狭缝后面的墙上看到实心的光带，而会看到衍射现象，其中两条狭缝之间的区域光带较强并向两边减弱。这是相长干涉和相消干涉的结果。

光的这种时而像波、时而又像粒子的能力被称为波粒二象性（wave-particle duality），不过我们更多地将其视为一种历史上的物理模型，而不是现代的*量子光学*模型[11] [25]。

11.3.3 极化

请考虑以计算基底表示的单量子比特的一般量子态：$|\psi\rangle = a|0\rangle + b|1\rangle$。我们将让这个量子比特经历一系列操作，然后看另一端输出的结果是什么。

第一个操作是$|1\rangle$阻拦器，如图 11-13 所示。

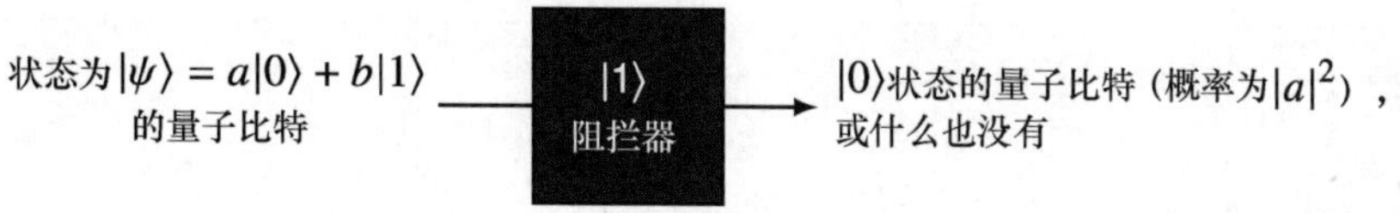

图 11-13

在这个不太自然的操作中，我们一开始有一个一般状态的量子比特，然后让其通过该阻拦器。该量子比特有$|a|^2$的概率会出现在另一边，而且当其出现在另一边时，其状态为$|0\rangle$。该量子比特还有$|b|^2$的概率（与$|a|^2$互补）被完全阻拦，此时另一边什么也不会出现。再见啦，量子比特！

我们也能以类似的方式定义$|0\rangle$阻拦器，如图 11-14 所示。

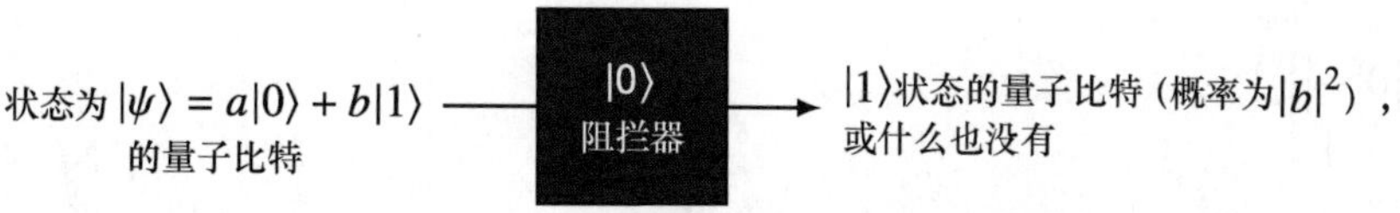

图 11-14

如果我们将这两个阻拦器组合起来，那么量子比特都将无法通过，如图 11-15 所示。

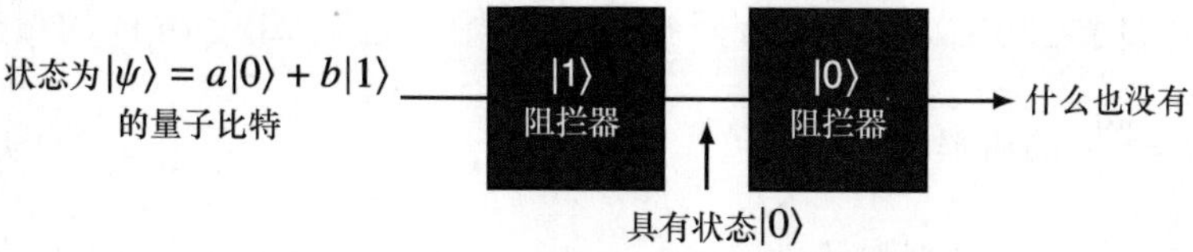

图 11-15

我们要看的最后一个阻拦器是$|+\rangle$阻拦器，如图 11-16 所示。

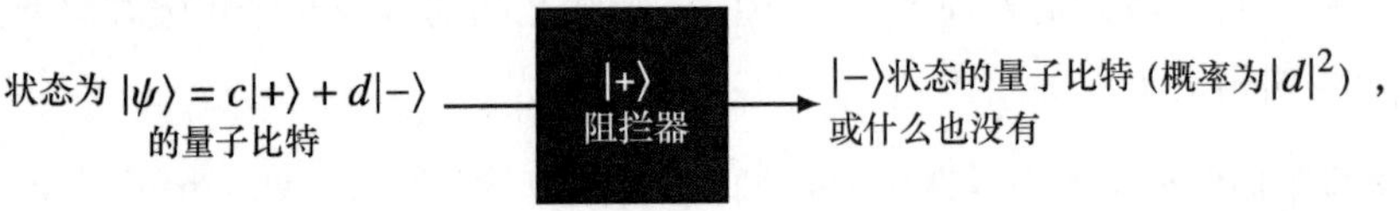

图 11-16

如果我们将 3 个阻拦器组合起来（如图 11-17 所示）会怎样？

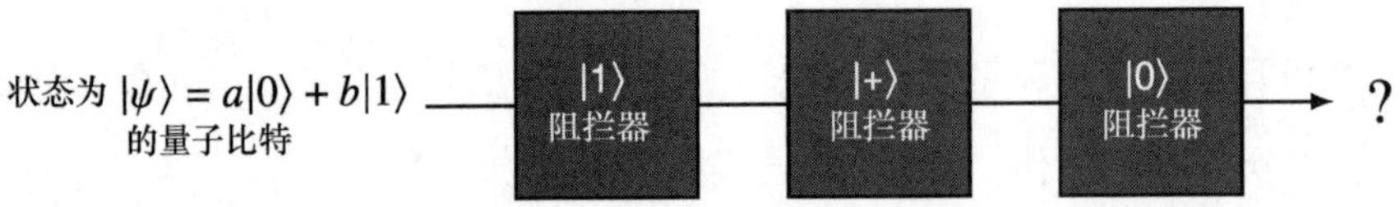

图 11-17

请回想一下基底右矢之间的这些基本相等性：

$$|+\rangle = \frac{\sqrt{2}}{2}(|0\rangle + |1\rangle) \quad |-\rangle = \frac{\sqrt{2}}{2}(|0\rangle - |1\rangle)$$

$$|0\rangle = \frac{\sqrt{2}}{2}(|+\rangle + |-\rangle) \quad |1\rangle = \frac{\sqrt{2}}{2}(|+\rangle - |-\rangle)$$

经过$|1\rangle$阻拦器后，会有$|a|^2$的概率得到$|0\rangle$。若真如此，那它等于$\frac{\sqrt{2}}{2}(|+\rangle + |-\rangle)$。我们再让其通过$|+\rangle$阻拦器，则我们有$0.5 = \left(\frac{\sqrt{2}}{2}\right)^2$的概率会得到$|-\rangle$。若真如此，那该结果等于$\frac{\sqrt{2}}{2}(|0\rangle - |1\rangle)$。

现在让其通过$|0\rangle$阻拦器，则有$0.5 = \left(\frac{\sqrt{2}}{2}\right)^2$的概率会得到$|1\rangle$。

在仅使用$|1\rangle$和$|0\rangle$阻拦器的情况下，任何状态的量子比特都无法通过。奇怪的是，如果我们在它们之间插入一个$|+\rangle$阻拦器，初始状态为$a|0\rangle + b|1\rangle$的量子比特就有$|a|^2 \times 0.5 \times 0.5 = \frac{|a|^2}{4}$的概率能够通过。

这就是著名的三滤波器极化实验（three filter polarization experiment）背后的数学原

理。下面对其进行说明。

当你将光子视为波时，这束波会朝一个方向传播，而其波峰和波谷与该方向垂直。类比一下乐器上的弦，如果你向上方拉起它然后放开，那么其上的波垂直波动，记为↑；如果你向侧方拉动它然后放开，则该波水平波动，记为→。

光子是一种二态量子系统，我们可以将$\{|\uparrow\rangle, |\rightarrow\rangle\}$作为它的一套标准正交基底。如何实现上面描述的让量子比特通过阻拦器的过程呢？我们的做法是先将光子射向极化滤波器，再观察其是会通过还是会被吸收。假设我们一开始有一个光子，其处于一般状态$a|\uparrow\rangle + b|\rightarrow\rangle$。

$|\uparrow\rangle$竖直极化滤波器会有$|a|^2$的概率吸收该光子，有$|b|^2$的概率让其通过。类似地，$|\rightarrow\rangle$水平极化滤波器会有$|b|^2$的概率吸收该光子，有$|a|^2$的概率让其通过。

如果在$|\uparrow\rangle$滤波器之后再加一个$|\rightarrow\rangle$滤波器，则所有光子都会被吸收，如图 11-18 所示。这类似于在$|1\rangle$阻拦器后再加一个$|0\rangle$阻拦器。

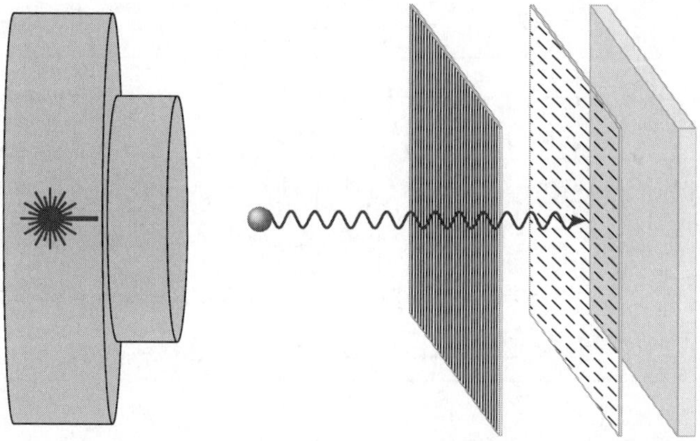

图 11-18

现在，如果我们再在中间加一个基于$\{|\nearrow\rangle, |\searrow\rangle\}$基底的滤波器$|\nearrow\rangle$，则该光子会有$\frac{|a|^2}{4}$的概率抵达墙面，如图 11-19 所示（$\{|\nearrow\rangle, |\searrow\rangle\}$的作用类似于前文的$\{|+\rangle, |-\rangle\}$）。

这个实验最早由保罗·狄拉克在 1930 年的一本教科书中提出[8]。书中说明了量子态、叠加和可替代使用的基底右矢集。

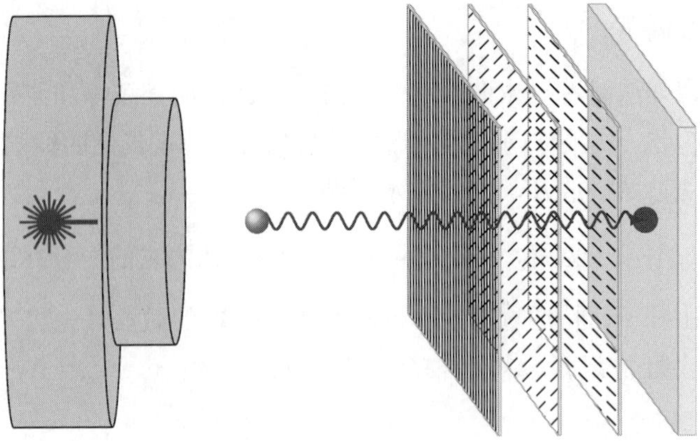

图 11-19

问题 11.3.3

请想象一下，如果中间的滤波器不是与其他滤波器呈 45°角，而是从水平方向向竖直方向旋转，那么光子抵达墙面的概率会发生怎样的变化？你能以数学形式表示这种变化吗？

了解更多

如果将光的极化过程视为一个二态量子系统，你也许会认为有可能使用光子来实现量子比特。你是正确的，这其实就是大量学术研究和多家创业公司研发的基础。

要了解这些技术通过怎样的方式满足 11.2 节中 DiVincenzo 的标准，请参阅 Knill、O'Brien 和其他人的文章[17] [21] [22]。

11.4　退相干

为了测量相干时间，量子计算研究者使用了 3 种重要的测量方法：T_1、T_2 及其相关指标 T_2^*。首先来看 T_1，它测量的是单量子比特，所以我们可以使用布洛赫球面来讨论，如图 11-20 所示。T_1 的使用可以追溯到费利克斯 • 布洛赫 20 世纪 40 年代在核磁共振方面的研究工作[1]。

11.4.1　T_1

T_1 有多个名字，它们全都与多种底层量子过程的物理机制有关：

- 弛豫时间；
- 热弛豫时间；
- 纵向弛豫时间；
- 自发发射时间；
- 幅度阻尼时间；
- 纵向相干时间。

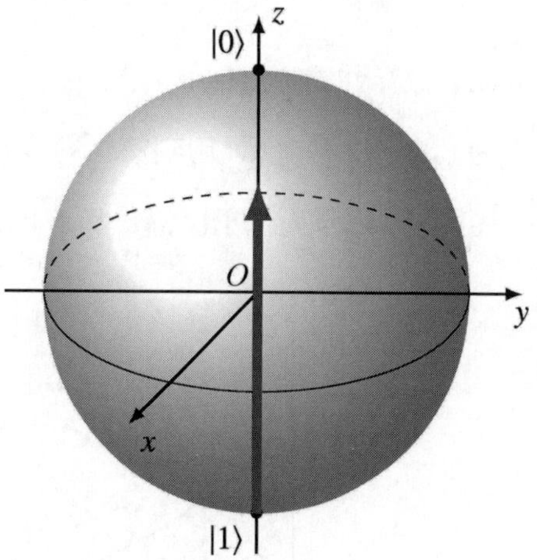

图 11-20

它与量子态从能量更高的 $|1\rangle$ 状态衰减到 $|0\rangle$ 基态的过程中的能量损失有关。这些能量会被传输或泄露到环境中，量子比特也因此会失去它们。T_1 的单位是秒或秒的某个衍生单位，比如微秒。微秒是百万分之一秒，即 10^{-6} 秒。

对于 T_1 的计算，可通过 $\boldsymbol{X}$ 门将量子比特从 $|0\rangle$ 转变为 $|1\rangle$。向 $|0\rangle$ 的衰减是呈指数变化的，遵循以下规则：

$$P(|1\rangle) = \mathrm{e}^{-t/T_1}$$

其中 T_1 是一个常数。不正式地说，T_1 的值越大，量子比特保持在接近 $|1\rangle$ 的状态的时间越长。

一种计算 T_1 的方法的大致过程如下。

（1）将 $\mathbb{Z}$ 中计数量 c 初始化为 0，将时间 t 初始化为 0，将每时间增量的运行次数初始化为某个整数 n。举个例子，$n = 1024$ 是一个合理取值。在 $\mathbb{R}$ 中选择某个非常小的 ε。

（2）将每次观测之间的时间增量设置为某个较小的值 Δt。（Δ 是一个希腊字母，读作“delta”，常用于表示某个值与其下一个值之间的增量差值。）

（3）使 t 与 Δt 相加。

（4）将量子比特的状态初始化为 $|0\rangle$，使用 $\boldsymbol{X}$ 门，然后等待 t 秒。

（5）观测。如果我们看到的是 $|1\rangle$，就在 c 上加 1。

（6）回到第（4）步并重复 $(n-1)$ 次。完成之后，再转向下一步。

（7）计算 $p_t = \frac{c}{n}$，这是我们看到 $|1\rangle$ 的次数的比率。

（8）保存并绘制点 (t, p_t)。

（9）将 c 重置为 0，回到第（3）步并重复，直到 $p_t < \varepsilon$。

图 11-21 所示为量子比特 q_1 和 q_2 的量子态的衰减过程。

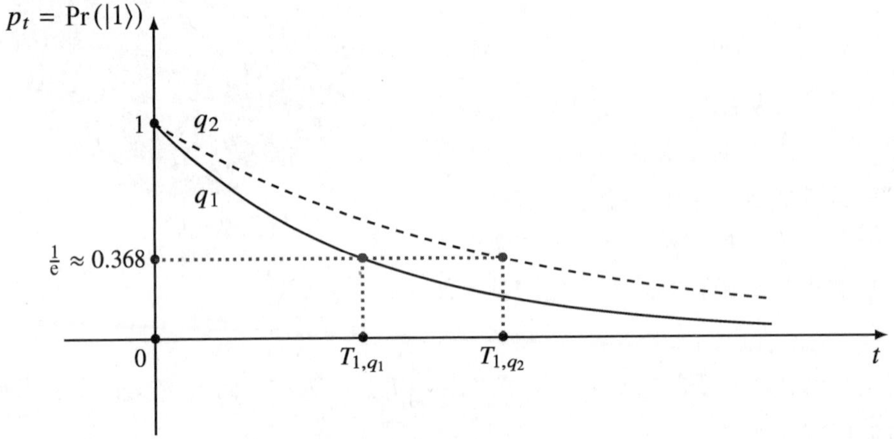

图 11-21

T_1 是当 $p_t = 1/\mathrm{e} \approx 0.368$ 时 t 的值。在图 11-21 的示例中，q_2 的 T_1 值更大，*因此有更长的纵向相干时间*。

现在存在的一个相关问题是：由于衰减，我的量子比特何时会处于 $|0\rangle$ 状态？也就是说，如果我们在 T_1 之后等待足够长的时间，量子比特会完全进入更低的能态吗？理论上讲，它只是渐进地趋近，得到 $|0\rangle$ 的概率会增加到 0.9999 以上。

在实践中，如果你希望该量子比特回到初始的 $|0\rangle$ 状态，那么你需要等待 T_1 的整数倍时间。现在，你要么假设该量子比特已在统计学意义上处于 $|0\rangle$ 状态，要么就执行一次观测。如果你得到 $|0\rangle$，任务就完成了。如果你得到了 $|1\rangle$，那就使用一次 $\boldsymbol{X}$ 门。

最后一步具体怎么做取决于你在你的硬件和控制软件中执行这种动作的能力。如果你能做到，就无须等待其经过 T_1 时间，你可以直接执行观测并在有需要时根据条件将其移至 $|0\rangle$ 状态。比如使用 7.6.13 小节介绍的 $|0\rangle$ RESET 操作。

给定

$$P(|1\rangle) = \mathrm{e}^{-t/T_1}$$

这意味着

$$P(|0\rangle) = 1 - e^{-t/T_1}$$

如果你等待 $4T_1$ 时间，那么你得到 $|0\rangle$ 的概率为 $1 - e^{-4T_1/T_1} = 1 - e^{-4} \approx 0.98168$。如果你等待 $10T_1$ 时间，则该概率为 $1 - e^{-10} \approx 0.99995$。

11.4.2 T_2 和 T_2^*

如果说 T_1 涉及的是从南极到北极，那么 T_2 就是在赤道上加入额外的元素。请注意，当我说“赤道”时，我的意思是 xOy 平面与布洛赫球面相交的位置。

类似于 T_1，T_2 及其相关指标 T_2^* 也有多个名称：

- 退相时间；
- 弹性散射时间；
- 相位相干时间；
- 相位阻尼时间；
- 横向相干时间。

在理想情况下，图 11-22 所示的线路每一次都有 1.0 的概率返回 $|0\rangle$。尽管这个逻辑线路什么也没做，但我们可以将该线路中的 **ID** 门看作一个时间较短的等待点，之后我们再执行最后的 ***H*** 门。

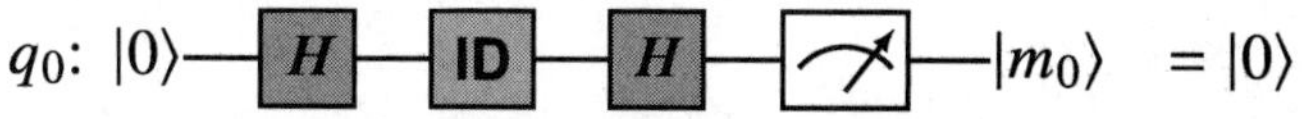

图 11-22

该线路会先把 $|0\rangle$ 变成 $|+\rangle$，然后将其变回 $|0\rangle$。也就是说量子态会先移动到赤道，再回到 $|0\rangle$。请注意，$|0\rangle$ 或 $|1\rangle$ 都没有相位分量，因此我们需要在其他位置执行实验，而赤道正是理所当然的选择。

物理量子比特不会发生这种情况。不同的是，一旦物理量子比特的状态到达赤道位置，它就会在 xOy 平面附近开始发生轻微的漂移。

在图 11-23 所示的布洛赫球面的示例中，一旦量子态到达 $|+\rangle$ 状态，它就会在某个较小的时间增量内沿逆时针移动一个小的角度 φ。也就是说，该量子比特状态不稳定。

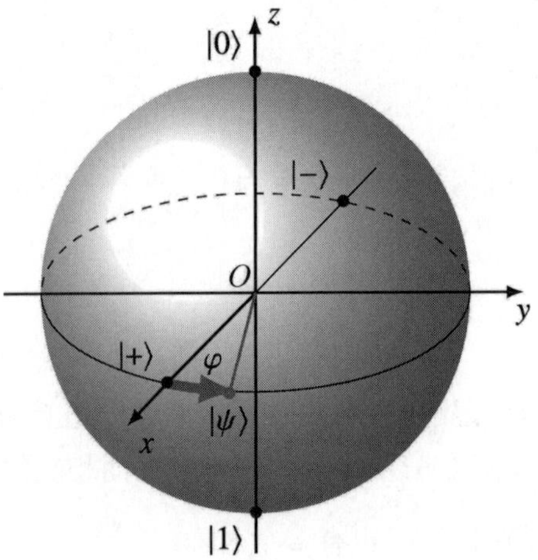

图 11-23

我们还可预期量子态会向低能态变化，但这里关注的是相位上的情况。类似地，当我们观察 T_1 时，可能会发生相位漂移，但我们当时关注的是纵向退相干。

图 11-24 是理想化和简化的线路，我们在其中只能观察到相位漂移。

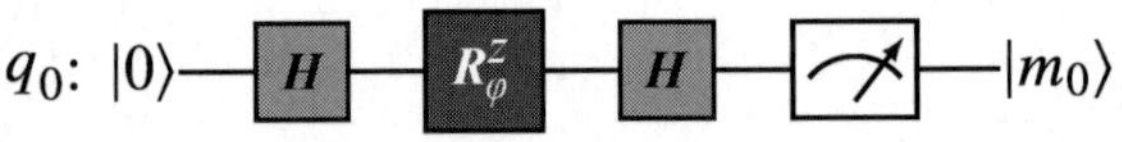

图 11-24

再看其矩阵变换过程：

$$\boldsymbol{H}\,\boldsymbol{R}_{\varphi}^{z}\,\boldsymbol{H}|0\rangle=\begin{bmatrix}\frac{\sqrt{2}}{2} & \frac{\sqrt{2}}{2}\\ \frac{\sqrt{2}}{2} & -\frac{\sqrt{2}}{2}\end{bmatrix}\begin{bmatrix}1 & 0\\ 0 & \mathrm{e}^{\varphi\mathrm{i}}\end{bmatrix}\begin{bmatrix}\frac{\sqrt{2}}{2} & \frac{\sqrt{2}}{2}\\ \frac{\sqrt{2}}{2} & -\frac{\sqrt{2}}{2}\end{bmatrix}\begin{bmatrix}1\\ 0\end{bmatrix}$$

$$=\begin{bmatrix}\frac{1}{2}+\frac{1}{2}\mathrm{e}^{\varphi\mathrm{i}} & \frac{1}{2}-\frac{1}{2}\mathrm{e}^{\varphi\mathrm{i}}\\ \frac{1}{2}-\frac{1}{2}\mathrm{e}^{\varphi\mathrm{i}} & \frac{1}{2}+\frac{1}{2}\mathrm{e}^{\varphi\mathrm{i}}\end{bmatrix}\begin{bmatrix}1\\ 0\end{bmatrix}=\begin{bmatrix}\frac{1}{2}+\frac{1}{2}\mathrm{e}^{\mathrm{i}\varphi}\\ \frac{1}{2}-\frac{1}{2}\mathrm{e}^{\mathrm{i}\varphi}\end{bmatrix}$$

$$=\left(\frac{1}{2}+\frac{1}{2}\mathrm{e}^{\mathrm{i}\varphi}\right)|0\rangle+\left(\frac{1}{2}-\frac{1}{2}\mathrm{e}^{\mathrm{i}\varphi}\right)|1\rangle$$

$$=\frac{1}{2}\left(\left(1+\mathrm{e}^{\mathrm{i}\varphi}\right)|0\rangle+\left(1-\mathrm{e}^{\mathrm{i}\varphi}\right)|1\rangle\right)$$

当 $\varphi=0$ 时，我们得到 $|0\rangle$，符合我们的预期。当 $\varphi=\pi$ 时，$\boldsymbol{R}_\varphi^z=\boldsymbol{R}_\pi^z=\boldsymbol{Z}$，其结果为 $|1\rangle$。当 $0<\varphi<\pi$ 时，两个概率幅都不为 0。

尤其需要指出，$|0\rangle$ 的概率幅为

$$\frac{1}{2}\left(1+\mathrm{e}^{\mathrm{i}\varphi}\right)=\frac{1}{2}\left(1+\cos(\varphi)+\mathrm{i}\sin(\varphi)\right)$$

因此，得到 $|0\rangle$ 的概率为其绝对值的平方：

$$\begin{aligned}\frac{1}{4}\left|1+\cos(\varphi)+\mathrm{i}\sin(\varphi)\right|^2&=\frac{1}{4}\left(\sin(\varphi)^2+\cos(\varphi)^2+2\cos(\varphi)+1\right)\\&=\frac{1+\cos(\varphi)}{2}\end{aligned}$$

请注意这个值的取值范围为 0～1（包括端值），也理应如此。

如果其相位随时间以恒定的速度继续变化，你可能会看到类似图 11-25 所示的结果。

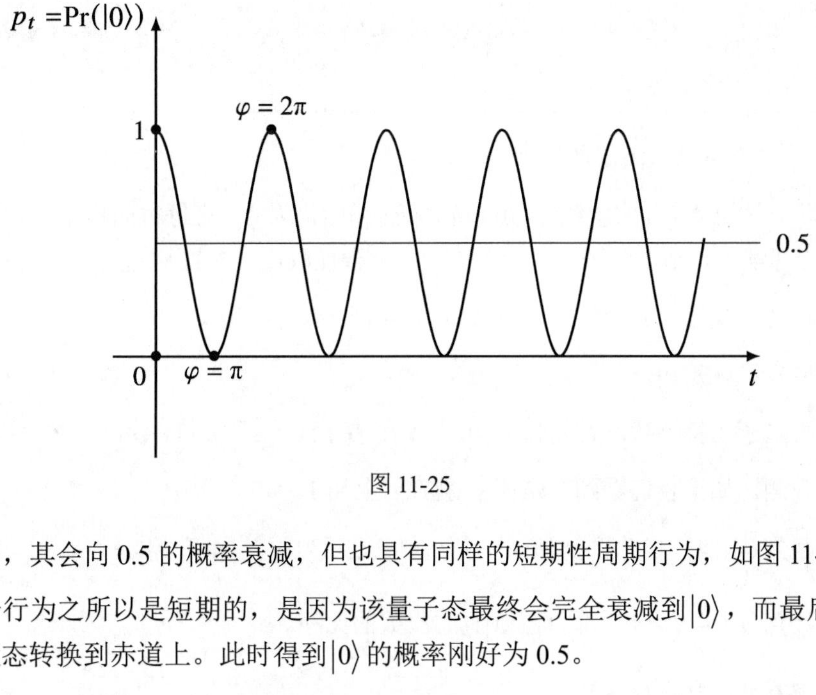

图 11-25

否则，其会向 0.5 的概率衰减，但也具有同样的短期性周期行为，如图 11-26 所示。

这个行为之所以是短期的，是因为该量子态最终会完全衰减到 $|0\rangle$，而最后的 ***H*** 门会将该状态转换到赤道上。此时得到 $|0\rangle$ 的概率刚好为 0.5。

这里的观测称为 T_2^*，该线路则是*拉姆齐实验*（*Ramsey experiment*）。我们考虑的是 ***H*** 门之间的等待时间。在这段时间里会发生一些绕 z 轴、角度为 φ 的旋转过程。

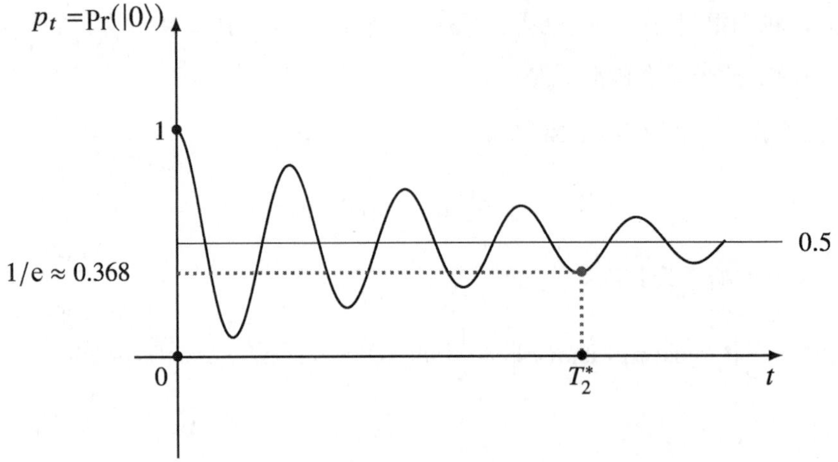

图 11-26

需要强调，在这里我们已经假设仅有一类噪声，即相位漂移，而且这个噪声是恒定的。在真实的量子比特中，其他噪声和不规则性也会影响相干性，包括纵向退相干。

此外，使用 $\boldsymbol{R}_{\varphi}^{z}$ 来说明相位漂移，似乎意味着这种噪声是一种很好的幺正变换。事实并非如此，具体将在 11.5 节介绍。

观测 T_2^* 的方案可从高层面概括。

（1）将 $\mathbb{Z}$ 中计数量 c 初始化为 0，将时间 t 初始化为 0，将每时间增量的运行次数初始化为某个整数 n。举个例子，$n=1024$ 是一个合理取值。在 $\mathbb{R}$ 中选择某个非常小的 ε。

（2）将每次观测之间的时间增量设置为某个较小的值 Δt。

（3）使 t 与 Δt 相加。

（4）将量子比特的状态初始化为 $|0\rangle$，使用 $\boldsymbol{H}$ 门，然后等待 t 秒，再次使用 $\boldsymbol{H}$ 门。

（5）观测。如果我们看到的是 $|1\rangle$，就在 c 上加 1。

（6）回到第（4）步并重复 $(n-1)$ 次。完成之后，再转向下一步。

（7）计算 $p_t=\dfrac{c}{n}$，这是我们看到 $|1\rangle$ 的次数的比率。

（8）保存并绘制点 (t,p_t)。

（9）将 c 重置为 0，回到第（3）步并重复，直到 $0.5-\varepsilon<p_t<0.5+\varepsilon$。

当 Δt 足够小时，T_2^* 为最大时间 t，其中 $p_t \leqslant 1/\mathrm{e}$ 。

T_2^* 还有一个相关指标 T_2，其是通过使用一个相似线路的*哈恩回波*（*Hahn echo*）机制得到的，如图 11-27 所示。

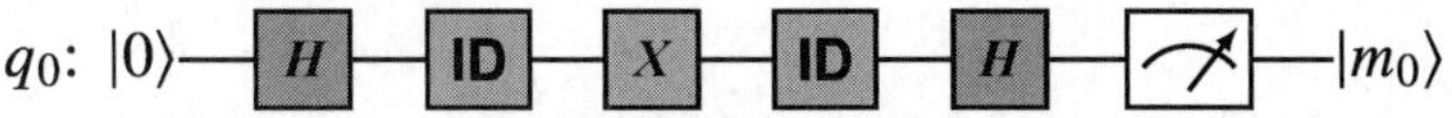

图 11-27

T_2 与 T_2^* 的不同之处在于它不会在最后的 $\boldsymbol{H}$ 门之前完整地等待时间 t，仅会等待一半的时间，再执行一次 $\boldsymbol{X}$ 门，然后等待剩余时间，最后执行一次 $\boldsymbol{H}$ 门和观测。这种做法能让我们抵消一些相位漂移，但同时保留其他噪声的影响。这项技术名为重聚焦（refocusing）[13]。

一般情况下，$T_2^* \leqslant T_2 \leqslant 2T_1$ [29]。

11.4.3 纯态和混合态

我们之前谈到的所有量子态都是*纯态*（*pure state*），它们是基底右矢的单个线性组合，其中的概率幅是复数。这些概率幅的绝对值的平方和为 1。每一个这样的绝对值平方都表示我们观测时得到对应基底右矢的概率。

有时候，我们需要表示一组纯态的集合——*系综*（*ensemble*），这组纯态是我们的量子比特寄存器可能所处的状态。这不同于叠加。叠加是一种与基底右矢的复系数相关的量子现象。

如果 $\{|\psi\rangle_1, |\psi\rangle_2, \cdots, |\psi\rangle_k\}$ 是一组量子寄存器纯态的集合，则我们将*混合态*（*mixed state*）定义为：

$$\sum_{j=1}^{k} p_j |\psi\rangle_j$$

其中 p_j 在 $\mathbb{R}$ 中，满足 $0 \leqslant p_j \leqslant 1$ 和

$$\sum_{j=1}^{k} p_j = 1$$

从某种意义上讲，混合态有两层概率：一层是量子纯态的概率幅，另一层则是创造该混合态的经典概率。

纯态是混合态的一种平凡特例，即系综中仅有一个量子态的混合态，也因此其只有

一个 p_j。

混合态阵的密度矩阵是纯态的密度矩阵乘权重 p_j 之后的和。如果 $\boldsymbol{\rho}_j=\left|\psi_j\right\rangle\left\langle\psi_j\right|$ 是系综中一个纯态的密度矩阵，则

$$\boldsymbol{\rho}=\sum_{j=1}^{k} p_j \boldsymbol{\rho}_j$$

是该混合态的密度矩阵。

> 当且仅当 $\operatorname{tr}\left(\boldsymbol{\rho}^2\right)=1$ 时，密度矩阵 $\boldsymbol{\rho}$ 对应一个纯态，否则 $\operatorname{tr}\left(\boldsymbol{\rho}^2\right)<1$，我们的混合态是非平凡的。

考虑系综

$$\left\{|\psi\rangle_1=|+\rangle=\frac{\sqrt{2}}{2}(|0\rangle+|1\rangle),|\psi\rangle_2=|-\rangle=\frac{\sqrt{2}}{2}(|0\rangle-|1\rangle)\right\}$$

如果 $p \neq 0$ 且 $p \neq 1$，则 $p|+\rangle+(1-p)|-\rangle$ 是一种非平凡的混合态。

我们首先计算密度矩阵，有

$$\boldsymbol{\rho}_1=|+\rangle\langle+|=\begin{bmatrix}\frac{1}{2} & \frac{1}{2}\\ \frac{1}{2} & \frac{1}{2}\end{bmatrix} \text{和} \ \boldsymbol{\rho}_2=|-\rangle\langle-|=\begin{bmatrix}\frac{1}{2} & -\frac{1}{2}\\ -\frac{1}{2} & \frac{1}{2}\end{bmatrix}$$

因此

$$\boldsymbol{\rho}=p\begin{bmatrix}\frac{1}{2} & \frac{1}{2}\\ \frac{1}{2} & \frac{1}{2}\end{bmatrix}+(1-p)\begin{bmatrix}\frac{1}{2} & -\frac{1}{2}\\ -\frac{1}{2} & \frac{1}{2}\end{bmatrix}=\begin{bmatrix}\frac{1}{2} & p-\frac{1}{2}\\ p-\frac{1}{2} & \frac{1}{2}\end{bmatrix}$$

$\boldsymbol{\rho}$ 的平方为：

$$\begin{bmatrix}p^2-p+\frac{1}{2} & p-\frac{1}{2}\\ p-\frac{1}{2} & p^2-p+\frac{1}{2}\end{bmatrix}$$

且有

$$\mathrm{tr}\left(\boldsymbol{\rho}^2\right) = 2p^2 - 2p + 1$$

如果 $p=0$ 或 $p=1$，那么这就是一个平凡的混合态。画出 $0 \leqslant p \leqslant 1$ 的图，我们可以看到在其他情况下 p 总是小于 1，如图 11-28 所示。

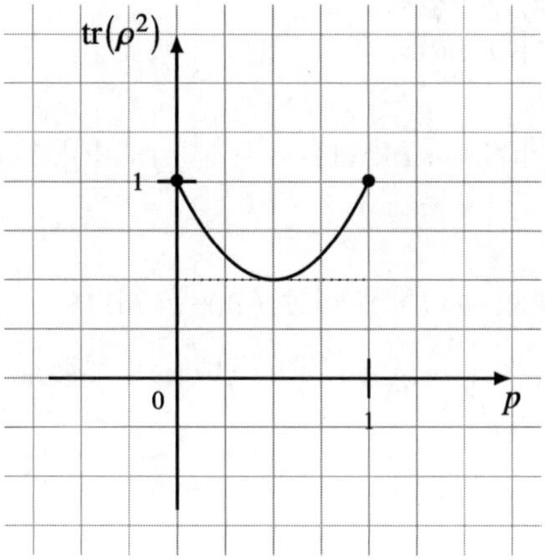

图 11-28

> **问题 11.4.1**
>
> 请通过代数方法证明当 $0 < p < 1$ 时，$2p^2 - 2p + 1 < 1$。

11.5 纠错

我们已在 2.1 节和 6.4 节介绍了经典重复码方面的一些基本思想：如果你想发送信息，你可以为该信息创建多个副本，然后希望其中足够多的副本能“毫发无损”地到达目标，从而让其可以准确地认定你发送的内容。

在量子计算的情况下，不可克隆定理（9.3.3 小节）表明我们无法复制量子比特的状态，因此传统的重复方法不可行。

我们可以实现的是纠缠（如图 11-29 所示）。事实证明，当与传统纠错方法组合到一起时，凭借纠缠的强大力量足以实现量子纠错。

基于 $|\psi\rangle = a|0\rangle + b|1\rangle$，我们可用怎样的方式得到 $a|000\rangle + b|111\rangle$ 呢？思考这样的问题时，有两个很好的起点：“使用 $\boldsymbol{H}$ 门是否会将当前状况变成我们能够处理的状况”，以及

"**CNOT** 门和纠缠可能会对事物产生什么影响"。

我已经提到纠缠是解决方案的一部分。请注意图 11-30 所示的简单线路。

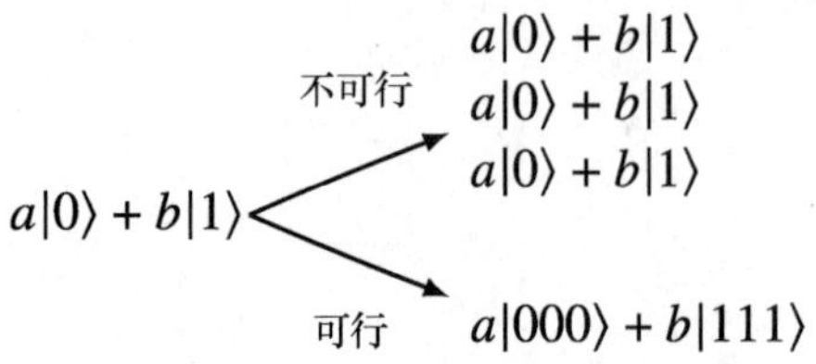

图 11-29

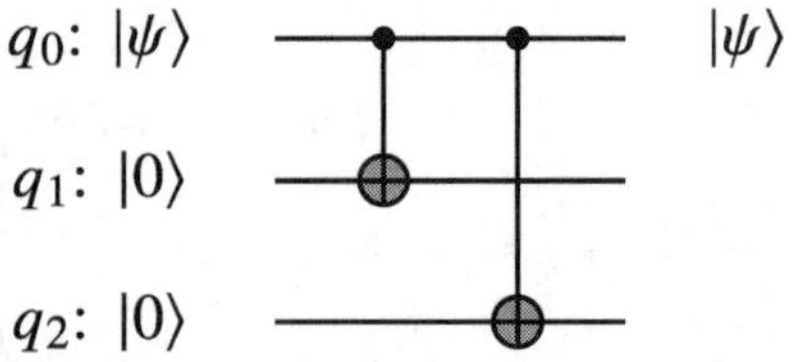

图 11-30

图 11-30 所示的线路能将 $|\psi\rangle|0\rangle|0\rangle$ 变成 $a|000\rangle+b|111\rangle$。如果 $|\psi\rangle$ 中 $|1\rangle$ 的概率幅 b 不为 0，则每个 **CNOT** 门都会将 q_1 和 q_2 中的 $|0\rangle$ 变成 $|1\rangle$。类似地，如果 $|\psi\rangle$ 中 $|0\rangle$ 的概率幅 a 不为 0，则 **CNOT** 什么也不做。

鉴于此，我们该如何实现比特翻转？

11.5.1　纠正比特翻转

对于经典比特，出错的方式无非两种：值由 0 变成 1 或由 1 变成 0。当然，噪声可能会导致多个比特发生改变，但对于一个比特而言，错误仅有一种。

对于量子比特，比特翻转会交换 $|0\rangle$ 和 $|1\rangle$ 的位置，使得一般状态 $a|0\rangle+b|1\rangle$ 变成 $a|1\rangle+b|0\rangle$。根据 7.6.1 小节，***X*** 门能实现这种翻转，但当涉及噪声和错误时，我们则说可能会发生比特翻转，而不是必然会发生比特翻转。

如果已经确切地知道使用了 ***X*** 门，那么只需再使用一次就能解决这个问题，因此我们需要更加聪明一点儿。来看看图 11-31 所示的线路。

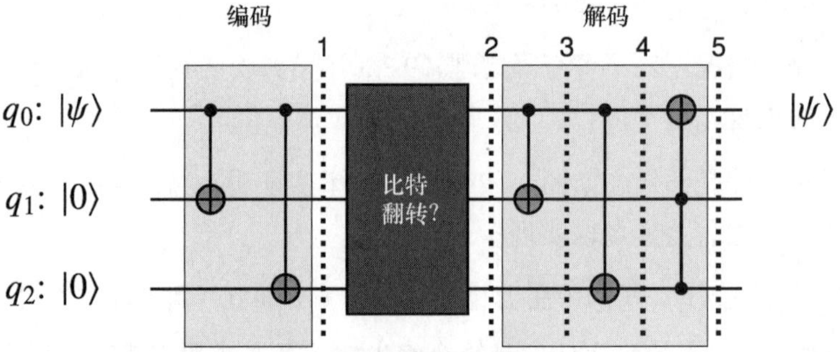

图 11-31

现在开始分析，首先来看量子比特在每条编号的竖直虚线处可能的量子态。先来看 $|\psi\rangle = |0\rangle$ 的情况，如表 11-1 所示。

表 11-1

错误数	步骤 1	步骤 2	步骤 3	步骤 4	步骤 5
无错误	$\|000\rangle$	$\|000\rangle$	$\|000\rangle$	$\|000\rangle$	$\|000\rangle$
1 个错误	$\|000\rangle$	$\|001\rangle$	$\|001\rangle$	$\|001\rangle$	$\|001\rangle$
	$\|000\rangle$	$\|010\rangle$	$\|010\rangle$	$\|010\rangle$	$\|010\rangle$
	$\|000\rangle$	$\|100\rangle$	$\|110\rangle$	$\|111\rangle$	$\|011\rangle$
2 个错误	$\|000\rangle$	$\|011\rangle$	$\|011\rangle$	$\|011\rangle$	$\|111\rangle$
	$\|000\rangle$	$\|101\rangle$	$\|111\rangle$	$\|110\rangle$	$\|110\rangle$
	$\|000\rangle$	$\|110\rangle$	$\|100\rangle$	$\|101\rangle$	$\|101\rangle$
3 个错误	$\|000\rangle$	$\|111\rangle$	$\|101\rangle$	$\|100\rangle$	$\|100\rangle$

> **问题 11.5.1**
>
> 请创建 $|\psi\rangle = |1\rangle$ 时的表格。

> **问题 11.5.2**
>
> 步骤 4 和 5 之间的托佛利门的作用是什么？

这个线路至多能纠正 q_0 中一个比特翻转的错误。当该错误未被纠正时，该线路的结果总体现为 q_0 中的一个比特翻转。

如果出现一次比特翻转错误的概率为 p，则没有错误的概率为 $1-p$。我们之前已在 6.4 节介绍了纠正至多一个错误的完整概率。

11.5.2 纠正符号翻转

符号翻转是 π 相位的错误，会将 $a|0\rangle + b|1\rangle$ 变成 $a|0\rangle - b|1\rangle$。正如 7.6.2 小节介绍的那样，$\boldsymbol{Z}$ 门能做到这一点。

计算基底 $|0\rangle$ 和 $|1\rangle$ 与阿达马基底 $|+\rangle$ 和 $|-\rangle$ 之间的改变能够互换比特翻转和符号翻

转，这是一个非常有用的特性。为了纠正可能的符号翻转，我们必须在线路中插入一些 $\boldsymbol{H}$ 门，如图 11-32 所示。这是 $\boldsymbol{HXH}=\boldsymbol{Z}$ 和等效的 $\boldsymbol{HZH}=\boldsymbol{X}$ 的结果。

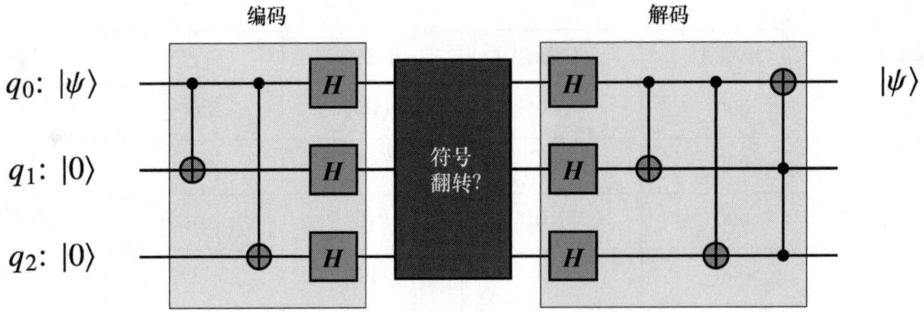

图 11-32

我们能否将这些思想组合起来，纠正至多一个比特翻转或符号翻转，或同时纠正两者？这等价于修复出错的 $\boldsymbol{X}$ 、 $\boldsymbol{Z}$ 或 $\boldsymbol{Y}$ 门。

11.5.3　九量子比特舒尔码

为了纠正一个符号翻转或一个比特翻转，除了我们努力维护的那个量子比特外，我们还需要另外 8 个量子比特。图 11-33 给出了该线路，其基于彼得 • 舒尔于 1995 年发表的研究成果。舒尔也在同一年发表了具有突破性的整数分解论文[27]。

正如我们之前见到的，任意 2×2 幺正矩阵都可写成一个单位量的复数与 $\boldsymbol{I}_2$ 和 3 个泡利矩阵的一种线性组合的积的形式。$\boldsymbol{I}_2$、$\boldsymbol{\sigma}_x$、$\boldsymbol{\sigma}_y$ 和 $\boldsymbol{\sigma}_z$ 分别是 **ID** 门、$\boldsymbol{X}$ 门、$\boldsymbol{Y}$ 门和 $\boldsymbol{Z}$ 门的矩阵。由于我们可以修复这些门的单个错误（其中 **ID** 门实际上不会出错），因此我们可以修复它们的线性组合中的任意单个错误。

这个九量子比特舒尔码可以纠正对应于一个幺正门的任意单量子比特错误。

如果我们有 n 个量子比特，那么我们可以使用 $9n$ 个量子比特来复制图 11-33 所示的线路 n 次。能像舒尔码一样纠错的最优纠错码仅需使用 5 个量子比特，而且其表现已尽可能达到最好[18]。

如果线路的 **CNOT** 或托佛利门中出现了错误，又该如何呢？

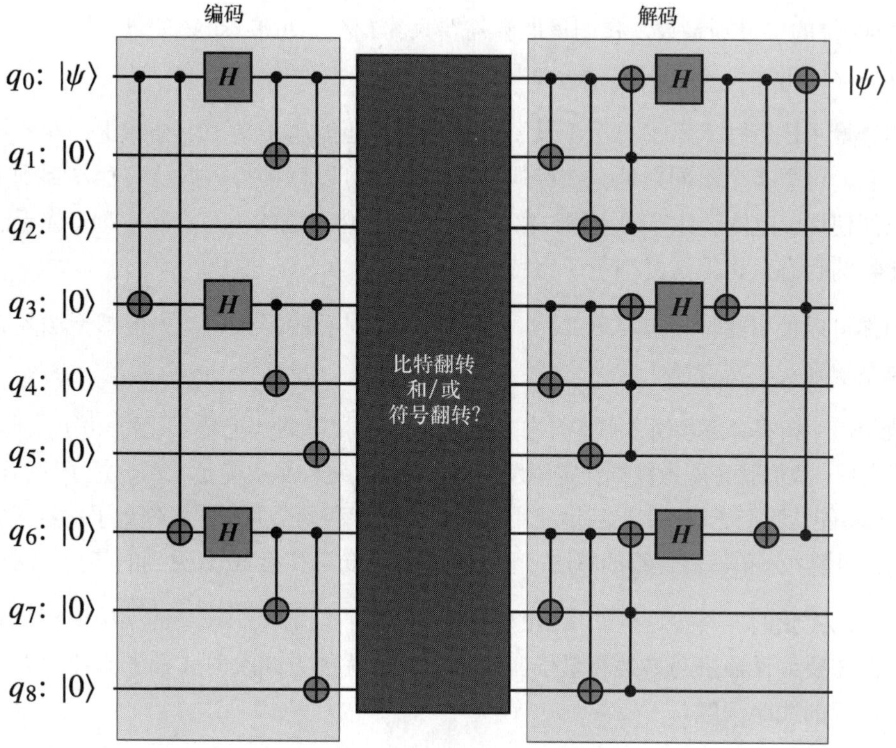

图 11-33 九量子比特舒尔纠错码

11.5.4 一般性容错问题的注意事项

看起来我们遇到了一个问题：为了纠错，我们需要更多量子比特，然后我们又需要更多量子比特来为这些纠错量子比特纠错，如此反复。这会有尽头吗？

会的，但我们需要使用不同的方法，比如基于群论和另一个数学分支拓扑学的*表面码*（*surface code*）。从本质上讲，如果我们可以让量子比特和门的错误率接近某个阈值，那么我们就可以使用纠缠和大量量子比特来实现容错。我们尤其需要提升双量子比特门的保真度，因为这些门通常比单量子比特门差很多。

需要多少量子比特？以 2019 年表现最佳的量子计算系统的错误率计算，为了创建一个逻辑量子比特，我们需要大约 1000 个物理量子比特。同一时间，最大的可工作量子计算机仅有 53 或 54 个量子比特。如果使用更为悲观的估计，我们所需的物理量子比特数量接近 10000。

一个逻辑量子比特通常对任何人来说都用处不大。为了创造人们预见的量子计算机可实现的最高级应用，我们将需要成百上千个逻辑量子比特。举个例子，要用舒尔算法分解 2048 位的二进制整数，我们可能会需要大约1亿（即10^8）个物理量子比特。这就相当于10万（即10^5）个逻辑量子比特。

容错量子比特技术不仅可用于量子计算，也许还能用于量子内存和量子存储器。但是请注意，这里有个不同之处。在经典计算中，你可以直接将数据从内存复制到工作寄存器以便使用。但量子计算却不同，由于 9.3.3 小节介绍过的不可克隆定理，你无法复制量子比特的状态，也无法复制量子比特。

但你可以使用隐形传态（见 9.3.4 小节）！一个具有隐形传态能力但却无法复制数据的计算系统确实非常奇怪。

我相信纠错将会逐步引入其中。如果我们有能力更好地建造量子比特和门错误率更低的量子设备，我们就有能力执行一定程度的有限纠错，这样至少能延长部分量子比特的相干时间。这将能让我们更聪明、灵活地使用这些量子比特和剩余的原始物理量子比特来实现那些看起来可能并不简练和优雅的算法，正如我们在第 9 章和第 10 章见到的某些算法一样。

这里的“我们”其实是指“我们的优化编译器”。随着量子设备的架构愈渐复杂、精细，我们需要编译器来巧妙地将量子应用代码以最优的方式映射成量子比特的数量和类型以及可行的线路深度。

单量子比特错误的形式化描述与密度矩阵、混合态和概率等有关，由单量子比特组成的双量子比特以及操作它们的量子门也一样。这又是实现大规模量子纠错理论的机制的一部分，我们也希望这是其最终实现的一部分[20,第 8 章]。

了解更多

Fowler 等人给出了纠错技术的综述以及实现舒尔算法的早期量子比特估计[12]。随着时间的推移，计算这样的估计的过程会越来越严格和完善。

现在你快要读完本书了，之后你可以继续阅读有关纠错的“入门指南”[7]。在纠错及其潜在的硬件实现方面的研究工作着实不少[3] [14]。

11.6　量子体积

一台基于量子门和量子线路的量子计算机的能力有多强？一种量子比特技术相较于另一种量子比特技术的进展如何？什么时候我们可以说我们已找到“足够强大的”量子

计算机解决方案？“足够强大”又是什么意思？我们什么时候知道自己已经实现目标？

尽管知道给定量子比特在退相干和错误率方面的表现肯定很有用，但这不能向你提供有关系统整体的任何信息以及各个组件协同工作的好坏情况。你可能会有一两个高质量的、互连的、低错误率的量子比特，但你的系统的其他方面可能会使得该系统根本无法执行有用的算法。

如果线路中包含的数百个量子比特非常糟糕，那么该线路是比不上量子比特数量少得多但质量高且易于控制和观测的线路的。因此，我们需要一个全系统的指标——整体指标（holistic metric），让我们可以一目了然地了解量子计算机的相对情况。

像这样的与架构无关的指标称为量子体积（quantum volume），这是由 IBM 研究院的科学家在 2017 年提出的[6]。

量子体积报告的指标为 2^v，其中系统的最佳表现是在一个“v 量子比特宽×v 量子比特深”的测试线路区域上观察得到的。2019 年，IBM 宣布其超导晶体量子计算系统达到了 16（即 2^4）的量子体积，并预期其将在未来 10 年里每年至少翻一倍[15]。

尽管提出这一指标的是 IBM，但这个指标并不特定于任何品牌。实际上，已有其他一些研究者提出了该指标的延伸版，以解除被测试线路的宽度和深度的耦合关系[2]。

量子体积考虑的因素如下。

- 校准误差：用于衡量编程和观测量子比特的电子控制设备在确保运算准确、缓解错误方面的表现。
- 线路优化：用于衡量优化编译器在线路深度和量子比特寄存器宽度上优化线路的布局和性能的表现。
- 相干时间：用于描述量子比特保持在有用状态的时间，如 11.4 节所讨论的。
- 连接性和耦合映射图（coupling map）：用于描述量子比特与其他量子比特是如何连接的、采用了怎样的模式。
- 串扰：用于描述一个量子比特会如何影响邻近量子比特——不管是通过门操作、门运算还是通过更被动的纠缠。
- 门保真度：用于体现通过门操作、门运算将量子比特从当前状态移至新状态的错误率。
- 门并行性：指在量子比特上可并行（同时）运行多少个门操作、门运算。其概念不同于量子并行性（quantum parallelism）的概念。

- 初始化保真度：用于描述我们能以怎样的准确度将初始量子比特状态设置为某个已知的状态，通常为$|0\rangle$。
- 观测保真度：用于描述我们能以怎样的准确度坍缩一个量子比特，并以$|0\rangle$或$|1\rangle$的形式读出结果。
- 量子比特的数量：通常越多越好，但并不总是如此。在任何情况下，你都需要足量的量子比特。
- 旁观者误差（spectator error）：用于描述单量子比特门或双量子比特门在某个量子比特上操作或运算期间，一个与之物理相连的、理应闲置的量子比特会受到什么影响。

门保真度指标的取值范围为 0.0～1.0（包含端值）。值为 1.0 说明该门能完美地实现预期的逻辑幺正变换。双量子比特门的错误率通常比单量子比特门的高得多，差距在 10 倍量级或以上。

让量子比特连接更多量子比特（如图 11-34 右侧所示）是一件好事，只要这种耦合不会在互连的量子比特间引入额外的错误。

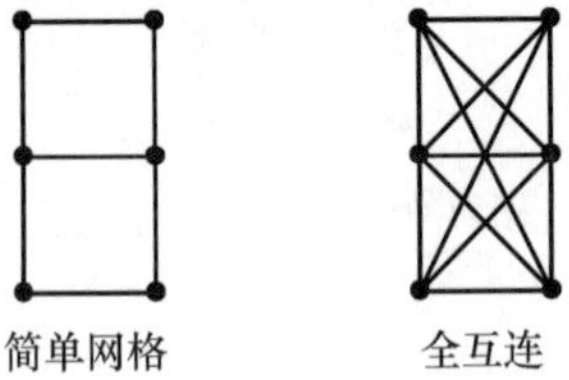

图 11-34

这也是量子体积不会仅随耦合量子比特的增多而增大的原因之一。

如果将量子设备放入硅这样的物理介质中，就可以使用非正方形和非矩阵的样式。比如我们可以使用平铺的规则多边形样式，且量子比特不一定要位于边角处。此外，设备不同区域的样式也可以不同并且可以沿边变化。IBM Q 在 2019 年 9 月公布的包含 53 个量子比特的连接方案如图 11-35 所示。

问题 11.6.1

在图 11-35 中，一个量子比特所连接的量子比特的最大数量是多少？最小数量呢？每个量子比特所连接的量子比特的平均数量是多少[19]？

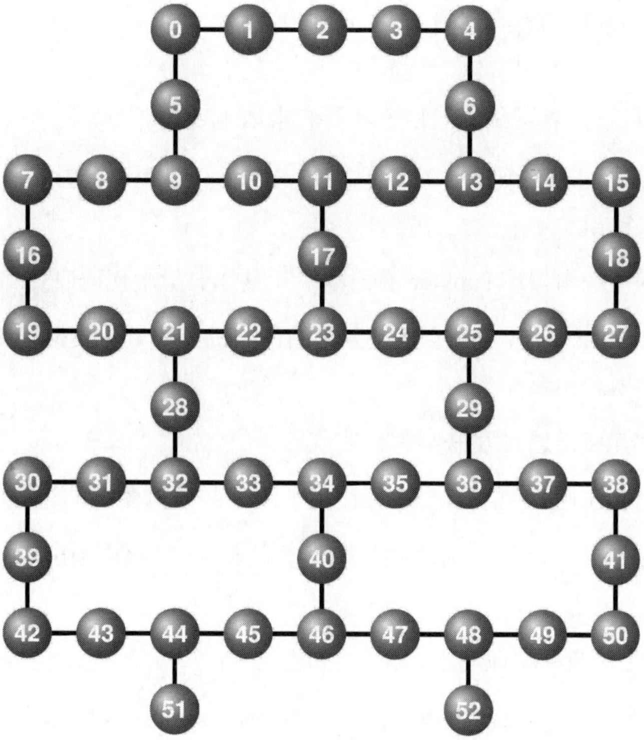

图 11-35

如果有一个性能优良的优化编译器，就可以通过减少门的数量和重新安排门作用于量子比特的方式和时机来增大量子体积。通过避免让量子比特的相干时间更短、避免让单量子比特或双量子比特的错误率更高，并且在良好互连的量子比特上使用原生的门，使用该编译器的量子体积也许还能得到显著提升。

用于经典计算机的优化编译器的理论和实现已经历了数十年的研究并得到了很好的普及。量子的转换编译（transpiling，即 transformational compiling）还处于非常早期的阶段，但在 Qiskit 开源项目中，在学术界和产业界的计算机科学家、量子研究者和软件开发者的共同推动下，它进展得很快。

在衡量量子计算机的质量和性能方面，量子比特的数量是一个非常糟糕且不准确的指标。请使用量子体积从整体上衡量你用于软件开发的硬件、软件、系统和工具的表现。

11.7　软件堆栈和访问

访问和使用量子计算系统的一种方法看起来如下所示。

- 你已经在你的电脑或工作站上下载并安装了 Qiskit 开源量子计算框架等软件开发工具[24]。
- 在你的程序编辑器或 Jupyter 笔记本中开发你的量子代码[23]。
- 运行时，你的一部分应用会连接到你的计算机上的量子模拟器或远程连接到真实量子硬件或模拟器。
- 这个远程连接是通过互联网和云实现的。
- 你的应用会调用一个或多个运行在量子硬件或模拟器上的进程。
- 最终，你的应用可以利用这些量子计算的结果，在你的用例内做一些有价值的事情。

另外，至少还有两种相似场景。

（1）除了本地开发，你还可以通过基于网络浏览器的环境来开发，这时你要在云端编辑、测试、存储和执行你的 Jupyter 笔记本。

（2）你可以将可运行的代码放到云端的容器之中，这样就可访问离经典云服务器很近或很远的量子计算机。

对开发者而言，软件堆栈如图 11-36 所示。最下面的是系统层，其中可能包括连接更高层服务和用于基准评测的应用程序接口（Application Programming Interface，API）。

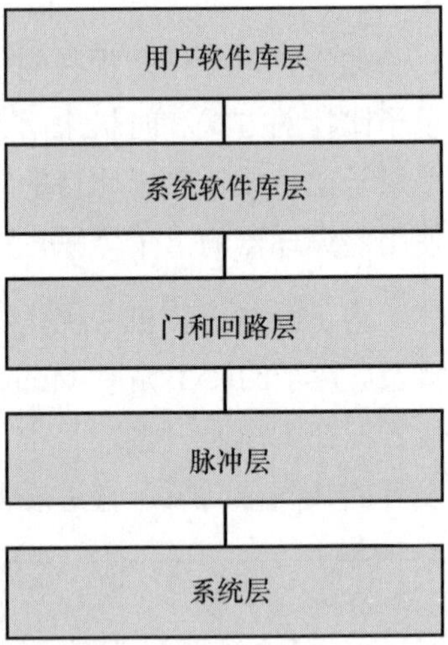

图 11-36

对于使用微波控制系统的量子计算系统而言，脉冲层支持直接定义和使用配置量子门的微波脉冲。

再向上，是支持使用内置门和创建新线路的门和线路层。这让我们可以在量子寄存器中实现它们，并构建我们在第 7 章到第 10 章中讨论的算法。

在系统软件库层，程序员可以在自己的线路和应用代码内使用之前已经定义和优化的线路。当使用这些软件库时，开发者仍然需要考虑量子算法的工作方式，但这种思维模式已经高于可被描述为“汇编语言”的层级。

最后，在用户软件库层，其为我们提供了使用方便的软件库，可以加速一般软件的开发。在这一层，开发者可能都不知道使用了量子计算系统。

从量子计算机的最深处一直到最抽象的访问层，图 11-36 能让你粗略地了解各层所提供的功能。任意特定框架的软件堆栈都可能有更多或更少的层级。

在我们转换话题之前，我想谈谈我们是应该为量子计算专门设计新的编程语言，还是应该将量子计算功能嵌入已有的语言。在过去许多不同的科学应用中，这两种方式我都用过。

对很多人来说，创建新语言是很有趣的。这里的有趣可能和你所想的“有趣”不一样，但你就先认同这一点吧！着手构建一个量子编程环境是非常有吸引力的。你可能会发现自己在经典的计算机科学工程上耗费太多时间，大部分事情以前都被做过了——而且被做得更好。

Python、Swift、Go、Java、C++等现代编程语言在软件开发方面表现极佳。在我看来，更加合理的做法是在这些类型的语言内部构建对量子门、量子线路和量子执行的支持。这样，你就可以快速使用自己已掌握语言的整个工具链并获取支持，然后快速和全面地专注于添加量子软件开发支持。

此外，如果你的开发框架是开源的，且使用了已有的编程语言，那么你会有远远更多潜在的贡献者，因为人们不必再去学习一种编程语言就能参与其中。

举个例子，Qiskit 将 Python 作为主要的开发者语言，但提供了大量软件库，覆盖了软件堆栈的所有层级。在某些情况下，其还通过 Python 软件库接口提供了更低层的访问代码或优化代码。

11.8 模拟

有可能在经典计算机上模拟量子计算机吗？如果我们可以做到，那么“量子计算”就只是在当前的机器上编写软件的又一种技术。

本节将介绍为操作逻辑量子比特编写模拟器时必须考虑的因素。

如果你已经有一个方便的模拟器，比如由 Qiskit 或 IBM Q Experience 提供的模拟器，那么你可以使用其解决一些小问题。这里我们要谈的是构建模拟器的一般方法。我不会提供任何特定编程语言的完整代码，而会提供一个包含你所需考虑事项的列表。如果你对这方面的问题不感兴趣，可以跳过本节。

11.8.1　量子比特

在构建量子计算模拟器时，你首先需要决定的是如何表示量子比特。基于这个选择以及你的其他选择，你可以构建通用模型，也可以构建专用模型。我们将介绍通用模型的情况。阅读完本节之后，你可以回头看看可以如何单独和从整体上优化每个互连部件。

由于操作多于一个量子比特才有用，因此我们不会使用布洛赫球面。一个量子比特的状态由两个复数表示，你可以将它们保存为一个有序列表、数组或类似结构。如果你使用的语言或环境支持数学向量类型，那就使用向量。

尽管在这里我们可能会使用某个确切的值，比如

$$\frac{\sqrt{2}}{2}|0\rangle+\frac{\sqrt{2}}{2}|1\rangle$$

但你所使用的语言或环境可能会使用浮点数来表示一个复数的实部和虚部，则以上状态可能表示为：

$$0.7071067811865476|0\rangle+0.7071067811865476|1\rangle$$

则这两个概率幅的平方之和为1.0000000000000002。如果你要使用许多量子比特或量子门，那么你就需要跟踪这个误差并采取可能的措施控制它。

当模拟器非常小时，你应该考虑使用一个符号数学软件库，比如 SymPy[28]。但其时间和内存负载仍可能过高，让你无法使用。另外，符号表达式很快就会变得非常复杂和混乱，因此你的系统应该具有简化这些表达式的重要能力。

如果你有一个由 n 比特量子寄存器，那么你需要用一个由 2^n 个复数组成的向量表示它。如果$n=10$，那么由 1024 个复数组成的列表要占用 9024 字节。如果 $n=20$，则需要 8697464 字节，约为 8.3 MB。再加两个量子比特就会使这一数字变成 35746776，约为 34 MB。

想想看：对于一个由 22 个量子比特构成的量子寄存器的单个状态，你需要 34 MB 的空间来表示它。随着我们添加更多的量子比特，这一数字还将继续呈指数级增长，情况也会迅速恶化。当添加到 27 个量子比特时，每个状态的数据量就超过 1 GB 了。增长的还不只是所需的存储空间，操作所有值所需的时间也会快速增长。你在每层选择的算法是至关重要的。

还不止于此：单个量子门的矩阵大小是量子比特状态右矢中元素的数量的平方。

我们可以通过优化降低这些值，但本质上其增长还是呈指数级的，因此最终会追上你的计算能力。你也可以稍微多模拟一些量子比特，但其需求最终会占满你的资源。缓解这一问题的方法之一是不使用双精度浮点数，而使用单精度浮点数。这能暂时节省一些内存。

我猜当要模拟的量子比特数量增长到 45 个左右时，通用型量子计算模拟的规模将变得非常大，相应的操作也将需要大量时间，以至于使用超级计算机也难以为继。如果你有一个希望模拟的、非常具体的问题，那么你也许可以简化表示线路的数学公式。正如 $\sin^2(x)+\cos^2(x)$ 可以简化成简单得多的 1，线路的数学运算规模也有望变得更小。即便如此，我认为专用型量子计算模拟也会在量子比特数量增长到 70～80 时超出超级计算机的运算能力。

模拟适用于实验和教学目的，也可用于调试部分量子线路。一旦我们有了量子比特数量超过 50 的、强大且实用的真实量子计算机，对模拟器的需求就会下降，相关的商业市场可能也会随之下降。

我们来看看如何使用稀疏表征来表示量子比特和右矢向量。为了表示 $|0\rangle^{\otimes 50}$ 这个状态，我们真的需要 2^{50}（即1125899906842624）个数吗？毕竟这个状态表示中仅有两个显著信息，即 0 和 50。只需增加一点用于表示该稀疏右矢的额外资源开销，你就可以将其容纳到几个字节中。

11.8.2 门

如果量子比特是向量，那么门就是矩阵。实现多导线线路的一个简单、直接的方法是构建两个门的张量积矩阵。这些矩阵是相当大的：如果你有 n 个量子比特，那么你的矩阵大小将为 $2^n \times 2^n$。

对于如图 11-37 所示的子线路，我们有对应于 $\mathbf{ID} \otimes \boldsymbol{H}$ 的矩阵的积

$$\begin{bmatrix} 1 & 0 \\ 0 & 1 \end{bmatrix} \otimes \begin{bmatrix} \frac{\sqrt{2}}{2} & \frac{\sqrt{2}}{2} \\ \frac{\sqrt{2}}{2} & -\frac{\sqrt{2}}{2} \end{bmatrix} = \begin{bmatrix} \frac{\sqrt{2}}{2} & \frac{\sqrt{2}}{2} & 0 & 0 \\ \frac{\sqrt{2}}{2} & -\frac{\sqrt{2}}{2} & 0 & 0 \\ 0 & 0 & \frac{\sqrt{2}}{2} & \frac{\sqrt{2}}{2} \\ 0 & 0 & \frac{\sqrt{2}}{2} & -\frac{\sqrt{2}}{2} \end{bmatrix}$$

CNOT 门

$$\begin{bmatrix} 1 & 0 & 0 & 0 \\ 0 & 1 & 0 & 0 \\ 0 & 0 & 0 & 1 \\ 0 & 0 & 1 & 0 \end{bmatrix}$$

和另一个 $\mathbf{ID} \otimes \boldsymbol{H}$，即

$$\begin{bmatrix} 1 & 0 & 0 & 0 \\ 0 & 1 & 0 & 0 \\ 0 & 0 & 1 & 0 \\ 0 & 0 & 0 & -1 \end{bmatrix}$$

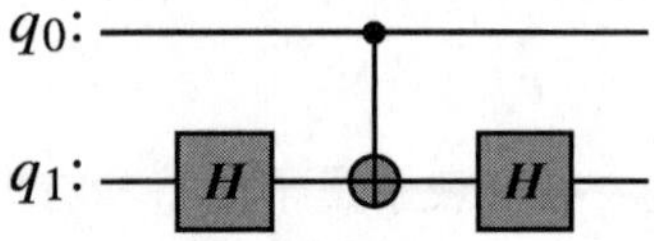

图 11-37

我们知道，它会翻转 $|11\rangle$ 的符号。将其认定为一种标准模式，就可以使我们执行更少的矩阵操作。

11.8.3　观测

一旦得到了类似

$$\frac{\sqrt{2}}{2}|0\rangle - \frac{\sqrt{2}}{2}\mathrm{i}|1\rangle$$

或

$$0.3872983346207417\mathrm{i}|00\rangle - 0.6082762530298219|01\rangle - \\ 0.5099019513592785|10\rangle + 0.469041575982343\mathrm{i}|11\rangle$$

的量子寄存器状态，又该怎样模拟观测过程？我们会使用 6.5 节介绍的使用随机数的模拟采样方法。

如果仅有一个右矢的幅度不为 0，则它必然就是观测结果。现在我们假设有两个或更多非零幅度。

计算对应于每个标准基底右矢的概率。如果

$$|\psi\rangle = \sum_{j=0}^{2^n-1} a_j |j\rangle_n$$

则令 $p_j = |a_j|^2 = a_j\overline{a_j}$。在包含一点儿舍入误差的前提下，有

$$1.0 = \sum_{j=0}^{2^n-1} p_j$$

对于代码清单 6-1 中的 example_probabilities，1000000 次模拟采样的结果如表 11-2 所示。对于 $j = 0$，$E_0 = |0\rangle$；对于 $j = 1$，$E_1 = |1\rangle$，以此类推。

表 11-2

事件 j	实际概率	模拟概率
0	0.15	0.1507
1	0.37	0.3699
2	0.26	0.2592
3	0.22	0.2202

再举个例子，我们看看对由 4 个量子比特构成的平衡叠加态的模拟观测。在这种情况下，每个概率幅都为 0.25，对应概率则为 0.0625。迭代运行 1000000 次：

```
example_probabilities = [1.0/16 for _ in range (16)]
```

1000000 次模拟采样的结果如表 11-3 所示，其中各行的含义与表 11-2 类似，如 E_7 对应的是观测得到 $|7\rangle$ 这一结果的概率。

表 11-3

事件 j	实际概率	模拟概率
0	0.0625	0.0627
1	0.0625	0.0628
2	0.0625	0.0627
3	0.0625	0.0619
4	0.0625	0.0622
5	0.0625	0.0624
6	0.0625	0.0624

续表

事件 j	实际概率	模拟概率
7	0.0625	0.0626
8	0.0625	0.0622
9	0.0625	0.0624
10	0.0625	0.0624
11	0.0625	0.0626
12	0.0625	0.0631
13	0.0625	0.0623
14	0.0625	0.0625
15	0.0625	0.0628

11.8.4　线路

为了模拟线路，你需要用某种方式表示线路。请想想导线模型和从左向右绘制、执行量子门的步骤。

多量子比特门横跨多条导线，因此你需要指定导线的输入和输出。你需要一路检查是否有错误，以确保同一步骤的两个门不会涉及相同的输入和输出导线。

我建议你从 API 入手。它们连接着一系列软件例程，并且位于内部线路表示之上。如果你从开发一门用于编写线路的新语言开始，那么可能你在这门语言的编写周期中投入的资源比编写模拟器本身需投入的更多。

11.8.5　编写模拟器

如果你决定编写量子模拟器，下面是一些建议。

- 除非你想将其用作一个教育项目或你有一个绝妙的新思路，否则不要麻烦了。现有的模拟器已经很多了，而且其中很多都已开源，比如 Qiskit 中的模拟器。
- 不要一开始就优化线路。只是调试代码使之能执行你所希望的一系列运算和操作就很困难了。
- 当你开始执行优化时，请从简单的问题开始，比如去除不实现任何功能的连续量子门，如 ***HH*** 、 ***XX*** 或 ***ZZ*** 。

- 不要一开始就通过张量运算将矩阵聚合到一起，除非你需要执行 **CNOT** 等跨导线的操作或运算。
- 构建模拟标准门组合的高效子例程。举个例子，不要基于托佛利门构建 **CNOT** 门，但你的门的集合中还是应该包含托佛利门。
- 要更加深入地理解量子门是如何通过更原始、更基本的门设计出来的。举个例子，请了解一下名为“Clifford”的门以及模拟它们的方式。请注意，这将需要更深度的量子计算和计算机科学知识[4] [5]。

了解更多

为了再次强调我的观点，即没必要自己编写模拟器，你只需要简单搜索一下关键词“list of quantum simulators”（量子模拟器列表），就能找到用多种编程语言编写的数十种模拟器，其中许多都已开源。

11.9 猫

本节将介绍一个始于 20 世纪 30 年代的著名讨论。我们将以其为例，展示如何使用量子计算来模拟量子物理学。

1935 年，物理学家埃尔温 • 薛定谔（如图 11-38 所示）提出了一个思想实验，其催生了后来近一个世纪的深度科学和哲学思考，也带来了很多糟糕的“玩笑”。思想实验是数学家和科学家常用的手段。

进行思想实验的基本前提是这个想法并不是人们真正会去*做*的事情，而是人们希望借以将某个问题思考透彻，以理解其影响和后果的事情。

薛定谔提出这个思想实验的原因是试图展现尼尔斯 • 玻尔（如图 11-39 所示）和维尔纳 • 海森伯在 20 世纪 20 年代末提出的*哥本哈根诠释*（*Copenhagen interpretation*）在大物体上会导致多么荒谬离奇的结果。哥本哈根诠释是解释量子力学的运作机制和原因的一大非常流行的理论，不过还存在其他理论。

这里，“大物体”的“大”是指“像猫一样大”。

图 11-38　埃尔温·薛定谔，1933 年。
照片属于公共领域

图 11-39　尼尔斯·玻尔，1922 年。
照片属于公共领域

问题 11.9.1

哥本哈根和量子力学有什么关系？

1. 设定

在一个大钢箱中充入足够的空气，然后放入少量放射性材料，该材料中每小时有 0.5 的概率有一个原子发生衰变并发射出一个粒子。

我们再放入一台名为盖革计数器（Geiger counter）的设备，其可以检测单次粒子发射，同时它还连接着一个锤子，这个锤子可以砸开一个装有氰化物毒药的密封药瓶。如果这台盖革计数器检测到了粒子发射，那么锤子就会砸下，氰化物就会被释放到空气中。

现在，我们将一只原本可爱迷人但现在满脸疑惑的猫放进这个箱子并将顶盖封起来。

你也可以将这只猫替换成其他任何无法在有氰化物的空气中存活的生物。

2. 等待

随着时间的流逝，我们想知道那只猫的状态。它还活着还是已经死去？里面的放射性物质是否发射了粒子并触发了锤子？

在我们观察之前，我们不知道答案。据我们所知，这只猫处于死亡和存活的叠加态。

当我们打开箱子顶盖并观察其中的情况时，会导致该叠加态坍缩至$|死亡\rangle = |0\rangle$或$|存活\rangle = |1\rangle$中的一种状态。这是由哥本哈根诠释推导出的结论。

在*多世界诠释*（*many worlds interpretation*）中，当出现选择的机会时，会创造出两个世界：在一个世界里，猫死了；在另一个世界里，猫还活着。

现在，我们用量子线路的语言表述这种情况。

3．一个线路

请看图 11-40 所示的带有两个 **CNOT** 门的简单线路。

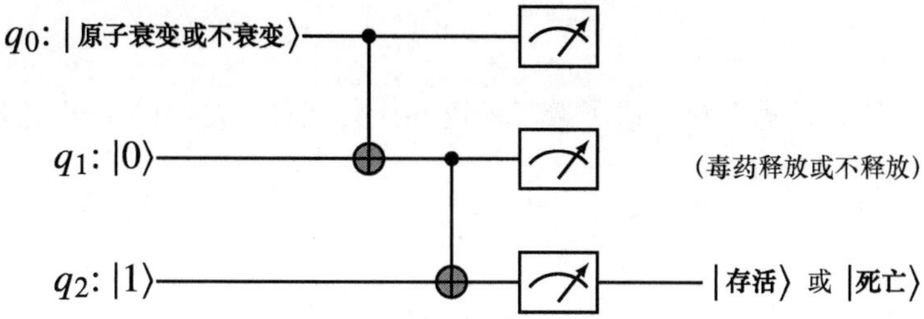

图 11-40

对于q_0而言，输入状态为$|0\rangle$意味着在该线路运行时没有发生原子衰变，而输入状态为$|1\rangle$则意味着发射了一个粒子。

q_1的初始状态设定为$|0\rangle$，但如果有原子衰变，则状态会翻转为$|1\rangle$。这会导致锤子打破药瓶，氰化物散发到空气中。

对q_2而言，猫一开始处于$|存活\rangle$（即$|1\rangle$）状态。只有当毒药被释放出来时，猫的最终状态才会切换到$|死亡\rangle$（即$|0\rangle$）。

> **问题 11.9.2**
>
> 请使用贝尔态进行实验以引入纠缠。你是否学到了有关该实验组件的新知识？

11.10　小结

本章将量子比特和量子线路的“逻辑”思想与“物理”思想连接到了一起，阐述了建造量子计算机的可能方法。我们了解了光的极化，并借此展示了一个物理量子系统。我们还使用右矢符号说明了使用 3 个滤波器时所观察到的非常规现象。由此，我们可以看到量子力学理论似乎确实为观察实验结果提供了优良的模型，至少在这个案例中如此。

真实的量子比特不能永远存续，退相干能解释量子态随时间漂移的几种方式。尽管我们目前还没有足够大的系统来实现容错，但我们了解了利用纠错有可能在量子领域实现什么。

我们需要有能力衡量我们取得的进展，并回答“你的量子计算机有多强大”这样的问题。量子体积的定义考虑了可能影响性能的诸多因素。

我们提到了研究者正在探索实现量子比特的多种技术。IBM 等公司正在使用超导 transmon 量子比特（superconducting transmon qubit），但离子阱和光子技术也有望取得重大突破。

我们也将“箱中之猫”转译成了量子术语并让其拥有了自己的量子线路。

参考资料

[1] F. Bloch. “Nuclear Induction”. In: *Physical Review* 70 (7-8 Oct. 1946), pp. 460–474.

[2] Robin Blume-Kohout and Kevin C. Young. *A volumetric framework for quantum computer benchmarks*.

[3] H. Bombin and M. A. Martin-Delgado. “Optimal resources for topological two-dimensional stabilizer codes: Comparative study”. In: *Physical Review A* 76 (1 July 2007), p. 012305.

[4] S. Bravyi and D. Gosset. “Improved Classical Simulation of Quantum Circuits Dominated by Clifford Gates”. In: *Physical Review Letters* 116.25, 250501 (June 2016), p. 250501. eprint: 1601.07601.

[5]S. Bravyi et al. “Simulation of quantum circuits by low-rank stabilizer decompositions”. In: (July 2018). eprint: 1808.00128.

[6] Andrew Cross et al. *Validating quantum computers using randomized model circuits*. Nov. 2018.

[7] Simon J. Devitt, William J. Munro, and Kae Nemoto. “Quantum error correction for beginners”. In: *Reports on Progress in Physics* 76.7, 076001 (July 2013), p. 076001. eprint: 0905.2794.

[8] P. A. M. Dirac. *The Principles of Quantum Mechanics*. Clarendon Press, 1930.

[9] David P DiVincenzo. *Looking back at the DiVincenzo criteria*. 2018.

[10] David P DiVincenzo. "The physical implementation of quantum computation". In: *Fortschritte der Physik* 48.9-11 (2000), pp. 771–783.

[11] Richard P. Feynman. *QED: The Strange Theory of Light and Matter*. Princeton Science Library 33. Princeton University Press, 2014.

[12] Austin G. Fowler et al. "Surface codes: Towards practical large-scale quantum computation". In: *Phys. Rev. A* 86 (3 Sept. 2012), p. 032324.

[13] Gambetta, Jay M. (question answered by). *What's the Difference between T_2 and T_2^*?*

[14] Jay M. Gambetta, Jerry M. Chow, and Matthias Steffen. "Building logical qubits in a superconducting quantum computing system". In: *npj Quantum Information* 3.1 (2017).

[15] Jay Gambetta and Sarah Sheldon. *Cramming More Power into a Quantum Device*. 2019.

[16] IBM. *20 & 50 Qubit Arrays*. 2017.

[17] E. Knill, R. Laflamme, and G. J. Milburn. "A scheme for efficient quantum computation with linear optics". In: *Nature* 409.6816 (2001), pp. 46–52.

[18] Raymond Laflamme et al. "Perfect Quantum Error Correcting Code". In: *Physical Review Letters* 77 (1 July 1996), pp. 198–201.

[19] Doug McClure. *Quantum computation center opens*. 2019.

[20] Michael A. Nielsen and Isaac L. Chuang. *Quantum Computation and Quantum Information*. 10th ed. Cambridge University Press, 2011.

[21] Jeremy L. O'Brien. "Optical Quantum Computing". In: *Science* 318.5856 (2007), pp. 1567–1570.

[22] Jeremy L. O'Brien, Akira Furusawa, and Jelena Vučković. "Photonic quantum technologies". In: *Nature Photonics* 12.3 (2009), pp. 687–695.

[23] Project Jupyter. *Project Jupyter*.

[24] Qiskit.org. *Qiskit: An Open-source Framework for Quantum Computing*.

[25] A.I.M. Rae. *Quantum physics: Illusion or reality?* 2nd ed. Canto Classics. Cambridge University Press, Mar. 2012.

[26] Erwin Schrödinger. *What is Life? The Physical Aspect of the Living Cell*. Cambridge University Press, 1944.

[27] Peter W. Shor. "Scheme for reducing decoherence in quantum computer memory". In: *Physical Review A* 52 (4 Oct. 1995), R2493–R2496.

[28] SymPy Development Team. *SymPy symbolic mathematics library*. 2018.

[29] X. R. Wang, Y. S. Zheng, and Sun Yin. "Spin relaxation and decoherence of two-level systems". In: *Physical Review B* 72 (12 Sept. 2005), p. 121303.

第 12 章 有关未来的问题

虽然我们看得不远，但目之所及处，要做的事情还有许多。

阿兰·图灵（Alan Turing）[2]

未来几年或几十年的时间里，量子计算还将怎样演变？我们不应该说量子计算将能做到什么，而应该说其可能会做到什么。这是很重要的。除非有人真的做出了一些成果，否则空口无凭的言辞都只是猜测、“炒作”或仍在进行中的工作。

本章将给出一系列能激发人们思考和值得探索的问题，并希望以此给出一个框架，帮助你从软件、硬件和系统的整体层面了解量子计算的进展。这些问题中也包括你可能应该在何时何地以怎样的方式使用、教授和学习量子计算的相关知识。

量子计算领域的前沿研究进展很快。你可以每隔几个月都回顾一番这些问题及它们的答案，这能帮助你评估已经实现的成果及其重要性，帮助你理解量子计算是否已经准备就绪，而你又是否已为量子计算做好准备。

12.1 生态系统和社区

生态系统（ecosystem）是一个已被过度使用的词，而且定义范围也很模糊（说不清究竟包含与一项活动有哪些联系的人）。现在我会尝试更精准地描述我所认为的量子计算生态系统的范围。本书已经提到了该生态系统的一些部分，尤其是在教育行业。

量子计算生态系统的目标是实现*量子优势*（*quantum advantage*）①，即让量子计算在

---

① 另一种类似的说法是“quantum supremacy”，常译为“量子霸权”或“量子优越性”。——译者注

重要的商业、科学等领域的问题上的表现显著优于经典计算。

接下来，请先思考你已经或希望在量子计算生态系统中扮演怎样的角色，然后请回答其中与你相关的问题。

（1）你已经或希望在量子计算生态系统中扮演怎样的角色？

① 算法开发者

② 业务开发或销售

③ 业务或技术主管

④ 商业合作伙伴

⑤ 云访问提供商

⑥ 通信者

⑦ 社区领导或参与者

⑧ 顾问

⑨ 开发工具提供商

⑩ 教育者

⑪ 全栈提供商

⑫ 硬件提供商

⑬ 行业分析师

⑭ 行业用例专家

⑮ 记者

⑯ 营销者

⑰ 量子应用软件提供商

⑱ 量子硬件工程师

⑲ 量子软件工程师

⑳ 量子软件平台提供商

㉑ 科学家或研究者

㉒ 学生

㉓ 技术支持

㉔ 系统集成商

㉕ 风险投资人或其他投资人

㉖ 其他

对于其中某些角色的定义，这里给出一点说明：

- 硬件提供商——供应量子计算硬件；
- 量子软件平台提供商——供应开发工具和运行时间软件；
- 量子应用软件提供商——供应实现行业用例的顶层应用程序；
- 云访问提供商——供应可让用户远程使用量子计算机的云服务；
- 全栈提供商——供应以上所有产品和服务。

（2）你采用怎样的方式与量子计算生态系统中做类似工作的其他成员互动？

（3）你采用怎样的方式与该生态系统中做其他工作的部分成员互动？

（4）这些互动怎样开始或怎样才能更具生产力？

（5）随着量子计算的发展，这些互动也必须变得更广泛和更丰富，为此你应该怎么做？

（6）你是开发量子计算软件的开源社区中的一员吗？

（7）为了提升量子计算社区的质量和影响力，你个人会做什么？

（8）如果你是一家创业公司的成员，你希望供应商如何更好地为你提供支持？

（9）如果你是一位分析师或顾问，为了向你的客户提供建议，你应该以怎样的方式更好地获得信息？

（10）为了更快地实现量子优势，我们所有人应该如何共同努力？

12.2 应用和策略

我们所说的“量子应用”是什么意思？它不是指仅在量子计算机上使用的软件。这种软件目前还无法实现，可能几十年乃至几个世纪后依然无法或没有必要实现。相反，量子应用是经典-量子混合式的解决方案，会同时用到两类硬件和软件。

正如我在第 1 章简要提到过的，行业用例将推动人们创造出这些应用。未来的许多年里，随着我们更加深入地理解量子计算系统能做到和不能做到的事情，量子计算用例的定义也会变化。基准评测将非常重要，但只是在衡量进展方面。

与其他方面的问题一道，这些问题将能助你思考量子计算的用例以及你为之寻求量子解决方案的计划。

（1）你的经典计算方案在哪些任务上耗时过长？

（2）你的经典计算方案在哪些任务上得到的结果过于不准确？

（3）你目前是否在使用高性能计算机？

（4）如果你在使用高性能计算机，你的解决方案的瓶颈是什么？

（5）你能否指出所必需的内存或计算时间呈指数级增长的地方？

（6）你的应用是数据密集型还是计算密集型？

（7）你希望以怎样的方式扩展你的系统中的计算方案？

（8）你是希望提升当前应用的速度，还是希望有更大的计算容量以检验更多可能性和场景？

（9）在你自己的行业中，存在有望使用量子计算的产业用例吗？

（10）是否已有人提出适合你的用例的 NISQ 量子解决方案，还是说你需要容错？“NISQ 量子解决方案”是指可以在量子比特有噪声时工作，且线路深度较小的解决方案（11.1 节）。

（11）量子计算如何融入你现有的工作流程？

（12）你是否足够理解你的量子战略，进而明白在短期、中期和长期都可能实现哪些应用？

（13）你是否会与供应商、行业分析师、管理咨询人员和系统集成商等合作以完善你的量子战略？

（14）供应商、行业分析师等在理解量子硬件、软件，以及当前状态方面有哪些专长？

（15）你是否已经确立了你的量子教学、实验和实现的路线图？

12.3　访问

访问（access）是指你连接到量子计算系统（如 IBM Q，如图 12-1 所示）的方式。

云连接和云计算能为你在安全性、资源弹性、软件和硬件升级等方面提供各种好处。

（1）你能通过云获取所需的量子计算能力吗？

（2）对于远程访问，你的安全需求是怎样的？

（3）基于法律、军事等方面的考量，你是否需要特殊类型的托管式量子云数据中心？

（4）你能远程使用另一个国家的量子计算机吗？

（5）你能从哪些国家访问哪些量子计算机？

（6）你对量子计算的服务质量的需求如何（包括正常运行时间、优先级和调度）？

（7）你是否需要一次性访问多台量子计算机？

（8）从量子体积角度来看，你需要多么强大的机器？

（9）你的量子计算提供商是否向你提供了最新和最强系统的路线图？

（10）你能否先通过云免费试用较小型的量子计算机，再转向商业质量的系统？

（11）你能从你运行经典应用的同一供应商那里访问量子计算机吗？

（12）你预计你的需求是拥有自己的量子计算机还是通过云访问量子计算机？

图 12-1　2019 年推出的 IBM Q System One。照片使用遵循创作共用署名-禁止演绎 2.0 通用许可证[1]

12.4　软件

可编程的量子计算机必须要有软件。不仅如此，你选择的系统必须要有全栈（如图 12-2 所示）的开发工具和运行时设施。

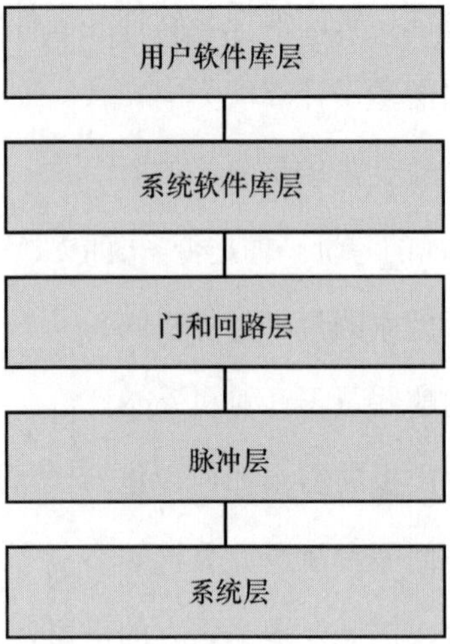

图 12-2

（1）你喜欢使用为量子计算设计的半专用的新语言，还是喜欢复用已掌握的 Python 等语言的技能？

（2）你的员工中是否有使用 Python 编程语言的软件工程人才？

（3）你是否已经调查过量子计算的当前开发平台？

（4）你是否已经评估过已在堆栈的用户软件库层面上实现的功能和算法的范围？

（5）你是否需要系统软件库层面上已经准备就绪的已优化线路？

（6）你会实现新线路吗？

（7）你的开发环境是否包含用于实现算法的可视化线路设计工具，如本书中展示的线路图那样？

（8）你可以在哪个抽象层级上创建线路？

（9）你的编程环境是否支持直接访问硬件的操作特性？

（10）你能在脉冲层或对应层设计新的门并直接控制量子比特硬件吗？

（11）你的开发环境和编程语言是否仅面向量子模拟器？

（12）你写的代码能否在量子硬件和模拟器上都成功运行？

（13）你的量子软件开发平台是开源平台吗？其使用了什么许可证？

（14）如果你的平台是开源的，那么是否有一个大型的、活跃的、多学科的开发者群体支持它？

（15）为了帮助你开发，你可以使用哪些文档和媒体支持？

（16）你的软件平台已经开发了多长时间？

（17）你的软件平台是否有公开的未来开发规划路线图？

（18）你的量子平台的软件开发工具链是怎样的？

（19）你的平台是否含有优化编译器以让你的应用在硬件上取得最佳性能？

（20）你的平台是否有用于代码调试的设备？

（21）看到以及理解你的线路的结果的难度如何，能以图表方式展示结果吗？

12.5 硬件

量子计算系统需要真实的量子计算硬件（如图 12-3 所示）。尽管模拟器对学习、实验和调试小型问题而言可能很有用，但你越早使用真实量子硬件，就能越快地利用其潜力。如果你只使用经典硬件，那你做的就不是量子计算。

图 12-3　一个早期的 IBM Q 四量子比特芯片。照片使用遵循创作共用署名-禁止演绎 2.0 通用许可证[1]

（1）你能否确定你的供应商提供的是真实量子硬件的访问，而不只是模拟器？

（2）这个量子硬件是*通用型*的吗？还是专门针对某一类问题而设计的？

（3）你的量子硬件能否以显著优于经典技术的性能解决问题？

（4）对你而言，选择不同的量子比特技术是否有区别？

（5）什么量子比特技术能得到量子体积最优的系统？

（6）量子比特技术的扩展性能如何？

（7）你能为不同的量子硬件使用同样的量子软件开发环境吗？

（8）你的量子计算系统提供的是物理量子比特、逻辑量子比特，还是两者都有？

（9）你的量子硬件及相关软件可用于纠缠许多量子比特吗？

（10）你相信你的量子计算硬件提供商会向你提供长期支持并持续改进技术吗？

12.6　教育

我将量子计算和编程的教育相关问题分成了教学（或培训）和学习两大部分。

1. 教学

（1）你是否正在教授或计划教授一门有关量子计算的课程？

（2）你教授的是一门单独的量子计算课程还是不同课程中有关量子计算的部分？

（3）对于以下类型的课程，你会怎样补充量子计算的课程内容？

① 人工智能

② 化学

③ 计算机科学

④ 工程学

⑤ 材料科学

⑥ 哲学

⑦ 物理学

⑧ 纯数学与应用数学

⑨ 数量经济学与金融学

（4）你会使用软件开发环境通过动手作业或实验来补充材料吗？

（5）你的学生是下载开发环境还是通过浏览器使用云上的开发环境？

（6）你使用已有的教科书还是使用自己的材料，或者两者都用？

（7）你会使用在网上找到的内容、视频和练习题来补充你的材料吗？

（8）你是否为开发教学材料的社区的成员？

（9）你如何增加学生在量子计算方面的课外活动？

（10）你会参加量子计算在线课程以学习如何更好地教授这一课程吗？

2. 学习

（1）你是否已在学校、通过机构或在线方式学过量子计算课程？

（2）你参加过的哪些课程可以加入量子计算内容？

（3）你是否已向老师或教授建议加入这些内容？

（4）你愿意在课堂外学习量子计算知识吗？

（5）你是否参加过学校或机构举办的量子计算编程比赛？

（6）如果有量子计算供应商的帮助，你愿意主办这样的编程比赛吗？

（7）你参观过科学博物馆（如图 12-4 所示）中有关量子计算的展览吗？

（8）熟练掌握量子计算对你而言有多重要？

（9）你懂编程吗（尤其是 Python 编程）？Python 是科学和 AI 应用方面最常用的编程语言之一。

（10）你是否有兴趣学习编写量子计算应用？

（11）你计划做量子计算研究还是软件工程开发，还是说量子计算只是你的个人兴趣？

图 12-4　本书作者于 2019 年 4 月在波士顿科学博物馆的演讲照片。由 Carol Lynn Alpert 拍摄。经许可使用

12.7　人力资源

（1）你的组织机构中是否有指导你的量子业务和技术战略的员工？

（2）“量子计算”是你的员工的技能档案的一部分吗？

（3）为了让你的组织机构获得量子专业技能，你有怎样的招聘计划？

（4）你是否会面向有量子计算课程的学院和大学招聘？

（5）你会为了招聘而参加量子计算会议吗？

（6）你会在你的员工和求职者中寻找具备量子计算专业技能的人吗？

（7）你是否会报销参加量子计算课程或培训项目的员工的费用？

（8）量子计算会议在员工（包括管理人员）的获准开支清单上吗？

（9）当量子计算变得主流时，你的机构中会出现什么新型工作？

（10）你是否有拥有物理学研究生学位又能写代码的员工？

（11）在构建技能和招聘策略方面，你是否需要帮助？

（12）如果你的公司有首席技术官，那么他了解量子计算吗？

12.8　小结

这是本书的最后一章，我们在其中罗列了一些问题，以帮助你思考量子计算的发展以及使用量子计算的方式。这些问题的答案能帮你评估该领域的进展情况。这些问题很可能并不是一成不变的，因为人们时不时地会发现新的科学和工程难题，然后绕过或克服它。你应该至少每隔 6 个月就回顾一番这些问题并给出你的答案。

参考资料

[1] Creative Commons. *Creative Commons Attribution-NoDerivs 2.0 Generic (CC BY-ND 2.0)*.

[2] A. M. Turing. In: *Computers & Thought*. Ed. by Edward A. Feigenbaum and Julian Feldman. MIT Press, 1995. Chap. Computing Machinery and Intelligence, pp. 11–35.

附录 A 快速参考信息

A.1 常用右矢

1. 单量子比特

计算基底（Z）

$$|0\rangle = \begin{bmatrix} 1 \\ 0 \end{bmatrix} \qquad |1\rangle = \begin{bmatrix} 0 \\ 1 \end{bmatrix}$$

阿达马基底（X）

$$|+\rangle = \frac{\sqrt{2}}{2}\begin{bmatrix} 1 \\ 1 \end{bmatrix} \qquad |-\rangle = \frac{\sqrt{2}}{2}\begin{bmatrix} 1 \\ -1 \end{bmatrix}$$

圆基底（Y）

$$|\mathrm{i}\rangle = |\circlearrowright\rangle = \frac{\sqrt{2}}{2}\left(|0\rangle + \mathrm{i}|1\rangle\right) = \frac{\sqrt{2}}{2}\begin{bmatrix} 1 \\ \mathrm{i} \end{bmatrix}$$

$$|-\mathrm{i}\rangle = |\circlearrowleft\rangle = \frac{\sqrt{2}}{2}\left(|0\rangle - \mathrm{i}|1\rangle\right) = \frac{\sqrt{2}}{2}\begin{bmatrix} 1 \\ -\mathrm{i} \end{bmatrix}$$

2. 双量子比特

计算基底

$$|00\rangle=\begin{bmatrix}1\\0\\0\\0\end{bmatrix}\quad |01\rangle=\begin{bmatrix}0\\1\\0\\0\end{bmatrix}\quad |10\rangle=\begin{bmatrix}0\\0\\1\\0\end{bmatrix}\quad |11\rangle=\begin{bmatrix}0\\0\\0\\1\end{bmatrix}$$

贝尔态基底

$$|\Phi^+\rangle=\frac{\sqrt{2}}{2}|00\rangle+\frac{\sqrt{2}}{2}|11\rangle \quad |\Psi^+\rangle=\frac{\sqrt{2}}{2}|01\rangle+\frac{\sqrt{2}}{2}|10\rangle$$

$$|\Phi^-\rangle=\frac{\sqrt{2}}{2}|00\rangle-\frac{\sqrt{2}}{2}|11\rangle \quad |\Psi^-\rangle=\frac{\sqrt{2}}{2}|01\rangle-\frac{\sqrt{2}}{2}|10\rangle$$

A.2 量子门和运算（操作）

表 A-1

名称	量子比特数量	矩阵	线路符号
CNOT/CX	2	$\begin{bmatrix}1&0&0&0\\0&1&0&0\\0&0&0&1\\0&0&1&0\end{bmatrix}$	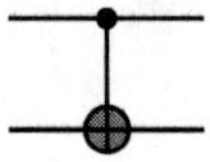
CY	2	$\begin{bmatrix}1&0&0&0\\0&1&0&0\\0&0&0&-i\\0&0&i&0\end{bmatrix}$	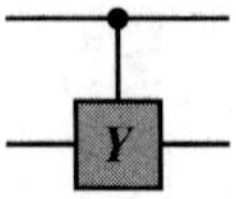
CZ	2	$\begin{bmatrix}1&0&0&0\\0&1&0&0\\0&0&1&0\\0&0&0&-1\end{bmatrix}$	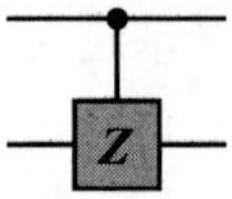
弗雷德金/**CSWAP**	3	$\left[\begin{array}{cccc\|cccc}1&0&0&0&0&0&0&0\\0&1&0&0&0&0&0&0\\0&0&1&0&0&0&0&0\\0&0&0&1&0&0&0&0\\\hline 0&0&0&0&1&0&0&0\\0&0&0&0&0&0&1&0\\0&0&0&0&0&1&0&0\\0&0&0&0&0&0&0&1\end{array}\right]$	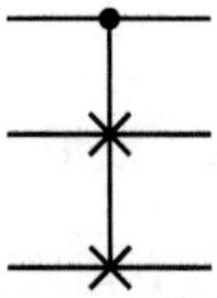

续表

名称	量子比特数量	矩阵	线路符号
$\boldsymbol{H}$ 或 $\boldsymbol{H}^{\otimes 1}$	1	$\frac{\sqrt{2}}{2}\begin{bmatrix}1 & 1\\1 & -1\end{bmatrix}$	H
$\boldsymbol{H}^{\otimes 2}$	2	$\frac{1}{2}\begin{bmatrix}1 & 1 & 1 & 1\\1 & -1 & 1 & -1\\1 & 1 & -1 & -1\\1 & -1 & -1 & 1\end{bmatrix}$	H H
ID	1	$\begin{bmatrix}1 & 0\\0 & 1\end{bmatrix}$	ID
观测	1	无	
泡利 $\boldsymbol{X}$	1	$\boldsymbol{\sigma}_x=\begin{bmatrix}0 & 1\\1 & 0\end{bmatrix}$	X
泡利 $\boldsymbol{Y}$	1	$\boldsymbol{\sigma}_y=\begin{bmatrix}0 & -\mathrm{i}\\\mathrm{i} & 0\end{bmatrix}$	Y
泡利 $\boldsymbol{Z}$	1	$\boldsymbol{\sigma}_z=\begin{bmatrix}1 & 0\\0 & -1\end{bmatrix}$	Z
$\boldsymbol{R}_{\varphi}^{x}$	1	$\begin{bmatrix}\cos\left(\frac{\varphi}{2}\right) & -\mathrm{i}\sin\left(\frac{\varphi}{2}\right)\\-\mathrm{i}\sin\left(\frac{\varphi}{2}\right) & \cos\left(\frac{\varphi}{2}\right)\end{bmatrix}$	R_{φ}^{x}
$\boldsymbol{R}_{\varphi}^{y}$	1	$\begin{bmatrix}\cos\left(\frac{\varphi}{2}\right) & -\sin\left(\frac{\varphi}{2}\right)\\\sin\left(\frac{\varphi}{2}\right) & \cos\left(\frac{\varphi}{2}\right)\end{bmatrix}$	R_{φ}^{y}
$\boldsymbol{R}_{\varphi}^{z}$	1	$\begin{bmatrix}1 & 0\\0 & \mathrm{e}^{\varphi \mathrm{i}}\end{bmatrix}$	R_{φ}^{z}
$\boldsymbol{S}=\boldsymbol{R}_{\frac{\pi}{2}}^{z}$	1	$\begin{bmatrix}1 & 0\\0 & \mathrm{i}\end{bmatrix}$	S
$\boldsymbol{S}^{\dagger}=\boldsymbol{R}_{\frac{3\pi}{2}}^{z}=\boldsymbol{R}_{-\frac{\pi}{2}}^{z}$	1	$\begin{bmatrix}1 & 0\\0 & -\mathrm{i}\end{bmatrix}$	$S^{\dagger}$

续表

名称	量子比特数量	矩阵	线路符号
$\sqrt{\mathbf{NOT}}$	1	$\frac{1}{2}\begin{bmatrix} 1+\mathrm{i} & 1-\mathrm{i} \\ 1-\mathrm{i} & 1+\mathrm{i} \end{bmatrix}$	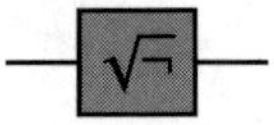
SWAP	2	$\begin{bmatrix} 1 & 0 & 0 & 0 \\ 0 & 0 & 1 & 0 \\ 0 & 1 & 0 & 0 \\ 0 & 0 & 0 & 1 \end{bmatrix}$	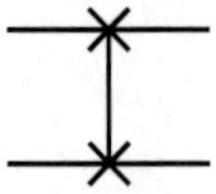
$\boldsymbol{T} = \boldsymbol{R}^z_{\frac{\pi}{4}}$	1	$\begin{bmatrix} 1 & 0 \\ 0 & \frac{\sqrt{2}}{2}+\frac{\sqrt{2}}{2}\mathrm{i} \end{bmatrix}$	
$\boldsymbol{T}^\dagger = \boldsymbol{R}^z_{\frac{7\pi}{4}} = \boldsymbol{R}^z_{-\frac{\pi}{4}}$	1	$\begin{bmatrix} 1 & 0 \\ 0 & \frac{\sqrt{2}}{2}-\frac{\sqrt{2}}{2}\mathrm{i} \end{bmatrix}$	
托佛利/**CCNOT**	3	$\left[\begin{array}{cccccc\|cc} 1 & 0 & 0 & 0 & 0 & 0 & 0 & 0 \\ 0 & 1 & 0 & 0 & 0 & 0 & 0 & 0 \\ 0 & 0 & 1 & 0 & 0 & 0 & 0 & 0 \\ 0 & 0 & 0 & 1 & 0 & 0 & 0 & 0 \\ 0 & 0 & 0 & 0 & 1 & 0 & 0 & 0 \\ 0 & 0 & 0 & 0 & 0 & 1 & 0 & 0 \\ \hline 0 & 0 & 0 & 0 & 0 & 0 & 0 & 1 \\ 0 & 0 & 0 & 0 & 0 & 0 & 1 & 0 \end{array}\right]$	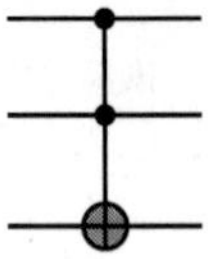

附录 B 符号

B.1 希腊字母

表 B-1

名称	小写字母	大写字母	名称	小写字母	大写字母
alpha	α	A	nu	ν	N
beta	β	B	xi	ξ	Ξ
gamma	γ	Γ	o	ο	O
delta	δ	Δ	pi	π	Π
epsilon	ε	E	rho	ρ	P
zeta	ζ	Z	sigma	σ,ς	Σ
eta	η	H	tau	τ	T
theta	θ	Θ	upsilon	υ	Y
iota	ι	I	phi	φ	Φ
kappa	κ	K	chi	χ	X
lambda	λ	Λ	psi	ψ	Ψ
mu	μ	M	omega	ω	Ω

B.2 数学符号和运算

表 B-2

短名称	符号	描述
相加模 2	$\oplus$	整数或比特相加后模 2
（向量的）伴随	$\boldsymbol{v}^{\dagger}$	向量 $\boldsymbol{v}$ 的复转置

续表

短名称	符号	描述
（矩阵的）伴随	$\boldsymbol{A}^{\dagger}$	矩阵 $\boldsymbol{A}$ 的复转置
左矢	$\langle v\|$	狄拉克符号表示的行向量
笛卡儿积	$V \times W$	向量空间 V 和 W 的笛卡儿积
向上取整	$\lceil x \rceil$	大于或等于 x 的最小整数
复数	$\mathbb{C}$	复数
共轭	$\overline{z}$	z 的复共轭
直和	$V \oplus W$	向量空间 V 和 W 的直和
点积	$\boldsymbol{v} \cdot \boldsymbol{w}$	向量 $\boldsymbol{v}$ 和 $\boldsymbol{w}$ 的点积
自然对数的底	e	自然对数的底
向下取整	$\lfloor x \rfloor$	小于或等于 x 的最大整数
虚数单位	$\mathrm{i}=\sqrt{-1}$	-1 的平方根
内积	$\langle v\|w\rangle$	狄拉克符号表示的一个左矢和一个右矢的内积
整数	$\mathbb{Z}$	整数
右矢	$\|v\rangle$	狄拉克符号表示的列向量
对数	$\log_{10}$	底数为 10 的对数
	$\log_{2}$	底数为 2 的对数
	$\log$	自然对数
自然数	$\mathbb{N}$	自然数
外积	$\|v\rangle\langle w\|$	狄拉克符号表示的一个左矢和一个右矢的外积
求积	$\prod_{j=k}^{n} f(j)$	$f(k)f(k+1)\cdots f(n)$ 得到的积
有理数	$\mathbb{Q}$	有理数
实数	$\mathbb{R}$	实数
求和	$\sum_{j=k}^{n} f(j)$	$f(k)+f(k+1)+\cdots+f(n)$ 得到的和
张量积	$\|v\rangle \otimes \|w\rangle$	右矢 $\|v\rangle$ 和 $\|w\rangle$ 的张量积
	$\boldsymbol{v} \otimes \boldsymbol{w}$	向量 $\boldsymbol{v}$ 和 $\boldsymbol{w}$ 的张量积
	$\boldsymbol{A} \otimes \boldsymbol{B}$	矩阵 $\boldsymbol{A}$ 和 $\boldsymbol{B}$ 的张量积
	$V \otimes W$	向量空间 V 和 W 的张量积
转置	$\boldsymbol{v}^{\mathrm{T}}$	向量 $\boldsymbol{v}$ 的转置

续表

短名称	符号	描述
转置	$\boldsymbol{A}^{\mathrm{T}}$	矩阵 $\boldsymbol{A}$ 的转置
向量	$\boldsymbol{v}$	向量 $\boldsymbol{v}$
非负整数	$\mathbb{W}$	非负整数

后记

量子体积将成为我们衡量量子计算系统的计算能力的指标，直到实现量子比特的完全容错。未来几年或几十年，量子计算领域可能并不会平稳地发展，而可能会随着我们不断改进硬件、软件或系统的某些部分像阶跃函数一样跳变式进步，如图 1 所示。

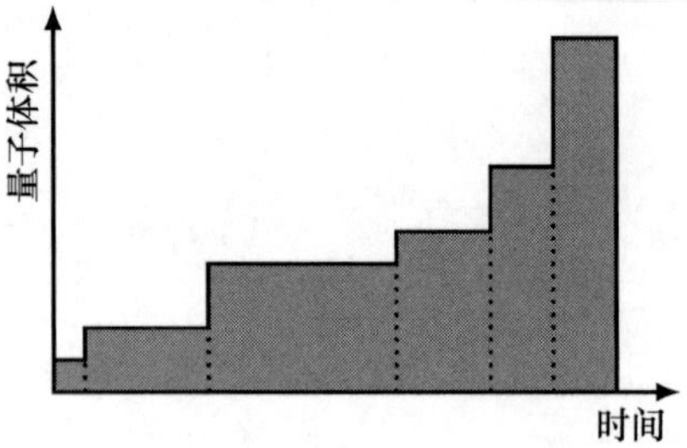

图 1

量子计算不是一个利基市场：我预计其首先将被用于补充经典计算系统，然后随着 21 世纪的发展而越来越强大和重要。它很可能在我们这一生的时间里变成最重要的计算技术之一。

本书的目标是为你奠定理解量子计算的坚实基础。要理解量子计算过程中究竟发生了什么，数学知识是必需的，我已在本书中提供了你理解该学科所需的数学知识。我也已在许多地方说明了你能以怎样的方式学习相应的主题。我鼓励你去学习它们，因为你已经基本具备独立学习的能力，已经基本掌握阅读更高阶教材以及研究论文的基本知识。在阅读其他内容的过程中，你可能还需要补充其他在本书中涉及的知识。

不管你的科学和技术背景如何，量子计算对每个人都有助益。我希望你继续前进，我们共同塑造计算的未来。